区块链技术丛书

区块链

架构与实现

Cosmos详解

温隆　贾音◎著

人民邮电出版社

北　京

图书在版编目（CIP）数据

区块链架构与实现 ：Cosmos详解 / 温隆，贾音著
. — 北京 ：人民邮电出版社，2021.9
（区块链技术丛书）
ISBN 978-7-115-56388-0

Ⅰ．①区… Ⅱ．①温… ②贾… Ⅲ．①区块链技术
Ⅳ．①TP311.135.9

中国版本图书馆CIP数据核字(2021)第068659号

◆ 著　　　温　隆　贾　音
责任编辑　郭　媛
责任印制　王　郁　焦志炜

◆ 人民邮电出版社出版发行　　北京市丰台区成寿寺路 11 号
邮编　100164　电子邮件　315@ptpress.com.cn
网址　https://www.ptpress.com.cn
三河市君旺印务有限公司印刷

◆ 开本：800×1000　1/16
印张：22.25
字数：456 千字　　　　　　　　2021 年 9 月第 1 版
印数：1 – 2 000 册　　　　　　 2021 年 9 月河北第 1 次印刷

定价：99.80 元

读者服务热线：**(010)81055410**　印装质量热线：**(010)81055316**
反盗版热线：**(010)81055315**
广告经营许可证：京东市监广登字 20170147 号

序 1

当温隆博士邀请我为这本书作序时，我很吃惊。虽然在过去 5 年的时间里，我一直致力于研究并推广 Cosmos 技术，但我仍然不确定是否有人愿意花时间学习这一技术。所以，温隆博士撰写了一本关于 Cosmos 的书并即将公开出版的消息，给了我极大的鼓舞！

我是 Peng Zhong，又名钟昌鹏。我出生于中国，但在美国长大。2010 年年初，我作为一名自由职业的用户界面（user interface，UI）设计师开启了自己的职业生涯。2014 年，Jae Kwon 邀请我为 FtNox 开发 Web 前端界面，FtNox 是一个新的数字货币交易所，名字模仿了当时最大的数字货币交易所Mt.Gox。FtNox 交易所当时并没有上线。但2015 年，Jae Kwon 创建了基于拜占庭容错（Byzantine fault tolerance，BFT）共识协议的 Tendermint Core 项目。Jae 由此创造了历史，因为 Tendermint Core 项目将成为区块链业内领先的 BFT 共识引擎。

2015 年年底，我作为第一名员工加入 Tendermint 公司，担任公司的首席设计官（chief design officer，CDO），并参与了首个 Cosmos 钱包和 Cosmos 区块浏览器的设计与开发。2017 年，我们发布了 Cosmos 白皮书，区块链网络（Internet of blockchains）的想法由此诞生。我们的前端开发团队设计和构建了 Cosmos 众筹平台，并在短短 28 分钟内筹集了价值 1730 万美元（约合人民币 1.12 亿元）的比特币（bitcoin）和以太坊（Ethereum）。

得益于 2017 年的众筹，我们可以进一步扩大我们的工程师团队，来设计和构建必要的软件和服务，以支持可互操作的、基于权益证明（proof-of-stake，PoS）机制的区块链的启动。这些软件包括 Tendermint Core 项目、Cosmos SDK 项目和跨链通信（inter-blockchain communication，IBC）协议。随后，我们基于该技术栈构建了第一条 Cosmos 区块链：Cosmos Hub。截至 2020 年年底，Cosmos Hub 已经迭代到 cosmoshub-3 版本，链上原生资产的价值增长远远超出了我们的预期。读者在这本书中可以学习与此相关的所有技术。

2020 年 5 月，我被任命为 Tendermint 公司的 CEO。作为一个拥有 UI 设计经验和对改进用户体验具有极大热情的人，我致力于让 Cosmos 成为搭建独立、自主的区块链的首选技术。这意味着我们需要不断地改进Cosmos 网站、技术文档以及Cosmos-SDK 项目教程，为Cosmos 生态搭建更好用的工具，并为 Cosmos 生态内的创新者提供资助。

区块链仍然是一项崭新的技术，与 Web 2.0 程序相比，编写去中心化应用（decentralized applications，DApp）是一种全新的范式。然而在这一领域，新技术的文档和指南往往十分缺乏，因为擅长开发的工程师并不一定擅长教学。正因为如此，所以我很高兴并由衷感谢温隆博士参与并撰写了这本书。我们需要更多这样的优秀内容来吸引开发人员尝试并使用 Cosmos-SDK 项目和 Tendermint Core 项目。希望读者能从这本书中有所收获，我十分期待与你们一起搭建更多的下一代分布式金融应用。

Peng Zhong
Tendermint CEO
2020 年 12 月

序 2

我记得 2018 年夏天开始在 Tendermint 团队工作时,自己既兴奋又有些不知所措。我是一位开源社区的长期贡献者,在我的软件行业生涯中,我面临过各种各样的挑战,并且在许多不同的行业和部门中工作过,包括广告、大数据分析、嵌入式软件和金融市场的预测等。在加入 Tendermint 团队之前,我已经在许多初创企业和几家全球企业中任职。尽管如此,区块链对我来说仍然是一个全新的"世界",这里满是新事物和颠覆性技术,以及听起来近乎疯狂的绝妙想法和野心勃勃的项目。其中最令人难以置信的,当然是区块链网络。

在 Tendermint 团队工作的第一天,团队向我解释了项目计划:构建包含多个模块的软件开发工具包,以便区块链应用开发者可以基于这些模块,轻松构建独立、自主的区块链应用。项目任务非常明确:我们必须让开发者以尽可能轻松的方式构建尽可能多的区块链应用。这些应用(也称为 Zone)不仅可以从生态环境友好的 Tendermint 共识算法所提供的快速最终性(fast finality)中获益,还享有独立、自主的链上治理,并且可以通过 IBC 协议相互通信。Cosmos-SDK 项目致力于完成这一任务。

在过去两年中,开发者构建了不计其数的 Cosmos-SDK 项目的模块和应用,并启动了众多 Cosmos 应用区块链。Tendermint 和 Cosmos 生态系统的成功超出了人们的预期。我们不再是唯一一个投入时间和资源研究并开发 Cosmos 技术堆栈模块和协议的团队。这允许我们将一些任务委托给技术纯熟、信誉卓著的合作伙伴,并在更多的方向上扩展我们的工程能力:在继续构建区块链应用开发所需技术基础的同时,我们也开始注重构建以自动化做市商(automated market maker)为代表的分布式金融(decentralized finance)协议,以及以 Starport 为代表的可以进一步改善开发体验并允许开发者在几分钟之内从零构建 Cosmos 区块链的开发者工具。

这本书将带你踏上了解构成 Cosmos 区块链应用的所有技术组件的旅程。这本书首先深入介绍 Tendermint Core 项目,包括项目的内部组件、密码学算法以及设计准则。最初的 Tendermint 团队遵循该设计准则开发了区块链应用接口(application blockchain interface,ABCI),这是一套介于任意有限状态机(finite state machine)和底层复制引擎(replication engine)之间的接口。接下来这本书详细介绍 Cosmos-SDK 项目中的每一个功能模块,以及这些功能模块之间如何和谐地构成 PoS 机制。基于该机制，最初的 Tendermint 团队构建了 Cosmos Hub 网络的客户端 Gaia。

这本书作者接受了挑战，用一本书的篇幅为读者全面介绍关于 Tendermint Core 项目和 Cosmos-SDK 项目几乎所有需要了解的内容。作者撰写了一本全面深入的手册，如果你想要充分理解 Cosmos 生态系统基础技术的复杂性，这本书是一本真正的常备手册。我相信通过他们的努力，将会有许多读者精通使用 Cosmos-SDK 项目，开发出安全和高性能的区块链应用。

Alessio Treglia

Tendermint 工程副总裁

2020 年 12 月

前　言

　　自中本聪发表比特币白皮书以来，数字资产领域经历了几多沉浮。但在瞬息万变中有一点却越来越清晰：比特币底层所依赖的区块链技术在诸多方面可能有着改变世界的潜力。比特币和区块链除完成了数字货币领域"从0到1"的飞跃之外，也为世界带来了无限的想象空间。然而区块链技术想要在社会生活中产生实际影响，需要脚踏实地地实现工程化落地。尽管有着中本聪的"天才"设计，但是比特币凭一己之力显然无法满足不断延展的需求，这就催生了构建新区块链系统的需求。

　　区块链系统涉及对等网络通信、密码算法、共识协议、证明机制以及经济激励设计等众多学科和领域，构建新区块链系统所面临的技术挑战不可小觑。在迫切的需求和极高的技术门槛之间，早期的区块链从业者选择了通过改造比特币实现代码来搭建具有新特性的区块链系统的技术路线。这种技术路线可以在一定程度上降低技术门槛，但却需要面对比特币实现代码中为了修正自己的逻辑而引入的烦琐细节，并且在这一技术路线下诞生的区块链系统不可避免地延续了比特币的"沉疴"：海量资源消耗、交易处理速度低、交易体验差。

　　为了解决这些问题，需要重新审视和考量比特币在各个方向的技术选型。随着区块链技术的演进，用PoS机制替代比特币的工作量证明（proof-of-work，PoW）机制以降低资源消耗，用BFT共识协议替代比特币的中本聪共识（Nakamoto consensus）协议以提高交易处理速度、改善交易体验的技术方案得到了区块链社区的广泛认同，逐渐成为构建区块链应用的主流方案。多个备受关注的区块链项目均采纳了该技术方案，例如以太坊2.0、Polkadot以及Cosmos Hub。其中以太坊2.0目前未完成，Polkadot在2020年5月刚完成主网启动，唯有Tendermint团队构建的Cosmos Hub已经上线并平稳运行了两年多的时间，并在2021年2月顺利完成了自启动以来最大的升级——"星际之门"（Stargate）升级计划。得益于PoS机制和BFT共识协议的选用，Cosmos Hub在极大地降低资源消耗的同时也带来了交易体验的"飞跃"。自上线以来，Cosmos Hub的平稳运行也验证了上述技术方案的可行性。

　　Cosmos Hub虽然在交易处理速度方面相较于比特币有了量级的提升，但依然无法在特性支持和处理速度两个方面同时满足所有的需求。针对这一问题，Tendermint团队提出Cosmos网络的愿景：与其将所有的应用堆叠到一个区块链系统中，不如为每个特定应用构建应用专属区块链系统，并利用跨链通信技术实现区块链系统之间的互联互通。实现该愿景的第一步，便是尽可能地降低构建区块链系统的技术门槛，尽可能地缩短应用专属区块链系统的开发周期。

为了将愿景变成现实，Tendermint 团队在 Cosmos Hub 项目的开发过程构建了一套区块链应用开发框架，基于该开发框架可以快速构建应用专属区块链系统。Cosmos Hub 项目的客户端 Gaia 便是基于该框架构建而来的。该开发框架将区块链系统划分为 3 层，自下而上分别是对等网络通信层、共识协议层以及应用层。Tendermint Core 项目实现了对等网络通信以及共识协议，Cosmos-SDK 项目则利用模块化设计的策略为应用层提供了可重用的组件，两个项目之间通过 ABCI 进行交互。

利用该开发框架构建区块链应用时，开发者无须重新实现对等网络通信以及共识协议，只需要基于 Cosmos-SDK 项目提供的功能模块定制化实现应用层逻辑即可。相比之前通过分叉或者重写比特币实现代码开发区块链的模式，这可极大地降低区块链应用开发的技术门槛并缩短开发周期。笔者亲身经历过这两种开发模式，也切实感受到 Tendermint 团队提供的区块链应用开发框架带来的开发体验和交付质量方面的改善。基于这套开发框架，国内外开发者已经构建了丰富的生态，包括 Band、Argon 等项目。为了实现应用专属区块链系统之间的互联互通，Tendermint 团队设计了 IBC 协议。在 Cosmos Hub 刚刚完成的"星际之门"升级计划中，IBC 协议作为 Cosmos-SDK 项目的一个功能模块呈现，而这将赋予基于 Cosmos-SDK 项目构建的应用专属区块链系统跨链通信的能力，从而为实现 Cosmos 网络的愿景"铺平道路"。

Cosmos Hub 项目的平稳运行，展示了其 PoS 机制与 BFT 共识协议实现的可行性与稳定性。而 IBC 协议也为区块链行业的跨链通信问题提供了可作为典范的解决方案。因此，Cosmos Hub 项目是深入理解 BFT 共识协议、PoS 机制以及 IBC 协议的原理和实现的绝佳样本。基于 Tendermint Core 项目和 Cosmos-SDK 项目，区块链开发者可以专注于应用层逻辑并快速构建应用专属区块链系统以满足多样化的需求。如果你希望了解区块链领域前沿进展，或者希望构建自己的应用专属区块链系统，本书便是为你准备的。

本书特色

虽然基于 Tendermint Core 项目和 Cosmos-SDK 项目构建应用专属区块链系统并不需要开发者理解这两个项目的内部原理，但是深入理解开发框架理论原理、架构设计和内部实现方式对于构建稳定的区块链系统很有帮助。掌握一个区块链项目，也有助于读者在面对区块链技术不断演进的过程中不迷失方向，读者可以根据自身需求选取最为恰当的解决方案。

Tendermint Core 和 Cosmos-SDK 两个项目（由于这两个项目提及次数较多，后续文中将省略"项目"二字）仍在快速迭代中，其具体的代码实现仍在不断改进。因此，本书选取了特定版本的 Tendermint Core 和 Cosmos-SDK 展开论述，并且着力介绍那些在版本迭代中仍然倾向于保持不变的基本逻辑。其中，Tendermint Core 采用 0.33.3 版本，Cosmos-SDK 采用 0.38.4 版本，IAVL+库采用 0.13.3 版本，Gaia 采用 2.0.11 版本。

用一本书的篇幅从理论到实现完全拆解 Tendermint Core 和 Cosmos-SDK 的每一个方向是不现实的。本书尽力从区块链架构师的角度出发，思考应用专属区块链系统的架构师需要了解该开发框架的哪些方面。在这一原则指导下，撰写本书的基本策略是，在密码算法、共识协议方面，侧重于理论阐述以帮助读者建立关于散列函数、数字签名算法以及 Tendermint 共识协议的直观认识；在 ABCI、可认证数据结构、PoS 机制等方面，则深入讲解实现细节，以帮助开发者扫除基于该开发框架构建应用专属区块链系统时的知识盲点。根据这一策略，本书最终呈现出以下特色内容。

- 密码算法的拆解与图示：深入介绍散列函数以及 Merkle 树，以比特币挖矿为例展示构造散列碰撞的难度，加深读者对于散列函数安全性的理解；数字签名算法方面，配合大量图示直观地展示椭圆曲线点群的性质，帮助读者建立对于数字签名算法的直观认知。

- 共识协议的比较与推演：从共识协议的基本概念出发，逐步阐述实用拜占庭容错（practical Byzantine fault tolerance，PBFT）共识协议以及 Tendermint 共识协议，并通过理论对比展示 Tendermint 共识协议的改进之处。通过大量图示，帮助读者理解 Tendermint 共识协议中各种机制存在的必要性。梳理 Tendermint Core 中采用的提案者轮换选择算法，并完整展示 Tendermint Core 中的区块结构。

- 完整阐述 ABCI 的规范与实现：深入讲解 ABCI 背后的实现机制，并以 Cosmos-SDK 中的应用为例，展示 ABCI 的"威力"——在上层应用中通过 PoS 机制控制底层共识协议的参与节点。

- 深入剖析 PoS 机制的理论与实现：首次完整介绍 PoS 机制的原理和具体实现，展示 Cosmos-SDK 中如何通过遵循模块化设计的理念，将纷繁复杂的 PoS 机制通过正交的功能模块化繁为简并逐一击破，最终形成清晰的工程代码。

- 系统阐述 IBC 协议的原理与设计：虽然 IBC 协议的开发工作仍在快速迭代中，但根据链间标准（interchain standard，ICS）规范以及 IBC 协议的当前实现已经可以一窥究竟。从 Tendermint Core 轻客户端的构建出发，带领读者揭开 IBC 协议的神秘面纱。

内容简介

- 第 1 章介绍区块链开发面临的技术挑战，并概述 Tendermint 团队通过 Tendermint Core 的分层设计、Cosmos-SDK 的模块化设计以及 IBC 协议给出的解决方案。

- 第 2 章介绍 Tendermint Core 中依赖的密码学算法，包括散列函数、Merkle 树以及项目支持的多种数字签名算法。在介绍数字签名算法时，着重介绍数字签名算法所依赖的底层数学结构椭圆曲线点群的性质，而非具体的运算规则，以帮助读者建立对于椭圆曲线点群的直观认识。

- 第 3 章从分布式系统的基本概念出发，逐步介绍 PBFT 共识协议以及 Tendermint 共识协议，并比较两者异同以帮助读者理解 Tendermint 共识协议相较于 PBFT 共识协议的理论改进。随后介绍 Tendermint 团队提出的提案者轮换选择算法，对于这一算法的深入理解有利于在区块链系统运维中理解系统行为。最后介绍在分层设计以及 Tendermint 共识协议的影响下 Tendermint Core 中的区块结构，这是理解 Tendermint Core 架构的第一步。

- 第 4 章着重描述 Tendermint Core 的架构设计。利用抽象出来的反应器、转换器等基本概念，Tendermint 团队干净、利落地完成了 Tendermint Core 的架构设计，并配合大量利用统一建模语言（unified modeling language，UML）绘制的类图，帮助读者理解 Tendermint Core 的内在机理。

- 第 5 章详细描述 Tendermint 团队为了实现区块链系统的分层设计而抽象出来的 ABCI。ABCI 用简单、清晰的接口定义解耦了底层共识协议以及上层应用逻辑，并且仍然支持上层应用的深度定制。对 ABCI 的深入理解是基于 Tendermint Core 开发应用专属区块链系统的必要提前。为了帮助理解，本章以分布式键值数据库的实现为例展示如何基于 ABCI 进行应用开发。

- 第 6 章介绍 Cosmos-SDK 的架构设计，重点介绍为了支持上层应用的模块化设计而引入的诸多设计。应用专属区块链系统的核心任务是根据既定的规则保证上层应用状态的一致性，本章也因此着重描述 Cosmos-SDK 所采用的可认证数据结构——IAVL+树，以及 Cosmos-SDK 中的存储器设计，这是理解后续具体应用模块的基本前提。

- 第 7 章介绍 Cosmos-SDK 中的基本功能模块，包括负责账户与交易、链上资产转移、创世交易、链上参数管理、链上资产总量追踪、链上状态一致性检查、链上治理、节点升级等的模块。

- 第 8 章从 PoS 的基本原理开始，逐步引出 Cosmos-SDK 中的 PoS 机制设计，并逐步深入链上资产抵押、被动作恶惩罚、主动作恶惩罚、链上资产铸造以及链上奖励分发等机制的设计和实现。

- 第 9 章从 Tendermint Core 轻客户端的构建原理入手，介绍 IBC 协议的原理和设计。为了保证 IBC 协议的通用性，ICS 规范以最小功能接口的方式规范了轻客户端、连接、信道等概念。本章深入介绍这些基本概念以及在这些概念的相互配合下完成一笔跨链转账的基本流程。

- 第 10 章从 Cosmos Hub 的客户端 Gaia 的实现和启动流程方面，介绍利用 Tendermint Core 和 Cosmos-SDK 开发应用专属区块链系统的基本流程。此外还从区块链系统中一笔交易和一个区块的完整生命周期切入，串联起全书内容，帮助读者融会贯通所有内容。

致谢

区块链行业的诸多同人在本书筹备工作中反馈了大量有益的建议，显著提升了本书的质量。感谢深圳兰宇网络科技有限公司密码算法工程师侯文平、Matrixport 资深研发工程师张秀宏、上海万向区块链股份公司区块链开发工程师朱冰心、火币公链事业部技术专家何畅彬、华为终端安全架构师方习文、鹏城实验室助理研究员黄正安、Matrixport 资深研发工程师韩天乐和韩元超、Matrixport 区块链开发工程师姚永芯和刘浩然、比原链研究工程师林浩宇等人在百忙之中审阅初稿。感谢 Matrixport CTO 姜家志、ViaBTC 集团合伙人江志华在本书撰写过程中提供大力支持。为了编写本书，牺牲了很多陪伴家人的时间，感谢家人的理解与支持。感谢人民邮电出版社异步社区的编辑们，你们的认真负责保证了本书的质量。

温隆 贾音

2020 年 11 月于北京

资源与支持

本书由异步社区出品，社区（https://www.epubit.com/）为您提供相关资源和后续服务。

配套资源

本书提供 5.5 节提及的数据库 tm-kvstore 源代码，如要获得此配套资源，请在异步社区本书页面中单击 配套资源 ，跳转到下载界面，按提示进行操作即可。注意：为保证购书读者的权益，该操作会给出相关提示，要求输入提取码进行验证。

提交勘误

作者和编辑尽最大努力来确保书中内容的准确性，但难免会存在疏漏。欢迎您将发现的问题反馈给我们，帮助我们提升图书的质量。

当您发现错误时，请登录异步社区，按书名搜索，进入本书页面，单击"提交勘误"，输入勘误信息，单击"提交"按钮即可（见下图）。本书的作者和编辑会对您提交的勘误进行审核，确认并接受后，您将获赠异步社区的 100 积分。积分可用于在异步社区兑换优惠券、样书或奖品。

扫码关注本书

扫描下方二维码，您将会在异步社区微信服务号中看到本书信息及相关的服务提示。

与我们联系

我们的联系邮箱是 contact@epubit.com.cn。

如果您对本书有任何疑问或建议，请您发邮件给我们，并请在邮件标题中注明本书书名，以便我们更高效地做出反馈。

如果您有兴趣出版图书、录制教学视频，或者参与图书翻译、技术审校等工作，可以发邮件给我们；有意出版图书的作者也可以到异步社区在线提交投稿（直接访问 www.epubit.com/selfpublish/submission 即可）。

如果您所在的学校、培训机构或企业，想批量购买本书或异步社区出版的其他图书，也可以发邮件给我们。

如果您在网上发现有针对异步社区出品图书的各种形式的盗版行为，包括对图书全部或部分内容的非授权传播，请您将怀疑有侵权行为的链接发邮件给我们。您的这一举动是对作者权益的保护，也是我们持续为您提供有价值的内容的动力之源。

关于异步社区和异步图书

"异步社区"是人民邮电出版社旗下 IT 专业图书社区，致力于出版精品 IT 技术图书和相关学习产品，为作译者提供优质出版服务。异步社区创办于 2015 年 8 月，提供大量精品 IT 技术图书和电子书，以及高品质技术文章和视频课程。更多详情请访问异步社区官网 https://www.epubit.com。

"异步图书"是由异步社区编辑团队策划出版的精品 IT 专业图书的品牌，依托于人民邮电出版社近 40 年的计算机图书出版积累和专业编辑团队，相关图书在封面上印有异步图书的 LOGO。异步图书的出版领域包括软件开发、大数据、人工智能、测试、前端、网络技术等。

异步社区

微信服务号

目　　录

第 **1** 章

Cosmos 网络介绍

中本聪在 2008 年年底发布的论文 "Bitcoin: A Peer-to-Peer Electronic Cash System" 标志着比特币（bitcoin）的诞生。2009 年，中本聪发布了基于该论文构建的比特币网络，"拉开"了数字货币领域发展的 "序幕"。随着对比特币认识的加深，人们逐渐意识到比特币底层的区块链技术可能蕴藏着在诸多方面改变世界的潜力，甚至将其誉为互联网技术中 "最具颠覆性" 的技术之一。

区块链技术是一种由多方共同维护，并通过密码学、共识协议等机制，在不可信的分布式环境中实现数据的一致性、难以篡改、无法抵赖的电子记账技术。区块链技术带来的以低成本方式在分布式环境中建立信任的机制，催生了新的计算模式和协作模式。其应用场景远超出数字货币领域，正在悄然扩展至包括金融、科技等诸多领域。区块链技术的理念与潜力已经被充分讨论，并得到广泛的共识，然而区块链技术想要真正在社会生活中产生广泛影响，在愿景之外需要脚踏实地地实现工程化落地。

然而由于涉及众多学科，区块链系统的开发颇具挑战，而且以比特币为代表的区块链系统面临着资源消耗巨大、交易体验差、无法互联互通等问题。为了解决这些问题，Tendermint 团队构建了以 Tendermint Core、Cosmos-SDK 以及通用跨链通信（inter-blockchain communication，IBC）协议为核心的一揽子解决方案，并提出了 Cosmos 网络的构想。

1.1 区块链开发的技术挑战

1.1.1 开发周期与技术门槛

比特币的机制设计为世界带来了无限的想象空间，然而单凭比特币一己之力无法满足由丰富的想象力带来的无限延展的需求。一时间，数字货币领域有太多的需求亟待满足，有太多的创新等待被验证。一方面，基于比特币的源代码按需定制，发布带有新特性的项目一时间成为潮流，这一过程中诞生了 Litecoin、Dash、Zcash 等项目。另一方面，与日益增长的行业需求形成显著对比的是，比特币的技术演进因无休止的"社区纷争"而逐步放缓。比特币的拥护者由于自身诉求无法得到满足而纷纷"出走"，例如关于区块大小的争议最终引发了"分叉"事件，导致了比特币现金（bitcoin cash）的诞生。

从设计思想的角度来看，中本聪的才华毋庸置疑，但是从软件工程的角度来看，却难以给予比特币实现代码同样的评价。比特币实现代码本身也在不断地被修正以解决各种技术和安全问题，导致人们为了完全理解其实现方式，需要回溯比特币发展的整个历史。因此，通过修改比特币实现代码的方式开发新区块链项目的技术门槛较高，开发效率较低。当然，我们可以借鉴比特币的经验，从头开始重新构建新的区块链项目，以太坊（Ethereum）、Monero等就是基于该策略构建的区块链项目。然而由于涉及对等（peer to peer，P2P）网络通信、密码学技术、共识协议等的广阔技术栈，利用这种策略开发新的区块链项目仍然具有很高的技术门槛和甚至更长的开发周期。

1.1.2　资源消耗与交易体验

比特币网络的成功运行得益于工作量证明（proof-of-work，PoW）机制、中本聪共识协议（Nakamoto consensus，即累积工作量最大的链为主链）以及经济激励（economic incentive）这 3 种机制的相互配合，但是算力竞争导致的资源消耗也使得比特币被广泛诟病。另外，PoW机制和中本聪共识协议的交互带来的交易处理速度低、交易确认速度低等问题，也对用户体验的进一步改善和比特币网络的进一步发展造成了影响。比特币的标杆效应导致早期的区块链项目大多数都继承了比特币的 PoW 等机制，这些项目也都面临着同样的问题。减少资源消耗、提高交易处理速度和交易确认速度等，成为区块链行业新的诉求。要想满足这些诉求，需要新的证明机制和共识协议。

证明机制方面，为了降低资源消耗，模拟公司治理中股东投票机制的权益证明（proof-of-stake，PoS）机制开始被广泛讨论，NXT、BitShares 等项目最早开始 PoS 机制的尝试。然而随着整个行业对 PoS 机制认识的加深，尤其是无利害攻击（nothing-at-stake）以及长程攻击（long-range attack）等攻击手段的发现，早期区块链项目中部署的 PoS 机制的安全性值得商榷。值得庆幸的是，随着研究的深入，尤其是惩罚（slashing）、弱主观性（weak subjective）以及解绑周期（unbonding period）等概念的提出，区块链领域的从业者逐步构建了可以在开放网络中部署的安全 PoS 机制。

共识协议方面，来自分布式系统领域的拜占庭容错（Byzantine fault tolerance，BFT）共识协议，尤其是实用拜占庭容错（practical Byzantine fault tolerance，PBFT）共识协议，替换中本聪共识协议的可能性也被广泛探讨。PBFT 共识协议的通信复杂度达到 $O(n^2)$，在解决区块链场景中成百上千个节点之间的共识问题时仍然力有不逮。但是随着 Tendermint、HotStuff

等共识协议的提出，BFT 共识协议在区块链领域中的大规模部署成为现实。此外，这些协议的秒级出块（出块间隔小于 10 秒）特性可以显著改善用户的交易体验。

1.1.3 链上扩容与跨链通信

以太坊等项目通过链上虚拟机提供的智能合约技术为构建区块链应用提供了另一种选择：与其为每一个应用单独构建一条链，不如利用智能合约技术通过去中心化应用（decentralized application，DApp）的方式构建区块链应用，使开发者可以专注于上层应用的功能实现，无须再操心对等网络通信与共识协议等区块链底层协议。以太坊上 DApp 生态的繁荣发展，展示了这种技术策略的可行性。然而构建在同一个区块链上的 DApp 将同时竞争严重受限的底层区块链资源，这就导致整个 DApp 生态的发展受到底层区块链性能的制约。

为了改进区块链性能，整个行业做出了多种多样的尝试。比特币现金项目通过增大每个区块的容量来提高链上交易处理速度的方式仅能带来有限的速度提高。标榜可以达到百万每秒处理的事务数（transactions per second，TPS）的企业操作系统（enterprise operation system，EOS）项目，则尝试通过牺牲部分分布式特性来提高链上交易速度，但是在实际的运营中网络也遭遇过拥堵。另外以太坊 2.0 则计划通过分片（sharding）的方式来实现链上交易的并行处理，但是分片方案带来的工程挑战是巨大的（以太坊 2.0 的开发进度落后于预期）。构建出一条具有足够性能的区块链来承载所有的区块链应用在当下看来似乎是不可能的任务。

需求方面，也没有一个区块链项目可以同时满足所有的需求，多条定位不同、功能迥异的区块链并存不仅是目前的常态，也会是未来区块链行业的发展方向。然而，在区块链项目遍地开花的繁荣景象之下，一个隐忧逐渐显露：由于彼此之间无法通信，这些区块链项目逐渐成为一座座"价值孤岛"。想象一下，如果计算设备之间没有实现互联，就不会有今天繁荣的互联网。区块链之间的互通互联，可以打破不同链之间信息和价值流转的屏障，实现整体大于局部之和的效果。

Vitalik Buterin 在 "Chain Interoperability" 中总结了跨链通信的 3 种实现机制：散列锁、公证人和中继。基于散列锁的跨链通信机制要求区块链本身支持基于散列的时间锁定机制，在比特币、Algorand 等项目中有应用。公证人机制则是相对中心化的方案，方案简单，但依赖可信的第三方。相比之下，基于密码学证明的中继机制是最通用的去中心化跨链方案之一，基于中继机制实现通用的 IBC 协议是当下区块链领域的研究热点。

1.2　Cosmos 网络

1.2.1　Cosmos 的解决方案

参考软件行业的经验，解决开发周期与技术门槛的问题，需要一套完善的区块链应用开发框架，并且要求该框架支持区块链应用的深度定制。BFT 共识协议与 PoS 机制的组合可以解决资源消耗与交易体验的问题，但其实现有着较高的技术门槛，并非每个区块链应用的项目方都有足够的人才储备来实现工程化落地。如前所述，目前看来通过一条区块链在性能和特性两个方面同时满足所有的需求有些不切实际，在当下和可预见的未来都会多链并存，而构建通用的 IBC 协议的技术挑战也不可小觑。

每一项问题的解决都面临巨大的技术挑战，但这并不妨碍"野心勃勃"的 Tendermint 团队尝试通过 Tendermint Core、Cosmos-SDK 等项目的相互配合来一并解决所有问题，如图 1-1 所示。没有一条区块链可以在性能和特性上同时满足所有的需求，因此 Tendermint 团队提出了应用专属区块链（application specific blockchain）系统的理念：为每一个区块链应用单独构建一条区块链。为了防止应用专属区块链系统导致价值孤岛的形成，Tendermint 团队构建了 IBC 协议来连接所有的应

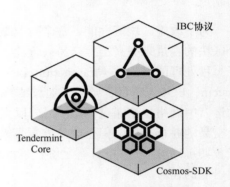

图 1-1　Cosmos 网络基础设施

用专属区块链系统，以构建互联互通的区块链网络。为了降低应用专属区块链系统开发的技术门槛并缩短开发周期，Tendermint 团队通过 Tendermint Core、Cosmos-SDK 提供了区块链应用的开发框架。基于这两个项目构建的区块链应用会自动继承 Tendermint 共识协议以及 PoS 机制，而 Tendermint 共识协议所支持的秒级出块等特性可以显著改善用户体验，PoS 机制的采纳则避免了资源的大量消耗。

Tendermint Core、Cosmos-SDK 以及 IBC 协议的综合应用，使得构建互联互通的 Cosmos 网络成为可能。Cosmos 意为"宇宙"，如果将每个单独的区块链比作一个星系，而将链上运行的 DApp 比作星系中的一颗颗恒星，那么 Cosmos 的寓意便是通过连通所有星系来构建一个万链互联的区块链宇宙世界。简单来说，Cosmos 网络通过 IBC 协议连通相互独立的区块链，每个应用专属区块链系统在 Cosmos 生态中被称为 Zone，所有的 Zone 都由 Tendermint Core 驱动，并且可以基于 Cosmos-SDK 快速构建。

1.2.2　Cosmos Hub

北京时间 2019 年 3 月 14 日上午 7 时，Cosmos 网络的第一个 Zone，名为 Cosmos Hub 的区块链项目的主网正式上线。Cosmos Hub 采用 PoS 机制并支持多种链上资产，其原生链上资产是名为 ATOM 的通证，可用于参与 PoS 机制中的链上资产抵押以及链上治理。Cosmos Hub 充分吸取了比特币等项目在链上治理方面的经验，设计了一套规则清晰的链上治理方案。借助提案以及提案投票机制，ATOM 持有者可以就 Cosmos Hub 网络的协议升级等事宜达成共识。Cosmos Hub 网络的稳健发展关乎所有 ATOM 持有人的切身利益，可以预见的是 ATOM 持有人会做出审慎的决策。遵循链上投票过程，根据投票结果和少数服从多数的原则可以保证即使在社区发生分歧时，也可以达成社区共识。

为了确保 Cosmos Hub 的稳定性以及用户资产的安全性，Cosmos Hub 网络分为三阶段启动。

- 第一阶段：网络趋于稳定。新启动的主网可能不太稳定，也许会出现网络暂停等故障。在链上交易开启之前，如果出现此类故障，Cosmos Hub 网络可以回滚至任意状态，甚至直接回滚至创世区块。值得注意的是，一旦链上交易开始，就很难进行状态回滚操作。

- 第二阶段：链上交易开启。主网足够稳定之后，在链上抵押了 ATOM 的通证持有人可以通过链上治理过程投票决定是否开始链上交易功能。链上交易功能开启之后，用户可以在链上进行 ATOM 转账操作。

- 第三阶段：启用 IBC 协议。IBC 协议发布并完成开发之后，在链上抵押了 ATOM 的通证持有人通过链上治理的方式决定是否在主网开启 IBC 协议。此时任何基于 Tendermint Core 和 Cosmos-SDK 构建的应用专属区块链系统，都可以通过 IBC 协议进行跨链通信。

截至目前，Cosmos Hub 网络已经完成了"星际之门"（Stargate）升级计划。本次升级中正式启用了 IBC 协议，使得链间交互成为现实。值得提及的是，任意两个区块链如果想要通过 IBC 协议进行互操作，只需要与 Cosmos Hub 建立连接，而无须通过 IBC 协议直接建立连接。Cosmos Hub 在 Cosmos 网络中扮演着跨链通信中心枢纽的作用，可以降低区块链应用之间跨链互操作的复杂度。任意团队都可以构建额外的 Hub 网络，Hub 网络之间也通过 IBC 协议进行跨链通信，如图 1-2 所示。

Tendermint Core 以及 Cosmos-SDK 所带来的区块链开发效率的提升，在短时间内催生了丰富的应用专属区块链系统，包括去中心化预言机项目 Band 以及去中心化自治组织项目 Aragon 等。得益于 Tendermint 共识协议的提出，基于 Tendermint Core 和 Cosmos-SDK 构建的应用专属区块链系统，在交易速度与交易体验方面相对于以太坊上的去中心化交易平台有了质的提高和改善。随着 IBC 协议的成熟和跨链应用的蓬勃发展，这些目前暂时隔离的区块链将会实现互联互通。

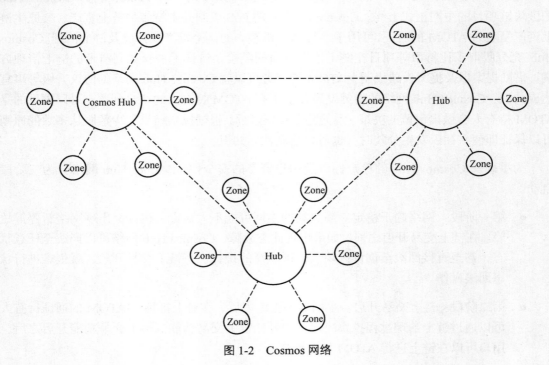

图 1-2　Cosmos 网络

1.2.3　Tendermint Core

构建互联互通的 Cosmos 网络的蓝图令人兴奋，但切实构建区块链网络需要直面区块链开发中的诸多技术挑战。为了催生更多的应用专属区块链系统，需要消除区块链领域的创新障碍。针对这一问题，Tendermint 团队构建了以 Tendermint Core 和 Cosmos-SDK 为核心的区块链开发框架。Cosmos Hub 网络的客户端 Gaia 便是基于 Tendermint Core 和 Cosmos-SDK 构建的。Cosmos Hub 主网上线以来的平稳运行，展示了 Tendermint Core 和 Cosmos-SDK 的可靠性。

Tendermint 团队将区块链系统自下而上拆解为 3 层：对等网络通信层、共识协议层以及上层应用层。区块链系统的 3 层结构如图 1-3 所示。Tendermint Core 中提供了对等网络通信层与共识协议层的实现，并抽象出区块链应用接口（application blockchain interface，ABCI）来完成共

| 上层应用层 |
| 共识协议层 |
| 对等网络通信层 |

图 1-3　区块链系统的 3 层结构

识协议层与上层应用层的互动。

- 对等网络通信层：对等网络通信，确保交易、区块、共识协议的消息能够快速地在整个网络内广播。

- 共识协议层：构建新的区块，并通过共识协议确保全网就区块内容（交易、上层应用状态等）达成共识。

- 上层应用层：根据共识协议层构建的区块，通过 ABCI 与上层应用交互，执行区块中的交易并完成上层应用的状态更新。

在这种分层结构中，共识协议层不关心交易的具体内容，而将所有的交易看作简单的字节切片。共识协议完成的主要任务，是在全网就交易的顺序达成共识。与以太坊类似，Tendermint Core 要求上层应用状态更新是确定性的过程，即从相同初始状态开始，按照相同顺序处理交易之后，上层应用的状态在全网之间应保持一致。为了确保这种状态更新的一致性，共识协议层在利用区块就交易顺序达成共识之外，也会在区块中包含上层应用状态的"数字指纹"，确保在每个区块开始执行之前，全网对上层应用状态也达成了共识。

前文提到过，PoW 机制与中本聪共识协议带来的大量资源消耗以及效率低下等问题被广为诟病。随着区块链技术的演进，PoS 机制与 BFT 共识协议的组合成为应对该问题的"良方"。然而 PBFT 共识协议存在通信复杂度大的问题，这导致其无法妥善处理区块链这种大规模分布式系统的情形。Tendermint 团队在工程创新之外，也就该问题进行了理论创新：通过改进 PBFT 共识协议，构造了适用于区块链场景的 Tendermint 共识协议。基于 BFT 的 Tendermint 共识协议，在支撑几百个共识节点的情况下，依然可以实现秒级出块的速度。Tendermint 共识协议逐块最终化（finality）的特性，既保证了区块链不会发生比特币或者以太坊中的重组事件，也实现了交易的秒级确认。

Jae Kwon 在 2014 年开始 Tendermint 共识协议的研发，2015 年 Ethan Buchman 参与进来一同进行相关协议和软件的开发，并最终构建了 Tendermint Core 的原型系统。BFT 共识协议通常要求在执行一轮共识协议之前，要先确定协议的参与者（后文称之为验证者），Tendermint 共识协议也不例外。但 Tendermint Core 并没有硬编码选择验证者的规则，而是通过适当的机制设计以及 ABCI，为上层应用保留了更新验证者集合的权利。

Tendermint 共识协议在每一轮共识协议执行开始前，都会有一个验证者成为新区块提案者（proposer），提案者通过打包交易构建新的区块，并通过对等网络将区块广播到全网。所有验证者根据收到的信息和自身状态就区块内容进行两阶段投票：预投票（prevote）和预提交（precommit）。Tendermint 共识协议执行过程。投票可以投给新构造的区块，表示验证者认同该区块内容；也可以投给空值，表示验证者因为某种原因无法认同该区块的内容。对区块足够多的预投票（超过 2/3），可以促使验证者进入下一阶段的投票过程；而针对区块足够多（超过 2/3）的预提交，可以促使所有节点提交（commit）该区块。区块被提交之后，Tendermint Core 的共识协议层通过 ABCI 与上层应用互动，完成区块内交易的处理，执行结果也通过 ABCI 返回给共识协议层。

为了支持上层应用的深度定制，Tendermint Core 将共识协议层与上层应用的互动通过 ABCI 进行了抽象。通过将区块的执行过程合理划分为多个步骤，上层应用甚至可以定制筛选验证者的逻辑，赋予了应用专属区块链系统完全的自主权。基于 ABCI 开发上层应用，应用只需要实现特定的接口，就可以复用 Tendermint Core 提供的 Tendermint 共识协议以及对等网络通信。通过这种方式，应用开发者可以专注于上层应用的开发，由此应用专属区块链系统的开发周期从通常的几年缩短为几个月。

1.2.4 Cosmos-SDK

大部分的区块链都会有账户管理、交易处理等功能，为了进一步提升区块链构建的效率并缩短开发周期，Tendermint 团队构建了 Cosmos-SDK，实现了区块链场景中一系列的通用功能模块，如图 1-4 所示。模块化设计的理念使得开发者既可以复用已有的功能模块，也可以快速构建新的功能模块，以显著提升上层应用的开发效率。

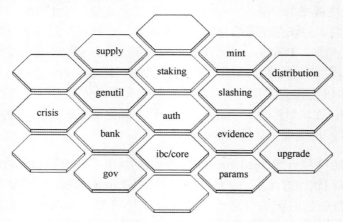

图 1-4　Cosmos-SDK 的通用功能模块

按照模块实现的功能，可以将 Cosmos-SDK 目前提供的所有模块划分为以下几类。

- 基础功能：账户管理与交易处理。
  - ○ auth 模块管理系统中的所有账户。
  - ○ bank 模块管理链上资产的转移。

- 辅助功能：创世区块管理、链上状态一致性检查等。

  ○ genutil 模块管理链的创世区块。

  ○ supply 模块负责链上资产总量的管理。

  ○ crisis 模块负责所有模块的不变量检查的管理。

  ○ params 模块负责所有模块的参数管理。

- 链上治理：基于提案的链上治理与网络升级。

  ○ gov 模块负责链上治理机制。

  ○ upgrade 模块负责链的升级。

- PoS：链上资产抵押、链上惩罚和奖励。

  ○ staking 模块管理链上资产抵押。

  ○ slashing 模块负责对验证者的被动作恶行为进行惩罚。

  ○ evidence 模块负责对验证者的主动作恶行为进行惩罚。

  ○ mint 模块负责链上资产的铸造。

  ○ distribution 模块管理区块奖励的分发。

- IBC 协议：基于中继机制的跨链协议。

  ○ ibc/core 模块负责跨链通信功能。

采用模块化设计理念的同时保证安全性是一个技术挑战。如何防止一个模块的状态被另一个模块恶意更改？遵循对象能力模型（object-capability model）的安全理念（每个模块仅对外暴露必要的功能接口），Tendermint 团队设计了一套多样化的存储体系，赋予每个模块单独的存储空间。在此基础之上，Cosmos-SDK 也为每个模块设计了守护者（keeper）角色来维护和更新每个模块的状态。每个模块的守护者隐藏了模块内部的具体实现以及存储设计，模块之间的配合通过各个模块的守护者之间的相互调用来完成，可以保证每个模块内部状态只会被本身模块的守护者更新，也就保证了链上状态的一致性。

基于 Tendermint Core 和 Cosmos-SDK，可以按照图 1-5 所示的方式快速构建应用专属区块链系统。借助于 Tendermint 共识协议，链上交易处理与确认速度也有了大幅度的提高。与以太坊上的 DApp 需要去竞争稀缺的公链资源不同，应用专属区块链系统之间无须竞争任何链上资源，每个应用专属区块链系统独享链上的所有资源，而借助 ABCI，每个应用专属区块链系统都有完整的链上自治权。笔者自身曾经参与过对照比特币实现代码重新开发比特币现金客户端的项目，也参与过基于 Tendermint Core 和 Cosmos-SDK 构建应用专属区块链系统的项目，每次想起解读、修改比特币实现代码的"痛苦"经历，都会感谢 Tendermint 团队构建的这套区块链开发框架。

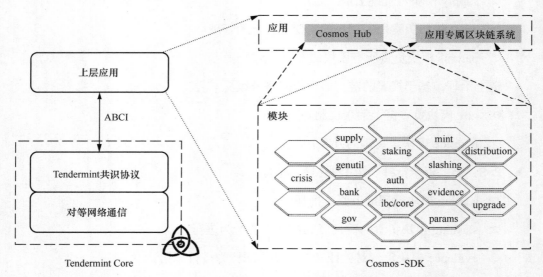

图 1-5　基于 Tendermint Core 和 Cosmos-SDK 快速构建应用专属区块链系统

1.2.5　IBC 协议

Tendermint Core 和 Cosmos-SDK 解决了应用专属区块链系统的开发问题。短时间内 Kava、Band、Peg Zone、Aragon 等项目的涌现，证实了 Tendermint 团队所选择的策略的可行性。然而想要真正实现 Cosmos 网络的愿景，还缺少最后一块"拼图"：IBC 协议。目前 IBC 协议 1.0 版本已在"星际之门"升级计划中正式发布，随着链间资产转移等跨链应用的蓬勃发展，这些目前暂时隔离的区块链将会互联互通，实现价值的进一步提升，如图 1-6 所示。

IBC 协议的完整协议规范文档参见 GitHub 仓库 cosmos/ics。IBC 协议是基于中继机制而逐步推演出的协议，其核心机制的原理是，任意两个希望跨链通信的区块链可以依赖密码学证明技术向对方链证明自身链上发生了特定的事件。两条链之间的网络通信通过中继者（relayer）完成。一个问题是，如果中继者恶意篡改网络消息，是否会危及 IBC 协议的安全性？答案是否定的。由于有密码学证明技术提供安全性保证，被中继者恶意篡改过的消息无法通过验证。

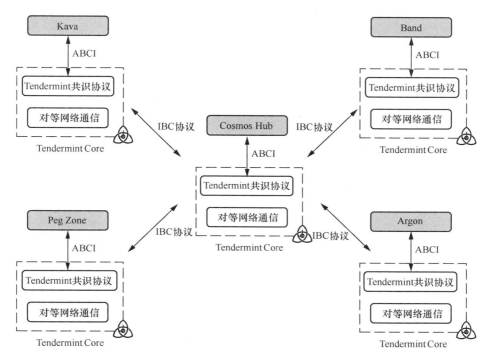

图 1-6 基于 IBC 协议的 Cosmos 网络

读者如果对于比特币轻客户端有所了解，可以注意到 IBC 协议与比特币轻客户端机制之间的相似性。轻客户端（light client）通常运行在移动电话等计算资源受限的环境中，通常仅存储少量的必要数据，因此其也不具备验证所有交易的能力。为了向轻客户端证明链上的一笔交易的真实性，通常需要提供这笔交易的密码学证明。借助自身存储的信息，轻客户端可以检验证明的合法性。通过 IBC 协议进行跨链通信的两条链，可以粗略地理解成，在链自身的应用逻辑之外，两条链分别在自己的链上构建了关于对方链的轻客户端，并据此验证跨链数据的真实性。

基于 PoW 机制和中本聪共识协议的理念，比特币轻客户端仅需要存储区块头信息即可。比特币的 PoW 机制、中本聪共识协议以及 80 字节的区块头，使得存储和验证区块头无须耗费太多的资源。但是 PoS 机制、Tendermint 共识协议以及分层设计带来的 Tendermint Core 中区块头复杂度的增大，导致验证所有区块头需要耗费可观的计算资源，也为构建轻客户端带来不可小觑的技术挑战。然而对 PoS 机制和 Tendermint 共识协议的深入研究发现，看似更难以驾驭的轻客户端，实际上可以通过简洁、高效的方式构建，这使得在链上构建其他区块链的轻客户端成为现实，也为 IBC 协议的构建奠定了坚实的基础。

1.3　小结

本章介绍了区块链开发中面临的诸多技术挑战,并简要概括了由 Tendermint 团队所构建的以 Tendermint Core、Cosmos-SDK 以及 IBC 协议为核心的区块链系统开发框架。基于该开发框架,快速构建应用专属区块链系统成为可能。Cosmos Hub 自上线后的平稳运行,证实了该开发框架可靠的质量。Cosmos Hub 是深入理解 BFT 共识协议、PoS 机制以及 IBC 协议的绝佳样本。

Tendermint Core 提供了对等网络通信层以及共识协议层的实现,并通过 ABCI 完成共识协议层与上层应用之间的交互。ABCI 的抽象支持应用的深度定制,赋予了应用专属区块链系统完全的自主权。Cosmos-SDK 项目基于模块化设计的策略为应用层提供了可重用的组件,可以进一步提升应用专属区块链系统的开发效率。与通过分叉或者重写比特币实现代码形式开发区块链系统的模式相比,这种模式可极大地降低区块链应用开发的技术门槛并缩短开发周期。基于这套开发框架,国内外开发者已经构建了丰富的应用专属区块链系统,包括 Kava、Band、Peg Zone、Aragon 等。随着 IBC 协议的开发完成和上线,这些应用专属区块链系统将迎来真正的互联互通,也将使得 Cosmos 网络的构想成为现实。

第2章

密码学算法

散列函数、数字签名算法等密码学算法是区块链技术的基石。Tendermint Core 和 Cosmos-SDK 使用了 SHA-256、RIPEMD-160、SHA-512 等安全散列函数，也使用了椭圆曲线数字签名算法（elliptic curve digital signature algorithm，ECDSA）、Ed25519 等多种数字签名算法。散列函数与数字签名算法通常是区块链技术栈中较难理解的部分。一方面是因为散列函数提供了多种安全保证，而不同应用场景依赖不同的安全保证，并且其抗碰撞特性的安全边界是由生日悖论这一反直觉的理论结果给出的；另一方面则是因为基于椭圆曲线构建的数字签名算法，利用了抽象代数中循环群、有限域等不容易理解的抽象概念。

本章致力于拆解散列函数和数字签名算法相关的基本概念以帮助读者建立关于这两类密码学算法的直观认识。散列函数方面，本章先介绍散列函数的基本概念以及生日悖论，随后介绍散列函数在区块链中的应用，尤其是 Merkle 树的构建以及相关的证明机制。数字签名算法方面，本章首先介绍循环群、素数域等抽象代数领域的基本概念，随后介绍这些基本概念在椭圆曲线点群中的应用，最后介绍 ECDSA、Ed25519 等数字签名算法。

2.1　散列函数与 Merkle 树

2.1.1　散列函数简介

散列函数是一类将任意长度的输入比特串通过确定性的计算过程转换为固定长度的输出比特串的函数，其中输入称为消息，输出称为散列值。常见的散列函数有 SHA-256、RIPEMD-160 以及 SHA-512 等，这 3 种散列函数分别将任意长度的输入消息转换成 256、160 和 512 比特的散列值。散列函数的特殊之处在于，即使输入消息只有 1 比特的差异，得到的散列值也显著不同。参见下面展示的字符'0'、'1'、'2'对应的 SHA-256 散列值。

```
$ echo -n '0' | openssl sha256
(stdin)= 5feceb66ffc86f38d952786c6d696c79c2dbc239dd4e91b46729d73a27fb57e9
```

```
$ echo -n '1' | openssl sha256
(stdin)= 6b86b273ff34fce19d6b804eff5a3f5747ada4eaa22f1d49c01e52ddb7875b4b
$ echo -n '2' | openssl sha256
(stdin)= d4735e3a265e16eee03f59718b9b5d03019c07d8b6c51f90da3a666eec13ab35
```

  散列函数的这种特性，可以用于判断两个文件的内容是否完全相同：如果两个文件有相同的 SHA-256 散列值，就意味着这两个文件内容完全相同。基于这种特性，区块链领域中可以使用区块的散列值来判断两个区块内容是否相同。消息的散列值也就是消息的**数字指纹**。一个问题是：真的不存在具有相同数字指纹的不同文件吗？

  答案是否定的。从理论上来讲，相同的数字指纹可以对应到无数个不同的文件。以 SHA-256 为例，因为输入可以是任意长度的消息，意味着输入理论上有无限个可能的取值，但是输出只有 256 比特，意味着最多只能有 2^{256} 个不同的散列值。根据"鸽巢原理"（如果有 n 个笼子和 $n+1$ 只鸽子，并且所有的鸽子都被关在鸽笼中，则至少有 2 只鸽子被关在同一个鸽笼中，又称"抽屉原理"），必然存在两个消息 m_1 和 m_2 具有相同的 SHA-256 散列值 h，即 SHA-256(m_1) =SHA-256(m_2)，如图 2-1 所示。但这是否违背了前文的结论？（前文的结论表示如果两个文件有相同的 SHA-256 散列值，就意味着这两个文件内容完全相同。）

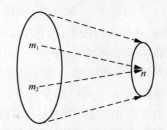

图 2-1　散列函数的碰撞示例

  答案依然是否定的，虽然理论上存在不同的文件具有相同的 SHA-256 散列值，但是这并不意味着真的可以找到这样的两个文件。为什么找不到这样的两个文件？借助现代计算机强大的计算能力，直觉上似乎可以找到。安全的散列函数（如 SHA-256）基本上可以保证每个输入对应的散列值在所有 2^{256} 个可能的取值中均匀分布。根据即将在 2.1.2 小节中介绍的生日悖论原理以及 SHA-256 散列值在所有可能取值中均匀分布的假设，需要计算大约 2^{128} 个不同消息的 SHA-256 散列值，才有可能找到两个具有相同 SHA-256 散列值的消息。2^{128} 次 SHA-256 计算超出了目前人类科技的能力，比特币的挖矿过程可以帮助理解这一计算量到底有多大。

  相信读者已经从相关新闻报道中听闻过比特币挖矿需要消耗海量的计算资源：比特币的挖矿过程需要不断执行 SHA-256 计算。那么比特币全网在 10 分钟内可以完成多少次 SHA-256 计算？按照当前的比特币挖矿难度可以估算出这一数值。2020 年 7 月，比特币全网在 10 分钟内大约可以完成 2^{76} 次 SHA-256 计算。$2^{128}/2^{76}=2^{52}$，而 $2^{52}/(6\times24\times365)$ $\approx8.6\times10^{10}$，这就意味着统一协调当前比特币全网算力共同进行计算，需要将近 860 亿年的时间才有可能找到两个具有相同 SHA-256 散列值的消息。因此，在实际生活中找到两个具有相同 SHA-256 散列值的不同文件是不现实的。这也就意味着，如果两个文件有相同的 SHA-256 散列值，就可以判定这两个文件内容相同。由于高耗能，我国出台了打击比特币挖矿的政策，在可预见的未来，挖矿产业在国内会逐渐消失。

　　密码学中称 SHA-256 散列函数的这种特性为抗碰撞特性，出现图 2-1 所示的情形则意味着发生了碰撞。密码学领域通常用比特安全强度来描述一个算法的安全性。以 SHA-256 为例，生日悖论原理指出破坏 SHA-256 的抗碰撞特性大概需要执行 2^{128} 次计算，即 SHA-256 散列函数的抗碰撞特性具有 128 比特的安全强度。后文将要介绍的数字签名算法在抗签名伪造方面也具有 128 比特的安全强度，这意味着需要进行大约 2^{128} 次某种计算才有可能伪造签名值。

　　散列函数是区块链技术的核心。如图 2-2 所示，区块链的核心数据结构通常是利用散列指针串联起来的一系列区块，这也是区块链名字的由来。每个区块由区块头和区块体两部分构成。每个区块头中包含指向上一个区块的散列指针，即上一个区块的散列值。由于散列函数的抗碰撞特性，可以认为散列指针唯一确定了上一个区块的内容。计算机系统中常见的单链表数据结构也有类似的结构，不过单链表中使用地址指针，而区块链中使用散列指针；地址指针表示数据的存储位置，而散列指针则表示数据的内容。

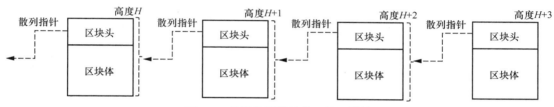

图 2-2　基于散列指针的区块链结构

　　图 2-2 所示的区块链结构中，通过回溯散列指针，可以唯一确定截止到某一个区块高度的链上数据。然而单凭散列函数本身无法确保数据不可篡改，因为如果可以修改任意区块的内容（包括散列指针），只需要在修改特定区块之后依次修改后续区块中的散列指针即可构建出新的区块链。散列函数的抗碰撞特性是保证链上数据不可篡改的前提，但为了保证链上数据不可篡改，通常还需要依赖某种证明机制以及共识协议。例如比特币中引入了 PoW 机制和中本聪共识协议，而 Cosmos Hub 网络中引入了 PoS 机制和 Tendermint 共识协议。本书第 3 章将详细阐述共识协议，第 8 章将阐述 PoS 机制的原理以及 Cosmos-SDK 中的具体方案和实现。

2.1.2　生日悖论原理

　　搜索散列函数的碰撞实例与在一个聚会中寻找具有相同生日的两个人（简称为生日悖论）的问题十分类似，不同的只是问题的量级。在散列函数的碰撞实例搜索中，假设输出为 n 比特的散列值，则取值空间为 2^n，而在生日悖论问题中，取值空间只有 365。随机选取的 t 个 n 比特的散列值不存在冲突（任意两个散列值均不相同）的概率为

$$\Pr(t\text{个散列值互不冲突}) = \left(1-\frac{1}{2^n}\right)\left(1-\frac{2}{2^n}\right)\cdots\left(1-\frac{t-1}{2^n}\right) = \prod_{i=1}^{t-1}\left(1-\frac{i}{2^n}\right)$$

对指数函数的泰勒级数展开式为

$$e^{-x} = 1 - x + \frac{x^2}{2!} - \frac{x^3}{3!} + \cdots, \quad x \ll 1$$

取展开式的前两项，有

$$e^{-x} \approx 1 - x$$

代入上式可得

$$\Pr(t\text{个散列值互不冲突}) = \prod_{i=1}^{t-1} e^{-\frac{i}{2^n}} \approx e^{\frac{1+2+\cdots+t-1}{2^n}} = e^{-\frac{t(t-1)}{2\cdot 2^n}}$$

则 t 个散列值中存在冲突的概率为

$$p = \Pr(t\text{个散列值中存在冲突}) = 1 - \Pr(t\text{个散列值互不冲突}) \approx 1 - e^{-\frac{t(t-1)}{2\cdot 2^n}}$$

等式两边以自然数 e 为底数取对数得到

$$\ln(1-p) \approx \frac{-t(t-1)}{2^{n+1}}$$

即

$$t(t-1) \approx 2^{n+1}\ln\left(\frac{1}{1-p}\right)$$

由于 t 通常远大于 1，有近似关系 $t^2 \approx t(t-1)$，因此

$$t \approx \sqrt{2^{n+1}\ln\frac{1}{1-p}} \approx 2^{\frac{n+1}{2}}\sqrt{\ln\frac{1}{1-p}}$$

当 $p = 0.5$、$n = 160$ 时，$t \approx 2^{80.23}$，即当随机选取大约 2^{80} 个 160 比特的散列值时，出现散列冲突的概率为 0.5。这也就是生日悖论（解释见下文）所提供的关于散列函数的碰撞特性的安全边界：n 比特的散列值能够提供大约 $n/2$ 比特的安全强度。对于生日悖论问题，按照上述公式计算，当一个聚会的人数超过 23 人时，有两个人是同一天生日的概率就大于 1/2。直觉上，似乎需要更多的总人数才可能有这么高的概率存在两个人是同一天生日的情况，但是结论与直觉相冲突，因此，这一结论通常被称为生日悖论。

讨论散列函数的安全性时，通常会涉及散列函数的 3 个特性：抗原像攻击/单向性（preimage resistance/one-wayness）、抗第二原像攻击/弱抗碰撞性（second-preimage resistance/weak collision resistance）、抗碰撞攻击/强抗碰撞性（collision resistance/strong collision resistance）。

- 单向性：给定散列值 h ，无法获得输入消息 m 满足 $\text{hash}(m) = h$ 。

- 弱抗碰撞性：给定消息 m_1 ，无法获得第二个消息 m_2 满足 $\text{hash}(m_2) = \text{hash}(m_1)$ 。

- 强抗碰撞性：无法找到两个消息 m_1 和 m_2 ，使得 $\text{hash}(m_1) = \text{hash}(m_2)$ 。

上述 3 个特性中，约束条件从上至下在逐渐放宽，这也就意味着破坏相应特性所需的代价在逐渐降低。相反地，如果一个散列函数满足强抗碰撞特性，就意味着该散列函数满足弱碰撞特性，从而也满足单向性。值得提及的是，一个散列函数的强抗碰撞性被破坏，并不意味着其弱抗碰撞性的失效，更不意味着其单向性能够被破坏。Marc Steven 等人在密码学国际会议 CRYPTO 2017 上给出了对 SHA-1 的碰撞实例[①]，但是这并没有破坏 SHA-1 的单向性。

2.1.3　Merkle 树构建

2.1.1 小节介绍了利用散列函数的抗碰撞特性可以唯一确定截止到某一个区块高度的链上数据，并且提到散列指针是上一个区块的数字指纹，但没有介绍如何计算该数字指纹。区块头中会包含散列指针、区块构建时间等信息，而区块体中则包含一系列交易。区块头和区块体之间有何关系？区块的数字指纹通常是如何计算出来的？这就引出了数据结构 Merkle 树。

结合散列函数和二叉树容易构建区块链领域中有着广泛应用的 Merkle 树，只需要将二叉树中的地址指针换成散列指针即可。利用 Merkle 树可以计算一组元素的散列值，而散列函数的抗碰撞特性保证 Merkle 树的根散列值就是这组元素的数字指纹。比特币中利用该数据结构计算区块体中所有交易的数字指纹，如图 2-3 所示。

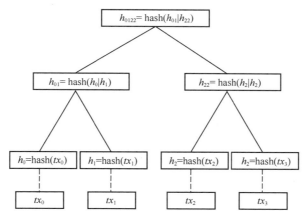

注：tx 代表交易（transation），区块链文档中常见写法

图 2-3　Merkle 树示例

① Marc Stevens, Elie Bursztein, Pierre Karpman, Ange Albertini, Yarik Markov, "The First Collision for Full SHA-1", *CRYPTO* (1) 2017: 570-596.

基于区块的散列指针以及 Merkle 树,可以重新绘制区块链项目的核心数据结构,如图 2-4 所示。区块头中的交易 Merkle 散列值字段是区块体中所有交易的数字指纹,即区块头可以代表整个区块的内容。至此,读者可以理解区块链的链上数据不可篡改特性的由来:

- 区块头中的交易 Merkle 散列值字段唯一确定了区块体中的所有交易;

- 区块头中的前一个区块散列值字段唯一确定了截至某一个区块高度的所有链上数据;

- 证明机制与共识协议保证上述字段的不可篡改,最终保证链上数据不可篡改。

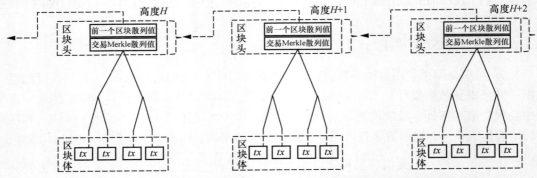

图 2-4　基于区块的散列指针以及 Merkle 树的区块链项目的核心数据结构

区块头中通常会根据区块链项目的具体需求包含更多字段,Tendermint Core 中区块结构的详细介绍参见 3.6 节。

虽然 Merkle 树的理念简单,但是正确应用 Merkle 树并不容易。Merkle 树的不当使用会引发诸多安全问题,这一点在比特币的实践中有所体现。如果区块体中的交易数不是 2 的整数次幂,则在 Merkle 树的逐层计算中会出现某一层的节点个数为奇数的情况。比特币中通过复制最右侧的节点来应对这种情况。例如图 2-5 中,会将 h_2 复制一次,并计算 $h_{22} = \text{hash}(h_2 \mid h_2)$。通过这种方式可以完成 Merkle 树的构建,但也引入了安全隐患。比特币中 Merkle 树的第 1 个安全缺陷由 Forrest Voight 在 Bitcoin Forum[①]中披露。

通过复制最右侧节点来应对奇数个节点的方式,会导致交易列表[0,1,2,3,4,5]和交易列表[0,1,2,3,4,5,4,5]具有相同的 Merkle 树根散列值,如图 2-6 所示。利用这一发现,在拿到一个合法的区块之后,可以通过复制区块中一笔或者多笔交易来构建另一个包含不同交易数却有相同散列值的区块,给比特币网络带来安全隐患。

由于复制节点只会发生在 Merkle 树的最右侧节点上,为了消除这一安全隐患,比特币

---

① Bitcoin 论坛的 CVE-2012-2459 区块默克尔计算漏洞。

调整了 Merkle 树散列值的计算过程。ComputeMerkleRoot()函数在每一层的计算中，在复制最右侧节点之前，会首先判断相邻两个节点是否具有相同的散列值，如果是的话，意味着该区块是利用安全隐患构建出来的问题区块。ComputeMerkleRoot()函数如下所示。

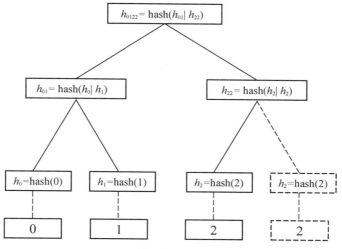

图 2-5　比特币中 Merkle 树的构建

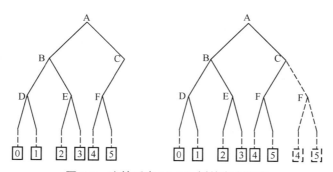

图 2-6　比特币中 Merkle 树的安全隐患

```
// github.com/bitcoin/bitcoin/src/consensus/merkle.cpp 45-73
uint256 ComputeMerkleRoot(std::vector<uint256> hashes, bool* mutated) {
    bool mutation = false;
    while (hashes.size() > 1) {
        if (mutated) { // 两个相邻节点的散列值相同，意味着区块被篡改过
            for (size_t pos = 0; pos + 1 < hashes.size(); pos += 2) {
                if (hashes[pos] == hashes[pos + 1]) mutation = true;
            }
        }
        if (hashes.size() & 1) { // 奇数个节点，复制最右侧节点
            hashes.push_back(hashes.back());
        }
        SHA256D64(hashes[0].begin(), hashes[0].begin(), hashes.size() / 2);
```

```
        hashes.resize(hashes.size() / 2);
    }
    if (mutated) *mutated = mutation;
    if (hashes.size() == 0) return uint256();
    return hashes[0];
}

uint256 BlockMerkleRoot(const CBlock& block, bool* mutated)
{
    std::vector<uint256> leaves;
    leaves.resize(block.vtx.size());
    for (size_t s = 0; s < block.vtx.size(); s++) {
        leaves[s] = block.vtx[s]->GetHash();
    }
    return ComputeMerkleRoot(std::move(leaves), mutated);
}
```

除可以根据 Merkle 树散列值唯一确定区块中的交易之外，还可以利用 Merkle 树支持的存在性证明来证明一个区块中确实包含了某笔交易。比特币轻客户端利用这一特性进行交易的合法性校验，即 Merkle 树的安全性对于保证轻客户端的安全性非常重要。然而 Sergio Demian Lerner 在博客 "Leaf-Node weakness in Bitcoin Merkle Tree Design" 中指出了比特币中 Merkle 树设计的另一个安全缺陷，以及可能会给轻客户端带来的安全隐患。该安全隐患的利用较为复杂，此处不深入介绍，但需要指出的是，导致该安全隐患的核心问题在于，比特币的 Merkle 树构建过程中，对于叶子节点和中间节点采用了相同的散列值计算方式。

比特币中的 Merkle 树实践并非最佳实践，新的区块链项目需要借鉴比特币在 Merkle 树方面的经验和教训，从设计之初就避免相关问题。RFC 6962 中关于透明证书（certificate transparency）的机制设计，给出了典型的 Merkle 树构建方式，该方式妥善处理了奇数个节点的情况并且为叶子节点和中间节点定义了不同的散列值计算方式。后文称 RFC 6962 给出的 Merkle 树为简单 Merkle 树（与 Tendermint Core 的代码命名一致）。

值得一提的是，通常来说，简单 Merkle 树构建之后就不再发生变化，然而采用账户模型的区块链系统需要记录并经常更新每个账户的状态，简单 Merkle 树并不适用于这种场景。因为每次数据更新之后，都需要重新计算 Merkle 树散列值，而这一操作的复杂度为 $O(n)$。以太坊为账户状态的存储和更新设计了 Merkle Patricia 树（MPT）数据结构，采用账户模型的 Cosmos-SDK 则设计了 Immutable AVL+（IAVL+）树数据结构。Cosmos-SDK 中各个模块的存储设计都依赖 IAVL+树。IAVL+树数据结构重要，6.3 节将详细介绍其原理和具体实现方法，包括该数据结构支持的存在性证明和非存在性证明的构建和验证。

简单 Merkle 树并不要求所有的中间节点都有两个孩子节点，也不要求中间节点的左、右子树具有相同的高度。此外，叶子节点和中间节点计算散列值的方式也不同，计算叶子节点的散列值时会首先给待散列的值添加 0x00 前缀，而计算中间节点的散列值时会首先给待散列的值添加 0x01 前缀，参见如下代码。

```go
// tendermint/crypto/merkle/hash.go 13-21
// 返回 tmhash(0x00 || leaf)
func leafHash(leaf []byte) []byte {
    return tmhash.Sum(append(leafPrefix, leaf...))
}

// 返回 tmhash(0x01 || left || right)
func innerHash(left []byte, right []byte) []byte {
    return tmhash.Sum(append(innerPrefix, append(left, right...)...))
}
```

RFC 6962 中以递归的方式定义了计算输入元素列表对应的 Merkle 树散列值（merkle tree hash，MTH）的具体过程。

- 如果输入为空，则 $MTH(\{\}) = h()$。

- 如果输入仅有一个元素，则 $MTH(\{v\}) = h(0x00 \mid v)$。

- 如果输入有 n 个元素，则 $MTH(V[n]) = h(0x01 \mid MTH(V[0:k]) \mid MTH(V[k:n]))$。

其中 $V[n]$ 表示有 n 个元素的数组，而 $V[0:k]$ 表示 k 个元素，即 $V[0], V[1], \cdots, V[k-1]$，$V[k:n]$ 表示 $V[k], V[k+1], \cdots, V[n-1]$，并且 k 满足 $k < n \leqslant 2k$。对于输入仅有一个元素的情况，对应叶子节点散列值的计算，即上述代码中 leafHash() 函数的实现。计算 n 个元素的 MTH，容易通过递归函数实现。参见计算一组字节切片对应 MTH 的 SimpleHashFromByteSlices() 函数。

```go
// tendermint/crypto/merkle/simple_tree.go 9-21
func SimpleHashFromByteSlices(items [][]byte) []byte {
    switch len(items) {
    case 0:
        return nil
    case 1:
        return leafHash(items[0])
    default:
        k := getSplitPoint(len(items)) // 计算满足 k < n <= 2k 的 k 值
        left := SimpleHashFromByteSlices(items[:k])
        right := SimpleHashFromByteSlices(items[k:])
        return innerHash(left, right)
    }
}
```

为了帮助理解，图 2-7 展示了当输入有 6 个元素并且值分别为整数 0、1、2、3、4、5 时 MTH 的计算过程，注意在中间节点和叶子节点处计算散列值时使用了不同的前缀。图 2-8 分别展示了含有 3、4、5、6、7、8 个元素的简单 Merkle 树的逐步构建。

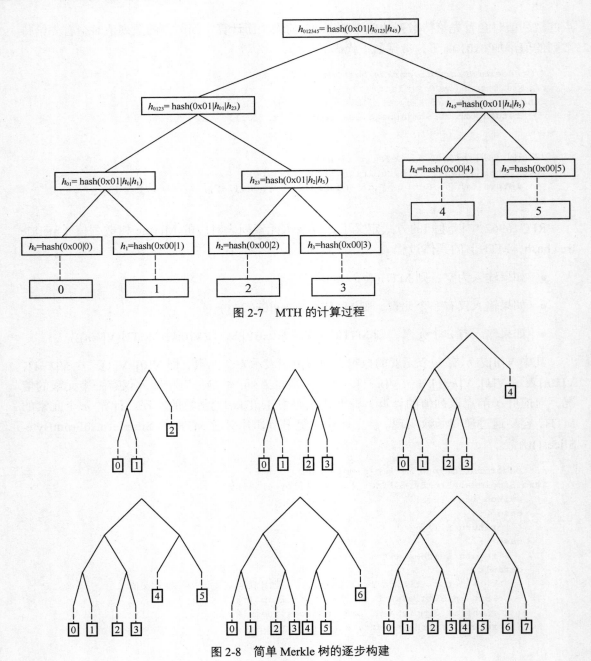

图 2-7 MTH 的计算过程

图 2-8 简单 Merkle 树的逐步构建

2.1.4 Merkle 树证明构造

利用 Merkle 树可以构造元素的存在性证明和非存在性证明。任意的 Merkle 树都可以构造元素的存在性证明，但是这一点对于构造元素的非存在性证明并不成立。只有 Merkle 树的叶子节点对应的元素值有序排列时，才可以构造元素的非存在性证明。

以图 2-7 所示的包含 6 个元素的简单 Merkle 树为例，想要证明树中存在元素 1 时，仅需要提供中间节点 h_0、h_{23}、h_{45}，如图 2-9 所示。根据这些信息以及元素的具体值，可以计算出 h_{012345}。验证存在性证明时，例如验证某个高度的区块中确实存在某一笔交易，验证者首先根据交易和证明中包含的中间节点计算 MTH，然后获取区块头中包含的 MTH，并比较二者。如果二者相等，就意味着相应区块中确实存在这笔交易。不难理解，存在性证明的安全性是由散列函数的抗碰撞特性保证的。

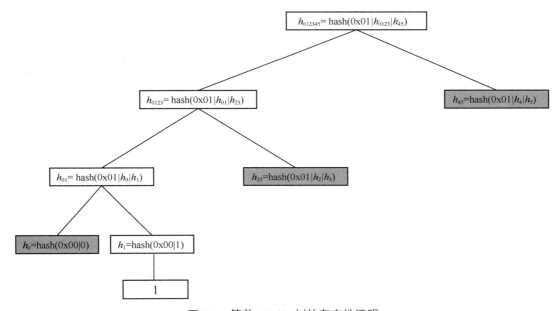

图 2-9　简单 Merkle 树的存在性证明

这也是轻客户端验证一笔交易合法性的基本过程。轻客户端通常运行在移动电话等计算资源并不充裕的环境中，无法保存所有链上的数据，所以轻客户端中通常仅保存区块头，而区块头中包含 MTH。验证一笔交易时，轻客户端可以在自己保存的区块头中查找交易对应区块的 MTH，然后根据提供的存在性证明验证区块中是否真的包含这笔交易。

Tendermint Core 中用 SimpleProof 结构体表示存在性证明。由图 2-8 可知，根据树中包含的元素个数可以确定简单 Merkle 树的形状，而构造存在性证明也需要知道目标元素所对应的索引，因此 SimpleProof 中包含了字段 Total 和 Index，而字段 Aunts 中保存存在性证明涉及的相关节点。

```
// tendermint/crypto/merkle/simple_proof.go 25-30
type SimpleProof struct {
```

```
    Total     int       // 树中元素个数
    Index     int       // 要做存在性证明的目标元素的索引
    LeafHash  []byte    // 要做存在性证明的目标元素的散列值
    Aunts     [][]byte  // 存在性证明涉及的相关节点
}
```

函数 SimpleProofsFromByteSlices()根据元素列表构造存在性证明，函数内部调用 trailsFromByteSlices()函数构建关于输入元素的简单 Merkle 树，并据此为每个元素构造存在性证明。

```
// tendermint/crypto/merkle/simple_proof.go 34-47
func SimpleProofsFromByteSlices(items [][]byte) (rootHash []byte, proofs []*Simple
Proof) {
    trails, rootSPN := trailsFromByteSlices(items)
    rootHash = rootSPN.Hash
    proofs = make([]*SimpleProof, len(items))
    for i, trail := range trails {
        proofs[i] = &SimpleProof{
            Total:    len(items),
            Index:    i,
            LeafHash: trail.Hash,
            Aunts:    trail.FlattenAunts(),
        }
    }
    return
}
```

为了辅助存在性证明的构造，函数 trailsFromByteSlices()遵循简单 Merkle 树的规则构建关于输入元素的简单 Merkle 树，并用 SimpleProofNode 结构体类型的切片表示整棵简单 Merkle 树。SimpleProofNode 中包含自身对应的散列值，指向父节点以及左、右兄弟节点的指针。

```
// tendermint/crypto/merkle/simple_proof.go 183-188
type SimpleProofNode struct {
    Hash   []byte              // 当前节点的散列值
    Parent *SimpleProofNode    // 父节点指针
    Left   *SimpleProofNode    // 左兄弟节点指针，左、右兄弟节点仅有一个被设置
    Right  *SimpleProofNode    // 右兄弟节点指针，左、右兄弟节点仅有一个被设置
}
```

```
// tendermint/crypto/merkle/simple_proof.go 211-231
func trailsFromByteSlices(items [][]byte) (trails []*SimpleProofNode, root *Simple
ProofNode) {
    switch len(items) {
    case 0:
        return nil, nil
    case 1:
        trail := &SimpleProofNode{leafHash(items[0]), nil, nil, nil}
        return []*SimpleProofNode{trail}, trail
    default:
```

```
    k := getSplitPoint(len(items)) // 计算满足 k < n <= 2k 的 k 值
    lefts, leftRoot := trailsFromByteSlices(items[:k])
    rights, rightRoot := trailsFromByteSlices(items[k:])
    rootHash := innerHash(leftRoot.Hash, rightRoot.Hash)
    root := &SimpleProofNode{rootHash, nil, nil, nil}
    leftRoot.Parent = root
    leftRoot.Right = rightRoot
    rightRoot.Parent = root
    rightRoot.Left = leftRoot
    return append(lefts, rights...), root
    }
}
```

如图 2-9 所示，一个元素的存在性证明包含的节点，其实是从根节点到达该叶子节点经过的所有节点（包含目标叶子节点）的兄弟节点。在每个节点中保存指向其兄弟节点的指针，可以简化存在性证明的构造。根节点的左、右兄弟节点指针为空，而其余节点的左、右兄弟节点指针中总有一个为 nil。SimpleProofNode 结构体类型的节点之间的关系如下。

- 当 node 为左孩子节点时，node.Parent.Hash=hash(node.Hash, node.Right.hash)。

- 当 node 为右孩子节点时，node.Parent.Hash=hash(node.Left.hash, node.Hash)。

图 2-10 展示了根据函数 trailsFromByteSlices() 构建的含有 6 个元素的简单 Merkle 树的详细信息。参照图 2-10 容易理解函数 trailsFromByteSlices() 的具体实现，该函数的返回值 trails 值得进一步讨论。返回值 trails 包含所有的叶子节点，仍以图 2-7 展示的含有 6 个元素的简单 Merkle 树为例，其对应的 trails 包含的节点（用节点的散列值表示）分别为 h_0、h_1、h_2、h_3、h_4、h_5。

SimpleProofsFromByteSlices() 函数为 trails 中所有元素（所有叶子节点）依次调用 SimpleProofNode 的 FlattenAunts() 方法构造存在性证明。值得提及的是，虽然 trails 中不包含中间节点，但依赖 Go 语言的垃圾回收机制，这些中间节点在函数返回之后仍然存在，可以通过叶子节点的父节点指针进行访问。FlattenAunts() 方法从当前节点开始，通过节点的父节点指针逐层向根节点移动，并在这一过程中根据节点的左、右兄弟节点指针，将路过的节点的兄弟节点添加到 innerHashes 中。最终返回的 innerHashes 就是相应元素的存在性证明。

```
// tendermint/crypto/merkle/simple_proof.go 192-207
func (spn *SimpleProofNode) FlattenAunts() [][]byte {
    innerHashes := [][]byte{}
    for spn != nil {
        switch {
        case spn.Left != nil:
            innerHashes = append(innerHashes, spn.Left.Hash)
        case spn.Right != nil:
            innerHashes = append(innerHashes, spn.Right.Hash)
        default:
            break
```

```
        }
        spn = spn.Parent
    }
    return innerHashes
}
```

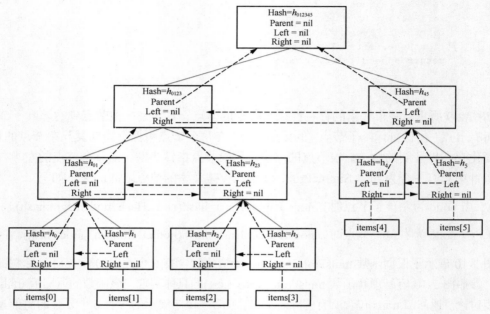

图 2-10　含有 6 个元素的简单 Merkle 树的详细信息

以图 2-7 展示的简单 Merkle 树为例，通过 SimpleProofsFromByteSlices()方法为 6 个元素构造的存在性证明分别如下。

- items[0]：h_1、h_{23}、h_{45}。

- items[1]：h_0、h_{23}、h_{45}。

- items[2]：h_3、h_{01}、h_{45}。

- items[3]：h_2、h_{01}、h_{45}。

- items[4]：h_5、h_{0123}。

- items[5]：h_4、h_{0123}。

通过 SimpleProof 的 Verify()方法可以验证存在性证明。输入参数为调用者提供的 MTH 的值 rootHash 以及目标元素的散列值 leaf。该方法的内部实现，首先需要验证目标元素的散列值与 SimpleProof 中的 LeafHash 字段值相等，然后利用 ComputeRootHash()方法计算 MTH，并与提供的 MTH 进行比较。

```
// tendermint/crypto/merkle/simple_proof.go 76-92
func (sp *SimpleProof) Verify(rootHash []byte, leaf []byte) error {
    leafHash := leafHash(leaf)
    if sp.Total < 0 {
        return errors.New("proof total must be positive")
    }
    if sp.Index < 0 {
        return errors.New("proof index cannot be negative")
    }
    if !bytes.Equal(sp.LeafHash, leafHash) {
        return errors.Errorf("invalid leaf hash: wanted %X got %X", leafHash, sp.Leaf
Hash)
    }
    computedHash := sp.ComputeRootHash()
    if !bytes.Equal(computedHash, rootHash) {
        return errors.Errorf("invalid root hash: wanted %X got %X", rootHash, computed
Hash)
    }
    return nil
}
```

验证存在性证明的关键是根据证明信息重新计算出 MTH，SimpleProof 的 ComputeRoot-Hash()方法实现了相应逻辑，而具体的计算过程则是通过辅助函数 computeHashFromAunts()完成的。辅助函数 computeHashFromAunts()的内部实现与函数 SimpleHashFromByteSlices()类似，也是借助函数 getSplitPoint()的返回值通过递归完成了计算，此处不赘述。

```
// tendermint/crypto/merkle/simple_proof.go 95-102
func (sp *SimpleProof) ComputeRootHash() []byte {
    return computeHashFromAunts(
        sp.Index, sp.Total, sp.LeafHash, sp.Aunts,)
}
```

如果简单 Merkle 树中的所有叶子节点对应的元素值是有序的，也可以构造元素的非存在性证明。仍以图 2-7 展示的含有 6 个元素的简单 Merkle 树为例，假设要证明树中不存在值为 2.5 的元素，则非存在性证明中的正确的散列值为 h_2、h_3、h_{01}、h_{45}，如图 2-11 所示。非存在性证明的基本逻辑为，找到树中存在的值小于目标元素值的最大元素，并找到树中存在的值大于目标元素值的最小元素，构造这两个元素的存在性证明并去除重复的中间节点。如果根据非存在性证明计算出来的简单 Merkle 树的散列值与正确的值相等，并且证明中包含的两个叶子节点为相邻的叶子节点，就证明树中确实不存在目标元素。

Tendermint Core 和 Cosmos-SDK 中没有对简单 Merkle 树中元素的值进行排序，所以不支持非存在性证明。IAVL+树中叶子节点对应的元素值是按照从左到右的顺序递增的，因此其支持元素的非存在性证明。非存在性证明的构造与验证都比存在性证明要复杂一些，6.3 节将详细介绍 IAVL+树的存在性证明和非存在性证明的构造与验证过程。

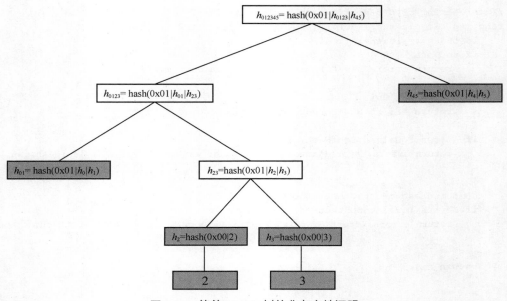

图 2-11 简单 Merkle 树的非存在性证明

2.2 数字签名算法

区块链项目采用数字签名算法（digital signature algorithm，DSA）进行分布式环境中的链上资产确权，只有提供合法的数字签名才可以进行诸如链上资产转移等操作。计算消息散列值可以看作提取消息的数字指纹，在散列函数满足抗碰撞特性的前提下，该数字指纹唯一确定了消息的内容，与通过指纹唯一确定人类身份有着异曲同工之处。而利用数字签名进行授权，则可以看作模拟现实生活中通过在文件上手写签名的方式进行授权的过程，因此对数字签名算法有以下要求。

- 只有特定的人才可以授权签名，即签名过程要求签名者掌握一定的秘密信息。

- 验证签名的过程通常不需要签名者的参与，即要求数字签名是公开、可验证的。

数字签名算法的签名密钥对满足该要求——密钥对中包含只有签名者知道的签名私钥以及可以公开的验证公钥。数字签名算法通常包含 3 个子算法。

- 密钥生成算法：从安全的随机数发生器读取随机数，生成签名密钥对。

- 消息签名算法：根据消息和签名私钥计算签名值。

- 签名验证算法：利用验证公钥、消息以及签名值判断该签名是否合法。

通过数字签名算法进行授权的方式通常具有更好的安全性——手写签名可以通过字迹模仿进行伪造，但在正确使用了安全的数字签名算法的前提下，无须担心数字签名被伪造的问题。与 Merkle 树类似，数字签名算法虽然理念简单，但正确应用数字签名算法并不容易。比特币中曾因为 ECDSA 应用不当多次引发安全问题，而新的区块链项目中充分借鉴了比特币的经验。Tendermint Core 中实现了多种数字签名算法，包括 ECDSA、Ed25519 以及 Sr25519，Tendermint Core 采用 Ed25519 数字签名算法完成共识投票过程中的投票，而 Cosmos-SDK 采用 ECDSA 进行交易的授权。

为了深入理解数字签名算法，并在工程实践中正确应用，需要理解抽象代数中的群（group）和域（field）等基本概念。这是因为 ECDSA、Ed25519 以及 Sr25519 都定义在一种名为椭圆曲线点群上的代数结构上，而该点群中的运算则需要借助素数域（prime field）上的运算完成。

2.2.1 循环群

所有的数字签名算法都是定义在某种代数结构上的。代数结构是指定义了一种或多种运算的非空集合，整数、有理数、实数等都是代数结构的例子。很多代数结构之间具有某些共性，群、域等基本概念就是对这些共性的抽象。**群**是指定义了一种满足某些性质的二元运算的、包含有限个或者无限个元素的集合，用 $\{\mathbb{G},\cdot\}$ 表示。其中 $\mathbb{G}$ 表示集合，而"$\cdot$"表示二元运算。二元运算需满足的性质具体如下。

- 封闭性（closure）：如果 $a,b \in \mathbb{G}$，则有 $a \cdot b \in \mathbb{G}$。
- 结合律（associative）：如果 $a,b,c \in \mathbb{G}$，则有 $(a \cdot b) \cdot c = a \cdot (b \cdot c)$。
- 单位元（identity element）：存在 $e \in \mathbb{G}$，满足对于所有的 $a \in \mathbb{G}$，都有 $a \cdot e = e \cdot a = a$。
- 逆元（inverse element）：对于所有的 $a \in \mathbb{G}$，都存在元素 $a^{-1} \in \mathbb{G}$ 满足 $a \cdot a^{-1} = e$。

加法运算下的整数集合 $\{\mathbb{Z},+\}$ 满足上述性质，但是乘法运算下的整数集合 $\{\mathbb{Z},\times\}$ 并不满足上述性质，这是因为在乘法运算下，集合中没有 $2 \in \mathbb{Z}$ 的逆元（$1/2$ 不是整数）。集合 $\mathbb{Z}_n = \{0,1,2,\cdots,n-1\}$ 在模 n 的加法运算下也满足上述性质，记为 $\{\mathbb{Z}_n,+\}$。其中用 $\mathbb{Z}_n^*$ 表示所有小于 n 并且与 n 互素的正整数，即 $\mathbb{Z}_n^* = \{x : \gcd(x,n)=1\}$（$\gcd(x,n)$ 表示 x 和 n 的最大公约数）。集合 $\mathbb{Z}_n^*$ 在模 n 的乘法运算下也是群，记为 $\{\mathbb{Z}_n^*,\times\}$。当 n 为素数 p 时，$\mathbb{Z}_p^* = \{1,2,\cdots,p-1\}$，$\{\mathbb{Z}_p^*,\times\}$ 也是群。

$\{\mathbb{Z}_n^*,\times\}$ 和 $\{\mathbb{Z}_p^*,\times\}$ 的封闭性和结合律容易验证，两个群的单位元都是 1，而逆元性质的证明分别需要使用欧拉定理（Euler's theorem）和费马小定理（Fermat's little theorem），其中欧

拉定理可以看作费马小定理的推广。此处仅讨论费马小定理，以说明 $\{\mathbb{Z}_p^*, \times\}$ 确实是群。

费马小定理指出，如果 p 是素数，并且 a 是与 p 互素的正整数，则 $a^{p-1} \bmod p = 1 \bmod p$，其中 mod 表示取余数。

证明：利用 a 构造新集合 $S = \{a \bmod p, 2 \times a \bmod p, \cdots, (p-1) \times a \bmod p\}$。由于 $\gcd(a, p) = 1$，因此集合 S 中的元素均不为零并且均与 p 互素。另外利用反证法容易证明集合 S 中的元素互不相等。由此可知集合 S 与集合 $\mathbb{Z}_p^*$ 包含相同的元素，则有

$$a \times (2 \times a) \times \cdots \times (p-1) \times a \bmod p = 1 \times 2 \times \cdots \times (p-1) \bmod p$$

$$a^{p-1} \times (p-1)! \bmod p = (p-1)! \bmod p$$

由于 $\gcd((p-1)!, p) = 1$，上式两侧可以消除 $(p-1)!$，得到 $a^{p-1} \bmod p = 1 \bmod p$，证毕。

根据费马小定理，对于任意的 $a \in \mathbb{Z}_p^*$，都有 $a^{p-1} \bmod p = 1 \bmod p \Rightarrow a \times a^{p-2} \bmod p = 1 \bmod p$。由于 1 是 $\{\mathbb{Z}_p^*, \times\}$ 的单位元，即 $a \in \mathbb{Z}_p^*$ 的逆元为 $a^{p-2} \bmod p$，因此 $\{\mathbb{Z}_p^*, \times\}$ 满足逆元性质。

包含有限个元素的群称为有限群（finite group），包含无限个元素的群称为无限群（infinite group），群中元素的个数称为群的阶（order）。$\{\mathbb{Z}, +\}$ 为无限群，而 $\{\mathbb{Z}_n, +\}$、$\{\mathbb{Z}_p^*, \times\}$ 为有限群，阶分别为 n 和 $p-1$。如果群中元素的二元运算还满足如下性质，则称该群为阿贝尔群（Abelian group）或者交换群（commutative group）。

● 交换律（commutative law）：如果对于所有的 $a, b \in \mathbb{G}$，都有 $a \cdot b = b \cdot a$。

$\{\mathbb{Z}_n, +\}$ 和 $\{\mathbb{Z}_p^*, \times\}$ 都满足交换律，也因此都是阿贝尔群。群 $\{\mathbb{Z}_n, +\}$ 中的所有元素都可以经由群中的元素 1 生成

$$\mathbb{Z}_n = \{0, 1, \cdots, n-1\} = \{0 \cdot 1, 1 \cdot 1, \cdots, (n-1) \cdot 1\}$$

其中 $k \cdot 1$ 表示 k 个 1 相加，$k = 0, 1, \cdots, (n-1)$。具有这种性质的群称为循环群（cyclic group），可以生成整个群的元素称为生成元（generator）。所有的循环群都是交换群，但所有的交换群并不都是循环群。值得注意的是，对于所有的素数 p，群 $\{\mathbb{Z}_p^*, \times\}$ 也是循环群。例如 $\{\mathbb{Z}_7^*, \times\}$ 中的所有元素都可以由群中的元素 3 生成

$$\mathbb{Z}_7^* = \{3^0 \bmod 7, 3^2 \bmod 7, 3^1 \bmod 7, 3^4 \bmod 7, 3^5 \bmod 7, 3^3 \bmod 7\}$$

值得注意的是，由费马小定理的证明过程可知，对于任意的素数 p，群 $\{\mathbb{Z}_p, +\}$ 中的任意非零元素都是该群的生成元。群概念的引入，为研究不同的代数结构提供了便利，因为看

似不同的代数结构可能具有相同的内部结构，抽象代数中用同构（isomorphism）来描述这一关系。两个群同构意味着在两个群之间存在保持其数学结构的双射（bijection，后文称为映射）。图 2-12 中展示了具有同构关系的两个群 $\{\mathbb{Z}_6, +\}$ 和 $\{\mathbb{Z}_7^*, \times\}$，其中两个群之间的同构映射 f 定义如下

$$f(x) = 3^x \bmod 7 \in \{\mathbb{Z}_7^*, \times\}, x \in \{\mathbb{Z}_6, +\}$$

同构映射 f 保持了群的数学结构，意味着对于任意的 $x_1, x_2 \in \{\mathbb{Z}_6, +\}$，如下等式均成立

$$f(x_1 + x_2 \bmod 6) = f(x_1) \times f(x_2) \bmod 7$$

图 2-12 所示的是 $x_1 = 1$、$x_2 = 2$ 时的群同构示例。观察图 2-12 中的实线箭头以及同构示例，可以发现相互同构的群具有相同的内部结构，差别仅在于元素和运算的具体表示形式。抽象代数的理论指出，对于任意的素数 p，群 $\{\mathbb{Z}_{p-1}, +\}$ 和 $\{\mathbb{Z}_p^*, \times\}$ 同构，记为 $\{\mathbb{Z}_{p-1}, +\} \cong \{\mathbb{Z}_p^*, \times\}$。更进一步，任意的 n 阶循环群均与 $\{\mathbb{Z}_n, +\}$ 同构。理解群同构的内在含义，对于理解后续的椭圆曲线点群（群中的每个元素都是椭圆曲线上的一个点，因此称为点群）以及数字签名算法大有裨益，这是因为如果数字签名算法定义在 n 阶的椭圆曲线点群上，就意味着该点群与 $\{\mathbb{Z}_n, +\}$ 同构，读者可以借助熟悉的模加运算来理解椭圆曲线点群的内部结构。

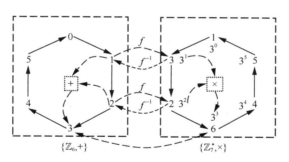

图 2-12　群同构示例

如果群 $\{\mathbb{G}, \cdot\}$ 的子集在相同的运算下也构成群，则称其为群 $\{\mathbb{G}, \cdot\}$ 的一个子群（subgroup），循环群的子群称为循环子群（cyclic subgroup）。$\{\{0, 2, 4\}, +\}$ 和 $\{\{0, 3\}, +\}$ 分别为群 $\{\mathbb{Z}_6, +\}$ 的 3 阶循环子群和 2 阶循环子群，生成元分别为 2 和 3；$\{\{1, 2, 4\}, \times\}$ 和 $\{\{1, 6\}, \times\}$ 分别为群 $\{\mathbb{Z}_7^*, \times\}$ 的 3 阶循环子群和 2 阶循环子群，生成元分别为 2 和 6。细心的读者可以发现，$\{\mathbb{Z}_6, +\}$ 和 $\{\mathbb{Z}_7^*, \times\}$ 的循环子群仍然保持着同构关系，这也进一步印证了同构的群具有相同的内部结构。

对于单位元为 I 的加法群 $\{\mathbb{G}, +\}$ 中的元素 g，用 $k \cdot g$ 表示 k 个 g 相加。如果存在最小的正整数 k 满足 $k \cdot g = I$，则称 k 为 $g \in \{\mathbb{G}, +\}$ 元素的阶。群 $\{\mathbb{Z}_6, +\}$ 中元素 2 的阶为 3（$3 \cdot 2 = 2 + 2 + 2 = 0 \bmod 6$），而元素 3 的阶为 2（$2 \cdot 3 = 3 + 3 = 0 \bmod 6$），因此由 2 生成的循环子群的阶为 3，

而由 3 生成的循环子群的阶为 2。值得提及的是，抽象代数的理论指出，群中所有元素的阶都能整除群的阶。用 n 表示群 $\{\mathbb{G},+\}$ 的阶，则对任意的 $g \in \{\mathbb{G},+\}$，都有 $n \cdot g = I$。

2.2.2 素数域

虽然群中只定义了一种运算，但由于群中的每一个元素都有逆元，因此可以为加法群 $\{\mathbb{G},+\}$ 定义减法运算：对于 $a,b \in \{\mathbb{G},+\}$，有 $a-b = a+(-b)$。同样，对于乘法群，可以定义除法运算。那么是否有一种代数结构可以同时支持加、减、乘、除四则运算？答案是肯定的，这就是本小节要介绍的一种代数结构：域（field）。域 $\{\mathbb{F},+,\times\}$ 中同时定义了需要满足以下特性的加法和乘法运算。

- 域中的所有元素构成加法交换群，用 0 表示该加法交换群的单位元。
- 域中所有的非零元素构成乘法交换群，用 1 表示该乘法交换群的单位元。
- 域中的乘法和加法运算满足分配律，即对所有的 $a,b,c \in \mathbb{F}$，都有 $a \times (b+c) = a \times b + a \times c$。

整数集合在加法和乘法运算下并不构成域，然而有理数集合在加法和乘法运算下构成了域，实数集合在加法和乘法运算下也构成了域。根据域的加法运算和乘法运算，可以定义出减法运算和除法运算，即域中同时支持加、减、乘、除四则运算。

有理数域和实数域中都包含无限多个元素，密码学领域通常仅关心包含有限个元素的域，即有限域（finite field），有限域也称为伽罗瓦域（Galois field），记为 $\mathbb{F}_q$，其中 q 表示域中元素的个数。ECDSA、Ed25519 以及 Sr25519 等数字签名算法依赖的椭圆曲线点群，都定义在含有奇素数个元素的有限域中。含有奇素数个元素的有限域称为素数域（prime field），记为 $\mathbb{F}_p$。

根据 2.2.1 小节的介绍，已经知道 $\{\mathbb{Z}_7^*,\times\}$ 为乘法交换群，$\{\mathbb{Z}_7,+\}$ 为加法交换群，并且模 7 的乘法和加法运算满足分配律，因此 $\mathbb{F}_7$ 是一个域。推而广之，可知对于任意的素数 P，$\mathbb{F}_p = \{\{0,1,2,\cdots,p-1\},+,\times\}$ 是一个域，其中加法和乘法运算都是模 P 的运算。ECDSA、Ed25519 以及 Sr25519 等数字签名算法依赖的椭圆曲线点群就定义在 $\mathbb{F}_p$ 上，为了达到 128 比特的安全强度，通常选取 256 比特的素数作为 P。

2.2.3 椭圆曲线

初次接触椭圆曲线都会有种无所适从的感觉，思考下中学时代接触过的圆以及椭圆将有助于理解椭圆曲线。图 2-13 所示的是实数上由方程 $x^2 + y^2 = r^2$ 定义的圆和由方程 $ax^2 + by^2 = c$

定义的椭圆。由此可见，不同的方程定义了不同类型的曲线。

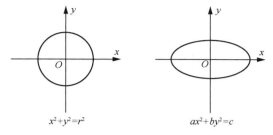

图 2-13 方程定义曲线类型

按照这个思路理解，椭圆曲线也是由某种方程定义的曲线。常见的椭圆曲线由方程 $y^2 = x^3 + ax + b$ 定义。图 2-14 展示了当 a 和 b 取不同值时该方程在实数上所定义的椭圆曲线形状。

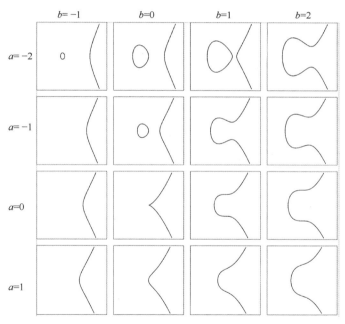

图 2-14 不同形状的椭圆曲线

本章仅关心定义在素数域 $\mathbb{F}_p$ 上的椭圆曲线的点集合，即满足以下条件的所有 (x, y)，x, $y \in \mathbb{F}_p$ 的集合

$$y^2 = x^3 + a \cdot x + b \bmod p, a, b, x, y \in \mathbb{F}_p$$

当 $a = 0, b = 7, p = 11$ 时，$y^2 = x^3 + 7 \bmod 11$ 所定义的椭圆曲线上共有 11 个点

$$(2,2),(2,0),(3,1),(3,10),(4,4),(4,7),(5,0),(6,5),(6,6),(7,3),(7,8)$$

图 2-15 展示了该曲线上所有的点。椭圆曲线领域的研究人员为有限域上的椭圆曲线的点集合定义了加法运算（＋），此处不再探讨点加法运算的细节。在加法运算规则下，有限域上的 $y^2 = x^3 + ax + b$ 定义的椭圆曲线的点集合中没有单位元。为了使椭圆曲线的点集合在该加法运算下构成群，便引入假想的单位元 $\mathcal{O}$，称 $\mathcal{O}$ 为无穷远点。因此集合 $\{(x,y) : y^2 = x^3 + 7 \bmod 11\}$ $\cup \{\mathcal{O}\}$ 在点的加法运算下是一个含有 12 个元素的群。

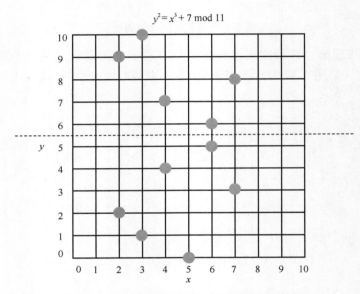

图 2-15　素数域上的椭圆曲线的点集合

由于任意的 n 阶循环群均与 $\{\mathbb{Z}_n, +\}$ 同构，这就意味着含有 12 个元素的椭圆曲线点群与 $\{\mathbb{Z}_{12}, +\}$ 同构，即

$$\{\{(x,y) : y^2 = x^3 + 7 \bmod 11\}, +\} \cup \{\mathcal{O}\} \cong \{\mathbb{Z}_{12}, +\}$$

同构意味着两个群具有相同的内部结构，也就意味着通过群 $\{\mathbb{Z}_{12}, +\}$ 可以了解该椭圆曲线点群的所有特性。群 $\{\mathbb{Z}_{12}, +\}$ 中元素 1 的阶为 12，意味着元素 1 是该群的生成元。根据同构关系，就知道在该椭圆曲线点群中，必定存在阶为 12 的点，并且该点可以生成点群中的所有元素，如图 2-16 所示。

为了加深理解，图 2-17 展示了从群

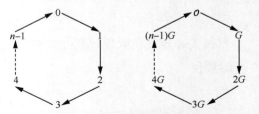

图 2-16　椭圆曲线点群的内部结构

$\{\{(x,y):y^2=x^3+7\bmod 11\}\cup\mathcal{O},+\}$ 中的 12 阶点 $(7,8)$ 出发，生成群中所有元素的具体过程。图 2-17 中每个箭头表示将当前点与点 $(7,8)$ 相加之后得到的下一个点。从点 $(7,8)$ 出发，追随箭头的指示，可以发现在遍历群中所有的元素之后最终又回到了点 $(7,8)$，即点 $(7,8)$ 是图 2-16 中的 G。

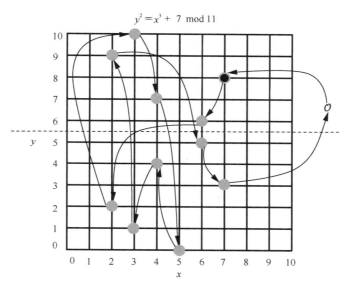

图 2-17 椭圆曲线点群的内在结构的示例

至此，读者可以理解 2.2.1 小节引入各种代数结构的原因——利用群之间的同构并借助熟悉的群结构 $\{\mathbb{Z}_n,+\}$ 来理解抽象的椭圆曲线点群。图 2-17 展示了从点 $(7,8)$ 生成点群的过程，虽然是按照点群的加法运算进行的，但是图 2-17 中的箭头走向给人一种随机游走的感觉。这种随机游走意味着，对于生成元 G 和任意非单位元 P，计算满足 $P=k\cdot G$ 关系的 k 是困难的。给定椭圆曲线点群中的非单位元 P，计算满足 $P=k\cdot G$ 的 k（$k\cdot G$ 表示 k 个 G 相加，表示点的倍乘运算），称为椭圆曲线离散对数问题（elliptic curve discrete logarithm problem，ECDLP）。随着 P 的增大，素数域 $\mathbb{F}_p$ 上椭圆曲线 $y^2=x^3+ax+b$ 的点群会包含越来越多的元素，ECDLP 也会越来越难以计算。根据目前密码分析理论的结果，当 P 为 256 比特的素数时，ECDLP 问题具有 128 比特的安全强度。

根据椭圆曲线算术理论的 Hasse 定理可知，素数域 $\mathbb{F}_p$ 上的椭圆曲线大约有 P 个点，而根据 Schoof 算法可以快速计算出椭圆曲线上点的具体个数。细心的读者可能会困惑，既然椭圆曲线点群与群 $\{\mathbb{Z}_n,+\}$ 同构，是否可以借助群 $\{\mathbb{Z}_n,+\}$ 来计算 ECDLP 问题？群 $\{\mathbb{Z}_n,+\}$ 中元素 1 为单位元，对于该群中的任意元素 x 和单位元 1，都容易计算满足关系 $x=k\cdot 1$ 的 k 值。根据这一发现，将点群中的非单位元的点 P 映射到群 $\{\mathbb{Z}_n,+\}$ 中的元素，而将单位元 G 映射

到群 $\{\mathbb{Z}_n, +\}$ 的单位元，就可以快速解决 ECDLP 问题。随着椭圆曲线中点群元素的增多，构建这样的映射本身就很困难，因此无法利用同构关系来解决 ECDLP 问题。在密码学领域中，通常会选择素数 p 使得椭圆曲线 $y^2 = x^3 + ax + b$ 在素数域 $\mathbb{F}_p$ 上具有素数个点。

2.2.4 ECDSA

比特币中采用的数字签名算法 ECDSA 是定义在素数域 $\mathbb{F}_p$ 上的椭圆曲线 $y^2 = x^3 + ax + b$ 的点群上的，其中

$$\begin{cases} a = 0, \\ b = 7, \\ p = 2^{256} - 2^{32} - 2^9 - 2^8 - 2^7 - 2^6 - 2^4 - 1 \end{cases}$$

密码学领域中用"secp256k1"来指代这条曲线。secp256k1 的名字来自文档"SEC 2"[①]，其中 SEC 是 standards for efficient cryptography（高效密码学标准）的缩写，p 表示椭圆曲线参数定义在素数域 $\mathbb{F}_p$ 上，256 表示该素数域中的元素为 256 比特，k 表示这是一条 Koblitz 曲线，而 1 表示这是满足前述条件的第一条（实际上也是截至目前的唯一一条）推荐的曲线。Koblitz 曲线是指具有某种特殊性质的曲线，利用其特殊性质可以加速点的倍乘运算，从而加速数字签名验证过程。比特币中采纳了基于 secp256k1 的 ECDSA，使得该算法在区块链领域得到了广泛应用。Tendermint Core 中提供了该算法的实现，而 Cosmos-SDK 默认利用该算法进行交易授权。

中本聪最初选择 secp256k1 曲线的原因已经无从考证。在中本聪完成比特币实现代码时，得到广泛应用的是定义在名为 secp256r1 的椭圆曲线上的 ECDSA。推断中本聪选用 secp256k1 的原因可能是该曲线具备可以用于加速 ECDSA 签名验证过程的特性。这种特性尤其适合区块链场景，因为区块中一笔交易的签名仅需要计算一次，但是交易被打包到区块后，相应签名会被所有节点均验证一次。然而比特币的最初代码中签名验证依赖 OpenSSL 中的 ECDSA 实现，但是该实现并没有利用这一特性，所以前述的推断也并不成立。

斯诺登泄露的文档显示美国国家安全局（National Security Agency，NSA）可能在美国国家标准与技术研究院（National Institute of Standards and Technology，NIST）标准中埋藏"算法级后门"，后来的 Dual_EC_DRBG 事件[②]也在密码学界引发了对于 NSA 可能在 secp256r1 中埋藏算法级后门的广泛忧虑。secp256r1 曲线中的 r 表示曲线参数是从随机种子派生而来

---

① Certicom Research, "Standards for Efficient Cryptography, SEC 2: Recommended Elliptic Curve Domain Parameters", 2010.

② Daniel J. Bernstein, Tanja Lange, Ruben Niederhagen, "Dual EC: A Standardized Back Door", *The New Codebreakers*, vol 9100, 2016.

的，但是 NIST 并没有解释该随机种子的来源。相比之下，secp256k1 曲线的所有参数选择都有合理的解释。因此，密码学界普遍认为 secp256k1 应当不存在算法级后门。出于对这些因素的考虑，中本聪当时选择 secp256k1，在现在看来又有了先见之明的意味。

如前文所述，为了满足群的性质，需要为 secp256k1 上的点集合引入无穷远点 $\mathcal{O}$ 作为单位元，即相应的椭圆曲线点群为

$$\{\{(x, y): y^2 = x^3 + 7 \bmod p\} \bigcup \{\mathcal{O}\}, +\}$$

该点群中的阶为

$$n = 0\text{xffffffffffffffffffffffffffffffffebaaedce6af48a03bbfd25e8cd0364141}$$

即该点群同构于 $\{\mathbb{Z}_n, +\}$。容易验证 n 为素数，则 $\mathbb{F}_n$ 为素数域，用 $\mathbb{F}_n^*$ 表示该素数域非零元素构成的乘法交换群。当 n 为素数时，$\{\mathbb{Z}_n, +\}$ 中的任一非零元素都是群的生成元，这一结论可以从费马小定理的证明过程得到。这也就意味着点群中任意非单位元的点都是该点群的生成元。基于 secp256k1 的 ECDSA 约定生成元 G 的坐标为

$$G_x = 0\text{x79be667ef9dcbbac55a06295ce870b07029bfcdb2dce28d959f2815b16f81798}$$

$$G_y = 0\text{x483ada7726a3c4655da4fbfc0e1108a8fd17b448a68554199c47d08ffb10d4b8}$$

假设待签名消息为 m，存在散列函数 $H: \{0,1\}^* \to \mathbb{F}_n^*$，表示将任意长度的比特串映射成乘法交换群 $\mathbb{F}_n^*$ 中的元素，则 ECDSA 定义如下。

- 密钥生成算法：随机选择 $d \in \mathbb{F}_n^*$ 并计算 $P = d \cdot G$，则签名密钥对为 (d, P)，其中 d 为私钥，P 为公钥。

- 消息签名算法：输入为待签名消息 m、私钥 d。
  - 随机选择 $k \in \mathbb{F}_n^*$，计算 $R = (x, y) = k \cdot G, x, y \in \mathbb{F}_p$，计算 $r = x \bmod n \in \mathbb{F}_n^*$。
  - 计算 $e = H(m) \in \mathbb{F}_n^*$，计算 $s = k^{-1}(e + rd) \bmod n \in \mathbb{F}_n^*$。
  - 签名值 $\sigma = (r, s), r, s \in \mathbb{F}_n^*$。上述计算过程中要求 k、r、s 均不得为 0，如果为 0 则重新选择 k 进行计算。

- 签名验证算法：输入为待签名消息 m、公钥 P 以及签名值 $\sigma = (r, s)$。
  - 验证 r、s 确实是 $\mathbb{F}_n^*$ 中的元素，即判断 $1 \leqslant r, s \leqslant n-1$ 是否成立，不成立则签名值无效。
  - 计算 $e = H(m) \in \mathbb{F}_n^*$ 并计算 $s \in \mathbb{F}_n^*$ 的逆元 s^{-1}。

○ 计算 $R' = (x', y') = s^{-1}(e \cdot G + r \cdot P)$，如果 R' 为单位元 $\mathcal{O}$，则签名值无效。

○ 判断 $x' \bmod n$ 与 r 是否相等，如果相等则签名验证通过，否则签名值无效。

由于 $R' = s^{-1}(e \cdot G + r \cdot P) = s^{-1}(e \cdot G + r(d \cdot G)) = s^{-1}(e + rd) \cdot G = k \cdot G = R$，因此合法的签名能够验证通过。

值得指出的是，ECDSA 中共涉及 3 种数学结构中的运算。

● 有限域 $\mathbb{F}_n$ 上的加法和乘法运算（求逆运算可以根据加法和乘法运算完成）。

● 椭圆曲线点群中的加法运算（点的倍乘运算可以根据点的加法运算完成）。

● 椭圆曲线点群中的加法运算涉及点的横、纵坐标之间的运算，这些运算是在有限域 $\mathbb{F}_p$ 上的加法和乘法运算。

理解了椭圆曲线点群的基本特性之后，容易理解 ECDSA 的内在原理。与 Merkle 树一样，虽然理念比较简单，但是在具体的工程应用时，尤其在区块链领域，容易出现误用，导致各类安全隐患。

（1）如果消息签名过程中的 k 值泄露，则任何知道 k 值的人都可以从相应的签名值推算出私钥。

（2）用相同私钥和 k 对两个不同的消息进行签名，则任何人都可以通过两个签名值推算出私钥。

（3）两个用户使用相同的 k 分别对不同的消息进行签名，则任意一方可推算出对方的私钥。

（4）相同私钥和 k 同时用于 ECDSA 签名和 Schnorr 签名时，任何人都能够恢复出私钥。

（5）签名值的可锻造性会造成区块链网络的分裂。可锻造性是指如果签名值 (r, s) 合法，则 $(r, -s)$ 也合法。

（6）签名值通常采用的可辨别编码规则（distinguished encoding rule，DER）由于编码值不唯一也会造成区块链网络的分裂。

（7）不需要提供签名消息的情况下，任何人都可以根据任意签名值伪造相应私钥的签名值。

关于上述 7 个安全隐患的完整介绍请参考文章 "ECDSA 签名机制在区块链领域中的应

用"[①]，此处仅讨论第 2 个安全隐患。

如果用相同的私钥 d 和 k 值对两个不同的消息 m_1、m_2 进行签名，生成了签名值 $\sigma_1 = (s_1, r_1), \sigma_2 = (s_2, r_2)$，则任何人都可以根据消息 m_1、m_2 和签名值 σ_1、σ_2 推算出用于签名的私钥。

这是因为根据 ECDSA 可以获得以下两个等式

$$s_1 = k^{-1}(e_1 + rd) \bmod n, e_1 = H(m_1)$$

$$s_2 = k^{-1}(e_2 + rd) \bmod n, e_2 = H(m_2)$$

而其中未知变量仅有 k 和 d，解上述方程组就可以得到私钥 d

$$d = (s_2 e_1 - s_1 e_2)[(s_1 - s_2)r]^{-1} \bmod n$$

上述 7 个安全隐患中，有 4 个与 k 值的错误使用有关。曾因为数字钱包随机数生成算法的问题泄露了用户的私钥，导致比特币被盗。如何生成安全的随机数 k 是一个困扰了工业界和学术界多年的问题，至今尚未完全解决。考虑到区块链领域中不同账户发起的交易内容各不相同这一事实，只要保证同一个签名私钥在对不同的消息进行签名时使用的随机数 k 各不相同，即可避免相关安全隐患。

根据这一思路，RFC 6979 中给出了解决方案：不再使用随机数发生器随机生成 k，而使用签名密钥和待签名消息根据确定性算法派生出 k。通过这种方式可以保证相同的密钥对在对不同的消息签名时总会使用不同的 k 值，从而规避诸多安全隐患。具体的派生过程，请参考 RFC 6979，此处不赘述。值得提及的是，RFC 6979 中也考虑了不同数字签名算法使用相同密钥对时的安全问题，因此，前文的第 4 点安全隐患也得到解决，关于 Schnorr 签名的更多信息参见 2.2.5 小节。

第 5 点和第 6 点安全隐患，也曾在比特币领域引发安全问题。这是区块链应用的特殊性导致的。区块链应用通常依赖散列指针保证历史区块不可篡改。当签名值可以锻造或者编码成不同的比特串时，虽然签名值所代表的语义（合法的交易授权）没有受到影响（仍是合法的签名值或者解码之后仍是合法的签名值），但是攻击者可以利用这些特性，根据一个区块构建出另一个仍然合法的区块，从而导致区块链网络的分裂（区块链网络的参与方对上一个合法区块的散列值有着不同的观点）。针对这些问题，区块链领域的开发者逐一给出了解决方案。比特币的 ECDSA 的工程实践为后来的区块链项目提供了宝贵的经验。Tendermint Core 的 ECDSA 实现中——落实了相应的预防措施，保证了基于 secp256k1 曲线的 ECDSA 的安全性。

[①] 笔者（longcpp）在 GitHub CryptoInAction 项目文章"ECDSA 签名机制在区块链领域中的应用"。

2.2.5　Ed25519

虽然基于 secp256k1 椭圆曲线的 ECDSA 在区块链领域得到了广泛应用，但这并不意味着 secp256k1 椭圆曲线或者 ECDSA 最适合区块链领域。在工程实现方面，数字签名算法的消息签名和签名验证的效率，很大程度上是由其依赖的椭圆曲线所决定的，密码学库 secp256k1[①]是比特币核心开发者为了改进比特币中 ECDSA 的安全性和效率而专门开发的 ECDSA 签名库，可以认为是目前基于 secp256k1 曲线的 ECDSA 的理想实现方式，被广泛应用于区块链项目。利用 secp256k1 曲线的特殊性质进行签名验证加速之后，密码学库 secp256k1 每秒大约可以验证 20 000 个签名[②]。但是即使是这样的速度，在高性能的区块链网络中，区块中交易的签名验证过程仍然会成为区块处理中的性能瓶颈。

近年来，对椭圆曲线算术理论的研究催生了性能更为友好的椭圆曲线。在这些椭圆曲线上构建数字签名算法有助于进一步提升数字签名算法的执行效率，其中的代表就是扭曲爱德华曲线（twisted Edwards curve）Edwards25519[③]。另外，一种名为 Schnorr 签名的数字签名算法在各个维度都比 ECDSA 更加适合区块链应用，尤其是 Schnorr 签名支持签名批量验证（batch verification）特性，特别适合区块处理中的签名验证过程。Schnorr 签名在相当长的一段时间内受到专利保护，因此没有得到广泛部署。然而随着相关专利过期，越来越多的区块链项目开始采用 Schnorr 签名。比特币和比特币现金的网络为了部署 Schnorr 签名做了大量的工作，而比特币现金已经在 2019 年 5 月的协议升级中部署了 Schnorr 签名。

1．Schnorr 签名

假设待签名消息为 m，存在散列函数 $H:\{0,1\}^* \rightarrow \mathbb{F}_n^*$，它将任意长度的比特串映射成乘法交换群 $\mathbb{F}_n^*$ 中的元素，用 $\mathbb{G}$ 表示 secp256k1 上的椭圆曲线点群，生成元 $G \in \mathbb{G}$，则基于 sepc256k1 曲线的 Schnorr 签名定义如下。

- 密钥生成算法：随机选择 $d \in \mathbb{F}_n^*$ 并计算 $Q = d \cdot G$，则签名密钥对为 (d, Q)，其中 d 为私钥，Q 为公钥。

- 消息签名算法：输入为待签名消息 m、私钥 d。

  ○ 随机选择 $k \in \mathbb{F}_n^*$，计算 $R = (x,y) = k \cdot G, x, y \in \mathbb{F}_p$。

  ○ 计算 $e = H(R \mid Q \mid m) \in \mathbb{F}_n^*$。

  ○ 计算 $s = k + ed \bmod n \in \mathbb{F}_n^*$。

---

① GitHub 官网 bitcoin-core 的 secp256k1 项目。

② 笔者（longcpp）在 GitHub CryptoInAction 项目文章 "基于 secp256k1 的自同态映射加速 ECDSA 验签"。

③ 笔者（longcpp）在 GitHub CryptoInAction 项目文章 "蒙哥马利曲线与扭曲爱德华曲线"。

- o 签名值 $\sigma = (R,s), R \in \mathbb{G}, s \in \mathbb{F}_n^*$。上述计算过程中要求 k、s 均不为 0，如果为 0 则重新选择 k 进行计算。

- 签名验证算法：输入为待签名消息 m、公钥 Q 以及签名值 $\sigma = (R,s)$。

  - o 验证 $R \in \mathbb{G}$，验证 $s \in \mathbb{F}_n^*$，验证失败意味着签名值无效。

  - o 计算 $e = H(R \,|\, Q \,|\, m) \in \mathbb{F}_n^*$。

  - o 计算 $R + e \cdot P$ 并判断其是否与 $s \cdot G$ 相等，相等则意味着签名值合法，否则签名值无效。

由于 $s \cdot G = (k+ed) \cdot G = k \cdot G + ed \cdot G = R + e(d \cdot G) = R + e \cdot P$，因此合法的签名能够验证通过。

注意在 Schnorr 签名的消息签名过程中也需要随机数 k，并且该随机数的误用同样会导致 2.2.4 小节中描述的相关安全隐患，因此 Schnorr 签名的工程实现中也会采用类似于 ECDSA 的安全防护措施，例如采用 RFC 6979 中的方案生成随机数 k。然而受限于 secp256k1 椭圆曲线本身的特性，该曲线上的 Schnorr 签名仍无法满足高性能区块链网络的要求。

如前文所述，随着对椭圆曲线算术理论的研究，出现了性能更好的椭圆曲线，其中的典型代表就是 Daniel J. Bernstein 等人在论文 "High-speed high-security signatures"[1] 中提出的扭曲爱德华曲线 Edwards25519。Bernstein 等人基于该曲线上的加法点群构造了可以被视为 Schnorr 签名变种的 Ed25519 数字签名算法。在工程实现方面，Ed25519 数字签名算法的消息签名过程和签名验证过程相比基于 secp256k1 曲线的 ECDSA 和 Schnorr 签名在效率方面有了显著的提升。在用 Rust 语言实现的密码学库 curve25519-dalek[2] 中，利用 Ed25519 支持的批量验证特性，每秒可以完成 60 000 多次签名验证[3]。汲取比特币在 ECDSA 应用方面的经验，Ed25519 从签名机制设计层面就考虑了相应的安全措施。

2. Edwards25519 曲线

椭圆曲线 secp256k1 的方程 $y^2 = x^3 + ax + b$ 是众多类型的椭圆曲线方程中的一种。爱德华曲线是 Harold M. Edwards 在 2007 年提出的椭圆曲线类型，定义在素数域 $\mathbb{F}_p, p > 2$ 的爱德华曲线方程为

$$x^2 + y^2 = 1 + dx^2 y^2, d \notin \{0,1\}$$

---

[1] Daniel J. Bernstein, Niels Duif, Tanja Lange, Peter Schwabe, Bo-Yin Yang, "High-speed high-security signatures", *Journal of Cryptographic Engineering* 2, no. 2 (2012): 77-89.

[2] GitHub 官网 dalek-cryptography 的 curve25519-dalek 项目。

[3] 笔者（longcpp）在 GitHub CryptoInAction 项目文章 "深入理解 Ed25519：原理与速度"。

2008 年 Bernstein 等人则基于 Edwards 的工作提出了更为广义的扭曲爱德华曲线。定义在素数域 $\mathbb{F}_p$, $p > 2$ 的扭曲爱德华曲线方程为

$$ax^2 + y^2 = 1 + dx^2 y^2, a, d \in \mathbb{F}_p, ad(a - d) \neq 0$$

爱德华曲线是扭曲爱德华曲线在参数 $a = 1$ 时的特例。

同样，可以为扭曲爱德华曲线上的点定义加法运算，并且无须额外引入无穷远点作为单位元。在该加法运算下，曲线上的点 $(0,1)$ 就是单位元。因此素数域上的扭曲爱德华曲线的所有点在该加法运算下就构成了加法点群。值得提及的是，扭曲爱德华曲线上点群的加法运算相比 secp256k1 曲线上点群的加法运算更为简单。

Edwards25519 定义在素数域 $\mathbb{F}_p$, $p = 2^{255} - 19$ 上的扭曲爱德华曲线为

$$-x^2 + y^2 = 1 + \frac{121\,665}{121\,666} x^2 y^2$$

即参数 $a = -1$、$d = 121\,665/121\,666$。Edwards25519 曲线上共有 $8 \cdot \ell$ 个点，其中 $\ell = 2^{252} + 27\,742\,317\,777\,372\,353\,535\,851\,937\,790\,883\,648\,493$，为素数。8 称为余因子（cofactor）。（secp256k1 曲线的余因子为 1。）

根据同构的概念，可知 Edwards25519 上的加法点群与 $\mathbb{Z}_{8 \cdot \ell}$ 同构，可以根据 $\mathbb{Z}_{8 \cdot \ell}$ 的特性来理解 Edwards25519 曲线上的加法点群。

任意的 $x \in \mathbb{Z}_{8 \cdot \ell}$ 都可以表示成 $x = a + 8 \cdot b$，其中 a 为 $\mathbb{Z}_8$ 的生成元，而 b 为 $\mathbb{Z}_\ell$ 的生成元，用 $\mathbb{Z}_{8 \cdot \ell} \cong \mathbb{Z}_8 \times \mathbb{Z}_\ell$ 来表示这种关系。更直观的解释方式是，$\mathbb{Z}_{8 \cdot \ell}$ 中包含 8 个阶为 ℓ 的子群，其中一个子群为 $\mathbb{Z}_\ell$，而其余 7 个子群都与 $\mathbb{Z}_\ell$ 同构。因此 Edwards25519 曲线上的加法点群也包含 8 个阶为 ℓ 的子群，如果 P 是该点群中阶为 8 的元素、Q 是该点群中阶为 ℓ 的元素，则 Edwards25519 曲线上所有的点都可以表示为

$$a \cdot P + b \cdot Q, a \in \mathbb{Z}_8, b \in \mathbb{Z}_\ell$$

3. Ed25519 数字签名算法

Tendermint Core 中共识协议投票其实就是用该数字签名算法对适当消息计算而来的签名值。Ed25519 数字签名算法定义在 Edwards25519 曲线点群的 ℓ 阶子群 $\mathbb{G}$ 上，用 G 表示该子群的生成元。由于 ℓ 为素数，因此该子群中的所有非单位元的点都是该子群的生成元。G 的坐标分别为

$$G_x = 0x216936d3cd6e53fec0a4e231fdd6dc5c692cc7609525a7b2c9562d608f25d51a$$

$$G_y = 0x6666666666666666666666666666666666666666666666666666666666666658$$

虽然Ed25519数字签名算法可以看作Schnorr签名的变种算法,但是与ECDSA和Schnorr签名中直接用私钥和生成元进行点倍乘运算以得到公钥值不同,Ed25519数字签名算法中私钥与公钥之间的关系相对复杂,如图 2-18 所示。

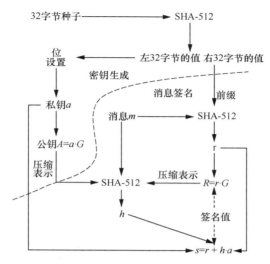

图 2-18　Ed25519 数字签名算法

假设待签名消息为 m ,存在散列函数 $H:\{0,1\}^* \to \mathbb{F}_\ell^*$ 将任意长度的比特串映射成乘法交换群 $\mathbb{F}_\ell^*$ 中的元素。在工程实现中,ECDSA 和 Schnorr 签名中的散列函数 H ,通常会基于 SHA-256 散列函数进行构造,然而 Ed25519 采用了 SHA-512 散列函数构造 H 。

- 密钥生成算法:Ed25519 的秘密信息是 32 字节种子(seed),将该秘密种子作为 SHA-512 的输入得到 64 字节的散列值。64 字节的散列值拆分成两个 32 字节的值 L_{32} 和 R_{32} ,其中 L_{32} 用于生成签名的公、私钥对,而 R_{32} 则用于消息签名的计算。
    - 比特设置:将 L_{32} 的第一个字节的最低 3 比特清零,最后一个字节的最高位清零,并设置最后一个字节的第二高位为 1。
    - 计算签名公、私钥对:将 L_{32} 当作 32 字节的小端法表示的整数 a ,则签名公、私钥对为 $(a, A = a \cdot G)$ 。
- 消息签名算法:输入为待签名消息 m 、私钥 a 、公钥 A ,如图 2-18 所示。
    - 计算 $r = H(R_{32} \mid m) \in \mathbb{F}_\ell^*$,并计算 $R = r \cdot G \in \mathbb{G}$ 。
    - 计算 $h = H(R \mid A \mid m) \in \mathbb{F}_\ell^*$,并计算 $s = r + a \cdot h \bmod \ell \in \mathbb{F}_\ell^*$ 。
    - 签名值 $\sigma = (R, s), R \in \mathbb{G}, s \in \mathbb{F}_\ell^*$ 。

- 签名验证算法：输入为待签名消息 m、公钥 A 以及签名值 $\sigma = (R, s)$。

    ○ 验证 $R \in \mathbb{G}$，验证 $s \in \mathbb{F}_\ell^*$，验证失败意味着签名值无效。

    ○ 计算 $h = H(R \mid A \mid m) \in \mathbb{F}_\ell^*$。

    ○ 判断 $8s \cdot G$ 是否与 $8 \cdot R + 8h \cdot A$ 相等，相等则意味着签名值合法，否则签名值无效。

由于 $8s \cdot G = 8(r + ah) \cdot G = 8r \cdot G + 8h \cdot (a \cdot G) = 8 \cdot R + 8h \cdot A$，因此合法的签名能够通过验证。

密钥生成算法中的比特设置操作有些奇怪，将第一个字节的最低 3 比特清零是因为 Edwards25519 曲线点群的余因子为 8，这与签名验证过程相呼应。设置最后一个字节的最高两位分别为 0 和 1，有助于 Ed25519 消息签名算法的安全实现。对比 ECDSA 与 Schnorr 签名的计算过程可以发现，Ed25519 消息签名计算过程中没有读取随机数 k，而是利用散列函数从消息 m 和 R 生成的 r 充当随机数的角色，这与 RFC 6979 中通过确定性算法从消息和密钥对生成 ECDSA 和 Schnorr 消息签名过程中所需的随机数 k 有着相同的效果，可以避免与随机数生成有关的安全隐患。

对比 Schnorr 签名和 Ed25519 签名的验证过程，可以发现签名验证等式基本相同，但是在 Ed25519 签名验证过程中，验证等式两侧的每一项都乘 8。这是由于 Edwards25519 曲线的余因子为 8。如前文所述，Edwards25519 曲线上所有的点都可以表示为 $a \cdot P + b \cdot Q$，$a \in \mathbb{Z}_8, b \in \mathbb{Z}_\ell$，即每个点有两个组成部分，一部分由阶为 8 的元素生成，另一部分由阶为 ℓ 的元素生成。乘 8 之后有

$$8(a \cdot P + b \cdot Q) = 8a \cdot P + 8b \cdot Q = 8b \cdot Q$$

即与阶为 8 的元素相关的部分被消除，可以确保该等式总在比较同一个代数结构中的元素。

基于余因子不为 1 的椭圆曲线点群构建密码协议，通常需要在协议中添加额外措施以保证协议的安全性，给密码协议构造带来额外的复杂性。这点从 Ed25519 数字签名算法中可见一二。Ed25519 数字签名算法与 Schnorr 签名的主要在于解决余因子不为 1 可能引入的安全问题。然而扭曲爱德华曲线因其所带来的速度和易于安全实现的优点受到许多密码协议设计者的青睐：TLS 1.3 采纳了 Ed25519 数字签名算法，而 CryptoNote 协议（Monero 和 ByteCoin 中采用的隐私交易协议）基于 Edwards25519 曲线点群构造。可惜的是，由于没有妥善解决余因子不为 1 的问题，CryptoNote 协议出现了严重的安全隐患，并最终导致了 ByteCoin 中的双花攻击 Edwards25519 余因子与双花交易[①]。在上层密码协议设计时还要兼顾底层群结构的特殊性，提高了协议设计的复杂程度，也难以保证协议设计的正确性。在这里，密码协议

---

① 笔者（longcpp）在 GitHub CryptoInAction 项目文章 "Edwards25519：余因子与双花交易"。

设计碰到了经典的"鱼与熊掌不可兼得"的两难选择。那么可否利用 Edwards25519 曲线的速度并避开相关问题？

基于 Mike Hamberg 提出的 Decaf 方案，Isis Agora Lovecruft 和 Henry de Valence 提出了 Ristretto 技术。Ristretto 技术可以从余因子为 8 的 Edwards25519 曲线点群中萃取出素数阶点群，记为 Ristretto255。基于该点群设计密码协议仍然可以利用 Edwards25519 曲线点群的速度优势，但却无须担心与余因子相关的安全问题。一个的想法便是，基于该点群实现 Schnorr 签名，既可以保持 Schnorr 签名的优良性质，也可以同时利用 Edwards25519 点群的速度优势。已经有部分区块链项目采用了基于 Ristretto255 点群的 Schnorr 签名，包括 Polkadot 项目[①]，该项目中称这种数字签名算法为 Sr25519 数字签名算法。新版本的 Tendermint Core 中也集成了 Sr25519 数字签名算法。

2.2.6　公钥与地址

Cosmos-SDK 中采用基于 secp256k1 曲线的 ECDSA 签名机制授权交易，签名值是用私钥对交易进行签名计算得到的，用于交易签名和验证的密钥对称为**账户密钥对**。每一笔交易是从一个账户地址发起的，与比特币类似，账户地址是用散列函数从账户公钥生成的。Tendermint Core 采用基于 Edwards25519 曲线的 Ed25519 数字签名算法进行共识投票的计算，用于共识投票的密钥对称为**共识密钥对**。只有验证者节点可以投票，而为了识别投票人，每个验证者也有自己的共识身份标识，即验证者地址。与账户地址类似，验证者地址是利用散列函数从共识公钥生成的。验证者的创建在 Cosmos-SDK 中是通过从账户发起交易来完成的，因此每个验证者都有一个相关联的运营方。

Tendermint Core 定义了 3 种类型的地址和 3 种类型的公钥。公钥和地址都是字节切片，为了方便阅读和防止录入错误，Tendermint Core 使用 Bech32 对 3 种类型的地址和公钥进行编解码。Bech32 最初是由比特币核心开发者提出的地址编码格式，在编解码时会进行校验以发现用户在输入地址或者公钥时的错误，有助于改善数字钱包等应用的用户交互体验。用 Bech32 编码字节切片时，可以指定可读性较强的字符串，这部分字符串会成为最终编码值的前缀，并且 Bech32 编码的校验同时包含了这部分字符串以及编码的字节切片，有助于用户区分不同用途的地址和公钥，防止误用。

表 2-1 所示的是 Tendermint Core 为 3 种公钥和 3 种地址所定义的具体类型以及默认的前缀。假设验证者 V 是由账户地址 A 发起交易创建的，则 V 的验证者运营方地址和验证者运营方公钥与 A 的账户地址和账户公钥对应相同的字节切片，但前缀不同导致最终的编码值并不相同。从表 2-1 中可以看到 3 种公钥的类型相同，均为 PubKey，这是 Tendermint Core

---

① GitHub 官网 w3f 的 schnorrkel 项目。

中定义的接口类型。

表 2-1   Tendermint Core 中的地址类型和公钥类型

类型	说明	默认 Bech32 前缀	公钥所属的椭圆曲线
AccAddress	账户地址	cosmos	Secp256k1
ValAddress	验证者运营方地址	cosmosvaloper	Secp256k1
ConsAddress	验证者共识地址	cosmosvalcons	Edwards25519
PubKey	账户公钥	cosmospub	Secp256k1
PubKey	验证者运营方公钥	cosmosvaloperpub	Secp256k1
PubKey	验证者共识公钥	cosmosvalconspub	Edwards25519

2.3　网络流量加密

区块链网络都会采用对等（peer-to-peer，P2P）网络通信以保证网络拓扑的健壮性。以比特币为代表的早期公链项目的对等网络都采用明文通信，交易的全网广播过程可以被观测到。通过追踪交易广播过程的方法可以在一定范围内定位到交易的发起方，导致了交易隐私的泄露。

提升对等网络通信的安全性也是区块链技术演进中的重要方向。Dandelion 协议通过调整交易的广播过程使得发现交易的发起方更为困难，Zcash、Grin 等项目通过部署该协议增强交易广播过程的隐私保护。Tendermint Core、Libra、Polkadot 等项目则通过将明文通信升级为加密通信的方式隐藏交易的广播过程，其中 Tendermint Core 采用了基于端对端（station-to-station）协议的密文通信协议，Libra 和 Polkadot 中则采用了新型的加密通信协议 Noise。

Tendmint Core 项目会为每一个节点生成用于在对等网络中进行加密通信的公、私钥对，其中公钥代表了节点在对等网络中的身份。对等网络中的两个节点在建立连接时，会利用各自加密通信的公、私钥对进行密钥协商，并随后用协商出来的密钥对网络流量进行加密。由于网络流量加密与区块链本身的逻辑关系不大，此处不再详细介绍 Tendermint Core 采用的加密通信协议，感兴趣的读者可参考 Tendermint Core 的项目说明文档以及"深入理解 X25519"[①]。

---

① 笔者（longcpp）在 GitHub CryptoInAction 项目文章"深入理解 X25519"。

2.4 小结

散列函数、Merkle 树以及数字签名算法是区块链项目的基石，但是这些来自密码学领域的工具通常被认为是区块链技术栈中较为晦涩难懂的部分。本章尝试从原理层面帮助读者构建关于散列函数和数字签名算法的思考模型。在散列函数相关的内容中，从散列函数提供的基本抗碰撞特性入手，逐步介绍散列函数提供的安全保证以及生日悖论原理。绝大部分区块链项目的核心数据结构都是基于散列指针的区块链以及 Merkle 树。本章介绍了 Tendermint Core 使用的来自 RFC 6962 的简单 Merkle 树的原理和简单 Merkle 树所支持的存在性证明的构造与验证。数字签名算法方面，本章着重描述椭圆曲线点群的数学结构，希望帮助读者建立关于椭圆曲线点群的直观认识。本章还介绍了循环群、素数域以及群同构等来自抽象代数理论的基本概念，阐述了椭圆曲线点群的基本原理。理解椭圆曲线点群基本概念后，读者容易理解随后介绍的基于 secp256k1 曲线的 ECDSA、基于 Edwards25519 曲线的 Ed25519 数字签名算法。最后，本章描述了 Tendermint Core 中实现的对等网络通信过程中的网络流量加密。

第 **3** 章

共识协议与区块设计

比特币的 PoW 机制导致的资源消耗一直被争议，而 PoW 机制和中本聪共识协议导致的交易确认慢等问题，也对用户体验和比特币网络的进一步发展造成了损害。减少能源消耗、提升交易确认速度和链上交易处理速度等，成为区块链行业新的发展诉求。而这需要重新设计证明机制和共识协议，并调整相应的经济激励机制。证明机制方面，人们提出了空间证明（proof-of-space）、存储证明（proof-of-storage）、PoS 等多种新型的证明机制，其中 PoS 机制在新的区块链项目中被广泛采纳，如以太坊 2.0、Cosmos Hub 以及 Polkadot 等。共识协议方面，来自分布式系统领域的 BFT 共识协议被广泛研究并改进以替换中本聪共识协议，如 PBFT、Tendermint 以及 HotStuff 等。来自比特币的设计经验表明，无论采用何种证明机制和共识协议，均需要引入额外的经济激励和惩罚措施，激励并约束参与的节点遵循共识协议。

基于这些理念，Cosmos Hub 网络采用了基于 PoS 机制和 BFT 的 Tendermint 共识协议，并引入了链上惩罚和奖励的措施，在激励诚实参与方的同时也惩罚恶意的参与方。本章详细介绍 Tendermint 共识协议，PoS 机制和奖惩措施的具体原理和实现参见第 8 章。

Tendermint 共识协议是 Ethan Buchman 等人在论文 "The latest gossip on BFT consensus"[1] 中提出的，该算法对 PBFT 共识协议进行了优化。得益于 PoS 机制和 Tendermint 共识协议的采纳，Cosmos Hub 网络的运行无须消耗海量的计算资源，而 Tendermint 共识协议秒级出块的特性，也显著提升了链上交易处理速度。为了帮助读者深入理解 Tendermint 共识协议，本章首先介绍共识协议的基本概念以及 PBFT 共识协议，并在此基础之上详细介绍 Tendermint 共识协议，包括协议本身的执行过程和背后的设计理念、Tendermint Core 中实现的带投票权重的提案者轮换选择算法。共识协议的选择会影响区块结构，本章最后介绍 Tendermint Core 的区块结构。

---

[1] Ethan Buchman, Jae Kwon, Zarko Milosevic, "The latest gossip on BFT consensus".

3.1　共识协议基础

任何共识协议最终达成的都是多数人的共识（general agreement），即常说的少数服从多数（majority opinion），区块链系统运行所依赖的共识协议也不例外。作为分布式系统的区块链的一个基本的目标就是维护系统的正确性。直观来讲，系统的正确性要求：系统不出现二义性，并且能响应请求和更新系统状态。前者对应分布式系统的安全性（safety）要求，而后者对应分布式系统的可用性（liveness）要求。分布式系统的正确性主要由共识协议维护，分布式系统中会涉及多个节点以及这些节点之间的网络通信，而节点和网络通信都可能出现的不可靠性给共识协议的设计带来了巨大的挑战。

3.1.1　半同步网络模型与 BFT

为了对所有可能出现的问题进行归类，分布式系统的研究人员通过节点故障模型和网络故障模型来描述节点和网络通信中可能出现的各种问题。节点故障模型中的宕机故障（fail-stop failure）是指节点本身由于配置错误等导致自身停止运行，从而无法继续参与共识协议的情况。这类故障除导致节点自身停止运行之外，不会对系统的其他部分产生副作用。但是对于开放式的分布式系统，在设计共识协议时除需要考虑节点的宕机故障之外，还需要考虑节点主动"作恶"的情形，这些情况被囊括在拜占庭故障（Byzantine failure）模型中。拜占庭故障模型包含节点可能出现的所有意外情况，包括被动发生的宕机故障以及节点主动做出的任意偏离共识协议的行为。为方便叙述，后文用宕机故障指代被动发生的节点停止运行的情况，用拜占庭故障指代节点主动做出的任意偏离共识协议的行为。

网络通信的建模通常更为困难，这是因为网络本身就有不稳定性和通信时延的问题，而由于所有的网络通信最终都是由节点完成的，但节点本身又可能出现宕机故障或者拜占庭故障，因此当一个节点没有收到另一个节点的消息时，通常难以界定是节点的问题还是网络本身的问题导致的。虽然网络通信可能受到多个方面的影响，但是研究人员发现从通信时延的角度入手可以对各种网络问题统一建模，例如节点宕机会导致从该节点无法发送数据包，因此对应的通信时延未知，可以为任意的时长。基于通信时延可以将网络通信模型归纳划分为以下 3 类。

- 同步网络模型：网络通信存在固定的并且已知的时延上界Δ。该模型中，网络中两个节点之间网络通信的时延最大为Δ，即使有恶意节点存在，该恶意节点能够引起的通信时延也不超过Δ。

- 异步网络模型：网络通信存在未知的时延，并且时延的上界未知，但是消息最终还是能够被成功投递。在该模型中，网络中两个节点之间网络通信的时延可以任意长，即如果有恶意节点存在,该恶意节点可以任意延长通信时延。

● 半同步网络模型:假定存在时间点,如全网稳定时间(global stabilization time,GST),在 GST 之前网络通信模型为异步网络模型,在 GST 之后则为同步网络模型。恶意节点可以将时间点 GST 向后任意延期,并且 GST 发生时不会有任何通知。在该模型中,在时间点 T 时发送的消息被送达的时延为 $\Delta + \max(T, \mathrm{GST})$。

同步网络模型是十分理想的网络环境,每个经过网络发送的消息都能够在可预期的时间内被接收到,但是这一模型无法反映真实的网络通信情况。真实的网络中总会时不时发生网络故障,导致同步网络模型的假设失败。异步网络模型则走向了另一个极端,也无法反映真实的网络情况,并且 FLP(Fischer-Lynch-Paterson)定理[1]指出在该模型中,只要有一个节点发生宕机故障,就不存在任何共识协议能够使节点在有限的时间内达成共识。相比之下,半同步网络模型可以较好地描述真实世界的网络通信情况:网络通信通常是同步的,但也可能在短时间内出现问题并随后恢复正常。相信读者在访问因特网时都有过这种体验:网络访问速度通常比较稳定,但也偶尔出现网络中断的情况,并且网络恢复之后不会有任何通知,只有自己尝试后才知道网络已经恢复。区块链项目的网络通信通常采用对等网络通信,使得一个节点可以从多个网络信道发送和接收信息,想要长时间内一直阻断一个节点的网络信息传播是不现实的。本章后文所有讨论默认都是在半同步网络模型中进行的。

允许节点动态加入和离开的开放网络,在设计和选用共识协议时,都需要考虑拜占庭故障。由此,开放网络的共识协议设计目标是在半同步网络模型中,容忍部分节点的拜占庭故障,并保证网络的安全性和可用性。分布式系统的研究人员指出,为了保证系统的安全性和可用性,共识协议需要满足以下 3 点。

● 正确性(validity):诚实节点最终达成共识的值必须是诚实节点提议的值。

● 一致性(agreement):所有的诚实节点都必须就相同的值达成共识。

● 可结束性(termination):诚实节点必须最终就某个值达成共识。

正确性和一致性可以保证分布式系统的安全性,即诚实节点永远不会就某个随机的值达成共识,并且共识一旦达成,所有的诚实节点都同意这个值;而可结束性则保证了分布式系统的可用性:一个永远无法达成共识的分布式系统是没有任何用处的。

3.1.2 拜占庭将军问题与 CAP 定理

在半同步网络模型中,是否真的可以设计出满足正确性、一致性和可结束性的 BFT 共

---

[1] Michael Fischer, Nancy Lynch, Michael Paterson, "Impossibility of Distributed Consensus with One Faulty Process".

识协议？该协议可以容忍系统中存在多少个发生拜占庭故障（主动作恶或者出现通信故障）的节点？拜占庭将军问题和 CAP 定理为这两个问题提供了答案，成为指导 BFT 共识协议设计的基本准则。

Lamport 等人在 1982 年将分布式系统中的共识协议设计问题抽象为拜占庭将军问题。该问题可以表述为，多位将军各自率领军队参与战争并且军队驻扎在不同的地方。为了取得战争的胜利，将军们必须制定统一的行动计划。然而由于驻扎地相距较远，将军们只能通过通信兵进行联络，即将军们无法同时出现在同一个场合当面达成共识。更不幸的是，将军当中有叛徒，叛变的将军希望通过发送错误的信息来破坏忠诚的将军们的统一行动，而通信兵本身也有可能因为各种原因无法将消息送到目的地。拜占庭将军问题中假设每个通信兵都能够证明自己带来的确实是某个将军的信息。在 BFT 共识协议的实现中，每个节点都利用自己的通信密钥来建立加密通信信道，保证网络通信中自己的消息不会被篡改，消息接收方也可以据此验证消息的发送方。正如前文已经提到过的，任何共识协议最终达成的都是多数人的共识，一个将军同样根据其收集到的信息中的多数意见做出自己的决策。

Lamport 等人对该问题的研究表明，只要有 1/3 及以上的叛徒，将军们就无法达成统一的决策。以图 3-1 为例，假设有 3 个将军，并且只有 1 个叛徒。在图 3-1（a）中，假设将军 C 是叛徒，A 和 B 是忠诚的。如果 A 想要发动攻击，分别向 B 和 C 传递想要进攻的指令，而叛徒 C 则向 B 传递消息称 A 发送给自己的消息是撤退，则 B 拿到来自 A 和 C 的消息之后，无法做出自己的决策。因为 B 并不知道谁是叛徒，并且根据收到的信息也无法支撑 B 做出决策。如果 A 是叛徒，则可以向 B 和 C 发送不同的消息。此时即使 C 向 B 如实地报告了自己收到的信息，B 也会由于收到相互矛盾的信息而无法做出任何决策。在这两种情形中，如果 B 收到的信息是一致的，也无从分辨 A 和 C 之中到底谁是叛徒。因此，在图 3-1 所示的两种情形中，诚实的将军 B 无法做出决策。值得指出的是，即使不存在叛变的将军，如果 C 发给 B 的消息由于通信员的问题最终没有送达，将军 B 也无法做出决策。即当 3 个将军中仅有 1 个将军出现拜占庭故障时，共识就无法达成。

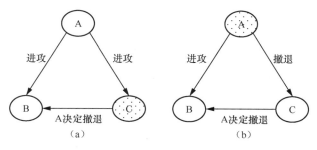

图 3-1　拜占庭将军问题

将这一结论推而广之，可知当总共有 n 个将军并且其中至多有 f 个叛徒时，如果

$n \leqslant 3f$，则此时将军们无法达成共识，而如果 $n > 3f$，则将军们可以达成共识。根据这一结论，可知当出现拜占庭故障的节点数 f 超过系统中总节点数 n 的 1/3 时，即当 $f \geqslant n/3$ 时，不存在任何共识协议可以在全部诚实节点中达成共识。只有当 $f < n/3$ 时，诚实节点才有可能达成共识。不失一般性，后文的共识协议讨论默认 $n \geqslant 3f+1$。以 $n = 3f+1$ 的情形为例，由于系统中最多允许出现 f 个拜占庭故障，这就意味着每个参与方可能只能收到 $n - f = 2f+1$ 个信息，而这 $2f+1$ 个信息中至少有 $f+1$ 个来自诚实的参与方。$f+1$ 个诚实的参与方构成了诚实参与方中的大多数，意味着共识达成。

Lamport 等人对拜占庭将军问题研究的结论为 BFT 共识协议在容忍拜占庭故障方面的设计画出了"可能"与"不可能"的分界线。在可能范畴里，共识协议的设计最终可以达到怎样的效果，是否可以同时保证分布式系统的安全性和可用性？Brewer 在 2000 年提出的 CAP 定理为该问题提供了答案。CAP 定理指出一个分布式系统需要具备下面 3 个基本的属性，但是任意分布式系统，最多只能同时满足 3 个属性中的两个，如图 3-2 所示。

- 一致性（consistency）：任意节点响应请求时要么提供最新的状态信息，要么不提供任何状态信息。

- 可用性（availability）：系统中任意的节点都要能够持续进行读写操作。

- 网络分区容忍（partition tolerance）：系统可以容忍网络在两个节点之间丢失任意多个消息。

图 3-2　CAP 定理

分布式系统的最终目的是对外提供一致的服务，因此一致性属性要求系统中的两个节点不能提供相互矛盾的状态信息，也不能提供已经过时的信息，这可以保证分布式系统的安全性。可用性属性则保证系统可以持续更新自身状态，保证分布式系统的可用性。网络分区容忍属性则与网络通信时延相关，在半同步网络模型中可以认为这是在 GST 之前的状态，此时网络处于异步状态，网络通信时延未知，通信的节点间可能无法收到对方的信息，此时认为网络处于分区状态。网络分区容忍属性则要求分布式系统即使在面对网络分区时依然能够正常运转并对外提供功能。

CAP 定理的证明过程如图 3-3 所示，其中曲线代表网络分区，每个网络中均有 4 个节点，用数字 1、2、3、4 表示，假设该分布式系统存储颜色信息，最开始所有节点存储的状态信息均为白色。

- 具备网络分区容忍与可用性意味着丧失一致性：在图 3-3（a）中，当节点 1 收到新的请求时改变状态信息为灰色，节点 1 的状态信息传递给节点 3，节点 3 也更新状态信息为灰色。但是节点 2 和节点 4 由于网络分区没有接收到相应的信息，状态信息仍为白色。此时如果通过节点 2 查询状态信息，节点 2 返回的白色并不是系统的最新状态，从而丧失了一致性。

- 具备网络分区容忍与一致性意味着丧失可用性：在图 3-3（b）中，所有节点初始状态信息均为白色。当节点 1 和节点 3 更新状态信息为灰色之后，节点 2 和节点 4 由于网络分区仍保持过时的状态信息——白色。同样通过节点 2 查询状态信息时，由于节点 2 需要遵循一致性，因此节点 2 在返回状态信息之前需要先通过询问其他节点来确定自己的状态信息是否是最新的，但是由于网络分区的存在，节点 2 无法从节点 1 和节点 3 接收到任何信息，此时节点 2 无法确定自己的状态信息是否是最新的状态信息，因此选择不返回任何信息，系统丧失了可用性。

- 具备一致性与可用性意味着丧失了网络分区容忍属性：在图 3-3（c）中，系统初始不存在网络分区，状态信息更新与查询都可以顺利进行。但是一旦发生网络分区情况，则退化为图 3-3（a）和图 3-3（b）的两种情况之一，由此证明了任意分布式系统在任何时刻都无法同时满足 3 种属性。

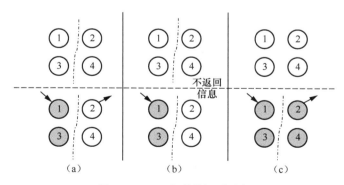

图 3-3　CAP 定理的证明过程

CAP 定理的发现似乎宣告了共识协议的目标是无法达成的。但细心的读者可以发现，上面证明中所涉及的都是极端情况，例如网络分区导致信息完全无法传输的情况，在现实世界中很少碰到，尤其是当采用对等网络通信时。而在第二种情形下，现实系统也很少会与节点 2 一样不返回任何信息，通常的做法是在查询别的节点并等待适当的时间之后，不论是否真的拿到了别的节点的信息，都返回自己认为的最新的状态信息。

因此虽然 CAP 定理指出了任何分布式系统无法同时满足 3 种属性，但这并不是"非黑即白"的二元选择，共识协议的设计者可以根据分布式系统的需求在 3 种属性之间做权衡。由于分布式系统中总会涉及通信时延，因此任何分布式系统的设计都要在容忍某种程度的网络分区的前提下，在可用性和一致性方面做出选择。具体来说则是，在前文所述的第二种情形下，节点 2 是返回某些可能过时的值还是直接不返回任何值。返回可能过时的值，可能违背了一致性，但是保证了可用性；而直接不返回任何值，则丧失了系统的可用性，却保证了系统的一致性。后文将要介绍的 Tendermint 共识协议可以认为在这种权衡中选择了一致性，即在某些情况下会丧失可用性。

中本聪的天才之处正是在 CAP 定理约束的前提下，在不可靠的网络环境中，通过组合 PoW 机制、中本聪共识协议与经济激励措施以及适当的参数配置，在大规模的分布式网络中可靠地达成拜占庭共识。比特币的机制设计是否真正解决了拜占庭将军问题，在学术界一直有争议。Garay 等人在论文 "The Bitcoin Backbone Protocol: Analysis and Applications" [1]中详细分析了比特币中的机制设计与拜占庭共识问题之间的联系。简单来说中本聪共识是一种概率性的 BFT 共识协议，依赖于网络通信环境、恶意节点的算力占比等条件。一方面，当网络通信环境良好，恶意节点的算力占比不超过 1/2 时，中本聪共识协议能够在分布式环境中可靠地解决拜占庭共识问题。然而当网络通信环境变差时，恶意节点的算力占比即使不超过 1/2 时，也会导致中本聪共识协议无法就拜占庭共识问题达成可靠的结论。值得注意的是，网络环境质量是相对于比特币的出块间隔来说的，比特币选择的 10 分钟的出块间隔可以保证在绝大多数情况下系统的网络通信环境都是良好的，因为就比特币网络的实际运营经验来说，一个区块在对等网络中的广播时间通常小于 1 分钟。另一方面，经济激励的设置又可以激励大多数的节点主动遵从协议约定的行为。由此，可以认为在当前的比特币网络参数配置以及机制设计下，在当前世界的网络环境这一特定的场景下，比特币可靠地解决了拜占庭共识问题。

3.2 PBFT 共识协议

半同步网络模型中的 BFT 共识协议的设计并不容易，第一个实际可使用共识的 BFT 共识协议是由 Castro 和 Liskov 在 1999 年设计的 PBFT 共识协议[2]。PBFT 共识协议是首个采用多项式时间复杂度的 BFT 共识协议，对于包含 n 个节点的分布式系统，其通信复杂度为

---

[1] Juan A, Garay, Aggelos Kiayias, "The Bitcoin Backbone Protocol: Analysis and Applications".
[2] Miguel Castro, Barbara Liskov, "Practical Byzantine Fault Tolerance".

$O(n^2)$。Castro 和 Liskov 在论文中报告，通过使用 PBFT 共识协议将中心化的文件系统改造为分布式的文件系统之后，整体的性能损失仅有 3%。本节简要介绍 PBFT 共识协议，为后续详解 Tendermint 共识协议以及理解 Tendermint 共识协议的改进之处做准备。

包含 $n = 3f+1$ 个节点的 PBFT 共识协议最多可以容忍 f 个拜占庭故障节点，PBFT 共识协议原始论文中要求 n 个节点之间存在全连接，即 n 个节点中任意两个节点都相互建立网络连接。所有的节点通过网络通信共同维护系统状态。比特币网络中允许任意节点在任意时刻通过算力挖矿参与或退出共识投票过程，而 PBFT 共识协议需要在协议开始之前确定所有参与的节点，节点的加入与退出由管理员负责管理。PBFT 共识协议中所有的节点被分为两类——主节点和从节点。任意时刻主节点仅有一个，所有的节点轮流做主节点。所有节点都在一个被称为视图（view）的轮换过程中运行，每个视图中都会重新选择主节点。PBFT 共识协议中的主节点选择算法非常简单，所有节点按照编号轮流成为主节点。在每个视图中，所有节点尝试就系统状态达成共识。值得提及的是，PBFT 共识协议中每个节点都有自己的数字签名密钥对，用来对所有发送的消息进行数字签名，以保证消息在网络传播中的完整性以及消息本身的可追溯性（可以根据签名值判断一个消息是由谁发送的）。

3.2.1 协议概述

图 3-4 展示了 PBFT 共识协议的基本工作流程。假设当前视图的主节点为节点 0，客户端向主节点 0 发起请求，主节点收到请求之后将请求广播给所有从节点，所有从节点均处理客户端的请求并向客户端返回结果。客户端从不同的节点（根据签名值判断）收到 $f+1$ 个相同的结果之后，即可将该结果作为整个操作的最终结果。因为系统中最多有 f 个拜占庭故障节点，这就意味着客户端收到的 $f+1$ 个结果中至少有一个来自诚实节点，而共识协议的安全性保证了所有诚实节点会就相同的状态达成共识，而来自 1 个诚实节点的反馈就足以确认相应的请求已经被系统处理。

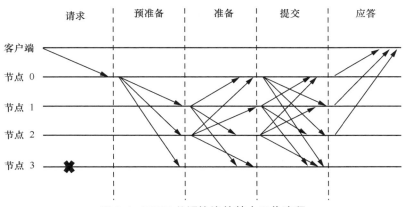

图 3-4 PBFT 共识协议的基本工作流程

为了保证所有诚实节点的状态同步，PBFT 共识协议对每个节点有两个约束条件：所有节点必须具有相同的初始状态；所有节点的状态转移必须是确定性的，即给定相同的状态和请求，操作执行之后的结果必须是相同的。在这两个条件的约束下，只要整个系统对所有请求的处理顺序达成一致，就可以保证所有诚实节点的状态一致。这也是 PBFT 共识协议的主要目的：在所有的诚实节点之间就请求处理顺序达成共识，从而保证整个分布式系统的安全性。在可用性方面，PBFT 共识协议依赖超时机制发现共识投票过程中的异常，并在超时事件发生之后及时启动视图转换（view change）协议来再次尝试达成共识。

图 3-4 展示了一个简化的 PBFT 共识协议的基本工作流程。其中节点 0 为当前视图主节点，节点 1、节点 2、节点 3 为从节点，并且节点 3 为拜占庭故障节点。正常情况下，PBFT 共识协议通过 3 阶段协议在节点之间就交易顺序达成共识，这 3 个阶段分别为预准备（pre-prepare）、准备（prepare）和提交（commit）。

- 在预准备阶段，主节点负责给接收到的客户端请求分配序号，并向从节点广播 <PRE-PREPARE, v, n, d, sig> 消息，消息中包含当前视图序号 v、主节点为该请求分配的序号 n、客户端请求的散列值 d、主节点的签名 sig。收到消息的从节点，对消息执行合法检查后，接受合法的消息并进入准备阶段。这一步除检查消息的当前视图、散列值、签名之外，最重要的是检查序号的一致性：主节点是否在当前视图给不同的客户端请求消息赋予过相同的序号。

- 在准备阶段，从节点向所有节点广播消息 <PREPARE, v, n, d, sig>，表示自己认同在当前视图 v 下给散列值为 d 的客户端请求分配序号 n，并用自己的签名 sig 做证明。收到消息的节点会检查签名正确性、视图序号的匹配性等，并接受合法的消息。当节点收到关于一个客户端请求的 PRE-PREPARE 消息（来自主节点）和来自 $2f$ 个从节点的 PREPARE 消息均相互匹配时，意味着在当前视图中系统就该客户端请求的序号达成了一致。因为当前视图中有 $2f+1$ 个节点认同该请求序号的分配，其中至多包含 f 个来自恶意节点的信息，这就意味着至少有 $f+1$ 个诚实节点认同了该请求序号的分配。当存在 f 个恶意节点时，诚实节点共有 $2f+1$ 个，则 $f+1$ 就是诚实节点中的大多数。

- 当节点（包括主节点和从节点）收到一个客户端请求的 PRE-PREPARE 消息和 $2f$ 个 PREPARE 消息之后，就全网广播消息 <COMMIT, v, n, d, sig> 并进入提交阶段。该消息用于表明该节点已经观察到全网已经就该客户端请求消息的序号分配达成共识。当节点收到 $2f+1$ 个 COMMIT 消息之后，意味着至少有 $f+1$ 个诚实节点，即诚实节点中的大多数都观察到了全网已经就该客户端请求消息的序号分配达成共识。此时节点可以处理该客户端请求并向客户端返回执行结果。

粗略来讲，在预准备阶段由主节点为所有新的客户端请求分配序号，在准备阶段所有节点就本视图内的客户端请求序号达成共识，而在提交阶段则保证在不同视图之间客户端请求序号的一致性。PBFT 共识协议本身的设计并不要求请求消息按照分配的序号顺序依次提交，而允许请求消息的乱序提交，这样可以提高共识协议的执行效率。最终执行消息时，各个节点还是按照共识协议分配的请求序号依次执行，以确保分布式系统的一致性。

在 PBFT 共识协议的 3 阶段协议执行过程中，节点本身除维持分布式系统本身的状态信息之外，也需要通过日志记录其所收到的各类共识信息。日志的逐渐累积会耗费可观的系统资源，因此 PBFT 共识协议中还额外定义了检查点（checkpoint）来帮助节点进行垃圾回收（garbage collection）。可以根据请求序号，每 100 或者 1 000 个序号设置一个检查点，当执行完检查点处的客户端请求之后，节点全网广播<CHECKPOINT, n, d, sig>消息，表示节点在执行完序号为 n 的客户端请求之后，系统状态的散列值为 d，并且利用自己的签名 sig 做保证。当接收到 $2f+1$ 个（其中 1 个可以来自自己）相互匹配的 CHECKPOINT 消息时，就意味着网络中诚实节点的大多数就执行完序号为 n 的客户端请求之后的系统状态达成了共识，则可以清空所有序号小于 n 的客户端请求的相关日志记录。节点需要保存这 $2f+1$ 个 CHECKPOINT 消息作为此时状态合法的证明，对应的检查点则成为稳定检查点（stable checkpoint）。

PBFT 共识协议的 3 阶段协议可以保证客户端请求处理顺序的一致性，而检查点机制的设置一方面可以帮助节点进行垃圾回收，另一方面也进一步确保了分布式系统状态的一致性，它们可以保证分布式系统的安全性。分布式系统的可用性又是如何保证的？在半同步网络模型中，通常会引入超时机制。超时机制的设置，则与网络环境的时延参数Δ有关。在半同步网络模型中，在 GST 之后网络时延Δ有已知的上界。在具体的系统实现中，通常会根据系统部署的网络情况设定一个初始值，在发生超时事件时，除触发相应的处理流程之外，也有机制重新调整等待时间，例如通过类似于传输控制协议（transmission control protocol，TCP）的指数退避的算法调整发生超时事件后的等待时间。

3.2.2 视图转换

PBFT 共识协议为了保证系统的可用性，也引入了超时机制。另外由于主节点本身可能发生拜占庭故障，PBFT 共识协议需要确保在这种情况下系统的安全性和可用性。当主节点出现拜占庭故障时，例如从节点在设定的等待时间内没有收到来自主节点的 PRE-PREPARE 消息或者主节点发送的 PRE-PREPARE 消息被判定非法时，从节点可以向全网广播<VIEW-CHANGE, v+1, n, C, P, sig>，表示节点请求切换到序号为 v+1 的新视图。其中 n 表示节点本地的、最新的稳定检查点对应的请求序号，C 则是用于证明该稳定检查点的 $2f+1$ 个合法的 CHECKPOINT 消息。在最新的稳定检查点之后和发送 VIEW-CHANGE 消息之前，系统可能已经就部分请求消息的序号达成共识。为了保证这些请求序号在视图切换时的一致性，VIEW-CHANGE 消息需要将这部分信息传递至新视图中，这也是该消息中 P 字段的含义。P 中包含所有在该节点处收集到的请求序号大于 n 的客户端请求消息以及该序号已经在节点中达成共识的证明：关于该请求的合法的 PRE-PREPARE 消息以及 $2f$ 个匹配的 PREPARE 消息。当视图 v+1 中的主节点收集到 $2f+1$ 个 VIEW-CHANGE 消息时就可以广播发送 NEW-VIEW 消息，将整个系统带入新的视图中。视图转换过程展示在图 3-5 中。为了结合 PBFT 共识协议的 3 阶段协议以保证系统的安全性，NEW-VIEW 消息的构造规则十分复杂，此处不详细介绍，感兴趣的读者可以参考 PBFT 的原始论文[①]。

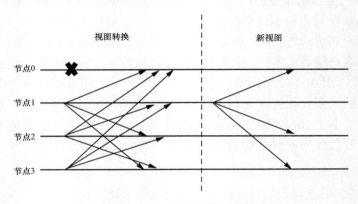

图 3-5　PBFT 共识协议的视图转换过程

VIEW-CHANGE 中包含大量的信息，例如 C 中包含 $2f+1$ 个签名信息，P 中包含若干个签名集合，每个集合均有 $2f+1$ 个签名信息。又因为至少有 $2f+1$ 个节点发送 VIEW-CHANGE 消息才能促使系统进入下一个新视图，所以可以看到在构造 VIEW-CHANGE 和 NEW-VIEW 消息的复杂逻辑之外，视图转换过程的通信复杂度为 $O(n^2)$。这一通信复杂度也导致 PBFT 共识协议只能支持较少的节点，当节点增多时，PBFT 共识协议由于通信复杂度太高通常无法实际部署。值得注意的是，有的资料里面将 PBFT 共识协议的 $O(n^2)$ 的通信复杂度完全归结于 n 个节点之间的全连接，这是不恰当的。通过将全连接的网络拓扑结构改为目前区块链项目中常用的基于对等网络的拓扑结构，可以显著降低全连接网络拓扑结构带来的通信复杂度较高的问题。但是在视图转换过程中，通信复杂度的改进较为困难。近几年有研究人员提议通过采用聚合签名技术来降低这一过程的通信量。利用聚合签名技术，可以将 $2f+1$ 个签名信息压缩成一个签名信息，从而降低视图转换过程的通信复杂度。

3.3　Tendermint 共识协议

长久以来 PBFT 共识协议是唯一可以在工业界实际部署的 BFT 共识协议，然而受限于

① Miguel Castro, Barbara Liskov, "Practical Byzantine Fault Tolerance".

$O(n^2)$ 的通信复杂度，PBFT 共识协议能够支持的节点数量较少，无法满足区块链领域中大规模分布式系统的需求。区块链领域的发展与需求推动了 BFT 共识协议的研究，其中的佼佼者是 Ethan Buchman 等人在 2014 年的论文中提出的 Tendermint 共识协议，该协议在区块链场景下对 PBFT 共识协议进行了优化。基于 Tendermint 共识协议以及 PoS 机制的 Cosmos Hub 网络已经稳定运行两年多的时间。

3.3.1 协议概述

与 PBFT 共识协议一样，Tendermint 共识协议的运行也依赖一组节点的相互配合、达成共识，称这些节点为验证者节点（validator node），简称验证者。Cosmos Hub 项目通过 PoS 机制来管理验证者节点的加入和退出。PoS 机制会赋予所有想要参与共识投票过程的节点一个投票权重，将这些节点按照投票权重排名，排名靠前的节点获得参与共识投票的权利。随着链上 PoS 机制的活动，这个排名会不断变化，即参与共识的验证者节点会不断变化。Tendermint Core 中每个验证者节点均有用于投票签名的共识密钥，其中公钥代表验证者节点的身份。这些验证者节点共同参与 Tendermint 共识投票过程、构建新的区块并就区块内容通过投票达成共识。每个区块都有一个单调递增的索引，即区块高度，由 Tendermint 共识协议构建的合法区块链中，在同一高度只能有一个合法的区块。前文介绍的 PBFT 共识协议中，所有节点的投票权重是一样的，本小节介绍的 Tendermint 共识协议由于引入了投票权重的概念，每个节点的投票权重并不相同。因此在 PBFT 共识协议中收集到 $2f+1$ 个节点的信息，在 Tendermint 共识协议中就等价变换为收集到的投票权重超过总投票权重的 2/3。后文为了方便叙述，不再区分投票数和投票权重。另外与 PBFT 共识协议中要求节点之间的全连接不同，Tendermint 共识协议中约定节点之间通过对等网络完成广播通信，而 Tendermint Core 中也实现了基于分布式散列表的对等网络。

PBFT 共识协议用视图对系统状态进行了划分，Tendermint 共识协议则利用区块高度对系统状态进行了划分。Tendermint 共识协议的目标是在每个区块高度就区块内容在验证者节点间达成共识。PBFT 共识协议中每个视图都对应一个新的主节点，Tendermint 共识协议中也有类似的概念，称为提案者。在每个区块高度 Tendermint 共识协议都会挑选一个验证者作为提案者，该提案者负责构建新的区块。由于引入了投票权重，Tendermint 共识协议也设计了新的提案者轮换选择算法，每个验证者被选中的概率与自己的投票权重成正比。带投票权重的提案者轮换选择算法见 3.5 节。提案者构造出新的区块之后，通过对等网络将新区块广播到全网。验证者节点随后就该区块内容进行两阶段的投票尝试以达成共识。两阶段投票分别称为预投票和预提交，共识达成之后新区块会被提交，成为最新的合法区块。然而由于可能发生的拜占庭故障，验证者节点可能需要多次重复上述过程才能达成共识，因此 Tendermint 共识协议又将每个区块高度细分成多轮（round），如果一轮共识失败，则开启在这一个区块高度的新一轮并尝试重新达成共识，新一轮中会重新选择提案者，以此保证系统的可用性。值得提及的是，对区块的投票在具体实现中就是验证者节点用自己的共识私钥对区块进行签名并全网广播的过程。

Tendermint 共识协议的执行过程在图 3-6 中展示，在每一个新的区块高度的执行流程如下，其中实线为正常进入新区块高度的执行过程，出现意外情况时的执行过程如虚线所示。

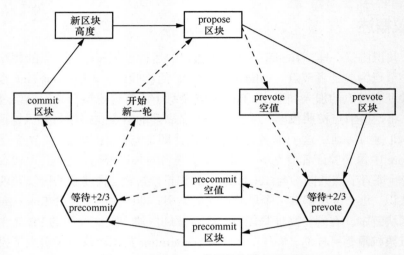

图 3-6　Tendermint 共识协议的执行过程

（1）被提案者轮换选择算法选中的提案者构建新的区块并通过对等网络将新区块广播到全网。

（2）收到新区块的验证者节点对新区块进行检查：

- 如果区块合法，则对合法区块进行预投票；

- 如果区块非法或者在设定的时间窗口内没有收到新的区块，验证者节点将预投票投给空值（nil）。

（3）如果验证者节点收到了 +2/3 的预投票（+2/3 表示大于 2/3 的意思，意味着收到的投票权重大于总权重的 2/3）：

- 如果这些投票都是投给新区块的，则验证者节点对区块进行预提交投票；

- 如果这些投票都是投给空值的，则验证者节点对空值进行预提交投票。

（4）当验证者节点收集到 +2/3 的预提交投票后：

- 如果这些都是针对新区块的投票，共识达成，提交该区块并执行其中的交易；

○ 如果这些都是针对空值的投票，则在当前区块高度开启新一轮的投票过程。

验证者节点对区块的预投票表示自己认可该区块的内容。收集到+2/3 的预投票对验证者节点来说意味着大多数诚实节点都认可了该区块的内容，验证者节点通过预提交投票向其他验证者节点告知这一信息。收集到+2/3 的预提交投票之后，可以认为诚实节点中的大多数都知道该区块内容被认可，意味着全网就区块内容达成了共识。需要在同一个区块高度执行多轮投票过程可能有如下原因：

- 某一轮中指定的提案者离线；

- 提案者构建的区块不合法；

- 提案者构建的区块没有及时广播到全网；

- 提议的区块合法，但是没有在有效的时间窗口内收集到+2/3 的验证者对该区块的预投票；

- 提议的区块合法，也收集到了+2/3 的预投票，但是没有在有效的时间窗口内收集到+2/3 的预提交。

作为 BFT 的 Tendermint 共识协议同样受到 Lamport 等人关于拜占庭将军问题研究结论的限制：拜占庭故障的节点需要小于 1/3。如果+1/3（超过 1/3，下同）的验证者由于网络分区或者故意失联，就需要根据 CAP 定理在一致性和可用性方面做出选择。Tendermint 共识协议在这里选择了一致性。当+1/3 的验证者发生拜占庭故障时，即在两阶段投票中的任意一个阶段收集到的投票都不够+2/3 时，Tendermint 共识协议会停机等待。这也保证了 Tendermint 共识协议中一旦就一个区块的内容达成共识，就不会发生类似于比特币和以太坊网络中的区块重组事件。Tendermint 共识协议的逐块最终化的特性，为链上交易提供了良好的用户体验。

两阶段投票协议可以在正常情况下保证验证者们达成共识。然而在可能存在拜占庭故障的半同步网络模型中，要保证系统的安全性和可用性还需要引入更多的规则。接下来首先介绍为何需要两阶段投票协议，然后介绍为了保证安全性和可用性在两阶段投票过程中引入的锁定和解锁机制。

为什么需要两阶段投票协议？因为当半同步网络模型中存在拜占庭故障时，单阶段投票协议（每个验证者只投票一次）无法保证安全性。单阶段投票协议过程如下。

（1）提案者构建并广播新的区块。

（2）收到区块的验证者，对合法的区块进行投票或者对空值进行投票。

（3）验证者收集到关于该区块的+2/3 的投票时提交区块并执行区块中的交易。

　　图 3-7 所示的情形说明了当 4 个节点中存在一个拜占庭故障节点时，单阶段投票协议无法保证系统的安全性。假设在某一个区块高度的 R1 轮中，节点 N1 被选中成为提案者并构建了新的区块 B1，节点 N2、N3、N4 收到区块 B1 之后分别对该区块进行了投票 V(N2, B1)、V(N3, B1)、V(N4, B1)。假设由于网络原因，节点 N1 和 N2 收到了所有的投票，而节点 N3 和 N4 没有收到其他节点的投票。此时诚实节点 N1 遵循单阶段投票协议提交区块 B1，节点 N2 在收集到所有投票之后恶意违反共识规则，不提交该区块而是等待超时。诚实节点 N3 和 N4 由于没有收到足够的投票也根据协议指示进入新的一轮。凑巧的是拜占庭故障节点 N2 此时被选中，成为提案者，并向 N3 和 N4 发送了新的区块 B2，在 N3 和 N4 看来，B2 区块没有任何问题，所以对 B2 区块进行了投票。如果 N2、N3 和 N4 均收到了彼此的投票，则 +2/3 的投票条件满足，3 个节点均会提交区块 B2。此时系统的安全性被破坏，因为诚实节点 N1 和诚实节点 N3 所认定的共识结果不同。

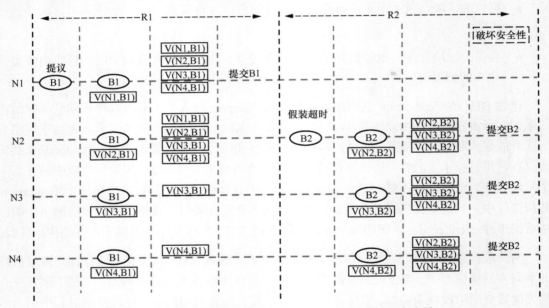

图 3-7　单阶段投票协议无法保证 Tendermint 共识协议安全性

　　单阶段投票协议可以让验证者通知彼此对新区块的态度，但是为了达到 BFT，验证者之间还需要能够交流彼此观察到的验证者集合对新区块的态度，Tendermint 共识协议中的预投票和预提交两阶段投票协议可以让验证者相互交流两种信息。单阶段投票协议无法像两阶段投票协议一样，保证足够多的验证者知道第一次投票的结果，从而破坏了系统的安全性。

3.3.2　锁定机制

　　然而仅仅依靠两阶段投票协议仍然无法在所有情况下保证系统的安全性。如图 3-8 所示，

R1 轮的提案者 N1 构造并广播新的区块 B1，假定所有的节点对该区块进行预投票，并且除 N2 在预投票 PV(N2, B1) 之后发生网络错误之外，其他节点均收集到了足够的预投票。此时 N1、N3、N4 节点均遵循协议进行预提交投票，不巧的是投票之后 N3 和 N4 也由于网络错误而接收不到任何信息。此时 N1 由于收集到了足够的预提交投票便正式提交了区块 B1。发生网络错误的 N2、N3 和 N4 节点，在超时之后进入新一轮的共识投票过程。假设此后没有再发生网络错误，则 N2、N3 和 N4 节点根据协议正式提交了区块 B2，节点 N1 由于已经正式在当前区块高度提交了区块 B1，因此不会参与 B2 的共识投票过程。在该示例中可以看到仅仅由于网络错误问题就导致了两阶段投票协议无法保证系统的安全性。

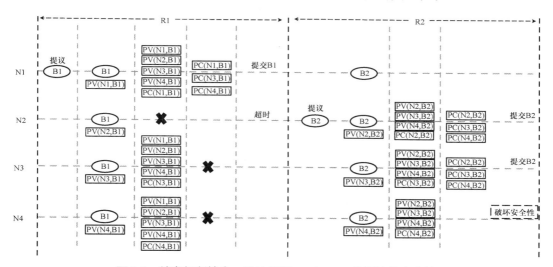

图 3-8　锁定机制缺失，无法保证 Tendermint 共识协议安全性

Tendermint 共识协议中引入了锁定（lock）机制来解决该问题。根据两阶段投票协议，只有在收集到 +2/3 的预投票之后才可以进行预提交投票。锁定机制在此基础上添加了额外的约束：当验证者节点对一个区块进行了预提交投票之后，该验证者节点必须锁定在该区块上。锁定意味着如果因为某种原因全网没有就该区块达成共识，则在该区块高度后续轮的共识投票过程中，该验证者的预投票必须投给自己当前锁定的区块。如果该验证者被选中成为新的提案者，也必须提交该区块。Tendermint 共识协议中用 Prevote-the-Lock 来指代这一规则。这条规则可以防止验证者在同一个区块高度的不同轮对不同的区块进行预投票。

在 Prevote-the-Lock 的规则下，重新考察上面的示例，看是否能够保证系统的安全性。如图 3-9 所示，假设在 R1 轮各个节点执行同样的操作并按照同样的顺序遭遇网络故障。进入 R2 轮之后，N2 节点成为新的提案者，由于 N2 并没有锁定在区块 B1，因此 N2 构建了新的区块 B2，然而由于 N3 和 N4 在上一轮中已经锁定在区块 B1，因此当收到区块 B2 时并不会对 B2 进行预投票，最终导致 R2 轮共识失败，从而启动新一轮 R3 的共识投票。

此时 N3 成为新的提案者，根据 Prevote-the-Lock 规则，N3 提议自己锁定的 B1 区块作为本轮的区块，假设两阶段投票协议和 Prevote-the-Lock 规则正常执行，最终 4 个节点都会提交区块 B1。

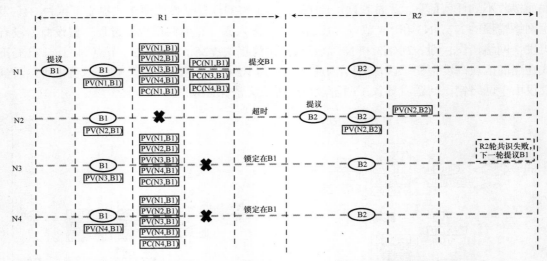

图 3-9 采用 Prevote-the-Lock 规则，保证 Tendermint 共识协议安全性

3.3.3 解锁机制

仅有锁定机制而没有解锁机制的 Tendermint 共识协议会发生死锁。考察图 3-10 所示的情形，R1 轮中 N2 和 N3 两个节点在对区块 B1 进行预投票之后发生网络错误，而 N1 和 N4 节点收集到了所有的预投票，因此对区块 B1 执行了预提交投票并根据锁定规则锁定在区块 B1。由于无法收集到+2/3 的预提交投票，本轮的共识最终失败。开启新一轮共识投票过程，此时 N2 被选中为提案者并构建广播区块 B2。假设此时 N2 和 N3 的网络通信恢复正常，并且只有 N4 为拜占庭故障节点。在收到区块 B2 后 N1 由于已经锁定在区块 B1，因此不会对 B2 进行预投票。而锁定在 B1 的 N4 节点此时违背锁定机制对 B2 区块进行了预投票。这导致诚实节点 N2 和 N3 锁定在区块 B2。此时 3 个诚实节点锁定在不同的区块上，此后诚实节点之间无法达成任何新的共识，也就破坏了系统的可用性。

为了解决上述问题，Tendermint 共识协议引入了解锁规则 Unlock-on-Polka。Tendermint 共识协议称来自+2/3 的验证者对区块的预投票为 polka，而称来自+2/3 的验证者对空值的预投票为 nil-polka。Unlock-on-Polka 规则约定：验证者在看到一个具有更高轮数的 polka 时可以从自己当前锁定的区块解锁。引入这一规则之后，重新考虑上述情形，节点 N1 在 R2 轮看到关于区块 B2 的 polka 时，可以从区块 B1 解锁，并参与区块 B2 的共识投票，参见图 3-11 所示的示例。通过这种方式就能够避免前文的死锁问题，保证系统的可用性。

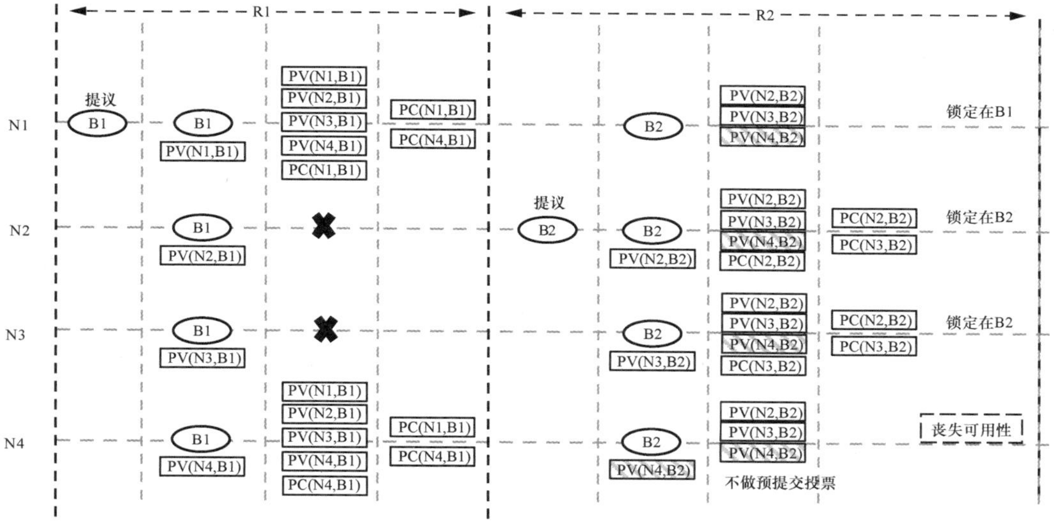

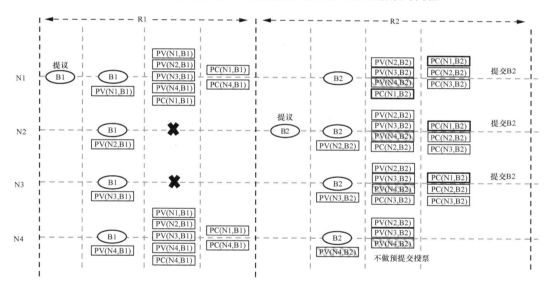

图 3-10　解锁机制缺失，无法保证 Tendermint 共识协议可用性

图 3-11　采用 Unlock-on-Polka 规则，保证 Tendermint 共识协议可用性

　　综合考虑锁定和解锁两条规则，可以认为在每个新的区块高度刚开始时，所有的验证者节点已经锁定在空值。当验证者节点看到关于一个区块的 polka 时（锁定在空值时可以提议新区块或者对新区块投票），便从空值解锁并锁定到新的区块上。当发生验证者节点锁定的区块与后续轮中其他验证者都赞同的区块不一致的情况时，解锁机制允许验证者节点从锁定的区块释放并重新参与共识投票过程，两阶段投票协议配合锁定与解锁机制一同保证了基于 Tendermint 共识协议构建的分布式系统的安全性和可用性。

3.4　共识协议比较

对比 PBFT 共识协议可以发现，PBFT 共识协议和 Tendermint 共识协议具有很多的相似之处。PBFT 共识协议中尝试直接对每一个用户请求进行排序，而 Tendermint 共识协议中则对一组交易以区块为单位进行排序。如果 PBFT 共识协议同样利用区块对用户请求进行批量排序，则复杂的 PBFT 共识协议也可以得到简化，此时 Tendermint 共识协议和 PBFT 共识协议看起来更加相似。因此 Tendermint 共识协议与 PBFT 共识协议相比，真正的改进在哪里？reddit 中有关于该问题的讨论[①]，并且 Tendermint 共识协议的设计者也参与了讨论，设计者认为主要的改进有两方面。

- 协议简化（simplification）：Tendermint 共识协议比 PBFT 共识协议更为简单，Tendermint 共识协议中移除了 PBFT 共识协议中复杂的视图转换协议。

- Gossip 协议优化（optimization for gossip protocol）：PBFT 共识协议要求所有节点之间全连接，而 Tendermint 共识协议则采用了对等网络进行通信。

在笔者看来，网络通信优化是工程实现时的优化手段，不能算是共识协议本身的理论改进。但是协议简化是成立的。虽然将 PBFT 共识协议适配到基于区块的模式下，能够一定程度地简化 PBFT 共识协议，但是 PBFT 共识协议的视图转换协议确实非常复杂。这也是 Tendermint 共识协议真正的改进之处。在 Tendermint 共识协议中，验证者投票决定跳过当前提案者的过程与投票决定接受某个新区块的过程完全一样，这使得 Tendermint 共识协议比 PBFT 共识协议更简洁。

Tendermint 共识协议可以支持秒级出块的速度，例如 Cosmos Hub 网络在支持 100 多个验证者的情况下大概每 7 秒产生一个新的区块。Tendermint 共识协议在一致性和可用性中选择一致性，又带来了逐块最终化的益处，配合秒级的出块速度，使得基于 Tendermint 共识协议构建的区块链应用都有良好的用户体验。逐块最终化特性也为基于 Tendermint 共识协议构建的金融应用提供了坚实的基础设施。

Tendermint 共识协议是较早的可以支持上百个验证者节点的 BFT 共识协议，在学术界和工业界都获得了广泛关注。然而在具体实现该协议时，研究人员发现在某个特殊情形下 Tendermint 共识协议会发生死锁，这一问题也得到了 Tendermint 共识协议设计者的认同，但是在 Tendermint Core 中该协议的实现却不存在这一问题。在 Tendermint Core 中，验证者在收到+2/3 针对区块的预提交投票之后，并不会立即开始新的高度区块的构建，而是会等待一段时间。图 3-12 展示的是根据 Tendermint Core 中的共识协议的规范更新图 3-6 后得到的

---

① Reddit 官网讨论帖 "Compared with traditional PBFT, what advantage does Tendermint algorithm has？"。

Tendermint 共识协议的执行过程。从新区块高度到提案新区块这一步需要等待 CommitTime + timeoutCommit 超时。由于论文中没有描述这一细节，因而引发了前文所述的研究人员发现的关于 Tendermint 共识协议在特定条件下的死锁。在具体实现时，timeoutCommit 参数就是半同步网络模型中在 GST 之后的网络通信的最大时延 Δ。

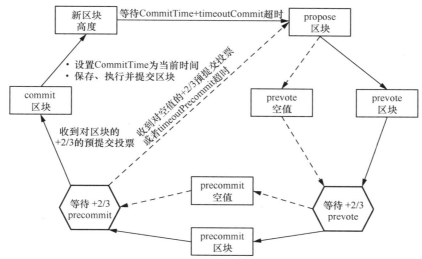

图 3-12　更新后的 Tendermint 共识协议的执行过程

　　Tendermint 共识协议死锁发生的条件在论文 "HotStuff: BFT Consensus in the Lens of Blockchain"[1] 中有相关讨论，此处不赘述。Tendermint Core 中的等待时间，正好可以规避这一情形，保证了 Tendermint 共识协议的可用性。但是这一等待时间也导致 Tendermint 共识协议相比 HotStuff 共识协议丧失了及时响应（responsiveness）的特性，这一特性是指共识协议按照网络支持的最大通信速率对交易进行排序的能力。Tendermint 共识协议中由于固定等待时间的存在，共识排序速度自然无法匹配网络的最大通信速率。HotStuff 共识协议是 Libra 项目中采用的共识协议。上述关于 HotStuff 共识协议的论文对 BFT 共识协议进行了统一的理论梳理，对于理解 PBFT、Tendermint 以及 HotStuff 之间的异同很有帮助，感兴趣的读者可自行查阅论文。值得提及的是，当一个验证者收到了所有其他验证者的预提交投票时，可以跳过这一固定的等待时间，此时不会发生死锁。如果在联盟链场景中采纳 Tendermint 共识协议，由于联盟链的安全模型中不存在主动作恶的情形，因此无须等待这一固定的时间。Tendermint Core 中可以通过设置参数来指定是否要等待。具体来说，Tendermint Core 的 ConsensusConfig 结构体的 SkipTimeoutCommit 字段控制着该特性，关于该参数的说明文档[2] 阐述了同样的观点。

---

① Maofan Yin, Dahlia Malkhi, Michael K. Reiter, Guy Golan Gueta, Ittai Abraham, "HotStuff, BFT Consensus in the Lens of Blockchain".

② Tendermint Core 官网的 Overview 项目文章 "Running in production"。

3.5 提案者轮换选择算法

Tendermint 共识协议在每轮都会重新选择提案者，通过采用轮换选择算法（round-robin algorithm）保证验证者集合中的每个验证者都有机会被选中。由于每个验证者的投票权重有高有低，因此在采用轮换选择算法选取提案者时，需要保证每个验证者被选中的概率与其投票权重成正比。

Tendermint Core 中用 Validator 结构体表示验证者，其中 Address 字段表示验证者的地址、PubKey 字段表示验证者参与共识投票的密钥对中的公钥、VotingPower 字段表示验证者的投票权重、ProposerPriority 字段表示验证者的提案优先级。每次选择提案者时，提案优先级最高的验证者成为提案者，参见 ValidatorSet 的 GetProposer()方法实现。GetProposer()方法内部调用 findProposer()方法来查找提案优先级最高的验证者。Validator 内部的 CompareProposer-Priority()方法，会比较两个验证者的提案优先级，如果多个验证者的提案优先级相等，则选择其中地址最小的验证者。

```go
// tendermint/types/validator.go 15-21
type Validator struct {
    Address       Address      // 地址
    PubKey        crypto.PubKey // 公钥
    VotingPower   int64        // 投票权重

    ProposerPriority int64     // 提案优先级
}

// tendermint/types/validator_set.go 292-310
func (vals *ValidatorSet) GetProposer() (proposer *Validator) {
    if len(vals.Validators) == 0 { return nil }
    if vals.Proposer == nil {
        vals.Proposer = vals.findProposer()
    }
    return vals.Proposer.Copy()
}

func (vals *ValidatorSet) findProposer() *Validator {
    var proposer *Validator
    for _, val := range vals.Validators {
        if proposer == nil || !bytes.Equal(val.Address, proposer.Address) {
            proposer = proposer.CompareProposerPriority(val)
        }
    }
    return proposer
}
```

带投票权重的提案者轮换选择算法的目标便是根据当前的验证者集合，在每次循环中更新每个验证者的提案优先级，以确保每个验证者被选中的概率与其投票权重成正比，并且需要在验证者集合发生变动（老验证者离开、新验证者加入以及验证者投票权重增减）时，依旧保持该目标。Tendermint Core 通过带投票权重的提案者轮换选择算法来达到这一目标。

在一个区块高度的多轮投票过程中，提案者轮换选择算法处理的是相同的、静态的验证者集合（验证者集合和各自的投票权重不发生变化）。而在不同的区块高度上，提案者轮换选择算法处理的是动态的验证者集合（验证者集合和各自的投票权重都会发生变化）。因此提案者轮换选择算法需要保证达到两个条件。

- 确定性（determinism）：给定相同的验证者集合，不同节点在相同区块高度和相同轮数的前提下，选择的下一个提案者必须是相同的。

- 公平性（fairness）：一个验证者被选中成为提案者的概率与该验证者的投票权重成正比，即以概率 VP(v)/P 被选中，其中 VP(v) 表示验证者 v 的投票权重，而 P 表示验证者集合的投票权重之和。

可以用优先队列（priority queue）直观理解该算法。想象所有的验证者位于优先队列中，并且每个验证者都根据自己的投票权重大小在优先队列中向队列头部移动（投票权重越大，向队列头部移动的速度也就越快）。

- 所有验证者根据自己的投票权重向队列头部移动：根据验证者的投票权重提高其提案优先级。

- 队列中最靠前的验证者被选中为下一个提案者：具有最高提案优先级的验证者成为下一个提案者。

- 将被选中的验证者（提案者）挪到队列尾部：验证者的提案优先级减去验证者集合的投票权重之和。

伪代码实现展示如下，其中 A(i) 表示第 i 个验证者的提案优先级，VP(i) 表示第 i 个验证者的投票权重，而 P 则表示验证者集合的投票权重之和，prop 表示被选中的验证者。

```
def ProposerSelection (vset):
    // 更新提案优先级并选择提案者
    for each validator i in vset:
        A(i) += VP(i)
    prop = max(A)
    A(prop) -= P
```

ValidatorSet 的 incrementProposerPriority() 方法实现了上述逻辑。ValidatorSet 结构体存储了当前的验证者集合 Validators、下一次被选中的提案者 Proposer 以及总的投票权重 totalVotingPower。

```go
// tendermint/types/validator_set.go 41-48
type ValidatorSet struct {
    Validators []*Validator
    Proposer   *Validator
    totalVotingPower int64
}

// tendermint/types/validator_set.go 134-146
func (vals *ValidatorSet) incrementProposerPriority() *Validator {
    for _, val := range vals.Validators {
        newPrio := safeAddClip(val.ProposerPriority, val.VotingPower)
        val.ProposerPriority = newPrio
    }
    // 提案优先级最高的验证者被选中
    mostest := vals.getValWithMostPriority()
    // 更新该验证者的提案优先级：减去验证者集合的投票权重之和
    mostest.ProposerPriority = safeSubClip(mostest.ProposerPriority, vals.TotalVotingPower())

    return mostest
}
```

为了加深理解，表 3-1 展示了多轮提案者轮换选择算法在包含两个验证者的静态验证者集合上的执行过程，其中两个验证者 P1 和 P2 的投票权重分别为 1 和 3，而初始时的提案优先级均为 0。表 3-1 展示了执行 5 轮提案者轮换选择算法的过程和结果，可以看到，每一轮结束之后，提案优先级之和是常量。如果每个验证者的初始提案优先级均为 0，则每一轮结束之后的提案优先级之和也是 0。这是因为每个验证者的提案优先级都先按照各自的投票权重增大了，则总的提案优先级之和因验证者集合的投票权重之和增大而增大。而被选中为提案者的验证者的提案优先级在被选中之后要减去验证者集合的投票权重之和，所以提案优先级之和在每轮执行完成后保持不变。另外，可以看到在执行 4 次选择之后，验证者 P1 和 P2 的状态与初始状态相同，则后续的执行是在重复这 4 次选择。这 4 次选择中 P2 被选中了 3 次，P1 被选中了 1 次，与各自的投票权重成正比。

表 3-1 　　　　　　　　静态验证者集合的提案者轮换选择算法示例

轮数	操作	−2	−1	0	1	2	3	4	5
	初始状态			P1、P2					
1	A(i) += VP(i)				P1		**P2**		
	A(P2) −= P		P2		P1				
2	A(i) += VP(i)					**P1、P2**			
	A(P1) −=P	P1				P2			

续表

轮数	操作	-2	-1	0	1	2	3	4	5
3	A(i) += VP(i)			P1					**P2**
	A(P2) -= P			P1		P2			
4	A(i) += VP(i)				P1			**P2**	
	A(P2) -= P				P1、P2				
5	A(i) += VP(i)				P1		**P2**		
	A(P2) -= P		P2		P1				

注：粗体表示被选中，其他表格意义相同。

当处理动态验证者集合时，为了仍然能够保证算法的确定性和公平性，需要改进上述提案者轮换选择算法。首先考虑验证者集合的成员不变，但是某个验证者的投票权重增大的场景，此时上述提案者轮换选择算法依然能够正常工作并保证确定性和公平性。

假设初始的两个验证者的投票权重分别为 1 和 3，而在第 1 轮之后 P1 的投票权重增大为 4。根据表 3-2 展示的情况可以看到，上述的提案者轮换选择算法能够处理这种情况。另外在第 9 轮选择之后，验证者集合状态与第 2 轮时的验证者集合状态相同，即从第 9 轮开始重复第 2 轮至第 8 轮的状态和结果。而在第 2 轮到第 8 轮的 7 次选择中 P1 被选中 4 次、P2 被选中 3 次，符合更新后的投票权重比例。

表 3-2　　　　　　　　　动态验证者集合的提案者轮换选择算法示例

轮数	操作	-3	-2	-1	0	1	2	3	4	5	6	7
	初始状态				P1、P2							
1	A(i) += VP(i)					P1		**P2**				
	A(P2) -= P			P2		P1						
	V(P1) = 4			P2		P1						
2	A(i) += VP(i)						P2		**P1**			
	A(P1) -=P		P1				P2					
3	A(i) += VP(i)						P1		**P2**			
	A(P2) -= P		P2				P1					
4	A(i) += VP(i)					P2				**P1**		
	A(P1) -= P			P1		P2						

续表

轮数	操作	-3	-2	-1	0	1	2	3	4	5	6	7
5	A(i) += VP(i)							P1	**P2**			
	A(P2) -= P		P2					P1				
6	A(i) += VP(i)				P2							**P1**
	A(P1) -= P				P1、P2							
7	A(i) += VP(i)							P2	**P1**			
	A(P1) -= P	P1						P2				
8	A(i) += VP(i)					P1					**P2**	
	A(P2) -= P		P2			P1						
9	A(i) += VP(i)						P2			**P1**		
	A(P1) -= P			P1			P2					

然而如果一个验证者的投票权重减小，上述的提案者轮换选择算法无法同时保证确定性和公平性。这是因为当一个验证者投票权重减小时，可能会有部分验证者由于之前的投票权重之和比较大而留在队列很靠后的地方，从而无法保证公平性。假设初始时两个验证者 P1、P2 的投票权重分别为 1 和 3，在第 2 轮选择之后 P1 的权重增大为 4，而在第 7 轮选择之后 P1 的权重又减小为 1。按照公平性原则，在后续的 4 次选择中，P1 应该被选中 1 次，P2 应该被选中 3 次。但是从表 3-3 中可知，在变动后的 4 次选择中，都是 P2 被选中为提案者，而 P1 则位于队列很尾部的地方向着头部缓慢移动导致均没有被选中。这种情况以及后文讨论的验证者加入或者离开的情形都需要改进提案者轮换选择算法。

表 3-3　　　　　　　　　动态验证者集合的提案者轮换选择算法失败示例

轮数	操作	-3	-2	-1	0	1	2	3	4	5	6	7
	初始状态				P1、P2							
1	A(i) += VP(i)					P1			**P2**			
	A(P2) -= P			P2		P1						
	V(P1) = 4			P2		P1						
2	A(i) += VP(i)						P2			**P1**		
	A(P1) -=P			P1			P2					
3	A(i) += VP(i)						P1			**P2**		
	A(P2) -= P		P2				P1					

续表

轮数	操作	−3	−2	−1	0	1	2	3	4	5	6	7
4	A(i) += VP(i)					P2					**P1**	
	A(P1) −= P			P1		P2						
5	A(i) += VP(i)							P1	**P2**			
	A(P2) −= P		P2					P1				
6	A(i) += VP(i)				P2							**P1**
	A(P1) −= P				P1、P2							
7	A(i) += VP(i)							P2	**P1**			
	A(P1) −= P		P1					P2				
	V(P1) = 1		P1					P2				
8	A(i) += VP(i)			P1							**P2**	
	A(P2) −= P			P1			P2					
9	A(i) += VP(i)				P1					**P2**		
	A(P2) −= P				P1	P2						
10	A(i) += VP(i)					P1			**P2**			
	A(P2) −= P				P1、P2							
11	A(i) += VP(i)					P1		**P2**				
	A(P2) −= P			P2		P1						
12	A(i) += VP(i)						**P1**、P2					
	A(P1) −= P			P1			P2					

　　有验证者离开的情形也需要对前文所述的提案者轮换选择算法进行改进。假设验证者集合的 3 个验证者 P1、P2、P3 的投票权重分别为 1、2、3，假设在某一轮选择之后其对应的提案优先级分别为 1、2、−3（注意如果初始的提案优先级为 0，则每轮选择之后的提案优先级之和都应该为 0）。假设验证者 P2 此时被从验证者集合中移出，则剩下的 P1 和 P3 的提案优先级之和为−2，如果经过长时间的累积（验证者集合有大量的变动），则提案优先级的值可能会朝着所允许的取值范围的最大值/最小值方向变动并最终引发溢出。出于这个考虑，Tendermint Core 引入了名为居中对齐（centering）的新步骤，来确保提案优先级始终在数值 0 附近。具体方法是，在每轮选择之前，所有的验证者的提案优先级先减去所有验证者的提案优先级的平均值，伪代码示例如下。

```
def ProposerSelection (vset):
    // 提案优先级向 0 居中对齐
    avg = sum(A(i) for i in vset)/len(vset)
    for each validator i in vset:
        A(i) -= avg

    // 更新提案优先级并选择提案者
    for each validator i in vset:
        A(i) += VP(i)
    prop = max(A)
    A(prop) -= P
```

```go
// ValidatorSet 的 shiftByAvgProposerPriority()方法实现了这一过程
// tendermint/types/validator_set.go 194-202
func (vals *ValidatorSet) shiftByAvgProposerPriority() {
    // 省略错误处理代码
    avgProposerPriority := vals.computeAvgProposerPriority()
    for _, val := range vals.Validators {
        val.ProposerPriority = safeSubClip(val.ProposerPriority, avgProposerPriority)
    }
}
```

　　有新的验证者加入时，也会引发类似验证者离开的问题，而这一问题已经通过在每轮选择时先调整每个验证者的提案优先级这一操作进行处理。但是新的验证者加入这一情形会引入新的问题。

　　假设验证者 V 在上一轮刚被选中成为提案者，则 V 会被挪到队列的最尾部。如果验证者集合很大或者别的验证者的投票权重很大，则 V 需要等到很多轮之后才能再被选中。但如果 V 此时离开验证者集合并且重新加入验证者集合，则按照前文所述提案者轮换选择算法，这一操作带来的结果是 V 在优先队列中向队列头部跳跃了一次，这是不公平的。为了避免这种情况的产生，当一个新的验证者加入时，其提案优先级的初始值为 $A(V)=-1.125P$，其中 P 代表的投票权重之和（包含了 V 的投票权重）。假设当前有 P1 和 P2 两个验证者，投票权重分别为 1 和 3，此时投票权重为 8 的 P3 加入验证者集合，则 P3 的初始提案优先级为 $A(P3) =-1.125 \times (1+3+8)$。关于参数 1.125 选择的更多讨论，参见相关文章[①]。相关逻辑实现在 computeNewPriorities()函数中，其输入参数 updatedTotalVotingPower 是更新后的验证者集合的投票权重之和（包括新验证者自己的投票权重）。

```go
// tendermint/types/validator_set.go 446-466
func computeNewPriorities(updates []*Validator, vals *ValidatorSet, updatedTotalVotingPower int64) {
    for _, valUpdate := range updates {
        address := valUpdate.Address
        _, val := vals.GetByAddress(address)
        if val == nil {
```

① GitHub 官网 tendermint 项目的 pull 2785。

```
                valUpdate.ProposerPriority = -(updatedTotalVotingPower + (updatedTotal
VotingPower >> 3))
            } else {
                valUpdate.ProposerPriority = val.ProposerPriority
            }
        }
    }
```

不幸的是，居中对齐操作的引入在解决一个问题的同时也引入了额外的问题。先加入验证者集合并且投票权重较低的验证者，在后续具有高投票权重的验证者加入时会受益，这是因为居中对齐操作会使早期加入的低投票权重的验证者的提案优先级提高。考虑表 3-4 所示的情形。

表 3-4　　　　带居中对齐操作的动态验证者集合的提案者轮换选择算法示例

轮数	操作	−90k	−60k	−45k	−15k	0	45k	75k	80k	125k	155k
	P1 加入，VP(P1)=80k					P1					
	P2 加入，VP(P2)=10k	P2									
1	A(i) −= avg (−45k)			P2			P1				
	A(i) += VP(i)			P2						**P1**	
	A(P1) −= P			P2			P1				
	P3 加入，VP(P3)=10k	P3									
2	A(i) −= avg (−30k)		P3		P2			P1			
	A(i) += VP(i)		P3		P2						P1
	A(P1) −= P		P3		P2			P1			
	P1 离开，VP(P1)=80k										

注：表中及下段 k 代表乘 1 000。

表 3-4 中最后一步 P1 退出验证者集合后，投票权重的均值为−37.5k，则居中对齐之后，会有 A(2)=22.5k，A(3)=−22.5k。而此时的投票权重之和为 20，而两个验证者的提案优先级之间相差 45k，需要经过 4500 轮选择之后 P3 才会被再次选为提案者。为了应对这种情况，需要进一步修正提案者轮换选择算法。具体措施是通过缩放（scale）确保提案优先级的最大值和最小值之间的差值不超过权重之和的 2 倍。伪代码展示如下。

```
def ProposerSelection (vset):
    // 缩放提案优先级
    diff = max(A)-min(A)
    threshold = 2 * P
    if  diff > threshold:
```

```
            scale = diff/threshold
            for each validator i in vset:
                A(i) = A(i)/scale

            // 提案优先级向 0 值居中对齐
        avg = sum(A(i) for i in vset)/len(vset)
        for each validator i in vset:
            A(i) -= avg

            // 更新提案优先级并选择提案者
        for each validator i in vset:
            A(i) += VP(i)
        prop = max(A)
        A(prop) -= P
```

　　ValidatorSet 的 RescalePriorities()方法实现了上述缩放操作，调用该方法时其输入参数 diffMax 表示允许的最大差值，后文中将看到调用该方法时，该参数被设定为投票权重之和的 2 倍。每次验证者的提案优先级发生变动时，都需要调用这个函数进行缩放。两次调用发生在 ValidatorSet 的 IncrementProposerPriority()和 UpdateWithChangeSet()方法中。

```go
// tendermint/types/validator_set.go 111-132
func (vals *ValidatorSet) RescalePriorities(diffMax int64) {
    // 省略错误处理代码与注释
    diff := computeMaxMinPriorityDiff(vals)
    ratio := (diff + diffMax - 1) / diffMax
    if diff > diffMax {
        for _, val := range vals.Validators {
            val.ProposerPriority /= ratio
        }
    }
}
```

　　优先队列中，一个验证者每次向前挪动至多(max(A(i))-min(A(i)))/VP(v)，而被选中的概率可以表示为下式。

```
VP(v) / (max(A(i)) - min(A(i))) = 1/k * VP(v)/P
```

　　当前版本的 Tendermint Core 实现中取 k=2，这部分逻辑由 ValidatorSet 的 Increment-ProposerPriority()方法实现。

```go
// tendermint/types/validator_set.go 85-107
func (vals *ValidatorSet) IncrementProposerPriority(times int) {
    // 省略错误处理代码与注释
    diffMax := PriorityWindowSizeFactor * vals.TotalVotingPower()
    vals.RescalePriorities(diffMax)
    vals.shiftByAvgProposerPriority()

    var proposer *Validator
    // 重复调用 incrementProposerPriority()方法 times 次
```

```
    for i := 0; i < times; i++ {
        proposer = vals.incrementProposerPriority()
    }

    vals.Proposer = proposer
}
```

验证者集合的变动由 UpdateWithChangeSet()方法处理，具体的逻辑则实现在方法 updateWithChangeSet()（两个方法的名字只有首字母大小写不同）中，其输入参数 changes 表示验证者集合的变动信息，当参数 allowDeletes 为 false 的时候，不允许有移除操作。有两处调用 updateWithChangeSet()的时机：

- 在函数 NewValidatorSet()中调用时设置 allowDeletes 为 flase；

- 在函数 UpdateWithChangeSet()中调用时设置 allowDeletes 为 true。

```
// tendermint/types/validator_set.go 560-609
func (vals *ValidatorSet) updateWithChangeSet(changes []*Validator, allowDeletes bool)
error {
    // 省略错误处理代码
    // 检查变动信息，并将变动分为 updates 和 deletes 两类
    updates, deletes, err := processChanges(changes)
    // 省略错误处理代码

    if !allowDeletes && len(deletes) != 0 {
        return fmt.Errorf("cannot process validators with voting power 0: %v", deletes)
    }

    // 检查新的验证者集合不为空
    if numNewValidators(updates, vals) == 0 && len(vals.Validators) == len(deletes) {
        return errors.New("applying the validator changes would result in empty set")
    }

    // 根据 vals 检查 deletes 合法并返回要被移除的验证者的投票权重之和
    removedVotingPower, err := verifyRemovals(deletes, vals)
    // 省略错误处理代码

    // 根据 valus 检查 updates 合法并返回更新后的验证者的投票权重之和
    // 该投票权重之和是移除验证者之前根据 updates 计算出来的，并且小于 2 * MaxTotalVotingPower
    tvpAfterUpdatesBeforeRemovals, err := verifyUpdates(updates, vals, removedVoting
Power)
    // 省略错误处理代码

    // 为更新过的验证者计算提案优先级
    computeNewPriorities(updates, vals, tvpAfterUpdatesBeforeRemovals)

    vals.applyUpdates(updates)
    vals.applyRemovals(deletes)
```

```
        vals.updateTotalVotingPower() // 如果投票权重之和超过 MaxTotalVotingPower 会崩溃（panic）

        // 缩放和向 0 值居中对齐
        vals.RescalePriorities(PriorityWindowSizeFactor * vals.TotalVotingPower())
        vals.shiftByAvgProposerPriority()

    return nil
}
```

updateWithChangeSet()方法内部首先通过将验证者的变动划分为待更新的验证者列表 updates（已有验证者的投票权重变动或者新的验证者加入）和待移除的验证者列表 deletes，其中投票权重为 0 的验证者归入待移除的验证者列表，而其余的验证者则归入待更新的验证者列表。接下来验证 updates 和 deletes 两个列表的正确性。

- verifyRemovals()检查待移除的验证者列表 deletes 中的每一个验证者是否是原来的验证者集合 vals 中的验证者，并返回被移除的验证者的投票权重之和 removedVotingPower。

- verifyUpdates()检查应用这些更新之后新的验证者集合的投票权重之和会不会超过允许的最大值 MaxTotalVotingPower 并返回验证者集合的投票权重之和 tvpAfterUpdatesBeforeRemovals。

各项检查通过之后，函数 computeNewPriorities()更新 updates 列表中验证者的提案优先级：为新的验证者设置投票权重初始值为-1.125*updatedTotalVotingPower；并保持原先已有的验证者的提案优先级不变，这些验证者仅仅是投票权重发生了变化。接下来 applyUpdates()和 applyRemovals()方法真正修改了验证者集合，并通过 updateTotalVotingPower()重新计算新的验证者集合的投票权重之和。最后通过 RescalePriorities()和 shiftByAvgProposerPriority()进行缩放以及居中对齐。

值得进一步讨论的是，verifyUpdates()函数计算验证者的投票权重之和的过程。函数实现内部，对 updates 列表中的每一项变动进行计算：如果是新验证者加入集合则累加其投票权重，如果是老验证者投票权重发生变动则累计投票权重变化。最终返回的投票权重之和包含由输入参数提供的已经被移除的验证者的投票权重之和 removedPower。

```
// tendermint/types/validator_set.go 394-423
func verifyUpdates(
    updates []*Validator,
    vals *ValidatorSet,
    removedPower int64,
) (tvpAfterUpdatesBeforeRemovals int64, err error) {
    delta := func(update *Validator, vals *ValidatorSet) int64 {
        _, val := vals.GetByAddress(update.Address)
        if val != nil {
            return update.VotingPower - val.VotingPower
        }
```

```
        return update.VotingPower
    }

    updatesCopy := validatorListCopy(updates)
    sort.Slice(updatesCopy, func(i, j int) bool {
        return delta(updatesCopy[i], vals) < delta(updatesCopy[j], vals)
    })

    tvpAfterRemovals := vals.TotalVotingPower() - removedPower
    for _, upd := range updatesCopy {
        tvpAfterRemovals += delta(upd, vals)
        if tvpAfterRemovals > MaxTotalVotingPower {
            // 省略错误处理代码
        }
    }
    return tvpAfterRemovals + removedPower, nil
}
```

verifyUpdates()函数的返回值 tvpAfterUpdatesBeforeRemovals 随后被传递给函数 compute-NewPriorities()，用于初始化新验证者的初始提案优先级。这样可以保证新的验证者的初始提案优先级也是根据待移除验证者移除之前的验证者集合状态更新的，而老的、不会被移除的验证者的提案优先级也是在这一状态下计算出来的，这样可以保证验证者集合更新时的公平性。

3.6 区块结构

Tendermint Core 实现了对等网络通信以及 Tendermint 共识协议，并且通过 ABCI 与上层应用之间进行交互，完成交易的执行。Tendermint Core 处理交易时，不关心交易的具体内容，仅仅将交易作为字节切片，并且通过 Tendermint 共识协议在所有的验证者之间对交易顺序达成共识。Tendermint 共识协议的特性以及分层设计的理念，同时影响了 Tendermint Core 中的区块结构。

Tendermint 共识协议逐块最终化的特性简化了区块的结构设计和实现，只需要用散列指针依次串联起各个区块即可，无须像比特币一样由于可能的区块回滚而引入复杂的代码逻辑。与通常的区块设计一样，Tendermint Core 的区块也主要由区块头和区块体两部分构成。用于表示区块的 Block 结构体的定义如下。

```
// tendermint/types/block.go 38-44
type Block struct {
    mtx         sync.Mutex
    Header                     // 区块头
    Data                       // 区块体
    Evidence    EvidenceData // 作恶举证
```

```
        LastCommit *Commit          // 上一个区块的投票信息
}
```

其中 mtx 用于区块处理过程中的加锁保护、Header 和 Data 分别对应区块头和区块体、Evidence 和 LastCommit 字段则与作恶举证和共识协议投票相关。为了便于理解，图 3-13 展示了 Tendermint Core 中的区块结构。可以看到区块结构比较简单，仅包含一些交易的切片，而[]Tx 类型只是[]byte 的别名。这些交易构成的简单 Merkle 树的根保存在 Header 的 DataHash 字段中。

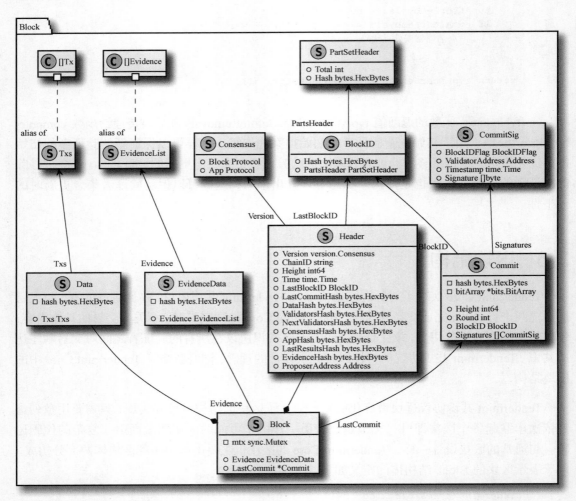

图 3-13   Tendermint Core 中的区块结构

Header 结构体中的基本信息 Version、ChainID、Height、Time 字段分别表示区块的版本号、链标识、高度以及生成时间。其中版本号类型 version.Consensus 包含两个字段，Block

字段表示区块版本号，而 App 字段表示应用版本号（Protocol 为 uint64 类型的别名）。
Tendermint Core 中的 Time 字段使用 Google Protobuf 项目中定义的 Timestamp 类型[①]。

```
// tendermint/types/block.go 323-348
type Header struct {
    Version version.Consensus // 版本号
    ChainID string             // 链标识
    Height  int64              // 高度
    Time    time.Time          // 生成时间

    LastBlockID BlockID        // 前一个区块的区块标识

    LastCommitHash tmbytes.HexBytes    // 验证者集合对上一个区块的提交信息的散列值
    DataHash       tmbytes.HexBytes    // 区块中所有交易的散列值

    ValidatorsHash     tmbytes.HexBytes // 当前区块验证者集合的散列值
    NextValidatorsHash tmbytes.HexBytes // 下一个区块验证者集合的散列值
    ConsensusHash      tmbytes.HexBytes // 当前区块共识参数的散列值
    AppHash            tmbytes.HexBytes // 前一个区块执行完成后的应用状态散列值
    LastResultsHash    tmbytes.HexBytes // 前一个区块所有交易执行结果的散列值

    EvidenceHash    tmbytes.HexBytes    // 当前区块中举证信息的散列值
    ProposerAddress Address             // 当前区块的提案者
}

// tendermint/version/version.go 63-66
type Consensus struct {
    Block Protocol // 区块版本号
    App   Protocol // 应用版本号
}
```

　　该区块所指向的上一个区块的唯一标识记录在 BlockID 类型的 LastBlockID 字段中。结构体 BlockID 的 Hash 字段代表区块头中所有字段的散列值，即所有字段构成的简单 Merkle 树的根散列值，而 PartsHeader 字段则与 Tendermint Core 实现的区块广播机制相关。Tendermint Core 在对等网络中传播区块时，会将序列化后的整个区块分割为小块后再进行广播。PartSetHeader 结构体中的 Total 记录了分割成的小块的个数，而 Hash 字段是这些小块构成的简单 Merkle 树的根散列值。

```
// tendermint/types/block.go 893-896
type BlockID struct {
    Hash       tmbytes.HexBytes
    PartsHeader PartSetHeader
}

// tendermint/types/part_set.go 59-62
type PartSetHeader struct {
```

[①] 下文代码块中 time.Time 是 Timestamp 类型，未展示相应代码。

```
      Total int
      Hash  tmbytes.HexBytes
}
```

具体的分割通过 Block 的方法 MakePartSet()调用 NewPartSetFromData()完成，其中输入
参数 data 为序列化后的整个区块，随后将整个区块划分为 64KB 的小块，然后通过对等网络
广播。PartSet 包含分割后得到的小块 Part 的集合，其中每个 Part 包含表示自身序号的 Index
字段、表示自身内容的 Bytes 字段以及证明自身属于某个区块的 Merkle 树的 Proof 字段。每
个 Part 的构建实现如下。

```go
// tendermint/types/part_set.go 102-129
func NewPartSetFromData(data []byte, partSize int) *PartSet {
    // 将数据拆分成 64KB 的小块
    total := (len(data) + partSize - 1) / partSize
    parts := make([]*Part, total)
    partsBytes := make([][]byte, total)
    partsBitArray := bits.NewBitArray(total)
    for i := 0; i < total; i++ {
        part := &Part{
            Index: i,
            Bytes: data[i*partSize : tmmath.MinInt(len(data), (i+1)*partSize)],
        }
        parts[i] = part
        partsBytes[i] = part.Bytes
        partsBitArray.SetIndex(i, true)
    }
    // 计算 Merkle 树根
    root, proofs := merkle.SimpleProofsFromByteSlices(partsBytes)
    for i := 0; i < total; i++ {
        parts[i].Proof = *proofs[i]
    }
    return &PartSet{
        total:         total,
        hash:          root,
        parts:         parts,
        partsBitArray: partsBitArray,
        count:         total,
    }
}
```

```go
// tendermint/types/part_set.go 22-26
type Part struct {
    Index int
    Bytes tmbytes.HexBytes
    Proof merkle.SimpleProof
}
```

Header 中剩余的字段与 PoS 机制以及 Tendermint 共识协议引入的验证者、提案者等概

念紧密相关。在 PoS 机制中，虽然每个人都可以通过抵押链上资产成为验证者，但并不是每个验证者都会获得投票权，只有抵押链上资产的数量排名靠前的验证者才有资格参与共识投票过程投票，称之为活跃验证者，例如 Cosmos Hub 网络刚启动时只有抵押链上资产数量排名前 100 的验证者才可以成为活跃验证者。构造下一个区块时，Tendermint 共识协议会通过 3.5 节介绍的提案者轮换选择算法，在 PoS 机制选出来的活跃验证者集合中挑选一个活跃验证者成为提案者。提案者可以打包区块并通过对等网络广播，其他活跃验证者会检查该区块，没有问题的话会用自己的验证私钥对区块进行投票，表示认同该提案者打包的新区块。在全网达成共识的新区块，会通过 ABCI 提交给上层应用执行，该区块的提案者信息存储在 Header 的 ProposerAddress 中。

据此可以发现对一个区块的投票（签名）无法存储到当前区块，因为投票过程开始的时候当前区块的内容不再发生变化，一个普遍的做法则是将这些投票存储到下一个高度区块当中。这也是 Block 结构体中 LastCommit 字段的用处。LastCommit 是一个指向 Commit 结构体的指针，Commit 结构体用于存储一组签名（投票）值 CommitSig 以及签名所对应的区块高度 Height、轮数 Round、区块标识 BlockID 等。区块头中的 LastCommitHash 字段是这组签名值 CommitSig 的 Merkle 树根。

虽然活跃验证者集合中的验证者个数固定，但是随着验证者抵押的链上资产总数的变化，链上资产抵押数量排名也会不断发生变化，从而导致活跃验证者集合的更新。当前区块中的交易执行完成之后，需要重新计算活跃验证者集合。新的活跃验证者集合将参与 Tendermint 共识协议来构造后续的区块。Header 中的 ValidatorsHash 表示当前区块的活跃验证者集合的 Merkle 树根，而 NextValidatorsHash 则表示下一个区块的活跃验证者集合的 Merkle 树根。每个区块中的交易执行完成之后会返回交易执行结果，Header 中的 LastResultsHash 表示上一个区块中的所有交易执行结果的 Merkle 树根。另外应用层交易的执行结果会影响到应用的内部状态，Cosmos-SDK 中使用 IAVL+树来存储应用的所有状态，Header 中的 AppHash 字段存储了上层应用状态构成的 Merkle 树根。

Tendermint 共识协议对活跃验证者的投票活动具有严格的约定，然而在开放网络中需要考虑拜占庭故障，即活跃验证者以任意方式偏离共识协议的约定，这可能是操作失误，也可能是有意为之。为了应对拜占庭故障，Tendermint Core 为 Tendermint 共识协议的实现引入了举证惩罚的功能。网络中任意一方均可以举证自己发现的恶意活跃验证者行为。目前 Tendermint Core 中的举证行为仅有区块的双签举证。正常情况下，在同一个区块高度，一个活跃验证者应该只对一个区块进行投票。如果活跃验证者（作恶验证者）违反 Tendermint 共识协议，在同一个区块高度对不同的区块进行了投票，则网络的其他参与者看到两个来自同一个活跃验证者的相互冲突的投票后，可以对这种行为进行举证。抽象接口 Evidence 用于表示举证，结构体 DuplicateVoteEvidence 实现了该接口，如图 3-14 所示。根据下面的定义可以看到双签的证据其实就是一个公钥和两个投票 Vote。

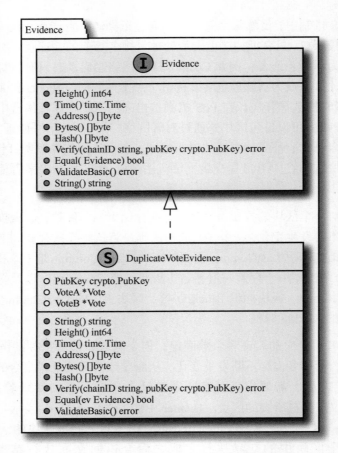

图 3-14　Tendermint Core 中的双签举证

```go
// tendermint/types/evidence.go 100-104
type DuplicateVoteEvidence struct {
    PubKey crypto.PubKey // 作恶验证者的共识公钥
    VoteA  *Vote         // 第一个投票
    VoteB  *Vote         // 第二个投票
}


// tendermint/types/vote.go  48-57
type Vote struct {
    Type             SignedMsgType // 投票类型为预投票或者预提交
    Height           int64         // 区块高度
    Round            int           // 轮数
    BlockID          BlockID       // 区块标识, 对空值投票时该字段为 0
    Timestamp        time.Time     // 时间戳
    ValidatorAddress Address       // 验证者地址
    ValidatorIndex   int           // 索引号
    Signature        []byte        // 签名
}
```

Vote 结构体包含关于此次投票的所有信息，投票类型 Type（投票类型与 Tendermint 共识协议相关，主要有预投票和预提交两种投票类型）、区块高度 Height、轮数 Round、区块标识 BlockID、时间戳 Timestamp、验证者地址 ValidatorAddress、索引号 ValidatorIndex，以及该验证者对相应区块的签名 Signature。DuplicateVoteEvidence 包含一个验证者在同一个高度区块两的张不同的投票，通常该验证者可以被判定为双签作恶。一个区块中可以包含多个 Evidence，存储在 Block 的 Evidence 字段中，而 Header 中的 EvidenceHash 则表示这些举证的 Merkle 树根。

一个尚未被讨论的字段是 Header 中的 ConsensusHash。Tendermint 共识协议、区块构造过程、验证者和举证相关的逻辑均可以通过相关参数进行配置，相关参数定义在 tendermint/types/parms.go 文件中，如图 3-15 所示。ConsensusHash 是这些配置参数的散列值。

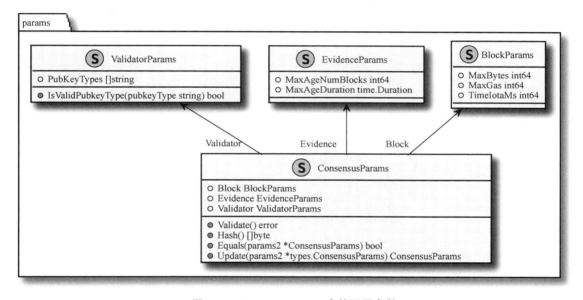

图 3-15　Tendermint Core 中的配置参数

其中共识参数 ConsensusParams 包含 3 类配置参数，分别为关于区块的配置参数 BlockParams、关于举证的配置参数 EvidenceParams、关于验证者的配置参数 ValidatorParams。关于区块的配置参数包括允许的区块最大字节数 MaxBytes，默认为 21MB，允许的区块最大 Gas 值（为防止链上资源被交易执行恶意消耗，区块链系统会对交易收取交易费，交易费以 Gas 为单位收取），MaxGas，默认为−1，即没有限制，连续两个区块允许的最小时间间隔 TimeIotaMs，以毫秒为单位，默认为 1 000，即 1 秒。关于举证的配置参数包括举证可以针对的最近的区块数 MaxAgeNumBlocks、举证的有效期 MaxAgeDuration。检查证据时，如果举证针对的区块高度太小或者作恶发生时间与举证时间的差值超出有效期，则被认为无效。

```
block.Header.Time-evidence.Time < ConsensusParams.Evidence.MaxAgeDuration &&
    block.Header.Height-evidence.Height < ConsensusParams.Evidence.MaxAgeNumBlocks
```

关于验证者的配置参数 ValidatorParams 仅包含表示验证者公钥类型的参数 PubKeyTypes，默认为 Ed25519 类型的公钥。

Tendermint Core 中的区块链设计如图 3-16 所示。Header 中存储了多种数据的散列值或者 Merkle 树根，其中 DataHash、EvidenceHash、LastCommitHash 对应的具体内容直接存储在 Block 中。而 AppHash、ValidatorsHash、NextValidatorsHash 以及 LastResultsHash 这几个散列值/Merkle 树根所对应的数据存储在 state.State 中。state.State 结构体中存储了写入的最新区块的信息，包括更新的活跃验证者集合、共识参数等，这些信息足够用来构造下一个区块。state.State 内字段的说明参见代码内注释，此处不赘述。

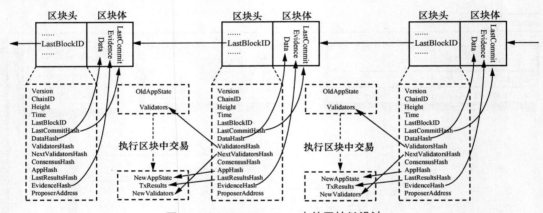

图 3-16　Tendermint Core 中的区块链设计

```
// tendermint/state/state.go 51-83
type State struct {
    Version Version

    ChainID string

    // 创世区块对应的 LastBlockHeight 字段为 0，即不存在区块高度为 0 的区块
    LastBlockHeight int64
    LastBlockID     types.BlockID
    LastBlockTime   time.Time

    // LastValidators 用于验证 block.LastCommit
    // 验证者集合每次变动后都会保存在数据库中，所以可以查询历史验证者集合
    // 注意如果 s.LastBlockHeight 引起验证者集合变化，则设置
    // s.LastHeightValidatorsChanged = s.LastBlockHeight + 1 + 1
    // 其中额外的一次+1 操作是因为 nextValSet 引入的时延
    NextValidators              *types.ValidatorSet
    Validators                  *types.ValidatorSet
    LastValidators              *types.ValidatorSet
```

```
    LastHeightValidatorsChanged int64

    // ConsensusParams 用于验证区块
    // 该字段变动由 EndBlock 返回并且在 Commit 后更新
    ConsensusParams                 types.ConsensusParams
    LastHeightConsensusParamsChanged int64

    // 上一个区块内交易执行结果的 Merkle 树根
    LastResultsHash []byte

    // ABCI 的 Commit() 方法返回的最新的 AppHash
    AppHash []byte
}
```

3.7 小结

本章首先回顾共识协议的基础知识，包括半同步网络模型、BFT、FLP 与 CAP 定理等，为讨论 BFT 共识协议做好铺垫。Tendermint 共识协议可以看作在区块链网络场景下对 PBFT 共识协议的改进，而 PBFT 共识协议是第一个可以实际部署的 BFT 共识协议。在深入介绍 PBFT 共识协议之后，本章详细梳理了 Tendermint 共识协议，尤其是其两阶段投票协议以及解锁和锁定机制在共识投票过程中扮演的角色。为了适配 PoS 机制，Tendermint Core 中实现了带投票权重的提案者轮换选择算法，理解该算法对理解整个 Tendermint 共识协议的具体工作流程大有裨益。Tendermint 共识协议以及分层设计的理念，影响了 Tendermint Core 中的区块结构。详细了解 Tendermint Core 的区块结构是理解后文 Cosmos-SDK 各模块实现的必要前提。

第 **4** 章

Tendermint Core **的架构设计**

Tendermint Core 实现了对等网络通信以及 Tendermint 共识协议,并定义、实现了与上层应用交互的 ABCI。对等网络通信与共识协议相互配合通过构建新区块为交易排序,排好序的交易通过 ABCI 传递给上层应用执行。从 Tendermint Core 提供的功能,可知道该项目需要实现基本的网络连接、对等网络节点发现与维护、对等网络通信、接收和传递交易、接收和传递区块、接收和传递共识消息、处理远程过程调用(remote procedure call,RPC)请求等服务。

Tendermint Core 通过核心数据结构 Node 结构体来管理所有的功能模块。虽然基于 Tendermint Core 和 Cosmos-SDK 构建区块链应用通常并不需要深入理解 Tendermint Core 的内部实现,但是对于 Tendermint Core 整个架构设计的理解,有助于开发者构建健壮的应用专属区块链系统。本章将围绕 Node 结构体介绍 Tendermint Core 的架构设计。

4.1 整体架构概览

为了在一个项目中支持对等网络通信、共识协议以及 ABCI 等复杂逻辑,需要进行合理的抽象。借助 Go 语言的接口等工具,Tendermint Core 利用抽象出来的几个基本概念,如 Service、Reactor、Switch 以及 MultiplexTransport 等,完成了整个项目的架构。

4.1.1 基本概念

服务 Service 接口抽象了与服务生命周期相关的方法,例如服务启动方法 Start()、停止方法 Stop() 以及重置方法 Reset() 等。为了避免一个服务的多次启动或者停止,BaseService 结构体实现了 Service 接口并通过原子化操作避免服务的重复启动和关闭。通过扩展 BaseService 结构体,Tendermint Core 中的不同服务可以基于自身业务逻辑实现定制化的功能。

反应器 Reactor 接口抽象了处理对等网络消息相关的方法，例如用于添加和删除对等网络节点的 AddPeer()和 RemovePeer()方法、从对等网络节点接收消息的 Receive()方法。一个消息的处理，可能需要不同的反应器相互配合来完成，而 Switch 结构体是各个反应器之间沟通的桥梁。与 BaseService 一样，BaseReactor 可以作为各个反应器实现的起点。BaseReactor 中包含两个字段，其中 BaseService 管理反应器服务的启动和停止，而 Switch 结构体则让反应器之间的相互配合成为可能。利用反应器可以对复杂的业务逻辑进行拆解，通过模块化方式完成软件实现。Tendermint Core 为交易处理、区块处理、举证处理以及共识消息处理分别实现了不同的反应器。为不同类型的消息处理实现不同的反应器，也使得节点功能定制化成为可能。

转换器 Switch 结构体是一个全局转换器。如果说 Node 结构体是 Tendermint Core 节点的入口点，那么 Switch 则是 Node 结构体内部的中枢组件，负责与对等网络中的节点进行通信并驱动和连通各个功能组件。节点功能的实现依赖内部各个反应器提供的功能，也依赖对等网络节点之间的通信。Switch 持有各个功能模块的反应器，而各个功能模块的反应器中都有字段指向这个全局转换器，由此两个反应器之间通过 Switch 可以查找到对方并进行通信。对等网络通信方面，Switch 利用 pex 模块进行节点发现并将相关信息记录在 AddressBook 中，利用 MultiplexTransport 建立并管理对等网络节点之间所有的网络连接。

多路复用传输 MultiplexTransport 结构体负责建立并维护对等网络节点之间的网络通信。Tendermint Core 通过 MConnection 结构体封装了普通的 TCP 连接以实现多路复用。两个对等网络节点之间需要不定时交换多种类型的信息，例如区块广播、交易广播或者投票信息广播等。基于此 Tendermint Core 进一步实现了 Channel 结构体，一个 MConnection 对应一个物理网络连接，而一个 MConnection 可以被多个 Channel 共用。此外，这种设计方式还可以避免 TCP 连接的慢启动（slow start）导致的网络传输效率问题。另外，Tendermint Core 的实现中，对等网络节点之间的通信都是加密通信。每个节点有自己的通信密钥，两个节点之间通过 Station-to-Station 协议进行密钥交换并利用对称加密算法进行流量加密。

建立对等网络连接之前，首先要通过 pex 模块进行对等网络节点发现，pex 是 peer exchange 的缩写，意为节点信息交换。通过反应器 pex.Reactor 发现的节点信息保存在 AddressBook 中。与对等网络节点通信时，在安全考量之外，也要考虑网络通信质量。由于不同节点的网络连接状况不同，任何一个节点都希望更多地与网络状况良好的节点建立连接。基于这些考虑，Tendermint Core 实现了相关逻辑以帮助筛选网络状况良好的对等网络节点。本节重点关注 Tendermint Core 整体的架构设计，不再深入探讨对等网络节点管理方面的实现细节。

4.1.2 反应器简介

基于 MultiplexTransport 提供的对等网络通信能力，可以完成共识协议消息、交易和区块的接收与处理。当新设立一个节点时，该节点为了获得最新的区块状态需要从对等网络请求历史区块并在本地重构区块链状态。

Tendermint Core 用 BlockchainReactor 来实现区块请求、接收和处理相关的逻辑。其中区块请求通过 bpRequester 完成，而同步过程中接收到的区块通过 BlockPool 进行存储。

反应器 mempool.Reactor 负责接收交易信息，接收到的交易则利用结构体 CListMempool 管理，其核心成员为存储合法交易的并发双链表（concurrent linked-list）。

基于 BFT 的 Tendermint 共识协议需要考虑验证者节点作恶的可能性，应对方式则是引入举证惩罚机制：网络中的任意节点都可以就自己发现的某个节点的恶意行为进行举证，如果举证信息属实则会对相应的验证者进行惩罚。为此，Tendermint Core 实现了 evidence.Reactor 反应器，用于处理接收到的举证信息。

当新节点完成区块同步之后，可以通过抵押链上资产竞争参与共识投票的权利。Tendermint 共识协议的相应逻辑由反应器 consensus.Reactor 实现。Tendermint 共识协议需要超时机制的辅助来保证可用性，因此引入了 timeoutTicker 结构体以在超时发生时触发相应的处理逻辑。

图 4-1 中总结了 Tendermint Core 基于前文所述的接口和结构体的整体架构设计。基于 Service 接口、Reactor 接口、Switch 结构体和 MultiplexTransport 结构体这几个基本设计，Tendermint Core 实现了完整的对等网络通信功能、Tendermint 共识协议功能以及通过 ABCI 完成区块执行的功能。

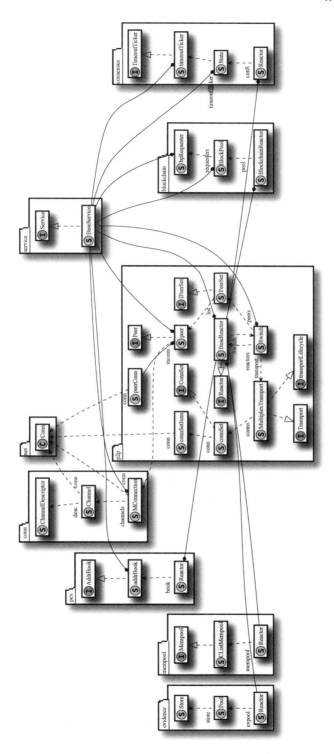

图 4-1 Tendermint Core 的整体架构设计

4.2 核心数据结构 Node 结构体

Tendermint Core 中的核心数据结构是 Node 结构体，该结构体也是节点功能的入口点。Node 结构体定义如下。

```
// tendermint/node/node.go 171-203
type Node struct {
    service.BaseService

    // 配置信息
    config          *cfg.Config
    genesisDoc      *types.GenesisDoc      // 初始状态，包含初始验证者集合等信息
    privValidator   types.PrivValidator    // 节点的共识私钥

    // 对等网络通信相关
    transport       *p2p.MultiplexTransport
    sw              *p2p.Switch            // 对等网络节点连接
    addrBook        pex.AddrBook           // 已知的对等网络节点
    nodeInfo        p2p.NodeInfo           // 本地节点信息
    nodeKey         *p2p.NodeKey           // 本地节点的通信私钥
    isListening     bool

    // 服务相关
    eventBus        *types.EventBus        // 事件总线，用于服务发布和订阅消息
    stateDB         dbm.DB
    blockStore      *store.BlockStore      // 区块的持久化
    bcReactor       p2p.Reactor            // 区块的快速同步（fast-syncing）
    mempoolReactor  *mempl.Reactor         // 交易池反应器，用于广播交易等
    mempool         mempl.Mempool          // 交易池，用于存储合法的交易
    consensusState  *cs.State              // 最新的共识状态
    consensusReactor *cs.Reactor           // 共识反应器，用于参与共识协议
    pexReactor      *pex.Reactor           // 对等网络节点信息交换反应器
    evidencePool    *evidence.Pool         // 举证反应器，追踪举证信息
    proxyApp        proxy.AppConns         // 与上层应用之间的连接
    rpcListeners    []net.Listener         // RPC 服务器
    txIndexer       txindex.TxIndexer      // 交易的索引
    indexerService  *txindex.IndexerService // 交易索引服务，用于查询交易
    prometheusSrv   *http.Server           // 监控服务
}
```

Node 结构体中各个字段所负责的功能陈列如下，本章将详细介绍其中的关键字段。

- service.BaseService：提供服务的基本功能，如开始、停止、重置等。

- config *cfg.Config：存储节点的配置信息。

- genesisDoc *types.GenesisDoc：区块链的初始状态，用于初始化链状态。

- privValidator types.PrivValidator：共识私钥，用于共识投票。

- transport *p2p.MultiplexTransport：管理对等网络节点的所有 TCP 连接。

- sw *p2p.Switch：Node 结构体的核心枢纽，连接反应器、网络连接以及对等网络节点。

- addrBook pex.AddrBook：对等网络上已知的对等网络节点，由 pex 模块负责管理。

- nodeInfo p2p.NodeInfo：本地节点信息。

- nodeKey *p2p.NodeKey：本地节点的通信私钥。

- isListening bool：标记本地节点是否在监听网络端口。

- eventBus *types.EventBus：节点内部的事件总线，负责服务发布和订阅消息。

- stateDB dbm.DB：负责状态的持久化。

- blockStore *store.BlockStore：负责区块的持久化。

- bcReactor p2p.Reactor：区块反应器，负责快速同步区块。

- mempoolReactor *mempl.Reactor：交易池反应器，负责交易的接收、检查和转发。

- mempool mempl.Mempool：存储交易的交易池。

- consensusState *cs.State：共识协议的状态机。

- consensusReactor *cs.Reactor：共识反应器，借助 consensusState 实现共识协议。

- pexReactor *pex.Reactor：节点信息交换反应器，负责对等网络节点发现与节点管理。

- evidencePool *evidence.Pool：证据池，用于存储举证信息。

- proxyApp proxy.AppConns：负责与上层应用通过 ABCI 进行交互。

- rpcListeners []net.Listener：负责响应 RPC 请求。

- txIndexer txindex.TxIndexer：索引和搜索交易。

- indexerService *txindex.IndexerService：交易查询服务。

- prometheusSrv *http.Server：Prometheus 监控报警服务，与区块链技术无关，本章不做介绍。

4.2.1 作为服务的 Node 结构体

Node 结构体本身也是一种服务，因此 Node 结构体内嵌了 service.BaseService。service.BaseService 是实现了 Service 接口的结构体，Service 是 Tendermint Core 中比较基础的结构，因为项目的很多功能都可以抽象为一个 Service，如接收区块的 BlockPool、接收交易的 Mempool、处理网络连接的 MConnection 等。Service 抽象了关于服务的常见方法，例如启动方法 Start()、停止方法 Stop()、重置方法 Reset()以及设置日志记录器方法 SetLogger(log.Logger)等，具体参见 Service 接口的定义。

```
// tendermint/libs/service/service.go 24-53
type Service interface {
    Start() error
    OnStart() error

    Stop() error
    OnStop()
    Reset() error
    OnReset() error

    IsRunning() bool

    Quit() <-chan struct{}

    String() string
    SetLogger(log.Logger)
}
```

Service 接口除提供了基本的服务启动、停止、重置、查询等方法之外，还额外提供了 OnStart()、OnStop()和 OnReset()方法。这几个方法允许具体实现 Service 接口的数据结构在启动、停止和重置时实现定制化的逻辑。Start()、Stop()和 Reset()方法内部会分别调用 OnStart()、OnStop()和 OnReset()方法，而后者的调用也需要遵循一定的规则。

- OnStart()允许返回错误信息，并且该错误信息会由 Start()传递给更上层的调用者。

- OnStop()不允许返回错误信息。

- OnReset()允许返回错误信息。在 BaseService 的实现中，OnReset()默认直接崩溃。

BaseService 结构体提供了 Service 接口的基础实现，Tendermint Core 中所有服务均通过扩展 BaseService 实现。值得提及的是 BaseService 的整数字段 started 和 stopped，在 Start()和 Stop()方法的实现中通过对这两个字段的原子操作，确保不会多次启动或者多次停止服务。

```
// tendermint/libs/service/service.go 97-106
type BaseService struct {
    Logger   log.Logger
```

```
    name    string
    started uint32
    stopped uint32
    quit    chan struct{}

    impl Service
}
```

在不发生错误的情况下，BaseService 的 Start()方法中仅调用一次 OnStart()，Stop()中仅调用一次 OnStop()，而 BaseService 的 OnStart()和 OnStop()方法实现内部不做任何事情。值得注意的是，BaseService 的 OnReset()方法实现直接崩溃。因此通过扩展 BaseService 实现新的服务时，如果想要使用 Reset()方法，一定要重新实现 OnReset()方法。为了帮助理解，下面展示 Reset()和 OnReset()方法的实现，注意其中对 stopped 成员的原子操作以及对 OnReset()的调用。

```
// tendermint/libs/service/service.go 182-198
func (bs *BaseService) Reset() error {
    if !atomic.CompareAndSwapUint32(&bs.stopped, 1, 0) {
        // 不能重置正在运行的服务
        bs.Logger.Debug(fmt.Sprintf("Can't reset %v. Not stopped", bs.name), "impl",
bs.impl)

        return fmt.Errorf("can't reset running %s", bs.name)
    }

    atomic.CompareAndSwapUint32(&bs.started, 1, 0)

    bs.quit = make(chan struct{})
    return bs.impl.OnReset()
}

// OnReset()方法默认实现直接崩溃
func (bs *BaseService) OnReset() error {
    panic("The service cannot be reset")
}
```

4.2.2 可配置的 Node 结构体

通过配置参数可以定制 Node 结构体运行时处理各种逻辑的行为。Node 结构体的第 2 个字段 config 包含了所有的可配置参数。其中 BaseConfig 包含了链标识 chainID、本地存储链数据的文件夹 RootDir、ABCI 使用的 TCP 或者 UNIX 套接字地址等参数。Config 结构体中其余的字段分别用于配置不同的功能模块，如对等网络相关的配置 P2P、共识相关的配置 Consensus 等。

```
// tendermint/config/config.go 60-72
type Config struct {
    BaseConfig
```

```
// 各项服务的配置
RPC              *RPCConfig
P2P              *P2PConfig
Mempool          *MempoolConfig
FastSync         *FastSyncConfig
Consensus        *ConsensusConfig
TxIndex          *TxIndexConfig
Instrumentation  *InstrumentationConfig
}
```

第 3 章提到过, Tendermint 共识协议要求在协议开始之前先确定验证者集合。Cosmos Hub 通过 PoS 机制依据节点抵押的链上资产数量进行排序来确定验证者集合。但是在链刚启动的时候, 需要确定初始的验证者集合。这就是 Node 结构体的第 3 个字段 genesisDoc 的作用, 通过该字段可以配置链的创世时间 GenesisTime、共识参数 ConsensusParams、初始的验证者集合 Validators、相对应的散列值 AppHash 和初始的应用层状态 AppState 等。

```
// tendermint/types/genesis.go 38-45
type GenesisDoc struct {
    GenesisTime      time.Time
    ChainID          string
    ConsensusParams  *ConsensusParams
    Validators       []GenesisValidator
    AppHash          tmbytes.HexBytes
    AppState         json.RawMessage
}
```

验证者节点可以参与 Tendermint 共识投票过程并进行投票, 而投票就是对区块或者空值的数字签名。计算数字签名需要签名私钥, 这就涉及 Node 结构体的第 4 个字段 privValidator。该字段表示 PrivValidator 接口类型, 抽象了验证者投票的相关方法。签名私钥存放在参数 config.BaseConfig.PrivValidatorKey 所指定的位置, 利用从这个位置读取的私钥可以完成投票, 而具体的投票计算过程可以在本地完成, 也可以通过远程服务完成。PrivValidator 接口的引入为分离 Tendermint Core 节点和签名过程提供了便利, 意味着节点运营者可以将投票的私钥存放在安全性更好的服务器上, 具体参见 10.4 节的 tmkms 项目。

```
// tendermint/types/priv_validator.go 14-20
type PrivValidator interface {
    GetPubKey() crypto.PubKey
    SignVote(chainID string, vote *Vote) error
    SignProposal(chainID string, proposal *Proposal) error
}
```

4.2.3　作为对等网络节点的 Node 结构体

通过 service.BaseService, Node 结构体具备了服务的基本功能, 可以启动、停止、重置等。利用配置信息则可以设置 Node 结构体运行时的参数和初始状态。利用这些信息足够启动节点，启动后的 Node 结构体表现为对等网络中的一个节点，接下来对该节点进行对等网络节点发现、与对等网络节点建立网络连接等操作。本小节介绍 Node 结构体中与对等网络通信相关的字段。

对等网络节点之间的网络通信都是加密通信，这就要求每个节点要有通信私钥。注意这与验证者节点用于共识协议投票的私钥不是同一个，为了便于区分，称用于共识投票的密钥为共识密钥，而称用于对等网络加密通信的密钥为通信密钥。Node 结构体的 nodeKey 字段用于存储当前节点的通信私钥，其类型为 p2p.NodeKey 结构体。

```
// tendermint/p2p/key.go 27-29
type NodeKey struct {
    PrivKey crypto.PrivKey // 通信私钥
}
```

关于节点的其他信息则保存在 Node 结构体的 nodeInfo 字段中。该字段为接口类型 NodeInfo，抽象了关于节点信息的相关方法。

- ID()方法返回节点的身份标识，即通信公钥的散列值。

- nodeInfoAddress 接口中的 NetAddress()方法返回节点的网络 IP 地址和端口号。

- nodeInfoTransport 接口中的 Validate()方法可以对 NodeInfo 进行合法性验证。

- nodeInfoTransport 接口中的 CompatibleWith()方法可以检查本地节点与一个对等网络节点之间的兼容性，只有共享相同 chainID 以及相同 ProtocolVersion 的两个节点之间才可以进行对等网络通信。

```
// tendermint/p2p/node_info.go 26-41
type NodeInfo interface {
    ID() ID
    nodeInfoAddress
    nodeInfoTransport
}

type nodeInfoAddress interface {
    NetAddress() (*NetAddress, error)
}

// 握手协议用于验证与对等网络节点之间的兼容性
type nodeInfoTransport interface {
    Validate() error
    CompatibleWith(other NodeInfo) error
}

// tendermint/p2p/key.go 32-34
func (nodeKey *NodeKey) ID() ID {
    return PubKeyToID(nodeKey.PubKey())
}
```

通过 pex 模块发现的对等网络节点存储在 pex.AddrBook 接口类型的 addrBook 字段中，而 pex.addrBook 实现了 pex.AddrBook 接口。本章不讨论该模块，因为对等网络节点发现是比较独立的功能，对理解项目的架构没有太多帮助。Node 结构体的 isListening 字段表示当前节点是否处于监听状态，处于监听状态的节点可以接受其他节点的连接请求，*p2p.MultiplexTransport 类型的 transport 字段负责建立网络连接。*p2p.Switch 类型的 sw 字段则利用 transport 和 addrBook 管理所有对等网络节点之间的网络通信，并根据接收到的消息触发节点的处理逻辑。

如前文所述，Switch 是 Node 结构体内部的中枢组件，负责与对等网络中的节点进行通信并驱动、连通各个功能组件。

- 网络通信方面，Switch 通过 Transport 接口类型的字段 transport 调用 MultiplexTransport 建立网络连接。MultiplexTransport 结构体实现了接口 Transport 和 transportLifecycle。

  ○ Transport 接口抽象了与对等网络节点建立连接的方法，如 Dial()、Accept()等方法。

  ○ transportLifecycle 接口则抽象了监听对等网络节点连接请求的 Listen()等方法。

- 在消息处理方面，Switch 结构体中的 reactors 字段保存了节点启动的所有反应器，从对等网络接收到的消息由 Switch 结构体发送给合适的反应器做进一步的处理。

Tendermint Core 的核心数据结构（Switch、MultiplexTransport、PeerSet 以及 BaseReactor 等结构体之间的关系）如图 4-2 所示。

MultiplexTransport 结构体通过 ConnSet 类型的字段 conns 记录并维护所有的对等网络连接，本地节点与一个远端节点之间仅存在一条 TCP 连接 net.Conn。Tendermint Core 在 net.Conn 的基础上实现了多路复用的网络连接 MConnection。多路复用意味着两个对等网络节点之间所有的消息均通过这一条网络连接传输。要理解多路复用的网络连接，需要先了解对等网络节点在 Tendermint Core 中的抽象。

Peer 接口抽象了对等网络节点所应具备的功能，例如获取实际网络地址的 SocketAddr() 方法和用于发送消息的 Send()方法。结构体 peer 实现了 Peer 接口并且扩展了结构体 peerConn。peerConn 中包含了原始的 TCP 连接以及配置信息。peer 基于 peerConn 中的 TCP 连接构造了多路复用的 TCP 网络连接。

多路复用的 TCP 连接是指将一个真实的 TCP 连接划分成多个 Channel。节点中的每一个反应器通过一个 Channel 与对等网络节点进行消息交换。对等网络中两个节点之间仅有一个 MConnection 用来处理所有的消息交换。MConnection 结构体中维护着从 ChannelID 到 Channel 的映射。当 MConnection 收到消息时，会根据消息 ChannelID 选择相应的 Channel 接收该消息。每一个 Channel 与特定的 Reactor 相关联，通过 MConnection 的 onReceive()方

法，可以触发特定 Reactor 的 Receive()方法来处理该消息。MConnection 可以达到多个逻辑
信道共用一个网络连接进行消息传输的效果。Tendermint Core 中对等网络通信相关的数据结
构（Transport、Switch、Reactor、Peer、MConnection 等接口和结构体之间的关系）如图 4-3
所示。

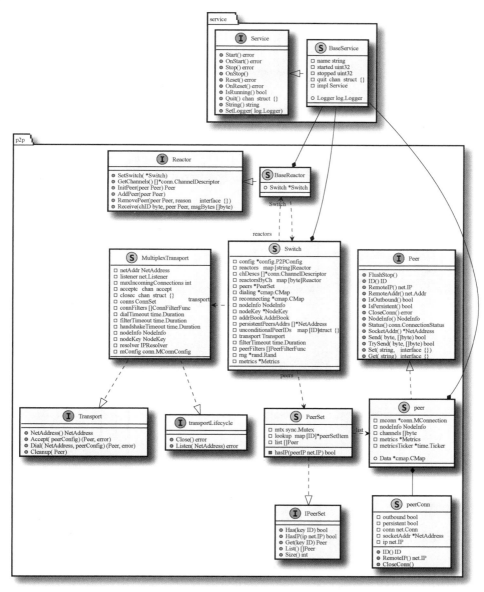

图 4-2　Tendermint Core 的核心数据结构

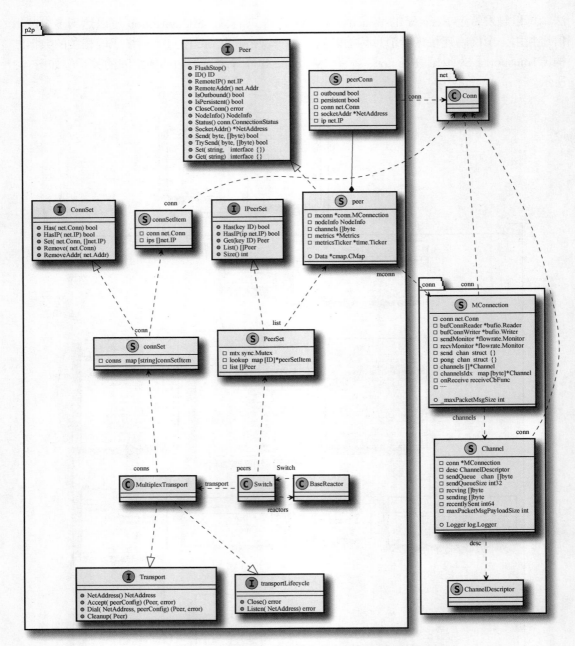

图 4-3　Tendermint Core 中对等网络通信相关的数据结构

　　Node 结构体扩展了 BaseService，意味着可以通过 OnStart() 方法定制节点的启动流程。接下来考察当通过 BaseService 的 Start() 方法调用 Node 结构体的 OnStart() 方法时所触发的动作，借此了解 Node、Transport、Switch、Reactor、Peer 以及 PeerSet 如何相互协作完成节点启动与对等网络连接的建立。节点启动流程中涉及的主要函数和方法如图 4-4 所示。

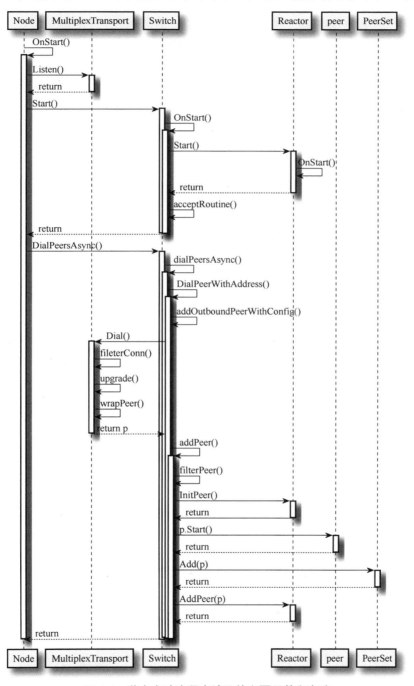

图 4-4　节点启动流程中涉及的主要函数和方法

Service 的 Start()方法会调用 Node 结构体的 OnStart()方法,该方法会依次执行以下操作。

(1)指示 MultiplexTransport 通过 Listen()方法启动本地网络端口的监听。

(2)启动 Switch 服务,Start()方法会调用 Switch 的 OnStart()方法:

- 该方法会启动所有 Reactor 服务并启动 acceptRoutine()以处理连接建立请求。

(3)指示 Switch 通过 DialPeersAsync()方法与配置文件中给出的对等网络节点建立网络连接。

- 该方法会触发一系列方法调用,最终 addOutboundPeerWithConfig()调用 Dial()以建立网络连接。
- Dial()根据提供的网络地址 NetAddress 以及 peerConfig 与远端节点建立 TCP 连接 conn。
- Dial()内部利用 filterconn()对 conn 去重并将新的 conn 添加到 MultiplexTransport 的 ConnSet 中。
- upgrade()方法利用 conn 进行密钥协商并返回加密网络连接 secretConn。
- wrapPeer()方法利用 upgrade()方法返回的 secretConn 和其他信息在本地实例化对等网络节点。
- wrapPeer()内部通过辅助函数 newPeer()创建新的实例 peer,peerConn 中持有 secretConn。
- newPeer()内部利用 createMConnection()在 secretConn 基础上构建多路复用连接并保存在 peer 中
- Dial()方法完成并返回新的 peer 实例 p。

(4)返回到 addOutboundPeerWithConfig()内部,调用 addPeer()在 PeerSet 中添加新的 peer 实例。

- 方法内部用 filterPeer()方法确保 PeerSet 中的对等网络节点实例不重复。
- 调用所有 Reactor 的 InitPeer() 方法让所有反应器知道新的对等网络节点的存在。
- 调用 p.Start()方法启动新创建的对等网络节点实例,OnStart()方法会启动多路复用网络连接。
- MConnection 的 OnStart()方法会启动 sendRoutine()和 recvRoutine()两个 goroutine 处理对等网络消息。

- 随后调用 PeerSet 的 Add()方法在对等网络节点集合中添加新的对等网络节点。

- 最后调用所有反应器的 AddPeer()方法，让所有的反应器为该对等网络节点启动服务。

Tendermint Core 为何要在普通的 TCP 网络连接之上不厌其烦地构建多路复用连接 MConnection？

- 一个原因是通过这种方式可以减少网络套接字连接的消耗：一个节点中通常会运行多个反应器，而每个反应器均需要与对等网络中的其他节点进行通信。假设一个节点内部运行着 5 个不同的反应器，而每个反应器均需要与另外 10 个节点建立连接。如果让反应器自身管理网络连接，则该节点需要建立 50 个不同的网络套接字连接。利用 MConnection 提供的多路复用连接，该节点仅需要与 10 个节点分别建立一个网络连接。通过这种方式，不同的反应器可以复用这 10 个网络连接，并且利用 Channel 对一个网络连接上的数据包进行区分。

- 另外一个原因则与 TCP 连接本身有关系。对等网络中的消息主要包括交易广播、区块广播以及共识消息等。通常希望所有消息都能够尽快地广播到整个对等网络中。但是 TCP 连接引入了诸多机制来控制 TCP 连接的数据发送速率，其中包括窗口大小以及慢启动等。窗口大小在 TCP 连接的整个生命周期中会不断调整，从而影响 TCP 连接的传输速率，这也是 TCP 连接的慢启动过程存在的部分原因。为了尽快完成消息广播，MConnection 对 TCP 连接进行了包装，除通过 Channel 提供基本的多路复用功能之外，还针对 TCP 连接本身的特性引入了各种辅助机制。通过在适当的时候发送适当的数据包维持较大的 TCP 连接的窗口大小，可以加快消息广播速度。

在 Node 结构体的 OnStart()方法介绍中略去了很多琐碎的细节，仅保留了主干流程。对照时序图、类图以及文字描述可以看到 Node、Transport、Switch、Reactor、Peer 之间的相互协作。Node 的 OnStart()方法结束之后，Switch 控制的 PeerSet 不断接收对等网络消息并触发相应的 Reactor 处理消息。本地节点中的 Reactor 也可以借助 PeerSet 向远端对等网络节点发送消息。值得注意的是，Node 结构体启动时仅与配置文件中指定的对等网络节点建立连接，而随后进行的对等网络节点的发现与管理是通过 pex 模块进行的。

4.3　反应器（Reactor）

Tendermint Core 利用 Reactor 处理从对等网络接收到的各类消息。Reactor 接口的定义如下。Node 结构体启动流程中，在 peer 启动服务前后，Switch 会指示 Reactor 对 peer 调用 InitPeer()和 AddPeer()操作。

- InitPeer()会在 Reactor 内部为 peer 分配状态。

- AddPeer()会在 Reactor 内部为 peer 启动用于消息处理的 goroutine。

　　同一个节点内部的不同反应器可能需要相互协作才能完整处理一个消息，不同 Reactor 通过 Switch 结构体进行配合。Reactor 通过 Channel 与对等网络交互，而一个 Reactor 可能需要处理来自多个对等网络节点的消息，GetChannels()方法用于返回一个 Reactor 中所有 Channel 的信息。Reactor 消息处理逻辑的入口点是 Receive()方法，该方法根据接收到的消息触发相应的处理逻辑。

```
// tendermint/p2p/base_reactor.go 15-48
type Reactor interface {
    service.Service // 服务启动、停止等

    SetSwitch(*Switch) // 为反应器设置 Switch

    // 返回 MConnection.ChannelDescriptor 列表, ID 唯一
    GetChannels() []*conn.ChannelDescriptor

    // 在 peer 启动之前调用, 在反应器内为 peer 分配状态
    InitPeer(peer Peer) Peer

    // 在 Switch 中添加新的 peer 并且成功启动后调用, 启动与 peer 通信的 goroutine
    AddPeer(peer Peer)

    // 在 peer 停止之后调用, 用于从反应器中删除对等网络节点
    RemovePeer(peer Peer, reason interface{})

    // 从 peer 收到消息 msgBytes 之后, 调用该方法处理
    Receive(chID byte, peer Peer, msgBytes []byte)
}
```

　　Tendermint Core 实现了 pex.Reactor、mempool.Reactor、evidence.Reactor、BlockchainReactor 以及 consensus.Reactor。pex.Reactor 用于对等网络节点的发现与管理，另外的 4 个反应器分别用于处理交易、举证、共识以及区块消息。为了实现 mempool.Reactor、evidence.Reactor、BlockchainReactor 以及 consensus.Reactor，还需要引入额外的数据结构。

- 为 mempool.Reactor 引入 mempool.CListMempool 作为交易池，用并发双向链表存储交易。

- 为 evidence.Reactor 引入 evidence.Pool，存储所有合法的举证信息。

- 为 BlockchainReactor 引入 BlockPool 作为区块的存储池，并引入 bpRequester 用于请求区块。

- 为 consensus.Reactor 引入 consensus.State，记录共识协议的状态。

4.3.1　mempool.Reactor

为增进对 Tendermint Core 架构的理解，本小节深入 mempool.Reactor 的实现以了解 Reactor 的具体实现逻辑。mempool.Reactor 负责处理交易类型的消息 TxMessage。如前文所述，所有的读写均通过 peer 持有的 MConnection 多路复用连接进行。具体来说，mempool. Reactor 通过 MempoolChannel 处理消息 TxMessage。mempool.Reactor 的具体定义如下。Node 结构体中与 mempool.Reactor 相关的字段为*mempl.Reactor 类型的 mempoolReactor 字段和 mempl.Mempool 类型的 mempool 字段。

```
// tendermint/mempool/reactor.go 36-41
type Reactor struct {
    p2p.BaseReactor6
    config  *cfg.MempoolConfig
    mempool *CListMempool // 利用并发双向链表有序存储交易
    ids     *mempoolIDs
}
```

mempool.Reactor 实现了 Reactor 接口。为了加深读者对 Reactor 接口的理解，此处介绍 mempool.Reactor 中的 InitPeer()和 AddPeer()方法的实现（见图 4-4）。

- InitPeer()方法在 peer 启动服务之前调用，在 mempool.Reactor 的 InitPeer()方法中为 peer 分配 ID。

- AddPeer()方法在 peer 启动服务之后调用，在 mempool.Reactor 的 AddPeer()方法中为 peer 启动 broadcastTxRoutine()的 goroutine 以确保交易广播。

```
// tendermint/mempool/reactor.go 118-121
func (memR *Reactor) InitPeer(peer p2p.Peer) p2p.Peer {
    memR.ids.ReserveForPeer(peer)
    return peer
}
```

```
// tendermint/mempool/reactor.go 150-152
func (memR *Reactor) AddPeer(peer p2p.Peer) {
    go memR.broadcastTxRoutine(peer)
}
```

Receive()方法用于为反应器处理逻辑的入口点。完整的过程是当 mempool.Reactor 所依赖的 MConnection 收到 packetMsg 时，会根据其 ChannelID 字段调用对应 Channel 的 recvPacketMsg()方法。该方法根据 ChannelID 字段选择相应的 Channel 接收该消息。又因为 Channel 对应到一个特定的反应器，通过 MConnection 的 onReceive()方法，可以触发特定反应器的 Receive()方法来进一步处理该消息，参见下面的代码。

```
// tendermint/mempool/reactor.go 162-185
```

```
func (memR *Reactor) Receive(chID byte, src p2p.Peer, msgBytes []byte) {
    msg, err := memR.decodeMsg(msgBytes)
    // 省略错误处理
    memR.Logger.Debug("Receive", "src", src, "chId", chID, "msg", msg)

    switch msg := msg.(type) {
    case *TxMessage:
        txInfo := TxInfo{SenderID: memR.ids.GetForPeer(src)}
        if src != nil {
            txInfo.SenderP2PID = src.ID()
        }
        err := memR.mempool.CheckTx(msg.Tx, nil, txInfo)
        if err != nil {
            memR.Logger.Info("Could not check tx", "tx", txID(msg.Tx), "err", err)
        }
    // 交易广播通过 goroutine 完成
    default:
        memR.Logger.Error(fmt.Sprintf("Unknown message type %v", reflect.TypeOf(msg)))
    }
}
```

mempool.Reactor 仅关心从对等网络收到的交易 TxMessage。并不是所有从对等网络接收到的交易都会被存入交易池，交易池中仅存储所有通过了检查的交易。有 3 种类型的检查：一种是通过 ABCI 的 CheckTx()让上层应用检查交易的合法性（参见 5.1 节）；另外两个检查则是交易池自定义的检查。当节点收到的是合法交易时，会将这笔交易放到交易池中并且向对等网络广播这笔交易。然而上述交易池反应器的 Receive()方法实现中既看不到对交易池的改动，也看不到交易广播的操作，但是代码中又有注释说明通过 goroutine 完成广播操作，这是为什么？

对交易池的修改和 broadcastTxRoutine 的触发实际上都是通过 CheckTx()的回调函数完成的（参见 5.4 节），图 4-5 展示了交易池反应器处理对等网络消息的流程，包括对交易的两次额外检查，向交易池中添加这笔交易以及这笔交易的对等网络广播。接下来从 MConnection 服务启动开始介绍交易池反应器处理交易的整个流程。CheckTx()是 ABCI 定义的方法，关于 ABCI 的详细讨论参见第 5 章，这里仅讨论 Service 和 Reactor 之间相互配合完成交易接收和处理的流程，以加深读者对 Tendermint Core 的理解。

MConnection 的 OnStart()方法会启动 sendRoutine()和 recvRoutine()两个 goroutine 分别用来发送和接收消息。

（1）recvRoutine()收到数据包并解析之后，根据数据包中的 ChannelID 调用对应 Channel 的 recvPacketMsg()进行消息重组，重组完成之后返回完整的消息 msgBytes（一个完整的对等网络消息可能需要由多个网络数据包送达）。

（2）recvRoutine()接下来调用 onReceive()方法处理该消息，onReceive()的输入有

ChannelID 以及完整的消息，由此可以调用合适的 Reactor 来处理该消息。MConnection 的
onReceive()方法与 mempool.Reactor 的 Receive()方法是在创建 MConnection 时绑定到一起的
（参见后文关于 createMConnection()的介绍）。

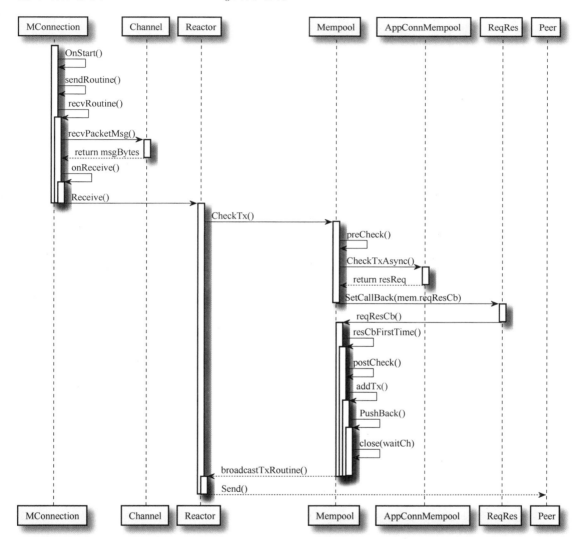

图 4-5　交易池反应器处理对等网络消息的流程

mempool.Reactor 的 Receive()方法执行交易检查、交易广播和向交易池中添加交易的操
作。Receive()方法中针对收到的交易调用 CheckTx()方法。

（1）首先通过 preCheck()对交易进行检查并通过 AppConnMempool 的 CheckTxAsync()
方法让应用层进一步检查交易，返回结果为 ResReq 类型的 reqres。

（2）SetCallBack()为检查结果 reqres 设置回调函数 resReqCb()，SetCallBack()内部执行该回调函数。

（3）reqResCb()内部会调用 resCbFirstTime()，resCbFirstTime()内部用 postCheck()检查交易。

（4）对于合法的交易调用 addTx() 方法，addTx()内部通过 PushBack()方法将交易添加到交易池中。

（5）PushBack()将交易放入交易池后，还会关闭 channel waitCh，waitCh 的关闭会触发 broadcastTxRoutine()（该 goroutine 在调用 AddPeer()时启动，并在 waitCh 上等待）。

（6）broadcastTxRoutine()被触发之后，通过 Peer 的 Send()方法将交易转发给对等网络上的节点。

为了增进理解，尤其是理解 MConnection 的 onReceive()方法与 Reactor 的 Receive()方法之间的联系，下面的代码片段列出了辅助函数 createMConnection()的实现。可以看到在创建 MConnection 时，会将新创建的 MConnection 的 onReceive 字段设置为函数闭包。该函数闭包内部会首先通过 chID 找到合适的 Reactor，然后调用 Reactor 的 Receive()方法处理消息。因此 MConnection 的 onReceive()方法会调用相应 Reactor 的 Receive()方法。

```go
// tendermint/p2p/peer.go 365-400
func createMConnection(
    conn net.Conn,
    p *peer,
    reactorsByCh map[byte]Reactor,
    chDescs []*tmconn.ChannelDescriptor,
    onPeerError func(Peer, interface{}),
    config tmconn.MConnConfig,
) *tmconn.MConnection {

    onReceive := func(chID byte, msgBytes []byte) {
        reactor := reactorsByCh[chID]
        // 省略错误处理代码
        labels := []string{
            "peer_id", string(p.ID()),
            "chID", fmt.Sprintf("%#x", chID),
        }
        p.metrics.PeerReceiveBytesTotal.With(labels...).Add(float64(len(msgBytes)))
        reactor.Receive(chID, p, msgBytes)
    }
    // 省略错误处理代码

    return tmconn.NewMConnectionWithConfig(
        conn,
        chDescs,
```

```
            onReceive,
            onError,
            config,
        )
    }
```

至此，联系前文讲过的 Node 结构体的 OnStart()方法以及 mempool.Reactor 中对交易消息的处理逻辑，本小节展示了 Tendermint Core 中 Service、Reactor、MultiplexTransport、Switch、Peer 以及 MConnection 等接口和结构体相互配合实现节点功能的流程概要。

- 通过 Service 实现节点内各种服务的启动与停止等功能。

- 通过 Peer 抽象对等网络节点并通过 MConnection 与对等网络节点进行通信。

- 通过 Reactor 实现对各种消息的处理逻辑。

- 通过 Switch 结构体将各种组件连接到一起。

值得注意的是，evidence.Reactor、BlockchainReactor 以及 consensus.Reactor 的基本实现逻辑与 mempool.Reactor 一致，所不同的仅是具体消息的处理逻辑以及需要维护的状态。此处不深入介绍其余几个 Reactor 的实现，仅就其功能做概述。

4.3.2　evidence.Reactor

Tendermint 共识协议需要考虑验证者节点作恶的情况，而常用的手段是引入举证和惩罚机制。网络中的任一节点可以就自己观察到的验证者节点作恶的情况进行举证，而区块中也有专门字段存储举证信息。同样，作为对等网络节点，也需要向对待交易一样接收并广播举证信息。这部分功能由 evidence.Reactor 实现，与 mempool.Reactor 一样，它也是消息驱动模式的实现。值得指出的是，交易通常是由上层应用的用户发出的，而举证信息通常是由节点主动发现并自动提交到对等网络的。Node 结构体中与 evidence.Reactor 有关的字段是 *evidence.Pool 类型的 evidencePool。evidence.Reactor 结构体中的主要字段是用于存储举证信息的证据池 evpool。

```
// tendermint/evidence/reactor.go 26-30
type Reactor struct {
    p2p.BaseReactor
    evpool   *Pool
    eventBus *types.EventBus
}
```

evidence.Reactor 通过 EvidenceChannel 处理消息 ListMessage。ListMessage 表示举证信息列表。

```
// tendermint/evidence/reactor.go 242-244
```

```
type ListMessage struct {
    Evidence []types.Evidence
}
```

与 mempool.Reactor 中仅在内存中存储交易信息不同，evidence.Reactor 会对收到的证据进行持久化，即 evpool 会对举证信息进行持久化，参见下面列出的 evidence.Pool 结构体的定义。这是因为对于交易而言，通过 CheckTx()方法可以确保重复的交易不会被重复处理，但是为了防止举证信息的重复处理，需要将收到的举证信息进行持久化，这点可以从 evidence.Pool 的 AddEvidence()方法中看到。

```
// tendermint/evidence/pool.go 18-30
type Pool struct {
    logger log.Logger

    store       *Store
    evidenceList *clist.CList // 并行双向链表

    // 需要加在验证者集合里来验证举证信息
    stateDB dbm.DB

    // latest state
    mtx    sync.Mutex
    state  sm.State
}
```

目前 Tendermint Core 仅支持双签作恶行为的举证。双签作恶是指验证者违反共识规则，在同一区块高度给两个不同的区块投票。在参与 Tendermint 共识投票的过程中，每个活跃验证者节点都会不断地从对等网络上收集关于某个区块的投票信息并通过 VoteSet 结构体保存收集到的投票信息。VoteSet 的 AddVote()方法，在向该集合中加入新的投票信息时，如果发现相互冲突的投票信息，就会构建类型为 DuplicateVoteEvidence 的举证信息。

```
// tendermint/types/evidences.go 100-104
type DuplicateVoteEvidence struct {
    PubKey crypto.PubKey
    VoteA  *Vote
    VoteB  *Vote
}
```

值得指出的是，当 evidence.Reactor 收到举证信息 ListMessage 后，会在 evidence.Pool 保存举证信息并触发举证信息的对等网络广播。evidence.Reactor 中还有一个尚未讨论的成员：*types.EventBus 类型的 eventBus。Node 结构体中也有一个该类型的成员：eventBus。然而该版本的 Tendermint Core 实现中没有使用 evidence.Reactor 中的 eventBus（在创建 evidence.Reactor 时该字段并没有被初始化），后文将具体介绍 EventBus 类型。

4.3.3　BlockchainReactor

交易和举证信息都是区块的组成部分，接下来讨论负责区块处理的 BlockchainReactor，该反应器负责区块的接收和广播并通过 ABCI 与上层应用交互来执行区块内的交易。值得指出的是，BlockchainReactor 并不处理共识消息（共识消息由 consensus.Reactor 处理），该反应器仅负责从对等网络同步区块。BlockchainReactor 通过 BlockchainChannel 处理 bcBlockRequestMessage、bcBlockResponseMessage、bcStatusRequestMessage 和 bcStatus-ResponseMessage 这 4 种消息。Node 结构体中与 BlockchainReactor 相关的字段为 dbm.DB 类型的 stateDB 字段、*store.BlockStore 类型的 blockStore 字段和 p2p.Reactor 类型的 bcReactor 字段。

```
// tendermint/blockchain/v0/reactor.go 57-70
type BlockchainReactor struct {
    p2p.BaseReactor

    initialState sm.State         // 不可更改的初始状态

    blockExec *sm.BlockExecutor // 通过 ABCI 执行区块
    store     *store.BlockStore // 存储历史区块
    pool      *BlockPool        // 发起区块请求并处理响应
    fastSync  bool              // 是否处于快速同步阶段

    requestsCh <-chan BlockRequest
    errorsCh   <-chan peerError
}
```

BlockchainReactor 结构体中的 initialState 存储不可更改的初始状态。当设立新节点或者节点下线之后重新上线时，需要通过快速同步过程从对等网络请求历史区块信息，并根据这些历史区块信息以及初始状态在本地重构链上状态。字段 fastSync 用于表示当前节点是否处于快速同步阶段。pool 字段用于在快速同步阶段追踪对等网络节点（响应区块请求的节点）、追踪区块请求并处理接收到的区块信息。pool 启动时，会创建一系列的 goroutine 从对等网络并发请求历史区块。

```
// tendermint/blockchain/v0/pool.go 101-105
func (pool *BlockPool) OnStart() error {
    go pool.makeRequestersRoutine()
    pool.startTime = time.Now()
    return nil
}
```

在快速同步阶段的区块请求过程中，会同时监控提供历史区块的节点状态，通过及时剔除速度过慢的节点等操作保证快速同步阶段快速完成。快速同步依赖前文提到的 4 种消息的配合。

- bcBlockRequestMessage：请求指定高度区块的消息。

- bcBlockResponseMessage：指定高度区块的响应消息，内容为对应高度的完整区块。

- bcStatusRequestMessage：请求对等网络节点状态的消息。

- bcStatusResponseMessage：对等网络节点状态响应消息，内容为该节点的最新区块高度。

基于上面的 4 种消息，可以知道对等网络中节点的最新区块高度，并持续请求缺失的区块信息最终实现与网络的同步。图 4-6 展示了 Tendermint Core 中区块快速同步的整体逻辑。

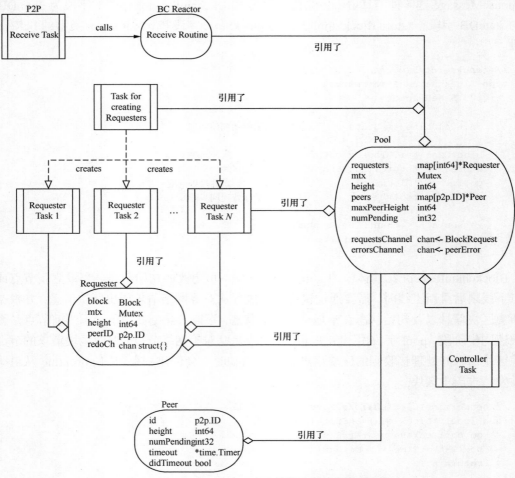

图 4-6　Tendermint Core 中区块快速同步的整体逻辑

从对等网络请求得到的区块会通过 store 的 SaveBlock()方法进行持久化，该方法由 BlockchainReactor 的 poolRoutine()方法调用，并且采用了批量写的方式加快区块存储速度，存储的区块信息如下。

- 区块元数据 BlockMeta：包括区块标识 BlockID、字节数 BlockSize、区块头 Header 以及区块中的交易个数 NumTxs。

- 区块分片 Part：对等网络中一个区块是被划分成多个数据分片进行传输的。

- 区块的提交信息 Commit：活跃验证者对一个区块的投票信息，包含区块高度 Height、达成共识的轮数 Round、区块标识 BlockID 以及投票信息 Signatures。

```go
// tendermint/types/block_meta.go 10-15
type BlockMeta struct {
    BlockID    BlockID
    BlockSize  int
    Header     Header
    NumTxs     int
}


// tendermint/types/part_set.go 22-26
type Part struct {
    Index int
    Bytes tmbytes.HexBytes
    Proof merkle.SimpleProof
}


// tendermint/types/block.go 556-571
type Commit struct {
    Height       int64
    Round        int
    BlockID      BlockID
    Signatures   []CommitSig

    // 首次调用相关方法时保存计算结果
    hash       tmbytes.HexBytes
    bitArray   *bits.BitArray
}
```

完成区块的存储之后，BlockchainReactor 的 poolRoutine()方法会调用 BlockExecutor 类型的 blockExec 的 ApplyBlock()方法根据当前状态通过 ABCI 执行区块中的交易。交易可能会修改链上状态、验证者集合以及共识参数并返回执行结果，这些信息存储在 dbm.DB 类型的 db 字段中。

```go
// tendermint/state/execution.go 22-40
type BlockExecutor struct {
    // 存储状态、验证者、共识参数、ABCI 请求的响应
    db dbm.DB

    // 用于与上层应用互动以执行交易
    proxyApp proxy.AppConnConsensus

    eventBus types.BlockEventPublisher
```

```
    // 区块提交之后需要更新交易池和证据池
    mempool mempl.Mempool
    evpool  EvidencePool

    logger log.Logger

    metrics *Metrics
}
```

BlockExecutor 的 ApplyBlock() 方法会通过辅助函数 execBlockOnProxyApp() 借助 proxyApp 完成区块的执行并返回执行结果。结果中除包含必要的信息之外，还包含 Event 结构体类型的成员，该结构体用于标识执行过程中发生的特定行为。EventBus 结构体则是整个节点内部的公共总线，系统内发生的所有事件（Events）均通过这条公共总线进行发布。Node 结构体中的相关字段为 *types.EventBus 类型的 eventBus。

```
// tendermint/types/event_bus.go 33-36
type EventBus struct {
    service.BaseService
    pubsub *tmpubsub.Server
}
```

BlockEventPublisher 接口抽象了借助公共总线发布事件的方法。对这些事件感兴趣的组件，如区块链浏览器，可以利用 EventBus 的 Subscribe() 订阅相关的事件，以便在链上发生相应事件时触发区块链浏览器的更新。

```
// tendermint/types/events.go 165-170
type BlockEventPublisher interface {
    PublishEventNewBlock(block EventDataNewBlock) error
    PublishEventNewBlockHeader(header EventDataNewBlockHeader) error
    PublishEventTx(EventDataTx) error
    PublishEventValidatorSetUpdates(EventDataValidatorSetUpdates) error
}
```

当活跃验证者节点同步到最新高度后，会调用 consensus.Reactor 的 SwitchToConsensus() 方法从快速同步状态切换到共识参与状态，此时 fastSync 被设置为 false，同时 BlockPool 以及 pool.makeRequestersRoutine() 相关的 goroutines 也都会被释放，并启动共识状态机 conR.conS.Start() 参与共识投票过程。

4.3.4　consensus.Reactor

当节点同步到最新高度后，会从快速同步状态切换到共识执行状态。consensus.Reactor 中实现了 Tendermint 共识协议。该结构体的 conS 字段负责执行共识算法、处理区块投票、提议新区块并通过 ABCI 调用上层应用执行区块。根据 Tendermint 共识协议，conS 的状态切换可以由定时器、对等网络节点的内部状态更新以及从对等网络上接收到的消息触发。

consensus.Reactor 通过 4 个 Channel 处理 9 种消息。

- StateChannel：处理 NewRoundStepMessage、NewValidBlockMessage、HasVoteMessage、VoteSetMaj23Message 消息。

- DataChannel：处理 ProposalMessage、BlockPartMessage、ProposalPOLMessage 消息。

- VoteChannel：处理 VoteMessage 消息。

- VoteSetBitsChannel：处理 VoteSetBitsMessage 消息。

```
// tendermint/consensus/reactor.go 37-47
type Reactor struct {
    p2p.BaseReactor // BaseService + p2p.Switch

    conS *State

    mtx       sync.RWMutex
    fastSync bool
    eventBus *types.EventBus

    metrics *Metrics
}
```

本章不再具体讨论 conS 具体的实现逻辑，Tendermint 共识协议的原理参见第 3 章。consensus.Reactor 借助 eventBus 字段向系统总线发布每个新区块的共识投票进展，区块链浏览器可以订阅该信息并在其页面中以进度条形式展示新区块的投票进度。Node 结构体中与 consensus.Reactor 相关的字段为 *cs.State 类型的 consensusState 以及 *cs.Reactor 类型的 consensusReactor。

Node 结构体中尚未讨论的字段 txIndexer 和 indexerService 提供了交易索引服务、[]net.Listener 类型的 rpcListeners 字段负责 RPC 服务、*http.Server 类型的 prometheusSrv 字段负责 Prometheus 监控报警服务，这些服务都是节点提供的周边服务，此处不再讨论。

4.4 小结

Tendermint Core 实现了对等网络通信和 Tendermint 共识协议，并且通过 ABCI 与上层应用交互以完成交易执行。整个项目实现的功能较为复杂，但是通过几个基本组件，Tendermint Core 以清晰的架构实现了所有功能。本章首先借助 Service、Switch、MultiplexTransport 以及 Reactor 等基本概念以及处理交易、区块、举证以及共识消息的反应器概述了 Tendermint Core 的整体设计。本章随后以核心数据结构 Node 结构体为依托，深入介绍了 BaseService、MConnection、MultiplexTransport 以及 Reactor 等关键组件的内部原理。深入理解 Tendermint Core 的内部机理，对理解 ABCI 的规范和实现机制大有裨益。

第 **5** 章

ABCI

Tendermint Core 根据分层设计的理念将区块链应用构建划分成 3 层：对等网络通信层、共识协议层以及上层应用层。项目本身提供了对等网络通信层以及 Tendermint 共识协议层的实现，并且定义了通用的 ABCI 来与上层应用层进行交互。ABCI 支持应用层的深度定制，交易检查和执行、存储状态更新、PoS 机制中的奖励与惩罚、验证者集合更新以及链上治理等都可以在应用层按需定制。

通过 ABCI 与上层应用交互时，根据传统的客户端/服务器模型划分，Tendermint Core 是客户端，而上层应用是服务器：客户端发起 ABCI 请求，服务器端做出响应。ABCI 除支持应用层的深度定制之外，也支持上层应用的多种实现方式。只要遵循 ABCI 的规范，Tendermint Core 与上层应用之间可以通过以下 3 种方式进行交互。

- 进程内交互：用 Go 开发的应用与 Tendermint Core 一起被编译、生成二进制文件。

- Google 远程过程调用（google remote procedare call，gRPC）交互：用任意语言开发的应用均可以通过 gRPC 与 Tendermint Core 进行交互。

- 套接字交互：用任意语言开发的应用均可以通过套接字与 Tendermint Core 进行交互。

值得指出的是，当通过 gRPC 或者套接字交互时，上层应用可以用任意编程语言实现。在 Tendermint Core 的分层设计中，上层应用主要负责交易检查、区块执行以及响应信息查询，Tendermint Core 据此用 3 类相互独立的连接（交易池连接、共识连接与查询连接），分别处理这 3 类事务。

图 5-1 展示了 Tendermint 共识协议层与应用层通过 ABCI 进行交互（交易检查、区块构建和区块执行）的整个流程。

- 交易池通过交易池连接向上层应用发起交易有效性检查请求，并根据检查结果将合法交易保存到交易池中。

- 当一个节点被选为区块提案者后会从自己的交易池中抓取交易并构建区块，然后通过共识引擎在全网就区块内容达成共识。随后网络中的节点都会更新自己交易池中的交易，收割其中因为新区块执行而不再有效的交易。

- 通过共识协议确定的新区块经由共识连接提交给上层应用执行，共识引擎基于区块执行结果更新本地状态。

- 查询连接用来查询上层应用的相关信息，如存储状态等。

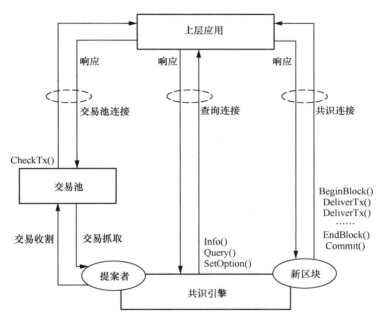

图 5-1　Tendermint 共识协议层与应用层通过 ABCI 进行交互的整个流程

本章详细介绍 ABCI 规范、区块执行时 Tendermint Core 与上层应用之间的交互过程，并在最后以分布式键值数据库为例展示如何基于 ABCI 开发区块链应用。

5.1　交易池连接

每个节点都会维护一个交易池，用于存储接收到的合法交易，以便在节点被选为区块提案者时从中抓取交易并构建区块。Tendermint Core 自身没有办法检查交易的有效性，只能借助上层应用检查交易的有效性。需要指出的是，这一步通常只执行比较基本的检查，无法确保一笔交易被打包进区块之后也可以成功执行。因此基于 Tendermint Core 构建的区块链应用中，会出现被打包进区块的交易在链上执行失败的情况。这是因为不同交易引发的链上状态改变可能会相互影响，而一笔交易最终是否能够成功执行取决于执行这笔交易时的链上状态，但这些状态无法预先确定。

通过 3 类连接与上层应用交互时，均会涉及应用存储状态的读/写。为保证 3 类 ABCI 之间的独立性，上层应用为每一类 ABCI 连接维护独立的状态，参见 6.2.1 小节。每当有新的区块被提交，3 种状态都会被更新。由于先执行的交易可能会影响后续交易的执行结果，因此 ABCI 的设计也需要保证，在每一类连接中后调用的方法执行时所依赖的状态已经被之前调用过的方法更新。对交易池连接来说，CheckTx()检查的一笔交易可能会引起某种状态更新，后续的交易检查就需要依赖更新过的状态。

CheckTx()

交易池连接的 CheckTx()方法在 4.3.1 小节介绍交易池反应器时已经涉及，节点会将接收到的交易通过 CheckTx()方法发送给上层应用进行基本的有效性验证，通过验证的交易才会被放入交易池中。

通过 CheckTx()向上层应用发起的请求类型为 RequestCheckTx 结构体。Tendermint Core 与上层应用之间所有的请求和响应都通过 Protobuf 编码。RequestCheckTx 结构体中以 XXX_ 开头的字段是 Protobuf 为了支持编解码而加入的额外字段，本章不进行介绍，后文也省略这些字段。由于 Tendermint Core 不关心交易的具体格式，因此 Tx 字段为字节切片（[]byte）类型，而上层应用可以根据业务逻辑将该字节切片解析为交易信息。RequestCheckTx 结构体中 CheckTxType 类型的 Type 字段可以有两种取值。

- CheckTxType_New 表示这是从网络中收到的全新交易，在将这笔交易放入交易池之前需要对它进行一次完整的合法性检查。

- CheckTxType_Recheck 则与新区块执行后引发的交易池更新相关。每当一个区块被提交之后，需要重新遍历交易池中的交易以删除由于区块执行而不再合法的交易。当上层应用收到 CheckTxType_Recheck 的 RequestCheckTx 请求时，意味着这笔交易之前已经检查过一次，因此可以跳过不受链上状态更新影响的检查，以提高执行效率。

```
// tendermint/abci/types/types.pb.go 697-703
type RequestCheckTx struct {
    Tx                    []byte
    Type                  CheckTxType
    XXX_NoUnkeyedLiteral  struct{}
    XXX_unrecognized      []byte
    XXX_sizecache         int32
}

// tendermint/abci/types/types.pb.go 40-45
```

```
type CheckTxType int32

const (
    CheckTxType_New     CheckTxType = 0
    CheckTxType_Recheck CheckTxType = 1
)
```

CheckTx()的执行结果以 ResponseCheckTx 结构体类型返回，其中 Code 字段表示这笔交易是否通过了检查。Code 为 0 时，表示交易有效。区块链应用中为了防止用户滥用链上资源，链上的任何操作都需要消耗一定数量的 Gas。交易发起者可以为一笔交易指定其愿意为这笔交易付出的 Gas 上限，ResponseCheckTx 结构体的 GasWanted 字段表示这笔交易中附带的 Gas 上限。但是真正检查这笔交易时可能并不需要消耗那么多 Gas，返回结果中的 GasUsed 字段表示本次交易验证过程中消耗的 Gas。

```
// tendermint/abci/types/types.pb.go 1596-1608
type ResponseCheckTx struct {
    Code            uint32      // 交易检查结果，0 值表示有效
    Data            []byte      // 交易本身
    Log             string
    Info            string
    GasWanted       int64       // 交易附带的 Gas 上限
    GasUsed         int64       // 本次交易检查消耗的 Gas
    Events          []Event
    Codespace       string
    // 省略 XXX_ 开头的字段
}

// tendermint/abci/types/types.pb.go 2195-2201
type Event struct {
    Type            string
    Attributes      []kv.Pair
    // 省略 XXX_ 开头的字段
}
```

ABCI 方法的返回结构一般都包含 Event 切片类型的 Events 字段。Event 结构体中 Type 字段表示事件类型，而 Attributes 字段用于存储一些键值对，以标识在方法执行过程中发生的特定事件。上层应用可以根据需要自定义各种类型，例如代表转账交易的事件类型 EventTypeTransfer。节点可以根据这些事件对外提供交易索引和区块索引等服务，外部服务商（如钱包、区块链浏览器等）可以订阅其感兴趣的事件，以便在这些事件发生后及时触发相应逻辑。ResponseCheckTx 与 ResponseDeliverTx 结构基本一致，其他字段留作以后解释。

5.2　共识连接

共识连接相关的接口负责区块的具体执行。InitChain()方法只在链初始化调用一次，用

于初始化链状态。为了最大限度地支持上层应用的定制化，Tendermint Core 将一个区块的具体执行过程分解为 BeginBlock()、DeliverTx()、EndBlock()、Commit()这 4 步。

1. InitChain()

链的初始状态通常由名为 genesis.json 的文件指定。Tendermint Core 会解析这个文件的内容，将相应信息发给应用以完成应用状态的初始化。InitChain()的输入参数为 RequestInitChain 结构体。

```
// tendermint/abci/types/types.pb.go 476-485
type RequestInitChain struct {
    Time                time.Time
    ChainId             string
    ConsensusParams     *ConsensusParams
    Validators          []ValidatorUpdate
    AppStateBytes       []byte
    // 省略 XXX_ 开头的字段
}
```

Tendermint Core 从 genesis.json 文件中解析链的初始时间 Time、链标识 ChainId、共识参数 ConsensusParams、验证者集合 Validators 等信息。Tendermint Core 不关心应用初始状态的具体含义，所以 AppStateBytes 类型为字节切片，上层应用收到 RequestInitChain 之后解析 AppStateBytes 并设置应用初始状态。共识参数 ConsensusParams 的介绍参见 3.6 节。

Tendermint Core 和上层应用都需要共识参数和验证者集合的信息，而应用层的链上治理可能会导致共识参数和验证者集合的变化。因此 InitChain()方法返回的结果 ResponseInitChain 和后文会讲到的 EndBlock()方法返回的结果 ResponseEndBlock 中都有相应字段，以通知 Tendermint Core 相关信息的更新。

```
// tendermint/abci/types/types.pb.go 1382-1388
type ResponseInitChain struct {
    ConsensusParams     *ConsensusParams
    Validators          []ValidatorUpdate
    // 省略 XXX_ 开头的字段
}
```

2. BeginBlock()

当全网就新区块的内容达成共识之后，需要将该区块提交给上层应用执行。Tendermint Core 将区块执行过程分解为 BeginBlock()、DeliverTx()、EndBlock()、Commit()这 4 步。第一步是 BeginBlock()，该方法用于通知上层应用一个新区块的到来。上层应用接收到相应通知后，可以进行预处理操作。例如 Cosmos Hub 中为了激励参与共识的验证者而设计的通过通胀铸造新的链上资产的过程就发生在这一步。BeginBlock()方法的输入参数为 RequestBeginBlock 结构体，包含的主要字段如下。

- Hash：新区块的区块头散列值。

- Header：新区块的区块头，包含区块高度、时间、上一个区块标识、本区块提案者等信息。

- LastCommitInfo：验证者对上个区块的投票信息。

- ByzantineValidators：新区块中包含的验证者作恶举证信息，目前仅支持双签作恶的举证。

```
// tendermint/abci/types/types.pb.go 626-634
type RequestBeginBlock struct {
    Hash                []byte
    Header              Header
    LastCommitInfo      LastCommitInfo
    ByzantineValidators []Evidence
    // 省略 XXX_ 开头的字段
}


// tendermint/abci/types/types.pb.go 1549-1554
type ResponseBeginBlock struct {
    Events              []Event
    // 省略 XXX_ 开头的字段
}
```

在收到 RequestBeginBlock 之后，上层应用需要为新区块的执行做一些准备：设置区块高度、设置执行上下文等。另外，上层应用还需根据 CommitInfo 和 ByzantineValidators 来执行链上惩罚措施。Cosmos-SDK 的 slashing 模块根据 CommitInfo 推断验证者的稳定性，并对稳定性差的验证者进行惩罚，参见 8.4 节；而 evidence 模块则根据 ByzantineValidators 信息对主动作恶的验证者进行惩罚，参见 8.5 节。

上层应用处理完 RequestBeginBlock 请求之后，返回 ResponseBeginBlock 类型的结果，其中包含了在处理过程中发生的事件集合 Events（例如惩罚了哪些验证者）。Tendermint Core 保存这些事件信息，供对链上事件感兴趣的区块链浏览器、钱包等外部服务商查询。

3. DeliverTx()

接下来 Tendermint Core 按顺序将区块中的交易依次传给上层应用处理。交易在 Tendermint Core 看来只是一个字节切片，因此 RequestDeliverTx 也只包含 Tx 字段。

```
// tendermint/abci/types/types.pb.go 752-757
type RequestDeliverTx struct {
    Tx                  []byte
    // 省略 XXX_ 开头的字段
}
```

虽然上层应用的业务逻辑可以千差万别，但是不论业务逻辑如何变化，每一笔交易的执行都可以分为以下 3 步。

（1）将交易解码为应用的标准交易。

（2）检查交易的合法性。

（3）根据上层应用逻辑执行交易。

值得指出的是，DeliverTx() 和 CheckTx() 的处理逻辑类似，它们都需要对交易进行检查。不同的是，CheckTx() 通常并不会真的执行交易，因此被打包进区块的交易有可能在真正执行的时候失败，但这并不影响交易所在区块的合法性。这种方式所带来的一个好处是，能够减少 CheckTx() 对资源的消耗，提高交易检查的速度。

上层应用处理完每一笔交易，都会返回执行结果 ResponseDeliverTx，该结构体包含的字段与 ResponseCheckTx 类似。

```go
// tendermint/abci/types/types.pb.go 1699-1711
type ResponseDeliverTx struct {
    Code        uint32
    Data        []byte
    Log         string
    Info        string
    GasWanted   int64
    GasUsed     int64
    Events      []Event
    Codespace   string
    // 省略 XXX_ 开头的字段
}
```

- Code 字段标志着交易执行是否成功，计算下一个区块的 LastResultsHash 字段时会用到该字段。

- Data 字段存储上层应用返回的任意确定性数据，计算下一个区块的 LastResultsHash 字段时会用到该字段。

- Log 字段包含任意与共识无关的日志信息。

- Info 字段则包含除日志之外的其他任意信息。

- GasWanted 字段记录这笔交易所提供的 Gas 总量。

- GasUsed 指在实际执行过程中真实消耗的 Gas 总量，如果 GasUsed > GasWanted，就表明交易因为 Gas 不够而执行失败。

- Events 包含本次交易执行过程中所发生的事件集合。

- Codespace 字段指定返回的 Code 所属的空间名称，上层应用可以为功能独立的空间指定不同的名称，以便精确地追踪交易执行过程中的信息。

Tendermint Core 在执行一个区块时，会根据接收到的 ResponseDeliverTx 中的 Code 字段来统计区块中执行成功的交易数量。

4. EndBlock()

区块中所有交易通过 DeliverTx()执行完之后，Tendermint Core 通过 EndBlock()向上层应用发送 RequestEndBlock 类型的请求，通知上层应用当前区块的交易已经发送完毕，该请求里只包含当前的区块高度 Height。在收到该请求后，上层应用可以根据区块中交易的执行结果做进一步的处理。

```go
// tendermint/abci/types/types.pb.go 799-804
type RequestEndBlock struct {
    Height              int64
    // 省略 XXX_ 开头的字段
}


// tendermint/abci/types/types.pb.go 1802-1809
type ResponseEndBlock struct {
    ValidatorUpdates     []ValidatorUpdate
    ConsensusParamUpdates *ConsensusParams
    Events               []Event
    // 省略 XXX_ 开头的字段
}


// tendermint/abci/types/types.pb.go 2629-2635
type ValidatorUpdate struct {
    PubKey              PubKey
    Power               int64
    // 省略 XXX_ 开头的字段
}
```

上层应用返回给 Tendermint Core 的 ResponseEndBlock 结构体中包含该区块执行后活跃验证者集合的更新 ValidatorUpdates、共识参数的更新 ConsensusParamUpdates 以及发生的事件 Events。Cosmos-SDK 的 PoS 机制实现中，会在 BeginBlock()方法中进行链上惩罚操作，这导致验证者的投票权重发生变化，交易执行过程中各个验证者的投票权重也会因为相关交易的执行而发生变化，因此 EndBlock()方法的一个重要用途就是通知上层应用重新计算验证者投票权重，并将排名变化信息返回给 Tendermint Core。Tendermint Core 根据这一信息更新活跃验证者集合，并使用带投票权重的提案者轮换选择算法选择下一个区块的区块提案者，参见 3.5 节。

在当前的实现中，交易执行引发的活跃验证者集合的更新反映了底层 Tendermint Core 会有一个区块的延迟（参见 8.3 节中参数 ValidatorUpdateDelay 的介绍），即在高度为 H 的区块的 EndBlock() 中产生的新活跃验证者集合首次参与共识投票针对的是高度为 $H+2$ 的区块，并且其投票信息包含在高度为 $H+3$ 的区块中。但是共识参数的更新会立即影响下一个区块。需要说明的是，如果上层应用返回的共识参数不为空，Tendermint Core 会直接使用返回的参数来替换原来的参数，因此上层应用返回的参数中，同一类参数（如 BlockParams 类型的参数）必须全部设置，包括那些没有更新的参数。

ValidatorUpdate 结构体中的字段 PubKey 表示验证者的共识公钥，Power 字段则表示更新后的验证者的投票权重，必须为非负值，并且不能超过 MaxTotalVotingPower 的上限。在接收到上层应用返回的结果后，Tendermint Core 会据此更新自己的活跃验证者集合和共识参数，并存储 Events 供外部订阅者查询。

5. Commit()

在响应 DeliverTx() 请求时，上层应用并没有将交易引发的状态更新持久化到数据库。Tendermint Core 需要主动发起一个 Commit() 调用来通知上层应用对本次区块的状态更新进行持久化。该方法调用中 Tendermint Core 无须向上层应用传送任何字段，因此 RequestCommit 被定义为一个空的结构体。

```
// tendermint/abci/types/types.pb.go 846-850
type RequestCommit struct {
    // 省略 XXX_ 开头的字段
}

// tendermint/abci/types/types.pb.go 1865-1871
type ResponseCommit struct {
    Data                 []byte
    // 省略 XXX_ 开头的字段
}
```

Tendermint Core 的当前区块中需要包含上一个区块的 AppHash，因此上层应用将状态更新持久化之后，还需计算上层应用的 AppHash 并将其返回给 Tendermint Core。ResponseCommit 结构体中包含一个字节切片 Data，AppHash 就存储在这里。

交易池连接和共识连接相互配合，共同完成交易和区块的处理，如图 5-2 所示。交易池连接负责交易的有效性验证，以便交易池收集有效交易并配合区块的交易打包工作。共识连接负责对上层应用进行区块交付，以便应用及时地根据区块内容对状态进行更新。

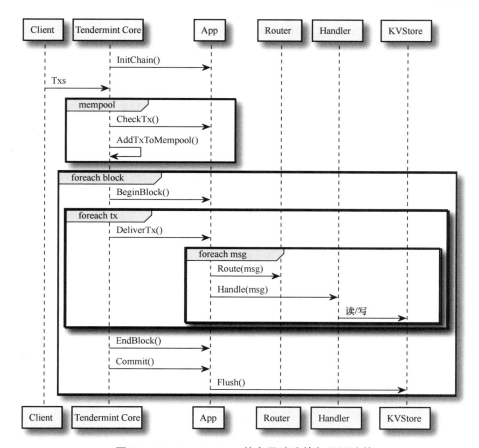

图 5-2 Tendermint Core 的交易池连接与共识连接

5.3 查询连接

查询连接用于查询上层应用的相关信息。Info()方法返回应用版本号、上个区块的区块高度和上个区块的 AppHash 信息。Query()方法用于查询某个存储状态。SetOption()用于配置一些与共识无关的选项。

1. Info()

Info()接口主要用于维护 Tendermint Core 与上层应用的一致性。在正常情况下，上层应用与 Tendermint Core 之间可以按照前文所述的流程来完成新区块的执行。但是上层应用和 Tendermint Core 都有可能在中间的任意一步崩溃，从而导致两者的状态不一致。在重新启动 Tendermint Core 时，需要通过 Info()方法向上层应用请求其最新状态以验证两者是否同步，该方法的输入参数为 RequestInfo 结构体。在出现不一致的情况时，Tendermint Core 需要根据上层应用落后的区块数来向上层应用同步这些区块。

```
// tendermint/abci/types/types.pb.go 357-364
type RequestInfo struct {
    Version             string
    BlockVersion        uint64
    P2PVersion          uint64
    // 省略 XXX_ 开头的字段
}


// tendermint/abci/types/types.pb.go 1238-1247
type ResponseInfo struct {
    Data                string
    Version             string
    AppVersion          uint64
    LastBlockHeight     int64
    LastBlockAppHash    []byte
    // 省略 XXX_ 开头的字段
}
```

RequestInfo 结构体里包含 Tendermint Core 当前的版本号 Version、区块版本号 BlockVersion 和对等网络通信协议版本号 P2PVersion。上层应用返回给 Tendermint Core 的 ResponseInfo 结构体中的 Data 字段可以包含任意信息，Version 表示上层应用软件的语义版本号（即遵循语义化版本控制规范的软件版本号），AppVersion 表示上层应用的协议版本号，但这几个字段都不是必须的。LastBlockHeight 和 LastBlockAppHash 字段是上层应用必须返回的，用于同步 Tendermint Core 与上层应用的状态。

2. Query()

由于 Tendermint Core 完全不了解上层应用的业务逻辑和数据存储，但是外部应用只能通过 Tendermint Core 来与上层应用进行交互，因此，在外部查询者需要查询一些上层状态时，需要 Tendermint Core 将查询转发给上层应用，这就是 Query() 方法的用途。

RequestQuery 结构体中包含需要查询的参数 Data、路径 Path、查询的状态的区块高度 Height 和是否需上层应用对查询的结果进行证明的标记 Prove。上层应用一方面需要定义可供查询的数据和参数格式，另一方面需要引入可认证数据结构进行键值对存储，以支持查询结果的证明。该证明对实现轻客户端来说很重要，它可以允许轻客户端在无须跟踪所有链上数据的情况下验证查询结果的真实性。

```
// tendermint/abci/types/types.pb.go 555-563
type RequestQuery struct {
    Data        []byte
    Path        string
    Height      int64
    Prove       bool
```

```
    // 省略 XXX_ 开头的字段
}
```

上层应用返回 ResponseQuery 结构体作为结果，其中 Code 和 Codespace 字段用于标识查询是否成功。如果查询成功的话，Key 和 Value 字段存储查询的结果，Proof 表示相应的 Merkle 证明，Index 字段表示查询的 Key 字段在树中的索引值。Tendermint Core 得到查询结果后直接将其返回给外部查询者。

```
// tendermint/abci/types/types.pb.go 1437-1451
type ResponseQuery struct {
    Code                uint32

    Log                 string
    Info                string
    Index               int64
    Key                 []byte
    Value               []byte
    Proof               *merkle.Proof
    Height              int64
    Codespace           string
    // 省略 XXX_ 开头的字段
}
```

Proof 是指 Merkle 树的存在性或者不存在性证明，而为了支持证明，要求上层应用使用可认证的数据结构存储状态，如以太坊的 MPT 或者 Tendermint Core 开发的 IAVL+树。Cosmos-SDK 采用模块化设计理念，每个模块都利用 IAVL+树构建了本模块的存储空间来维护模块状态。不同模块的 IAVL+树的根又参照 RFC 6962 中的简单 Merkle 树规范，共同构建了一棵简单 Merkle 树，其根的散列值就是 AppHash。

证明某个模块中的某个值确实存在时，首先需要提供从 AppHash 到相应模块的 IAVL+树根的证明，然后提供从该 IAVL+树根到具体值的证明。这也解释了为何 Proof 结构体中需要包含一组 ProofOp。每个 ProofOp 结构包含一个 Merkle 证明。其中的 Type 字段表示 Merkle 树的类型，Key 字段则根据 Type 的取值有不同的含义，对于 IAVL+树类型的证明，该字段表示查询的链，对于简单 Merkle 树类型的证明，该字段表示状态查询的模块名称。Data 字段则表示真正的证明数据。

```
// tendermint/crypto/merkle/merkle.pb.go 94-99
type Proof struct {
    Ops                 []ProofOp
    // 省略 XXX_ 开头的字段
}

// tendermint/crypto/merkle/merkle.pb.go 30-37
type ProofOp struct {
    Type                string
```

```
Key                        []byte
Data                       []byte
// 省略 XXX_ 开头的字段
}
```

3. SetOption()

SetOption()方法用于向上层应用发起与共识无关的键值对设置请求，具体的请求内容包含在结构体 RequestSetOption 中，例如 Key="min-fee", Value="100utom"用于设置上层应用在 CheckTx()中要求的最小 GasPrice（参见 6.2 节），该请求的执行结果在 ResponseSetOption 结构体中返回。

```
// tendermint/abci/types/types.pb.go 421-427
type RequestSetOption struct {
    Key                     string
    Value                   string
}


// tendermint/abci/types/types.pb.go 1318-1326
type ResponseSetOption struct {
    Code uint32
    Log                     string
    Info                    string
    // 省略 XXX_ 开头的字段
}
```

5.4 客户端与上层应用交互

为支持 ABCI，Tendermint Core 中引入了多种数据结构，其中较为核心的是 ABCI 客户端 Client、ABCI 服务器 Server 以及 Application 接口。在遵循 ABCI 进行交互时，Tendermint Core 作为 ABCI 客户端向服务器发送 ABCI 请求，服务器将请求转发给实现了 Application 接口的上层应用进行处理并及时响应。

为了能够支持上层应用的多种实现方式，Tendermint Core 的 ABCI 客户端 Client 被定义为接口类型。Tendermint Core 自身提供了 3 种 ABCI Client 实现方式：localClient、grpcClient、socketClient。与此相对应，上层应用需要实现 Application 接口并相应实现 ABCI Server。其中，localClient 以进程内交互方式进行 Tendermint Core 和上层应用之间的通信，localClient 本身可以直接调用上层应用的 ABCI 方法，也因此无需实现独立的服务器功能。而 grpcClient 和 socketClient 分别通过 Google 远程过程调用以及套接字交互的形式完成相应通信，因此 Tendermint Core 中提供了对应的 ABCI Server 实现：GRPCServer、SocketServer。ABCI Client 和 Server 的 3 种实现方式所涉及的数据结构如图 5-3 所示。

接下来关注 ABCI Client 接口与 Application 接口的定义，并以 localClient 为例介绍以进程内交互方式实现的 ABCI 客户端与服务器，以 socketClient 和 SocketServer 为例介绍基于套接字交互方式实现的 ABCI 客户端与服务器。

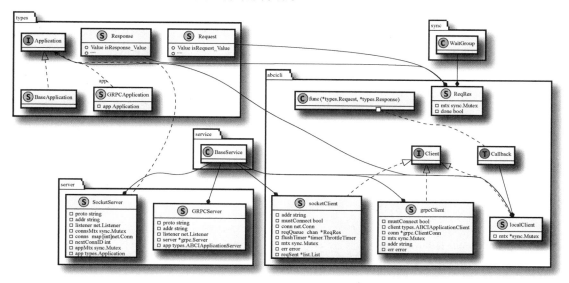

图 5-3　ABCI 的 Client 和 Server 的 3 种实现方式所涉及的数据结构

5.4.1　Application 接口与 Client 接口

上层应用需实现的 Application 接口如下，其中包含了 5.2 至 5.4 节介绍的 3 类 ABCI 连接（交易池连接、共识连接和查询连接）所涉及的所有方法。

```
// tendermint/abci/types/application.go 11-26
type Application interface {
    // 查询连接
    Info(RequestInfo) ResponseInfo
    SetOption(RequestSetOption) ResponseSetOption
    Query(RequestQuery) ResponseQuery

    // 交易池连接
    CheckTx(RequestCheckTx) ResponseCheckTx

    // 共识连接
    InitChain(RequestInitChain) ResponseInitChain
    BeginBlock(RequestBeginBlock) ResponseBeginBlock
    DeliverTx(RequestDeliverTx) ResponseDeliverTx
    EndBlock(RequestEndBlock) ResponseEndBlock
    Commit() ResponseCommit
}
```

ABCI 的 Client 接口则包含了对上层应用实现的 Application 接口的所有方法调用，且针对每一类方法调用都有一个同步版本和异步版本。

- 同步版本是指 Tendermint Core 在发送完请求后阻塞以等待上层应用返回处理结果。

- 异步版本是指 Tendermint Core 在发送完请求后继续执行别的操作，等收到响应之后再回来处理。因此，异步版本的方法返回的结果是一个指向 ReqRes 结构体的指针，里面包含发送的请求和收到的响应以及相应的回调函数，稍后再具体介绍。

Client 中还内嵌了一个 Service 接口，该接口作为一个基本的服务类型接口多次出现在 Tendermint Core 的底层实现中。

```
// tendermint/abci/client/client.go 21-50
type Client interface {
    service.Service

    SetResponseCallback(Callback)
    Error() error

    FlushAsync() *ReqRes
    EchoAsync(msg string) *ReqRes
    InfoAsync(types.RequestInfo) *ReqRes
    SetOptionAsync(types.RequestSetOption) *ReqRes
    DeliverTxAsync(types.RequestDeliverTx) *ReqRes
    CheckTxAsync(types.RequestCheckTx) *ReqRes
    QueryAsync(types.RequestQuery) *ReqRes
    CommitAsync() *ReqRes
    InitChainAsync(types.RequestInitChain) *ReqRes
    BeginBlockAsync(types.RequestBeginBlock) *ReqRes
    EndBlockAsync(types.RequestEndBlock) *ReqRes

    FlushSync() error
    EchoSync(msg string) (*types.ResponseEcho, error)
    InfoSync(types.RequestInfo) (*types.ResponseInfo, error)
    SetOptionSync(types.RequestSetOption) (*types.ResponseSetOption, error)
    DeliverTxSync(types.RequestDeliverTx) (*types.ResponseDeliverTx, error)
    CheckTxSync(types.RequestCheckTx) (*types.ResponseCheckTx, error)
    QuerySync(types.RequestQuery) (*types.ResponseQuery, error)
    CommitSync() (*types.ResponseCommit, error)
    InitChainSync(types.RequestInitChain) (*types.ResponseInitChain, error)
    BeginBlockSync(types.RequestBeginBlock) (*types.ResponseBeginBlock, error)
    EndBlockSync(types.RequestEndBlock) (*types.ResponseEndBlock, error)
}
```

Tendermint Core 按照 3 类 ABCI 连接将 Client 接口划分为 3 类子接口：AppConnMempool 负责交易池连接类的方法调用，AppConnConsensus 负责共识连接类的方法调用，AppConnQuery 负责查询连接类的方法调用。尽管在实现时，这 3 类连接的实现都指向了同一个 ABCI Client 接口类型的变量，但对 Client 接口功能的拆分有助于 Tendermint Core 对各个模块进行最小化的权限管理。例如负责交易池功能的模块需要通过交易池连接与上层应用进行交互，此时 Tendermint Core 只需将一个 AppConnMempool 接口类型的变量赋予该模块即可，无需向其暴露整个 Client 接口。以下分别介绍 Client 接口的 3 类子接口定义。

作为 Client 接口的一个子集，AppConnMempool 接口负责交易池连接类的相关方法调用。

CheckTxAsync()实现了异步的 CheckTx()方法调用。ABCI 服务器要提供有序的异步消息传输机制，来允许 Tendermint Core 在收到前一个 CheckTx()请求的结果之前，可以继续向上层应用发送下一个请求。因此 CheckTxAsync()方法返回的结果中既包含响应结果，也包含请求信息以及本请求是否已经处理完毕的标记等。

```
// tendermint/proxy/app_conn.go 23-31
type AppConnMempool interface {
    SetResponseCallback(abcicli.Callback)
    Error() error

    CheckTxAsync(types.RequestCheckTx) *abcicli.ReqRes

    FlushAsync() *abcicli.ReqRes
    FlushSync() error
}

// tendermint/abci/client/client.go 74-82
type ReqRes struct {
    *types.Request
    *sync.WaitGroup
    *types.Response

    mtx   sync.Mutex
    done bool                      // 在 WaitGroup.Done()调用之后设置为 true
    cb    func(*types.Response) // 回调函数
}
```

在创建 ReqRes 类型的变量时通过 SetResponseCallback()方法来设置响应的回调函数 cb()。Tendermint Core 收到上层应用返回的结果之后，可以通过该回调函数完成进一步的处理。例如 Tendermint Core 处理 CheckTx()的返回结果时，会利用该回调函数判断交易是否通过了上层应用的有效性检查，如果是则将交易加入交易池并执行广播交易等操作，参见 4.3 节。

ABCI 客户端的具体实现中，在调用一些异步的 ABCI 请求时，可能只会将这些请求保存到一个待发送的队列里面，并未真正发送出去。而 Flush()方法会定时自动触发，将队列里的请求发送给 ABCI 服务器。

作为 Client 接口的一个子集，AppConnConsensus 接口负责共识连接类的相关方法调用。

与 AppConnMempool 的 CheckTx() 相类似，DeliverTx() 的实现也是异步的。除此之外，其他方法都只有同步的实现。异步方法的返回值都是 *abcicli.ReqRes 类型的，ABCI 客户端需要为已经发送的请求保存相应的 ReqRes，以便在收到服务器的响应时根据结果执行回调函数。同步方法的返回结果是相应类型的应答，如 ResponseInitChain、ResponseBeginBlock 等。

```
// tendermint/proxy/app_conn.go 11-21
type AppConnConsensus interface {
    SetResponseCallback(abcicli.Callback)
    Error() error

    InitChainSync(types.RequestInitChain) (*types.ResponseInitChain, error)

    BeginBlockSync(types.RequestBeginBlock) (*types.ResponseBeginBlock, error)
    DeliverTxAsync(types.RequestDeliverTx) *abcicli.ReqRes
    EndBlockSync(types.RequestEndBlock) (*types.ResponseEndBlock, error)
    CommitSync() (*types.ResponseCommit, error)
}
```

作为 Client 接口的一个子集，AppConnQuery 接口负责查询连接类的相关方法调用。与查询连接相关的方法的功能在 5.3 节中已经介绍过。

```
// tendermint/proxy/app_conn.go 33-41
type AppConnQuery interface {
    Error() error

    EchoSync(string) (*types.ResponseEcho, error)
    InfoSync(types.RequestInfo) (*types.ResponseInfo, error)
    QuerySync(types.RequestQuery) (*types.ResponseQuery, error)
}
```

5.4.2 进程内交互

采用 Go 语言开发的上层应用可以与 Tendermint Core 一起被编译、生成二进制文件，此时 Tendermint Core 和上层应用之间通过进程内通信方式进行交互。在这种开发模式下，Tendermint Core 和上层应用分别对应 localClient 结构体和 Application 接口类型。localClient 的实现比较简单，在初始化的时候，需要将上层应用作为 Application 类型的变量传入。

```
// tendermint/abci/client/local_client.go 16-21
type localClient struct {
    service.BaseService

    mtx *sync.Mutex
    types.Application
    Callback
}
```

由于 Tendermint Core 可以并发地发起 ABCI 请求，这通常要求上层应用是并发安全的，但并发安全的实现并不容易。为了降低上层应用开发的技术难度，Client 中加了锁 mtx 来控制 Tendermint ABCI Client 与上层应用的交互，使得来自 Tendermint Core 的并发请求按照顺序依次提交给上层应用，由此上层应用无须考虑并发事宜。Application 同样被定义为一个接口类型，其中包含 Tendermint Core 期望上层应用提供的 ABCI 方法，以供 ABCI 客户端调用，从而驱动上层应用的状态更新。

由于 Tendermint Core 和上层应用被编译在一个二进制文件里，localClient 可以直接调用 Application 暴露的接口，也不需要再额外定义 Server 类型。而由于两者采用进程内通信方式进行交互，localClient 所有的异步方法内部实际上都是按照同步的方式来执行的。此时异步方法与同步方法只是在处理响应结果时有所不同：处理异步方法的响应结果时要执行回调函数。模块在使用时可以选择异步的方法调用，并且为同类请求设置一个回调函数。Mempool 为 AppConnMempool 设置了 globalCb()函数，该函数作为一个全局的回调函数，处理任何 AppConnMempool 类的响应时都会被调用。

5.4.3 套接字交互

当采用Java、C++、Rust 等语言开发上层应用时，无法将上层应用与 Go 语言的 Tendermint Core 编译成一个二进制文件，此时两者之间可以通过套接字进行交互。套接字默认是建立在 TCP 连接之上的，因此继承了 TCP 连接的可靠性和稳定性。socketClient 的实现原理如下：启动 socketClient 时会同时开启两个 goroutine——用于发送请求的 sendRoutine()和用于接收响应的 recvRoutine()。与 localClient 实现的一个很大的不同在于，socketClient 真正实现了异步方法的"异步"逻辑：调用异步方法（如 CheckTxAsync()）时，socketClient 并不会把请求立即发送出去，而是会将请求存储到待发送队列里，同时设置定时器。在定时器被自动触发时，真正把待发送队列里的请求发送出去。

```
// tendermint/abci/client/socket_client.go 29-44
type socketClient struct {
    service.BaseService

    addr        string
    mustConnect bool
    conn        net.Conn               // 网络连接

    reqQueue    chan *ReqRes           // 待发送队列
    flushTimer  *timer.ThrottleTimer   // 定时器

    mtx     sync.Mutex
    err     error
    reqSent *list.List                 // 已发送且尚未收到响应的请求
    resCb   func(*types.Request, *types.Response) // 回调函数
}
```

socketClient 结构体各个字段的含义解释如下。

- BaseService 封装了一个通用的服务类型。

- addr、mustConnect、conn 字段记录了网络连接相关的信息。

- reqQueue 字段表示待发送队列，发起异步 ABCI 请求时，会将异步 ABCI 请求放入该队列。

- flushTimer 字段表示定时器，定期将待发送的请求发送给服务器，同时发送 Flush 请求给服务器，请求服务器将已经处理完毕的请求结果按顺序返回。

- reqSent 字段存储了已发送但尚未收到响应的请求，用于在收到响应时处理响应结果。

- resCb 字段与 localClient 中的类似，可以对同一类连接请求设置一个共同的回调函数。

socketClient 接收到来自上层应用的响应时，会从 reqSent 中按序取出相应的 ReqRes，将其请求状态标记为已完成，并从 reqSent 列表中移除，然后调用为 socketClient 设置的全局回调函数，如果该 ReqRes 变量也设置了回调函数，则继续执行该回调函数。

SocketServer 需要实现的逻辑就是接收并处理请求，然后发送对请求的响应。与 socketClient 不同的是，Tendermint Core 中的不同组件（如共识组件、交易池组件等）可能都需要与上层应用建立 ABCI 连接，因此 SocketServer 需要维护一个网络连接的映射表 conns，以管理所有网络连接。在启动 SocketServer 时，会开启一个 acceptConnectionsRoutine() 的 goroutine 来接收 socketClient 的连接请求，对每一个接收到的请求，都会再启动两个 goroutine：用来处理请求的 handleRequestsRoutine() 和用来返回结果的 handleResponsesRoutine()。在 SocketServer 接收到 Flush 类型的请求时，会将已经处理好的响应结果按序返回给 socketClient。

```
// tendermint/abci/server/socket_server.go 17-30
type SocketServer struct {
    service.BaseService

    proto     string
    addr      string
    listener  net.Listener

    connsMtx   sync.Mutex
    conns      map[int]net.Conn
    nextConnID int

    appMtx sync.Mutex
    app    types.Application
}
```

5.5 实战——分布式键值数据库

由于链上数据不可篡改的属性,区块链被广泛用于存证溯源等业务场景。为了加深读者对本章内容的理解,本节以可用于存证溯源等场景的分布式键值数据库的实现为例,展示 ABCI 的应用。该分布式键值数据库 tm-kvstore[①]的功能很简单,就是对键值对进行持久化和查询。Tendermint Core 负责将需要存储的键值对传给上层应用,上层应用负责键值对的存储,并在收到查询请求时将键值对返回。上层应用的核心数据结构 KVStoreApplication 结构体定义如下。

```
// tm-kvstore/app/abci.go 15-18
type KVStoreApplication struct {
    types.Application              // 接口类型, 直接继承所有的 ABCI 方法
    cms    store.CommitKVStore     // 持久化数据库
}
```

KVStoreApplication 内嵌了 Application 的接口类型,Application 包含所有的 ABCI 方法,也因此 KVStoreApplication 继承了所有 ABCI 方法。在初始化 KVStoreApplication 时,使用 BaseApplication 作为该 Application 接口的实现。BaseApplication 是一个空的结构体,其 ABCI 方法实现内部不做任何计算,对于 DeliverTx()、CheckTx()、Query()方法直接返回 CodeTypeOK,对于其他方法则直接返回空值。通过重新定义其中一些方法的实现,KVStoreApplication 可以基于 BaseApplication 定义自己的业务逻辑。

```
// tendermint/abci/types/application.go 33-74
type BaseApplication struct {
}

func NewBaseApplication() *BaseApplication {
    return &BaseApplication{}
}

func (BaseApplication) Info(req RequestInfo) ResponseInfo {
    return ResponseInfo{}
}

func (BaseApplication) SetOption(req RequestSetOption) ResponseSetOption {
    return ResponseSetOption{}
}

func (BaseApplication) DeliverTx(req RequestDeliverTx) ResponseDeliverTx {
    return ResponseDeliverTx{Code: CodeTypeOK}
}
```

---

① 笔者(longcpp)在 GitHub 的 tm-kvstore 项目,可在异步社区下载源代码。

```
func (BaseApplication) CheckTx(req RequestCheckTx) ResponseCheckTx {
    return ResponseCheckTx{Code: CodeTypeOK}
}

func (BaseApplication) Commit() ResponseCommit {
    return ResponseCommit{}
}

func (BaseApplication) Query(req RequestQuery) ResponseQuery {
    return ResponseQuery{Code: CodeTypeOK}
}

func (BaseApplication) InitChain(req RequestInitChain) ResponseInitChain {
    return ResponseInitChain{}
}

func (BaseApplication) BeginBlock(req RequestBeginBlock) ResponseBeginBlock {
    return ResponseBeginBlock{}
}

func (BaseApplication) EndBlock(req RequestEndBlock) ResponseEndBlock {
    return ResponseEndBlock{}
}
```

KVStoreApplication 里的 CommitKVStore 也是一个接口类型，定义了持久化键值对需要的方法。

- Committer 接口的 Commit() 方法完成数据的持久化并返回 CommitID、LastCommitID()返回上一次提交的 CommitID、SetPruning()可以设置数据库的剪枝选项。

- KVStore 接口抽象了读写键值对的方法：Get()方法用于读取存储的指定键对应的值、Set()方法用于设置需要存储的键值对、Delete()方法用于删除存储的某个键值对。

具体实现时，我们使用 Cosmos-SDK 的基于 IAVL+树实现的 Store 结构体来完成 CommitKVStore 的实例化。Store 的 Commit()方法的返回类型为 CommitID，其中包含根节点的散列值与表示当前区块高度的版本号。关于 IAVL+树以及 CommitKVStore 的详细介绍参见 6.3 节和 6.4 节。

```
// cosmos-sdk/store/types/store.go 209-212
type CommitKVStore interface {
    Committer
    KVStore
}


// cosmos-sdk/store/iavl/store.go 33-36
```

```
type Store struct {
    tree    Tree
    pruning types.PruningOptions
}

// cosmos-sdk/store/types/store.go 244-247
type CommitID struct {
    Version int64
    Hash    []byte
}
```

5.5.1　键值对读写实现

为了实现键值对读写功能，KVStoreApplication 需要重新定义的 ABCI 方法有 DeliverTx()、Commit()、Query()，其他方法直接继承 BaseApplication 中的相应方法即可。下面来看 DeliverTx()方法的实现。

```
// tm-kvstore/app/abci.go 36-57
func (app *KVStoreApplication) DeliverTx(req types.RequestDeliverTx) types.Respons
eDeliverTx {
    var key, value []byte
    parts := bytes.Split(req.Tx, []byte("="))
    if len(parts) == 2 {
        key, value = parts[0], parts[1]
    } else {
        key, value = req.Tx, req.Tx
    }

    app.store.Set(key, value)

    events := []types.Event{
        {
            Type: "set",
            Attributes: []kv.Pair{
                {Key: []byte("key"), Value: key},
                {Key: []byte("hash"), Value: value},
            },
        },
    }
    return types.ResponseDeliverTx{Code: code.CodeTypeOK, Events: events}
}
```

分布式键值数据库应用支持的 RequestDeliverTx 请求格式为 key=value 或 key，其中后者表示键和值均为 key。收到请求后，分布式键值数据库应用会按以上两种格式尝试解析出键值对并通过 CommitKVStore.Set()方法在数据库中存储键值对。

上层应用在处理完本区块中的所有交易，对状态更改调用 Commit()时，直接调用

CommitKVStore.Commit()方法并将得到的 commitId 包含在 ResponseCommit 中返回。由于采用了可认证数据结构 IAVL+树作为底层存储，在外界需要查询某个键对应的值时，不仅可以提供查询出的键值对，还可以对键值对的存在性和不存在性进行证明。

```go
// tm-kvstore/app/abci.go 59-62
func (app *KVStoreApplication) Commit() types.ResponseCommit {
    commitID := app.store.Commit()
    return types.ResponseCommit{ Data: commitID.Hash }
}
```

查询键值对时，Tendermint Core 将查询请求 RequestQuery 发送给分布式键值数据库应用，分布式键值数据库应用收到查询请求后在自身数据库中进行查询，并在返回的结果中包含 Merkle 证明。拿到结果之后，可以根据 Merkle 证明对查询结果进行验证。关于 IAVL+树键值对存在性证明的构造以及验证的原理，参见 6.3 节。

```go
// tm-kvstore/app/abci.go 64-74
func (app *KVStoreApplication) Query(req types.RequestQuery) types.ResponseQuery {
    iavlStore := app.store.(*iavl.Store)

    res := iavlStore.Query(types.RequestQuery{
        Path:  "/key", // 键值对的查询路径
        Data:  req.Data,
        Prove: true,
    })

    return res
}
```

至此已经完成了分布式键值数据库相应业务逻辑的开发。在与 Tendermint Core 的交互方面，tm-kvstore 项目支持进程内交互和套接字交互两种方式，相应实现比较简单，读者可参考实现代码，此处不赘述。5.5.2 小节以套接字交互方式的实现为例，展示如何启动分布式键值数据库应用、提交交易以及查询键值对。

5.5.2 执行过程展示

本小节以命令行的形式展示在套接字交互的方式下如何启动分布式键值数据库应用 KVStoreApplication、设置和查询键值对以及利用 Merkle 证明验证返回结果。

首先，需要在本地复制 Tendermint Core，执行如下命令安装 Tendermint Core。

```
cd tendermint
make install
```

复制分布式键值数据库应用实现 KVStoreApplication，执行如下编译命令。

```
git clone https://github.com/longcpp/tm-kvstore
```

```
cd tm-kvstore && go build .
```

这一步会编译出名为 tm-kvstore 的二进制文件，该二进制文件为分布式键值数据库应用的启动入口。而下面的命令则会编译出名为 verify 的二进制文件，该二进制文件将作为键值对存在性证明验证的工具。

```
cd verify
go build .
```

至此，需要的二进制文件就准备好了。执行 run.sh 脚本可以体验整个交互过程。

```
./run.sh
```

接下来逐步介绍脚本中执行的命令，并将每一步的执行结果附在相应命令之后。

（1）以后台运行的方式启动 kvstore，并输出相应的进程 ID。

```
# 启动 kvstore 作为应用服务器
./kvstore &
APP_PID=`ps -ef | grep "kvstore" | grep -v grep | awk '{print $2}'`
echo "kvstore running in pid $APP_PID\n"

# 输出结果
kvstore running in pid 98172
```

（2）清空 Tendermint Core 存储数据的文件夹，启动 tendermint node。

```
# 启动 tendermint node 作为客户端
tendermint init
tendermint unsafe_reset_all >/dev/null 2>/dev/null
tendermint node  >node.log 2>node.log &
NODE_PID=`ps -ef | grep "tendermint" | grep -v grep | awk '{print $2}'`
echo "tendermint node running in pid $NODE_PID\n"

# 输出结果
tendermint node running in pid 98182
```

（3）使用 Tendermint Core 提供的 RPC 方法广播交易。先后广播了两笔交易：name=cosmos 和 token=atom。根据 kvStoreApplication 的实现，IAVL+树中会存储这两个键值对。

```
# 将键值对(name,cosmos)写入 kvstore 存储
echo "writing (name, cosmos) to blockchain ..."
echo `curl -s 'localhost:26657/broadcast_tx_commit?tx="name=cosmos"'`
echo "writing (name, cosmos) to blockchain done\n"

# 输出结果
writing (name, cosmos) to blockchain ...
{ "jsonrpc": "2.0", "id": -1, "result": { "check_tx": { "code": 0, "data": null,
"log": "", "info": "", "gasWanted": "0", "gasUsed": "0", "events": [], "codespace": ""
 }, "deliver_tx": { "code": 0, "data": null, "log": "", "info": "", "gasWanted": "0",
```

```
"gasUsed": "0", "events": [ { "type": "set", "attributes": [ { "key": "a2V5", "value":
"bmFtZQ==" }, { "key": "aGFzaA==", "value": "Y29zbW9z" } ] } ], "codespace": "" }, "hash":
"6750130EC9BBAF5DB247F95356FC83F84ADD4A6524CB8807A6F91EE05272FA32", "height": "3" } }
    writing (name, cosmos) to blockchain done

    # 将键值对(name,cosmos)写入 kvstore 存储
    echo "writing (token, atom) to blockchain ..."
    echo `curl -s 'localhost:26657/broadcast_tx_commit?tx="token=atom"'`
    echo "writing (token, atom) to blockchain done\n"

    # 输出结果
    writing (token, atom) to blockchain ...
    { "jsonrpc": "2.0", "id": -1, "result": { "check_tx": { "code": 0, "data": null, "lo
g": "", "info": "", "gasWanted": "0", "gasUsed": "0", "events": [], "codespace": "" }, "
deliver_tx": { "code": 0, "data": null, "log": "", "info": "", "gasWanted": "0", "gasUse
d": "0", "events": [ { "type": "set", "attributes": [ { "key": "a2V5", "value": "dG9rZW4
=" }, { "key": "aGFzaA==", "value": "YXRvbQ==" } ] } ], "codespace": "" }, "hash": "A2DC
2E94147EB87874286917563E0AB45C8E5A167966E834837FEF77817E04A0", "height": "6" } }
    writing (token, atom) to blockchain done
```

（4）通过 Tendermint Core 的 RPC 方法查询最新区块的提交信息，然后解析获得 AppHash。分布式键值数据库应用的 Commit()方法，会将 commitId.Hash 作为 ResponseCommit. Data 返回，Tendermint Core 会将该数据作为 AppHash 存储到区块中。因此这里查询出的 AppHash 即 commitId.Hash，实际上也就是 IAVL+树根节点的散列值。

```
    # 查询最新区块的提交信息，解析出 AppHash
    APPHASH=`curl -s 'localhost:26657/commit' | jq '.result.signed_header.header.app_
hash' | sed 's/"//g'`
    echo "apphash is $APPHASH\n"

    # 输出结果
    apphash is EC22EF77AA6D68CD12290F2CCA0BE6871FA88A07015620A6714C5896A5BA13DA
```

（5）通过 Tendermint Core 的 RPC 方法查询键 name 对应的值，并解析获得相应的 Merkle 证明。

```
    # 查询 name 对应的值，解析查询结果中的 Merkle 证明
    KEY=name
    VALUE=cosmos
    PROOF='curl -s 'localhost:26657/abci_query?data="'"$KEY"'"' | jq .result.response.
proof | tr -d " \t\n\r"'
    echo "proof for ($KEY, $VALUE) is: $PROOF\n"

    # 输出结果
    proof for (name, cosmos) is: {"ops":[{"type":"iavl:v","key":"bmFtZQ==","data":"WAp
WCigIAhACGAYqIKjFSMTjiPyJZus8Y7DRJKHTDc0jjNlsYh21RWo70ztaGioKBG5hbWUSIEy+GXFrGqc6Z9xLK
MNDkYebUDJZ/HaFIIK02vzw3oWyGAM="}]}
```

（6）将 name、cosmos、proof、AppHash 作为 verify 的输入参数，执行键值对的存在性

证明验证。IAVL+树的 Merkle 证明以及验证逻辑参见 6.3 节。

```
# 验证键值对的存在性证明
echo "verify ($KEY, $VALUE) with above apphash and proof"
./verify -key=$KEY  -value=$VALUE -root=$APPHASH -proof=$PROOF

# 输出结果
verify (name, cosmos) with above apphash and proof
kv onchain verify (name,cosmos) succeeded
```

可以看到，采用上述键值对以及 AppHash 和生成的 Merkle 证明作为输入，验证程序能够成功验证该键值对的存在性。借助此验证逻辑，用户可以相信查询结果的正确性。

5.6 小结

Tendermint Core 与上层应用之间通过 ABCI 进行交互，从功能上可以将 ABCI 连接划分为 3 类。

- 交易池连接 AppConnMempool 主要用来做交易的有效性检查。

- 共识连接 AppConnConsensus 允许 Tendermint Core 将区块分阶段提交给上层应用执行。

- 查询连接 AppConnQuery 用来同步 Tendermint Core 与上层应用的状态，并处理状态查询。

本章介绍了 3 类 ABCI 规范和用途。ABCI 的设计支持区块链应用的深度定制化，基于 ABCI 可以自定义实现 PoS 等机制进行链上治理。Tendermint Core 支持的与上层应用之间的多种交互方式，进一步减少了开发上层应用时技术选型的限制。本章最后以一个分布式键值数据库应用的开发为例，展示如何利用 Tendermint Core 构建上层应用，并且通过 ABCI 进行交互完成键值对的持久化。读者可以阅读示例项目的具体实现，加深对 ABCI 的理解。

第 6 章

Cosmos-SDK 的架构设计

Cosmos-SDK 是一个内置了 PoS 机制的、支持多资产的区块链应用开发框架，基于 Cosmos-SDK 构建区块链应用时通常也会使用 Tendermint Core 提供的 Tendermint 共识协议和对等网络通信功能，并通过 ABCI 使用 Cosmos-SDK 各模块提供的功能以完成交易和区块的执行。基于 Tendermint Core 和 Cosmos-SDK 开发区块链应用时只需专注于应用层的业务逻辑开发，而无须处理共识协议和对等网络通信，可降低区块链应用的开发难度并能够显著缩短开发周期。

区块链应用通常都需要账户管理、交易处理等通用的功能模块，基于此，Cosmos-SDK 采用了模块化设计理念，使得开发者可以重用已有模块并能够快速构建新的功能模块。模块化设计策略使得所有开发者可以共享彼此的工作成果，对生态构建大有裨益。模块化设计理念在带来诸多益处的同时，也带来模块安全性以及互操作方面的挑战。为了保证模块的安全性，Cosmos-SDK 中的每个模块都有独立的存储空间。模块互操作方面则采用对象能力模型，仅对外暴露必要的读写接口以实现模块之间的相互调用。

模块化设计理念要求每个模块实现特定的接口，以方便在应用层统一管理所有模块。对于模块的要求使模块的基本架构和源码组织方式有迹可循，因此本章首先介绍模块的基本架构、源码组织方式，为后续详细介绍 Cosmos-SDK 模块实现做准备。随后介绍 Cosmos-SDK 提供的应用模板，应用模板可以看作基于功能模块构建上层应用的"脚手架"。Cosmos Hub 的客户端便是基于应用模板进行开发的，对于应用模板内在机制的理解是实现定制化应用的前提条件。

基于账户模型的 Cosmos-SDK 中需要可认证数据结构（Authenticated Data Structure，ADS）来存储账户余额等各类信息。以太坊使用 MPT，而 Cosmos-SDK 通过组合 Merkle 树和自平衡的二叉搜索树构建了 IAVL+树。本章详细介绍 IAVL+树结构的设计、读写与遍历、键值对的存在性证明和非存在性证明，以及 IAVL+树在 Cosmos-SDK 中的应用。为了支持模块化设计理念、实现数据的持久化，Cosmos-SDK 在 IAVL+树的基础之上提供了多种类型的存储器。理解存储器的设计是理解 Cosmos-SDK 模块实现的前提条件，本章最后会详细介绍

Cosmos-SDK 中提供的存储器类型和相应实现。

6.1 Cosmos-SDK 的模块化设计

区块链应用开发者可以直接复用 Cosmos-SDK 提供的功能模块，也可以基于业务需求实现新的功能模块。每个模块都有自己的存储空间，并可以定义新的消息和相应的处理逻辑。一个消息对应一个链上操作，而一笔交易中可以包含多个消息。从模块化设计的视角来看，一个区块链应用的状态被拆解到多个模块中，每个模块单独管理自己的存储空间，并通过适当的方式与其他模块实现交互。基于 Cosmos-SDK 模块开发区块链应用时，应用本身需要实现的逻辑比较简单，仅需要完成应用初始化、分发消息给对应模块并在适当时机将应用状态持久化到磁盘。为了统一模块的管理，模块化设计理念也要求每个模块都实现特定的接口方法。

6.1.1 AppModule 接口

为了辅助应用的构建，Cosmos-SDK 实现了 BaseApp 应用模板。BaseApp 可以看作基于 Cosmos-SDK 构建区块链应用的"脚手架"，区块链应用开发者可以通过定制化 BaseApp 实现自己的业务逻辑。BaseApp 通过 AppModule 接口统一管理所有的模块，这就要求每个模块都要实现 AppModule 接口。

AppModule 接口在 Cosmos-SDK 中又拆分为 3 类接口 AppModuleBasic、AppModuleGenesis 与 AppModule，它们之间的依赖关系和各自包含的方法如图 6-1 所示。

1. AppModuleBasic

AppModuleBasic 定义了模块需要实现的基本方法，如返回模块名字、默认的初始状态等。

```
// cosmos-sdk/types/module/module.go 47-59
type AppModuleBasic interface {
    Name() string // 返回模块名字
    RegisterCodec(*codec.Codec) // Amino 编解码规范注册

    // 初始状态相关
    DefaultGenesis() json.RawMessage
    ValidateGenesis(json.RawMessage) error

    // 客户端方法
    RegisterRESTRoutes(context.CLIContext, *mux.Router)
    GetTxCmd(*codec.Codec) *cobra.Command
    GetQueryCmd(*codec.Codec) *cobra.Command
}
```

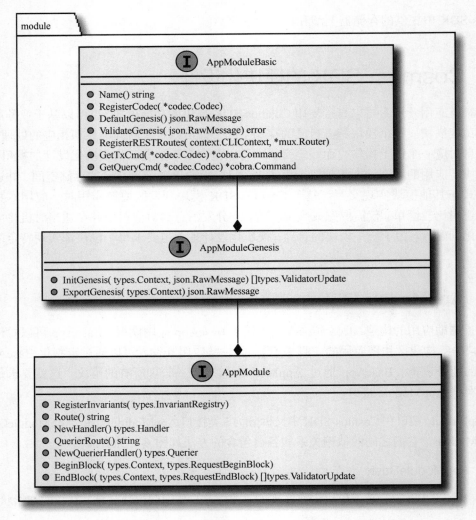

图 6-1 AppModuleBasic、AppModuleGenesis 与 AppModule 接口

Cosmos-SDK 中使用 Amino 编解码规范来进行数据结构的序列化和反序列化。每个模块都需要通过 RegisterCodec()来注册本模块内需要用 Amino 处理的数据类型。Amino 编解码规范是 Proto3 规范的功能子集，但额外添加了对接口类型的编解码功能。

AppModuleBasic 中有两个方法与模块的初始状态有关。每个模块都可以定义自己的内部状态，包括模块的参数配置和存储状态，DefaultGenesis()方法返回本模块默认的初始状态，ValidateGenesis()则用来验证本模块初始状态的有效性。

最后 3 个与客户端相关的方法不涉及 Comos-SDK 的核心功能，读者可以暂时跳过，第 10 章会介绍此类方法的定义和使用。

2. AppModuleGenesis

AppModuleGenesis 在 AppModuleBasic 基础上，额外定义了状态的导入、导出方法。

```
// cosmos-sdk/types/module/module.go 127-131
type AppModuleGenesis interface {
    AppModuleBasic
    InitGenesis(sdk.Context, json.RawMessage) []abci.ValidatorUpdate
    ExportGenesis(sdk.Context) json.RawMessage
}
```

AppModuleGenesis 接口扩展了 AppModuleBasic 接口，额外定义了两个与初始状态相关的方法。

- InitGenesis()方法用于从给定的参数 json.RawMessage 初始化本模块的初始状态。

- ExportGenesis()方法用于导出模块的当前状态，包括参数配置和存储状态。

由于模块之间会存在依赖关系，在初始化或导出整个上层应用的状态时，需要按照特定的顺序依次处理各个模块，这是与 AppModuleBasic 中的方法的显著不同之处，也因此在 Cosmos-SDK 中将这两个方法单独归入 AppModuleGenesis 接口。

3. AppModule

AppModule 在 AppModuleGenesis 基础上，额外定义了消息路由以及 ABCI 等的方法。

```
// cosmos-sdk/types/module/module.go 134-149
type AppModule interface {
    AppModuleGenesis

    // 不变量检查注册
    RegisterInvariants(sdk.InvariantRegistry)

    // 消息路由和查询路由
    Route() string
    NewHandler() sdk.Handler
    QuerierRoute() string
    NewQuerierHandler() sdk.Querier

    // ABCI 请求响应
    BeginBlock(sdk.Context, abci.RequestBeginBlock)
    EndBlock(sdk.Context, abci.RequestEndBlock) []abci.ValidatorUpdate
}
```

AppModule 在 AppModuleGenesis 之外，额外定义了 3 类方法。

- 注册模块的不变量检查：Cosmos-SDK 的每个模块可以定义关于模块内部状态的不变量检查。RegisterInvariants()方法用来注册各模块定义的不变量检查。

- 模块的消息路由和查询路由：应用内部会维护一个从模块的消息路由标识到模块消息处理逻辑的映射表，其中模块消息路由标识通常采用模块的模块名，模块消息处理逻辑负责本模块所有消息的分发与处理。在收到通过 DeliverTx()方法发送的交易后，应用会根据消息路由函数 Msg.Router()返回的值与模块消息路由标识进行比较，从而将交易内所包含的不同模块的消息分发给不同模块进行处理。查询的处理与消息的处理过程类似，此处不赘述。

  ○ Route()方法返回本模块的消息路由标识。消息路由标识通常是字符串类型的模块名，且本模块定义的所有消息的 Router()方法的返回值都与该标识相同。

  ○ NewHandler()方法返回模块定义的消息处理逻辑。

  ○ QuerierRoute()方法返回查询路由标识。

  ○ NewQuerierHandler()返回查询处理逻辑。

- 响应 ABCI 的请求：共识连接的 BeginBlock()和 EndBlock()方法用于在区块执行前后触发应用的状态更新。模块需要在区块执行前后进行的操作，可以分别实现在各个模块的 BeginBlock()和 EndBlock()方法中。值得注意的是，由于模块之间会存在依赖关系，要求应用按照模块的注册顺序依次调用这两个方法。PoS 机制的实现重度依赖这两个方法，以在区块执行前后完成链上的奖励和惩罚等操作，参见第 8 章。

6.1.2　模块管理器

Cosmos-SDK 的每个功能模块都以 AppModule 接口的形式暴露给应用。为了方便应用对各个模块的管理，Cosmos-SDK 提供了模块管理器，有两种类型的模块管理器，BasicManager 类型的模块管理器包含从字符串类型到 AppModuleBasic 的映射，用来管理模块实现的 AppModuleBasic 接口功能；Manager 类型的模块管理器包含从字符串类型到 AppModule 的映射，用来管理模块在 AppModuleBasic 之外的 AppModule 接口功能。应用所需的模块都需要注册到这两个模块管理器中，具体定义如下。

```
// cosmos-sdk/types/module/module.go 62
type BasicManager map[string]AppModuleBasic

// cosmos-sdk/types/module/module.go 192-198
type Manager struct {
    Modules            map[string]AppModule
    OrderInitGenesis   []string
    OrderExportGenesis []string
    OrderBeginBlockers []string
    OrderEndBlockers   []string
}
```

- BasicManager 类型的模块管理器的相关方法如下。

  ○ RegisterCodec()方法用来注册各模块需要序列化的数据类型。

  ○ DefaultGenesis()、ValidateGenesis()方法分别用来收集和验证各模块的初始状态。

  ○ RegisterRESTRoutes()方法用来注册各模块的表征状态转移（representational state transfer，REST）路由。

  ○ AddTxCommands()方法将各模块支持的交易命令注册到交易相关的根命令。

  ○ AddQueryCommands()方法将各模块支持的查询命令注册到查询相关的根命令。

- Manager 类型的模块管理器的相关方法如下。

  ○ InitGenesis()、ExportGenesis()、BeginBlock()、EndBlock()方法按照指定的顺序调用各模块的 InitGenesis()、ExportGenesis()、BeginBlock()、EndBlock()方法（注意前面 4 个方法针对 Manager 类型的模块管理器，后面 4 个方法针对模块实现的 AppModule 接口，前、后者只是名字相同）。向 Manager 类型的模块管理器中注册模块时需指定模块关于各方法的调用顺序，该调用顺序分别保存在字段 OrderInitGenesis、OrderExportGenesis、OrderBeginBlockers 以及 OrderEndBlockers 中。

  ○ RegisterRoutes()方法用来注册各模块的消息路由和查询路由。

  ○ RegisterInvariants()方法用来注册各模块定义的不变量检查。

模块管理器的引入简化了应用对于模块的管理，应用只需要在初始化时设置好模块管理器这个成员变量，随后与模块的交互都通过该模块管理器来进行即可。例如，当应用接收到 ABCI 对 RequestBeginBlock 的请求时，只需要调用模块管理器的 BeginBlock()方法，该方法会按照指定的顺序依次调用各个模块的 BeginBlock()方法。模块管理器架起了顶层应用与底层模块之间沟通的桥梁。

6.1.3　模块的源码组织

虽然每个模块实现的功能不同，但是由于遵循同样的设计理念并且都通过 AppModule 接口与应用进行交互，因此每个模块实现的源码组织形式遵循一定的模式，具体如下。

```
x/{module}
├── client                    // 本模块支持的命令行方法和 REST 方法
│   ├── cli
│   │   ├── query.go          // 从命令行构建本模块支持的查询请求
│   │   └── tx.go             // 从命令行构建本模块支持的交易请求
```

```
│    └── rest                        // 本模块支持的 REST 查询请求
│        ├── query.go                // 本模块支持的 REST 查询请求
│        └── tx.go                   // 本模块支持的 REST 交易
├── internal                         // 本模块的数据结构和存储功能定义
│    ├── keeper                      // 本模块的子存储空间的读写功能
│    │   ├── invariants.go           // 本模块支持的不变量检查
│    │   ├── keeper.go               // 本模块子存储空间的读写
│    │   ├── ...
│    │   └── querier.go              // 本模块子存储空间的查询
│    └── types                       // 包含本模块所有的数据类型定义
│        ├── codec.go                // 使用 Amino 进行序列化的数据类型
│        ├── errors.go               // 模块执行过程中可能产生的错误
│        ├── events.go               // 本模块在处理交易或请求时要推送的事件类型
│        ├── expected_keepers.go     // 本模块依赖的其他模块的接口
│        ├── genesis.go              // 本模块初始化时的相关类型和默认的初始状态
│        ├── keys.go                 // 本模块的子存储空间读写时对应的键
│        ├── msgs.go                 // 本模块负责处理的消息
│        ├── params.go               // 本模块的参数配置
│        ├── ...
│        └── querier.go              // 本模块负责处理的查询请求相关类型的定义
├── simulation                       // 模糊测试相关代码
│    ├── ...
├── spec                             // 模块的规范性说明文档
│    ├── ...
├── abci.go                          // 实现在 BeginBlock() 和 EndBlock() 中需要触发的逻辑
├── alias.go                         // 导出子目录内定义的数据类型
├── genesis.go                       // 导入模块的初始状态以及导出模块的状态
├── handler.go                       // 处理本模块支持的所有类型的消息
├── ...
└── module.go                        // 实现 AppModule 接口
```

需要说明的是，在 Cosmos-SDK 的当前实现中并非所有模块都遵循该目录结构，但都大同小异。读者在浏览 Cosmos-SDK 的模块实现时，对于想要了解的功能实现，根据该源码组织形式可以直接定位到相应的文件。

6.2　应用模板 BaseApp

Cosmos-SDK 通过 BaseApp 提供了区块链应用的雏形，开发者可以基于 BaseApp 定制化地开发区块链应用。BaseApp 实现了 ABCI 的 Application 接口功能，从而可以通过 ABCI 与 Tendermint Core 进行交互。同时，BaseApp 负责对各模块进行管理，包括响应 ABCI 请求、转发消息和查询请求给各模块、管理各模块的初始状态和状态转移。BaseApp 结构体定义如下。

```
// cosmos-sdk/baseapp/baseapp.go 55-109
type BaseApp struct {
    // App 的基本功能
    logger            log.Logger            // 日志记录器
```

```
    db                  DB                              // 后端数据库接口
    cms                 sdk.CommitMultiStore            // 存储所有链上状态
    storeLoader         StoreLoader                     // 存储加载器
    // ABCI 相关
    txDecoder           sdk.TxDecoder                   // 交易解码方法
    anteHandler         sdk.AnteHandler                 // 交易的预处理方法
    initChainer         sdk.InitChainer                 // 初始化验证者集合和状态集合的方法
    beginBlocker        sdk.BeginBlocker                // 响应 RequestBeginBlock 请求的方法
    endBlocker          sdk.EndBlocker                  // 响应 RequestEndBlock 请求的方法
    router              sdk.Router                      // 消息路由分发器
    queryRouter         sdk.QueryRouter                 // 查询路由分发器
    checkState          *state                          // 交易池连接依赖的状态
    deliverState        *state                          // 共识连接依赖的状态
    // 参数和状态
    sealed              bool                            // 是否禁止更改 BaseApp 中的其他字段
    name                string                          // 应用名称
    appVersion          string                          // 应用的版本号
    consensusParams     *abci.ConsensusParams           // 共识参数
    baseKey             *sdk.KVStoreKey                 // 用来存储共识参数的 StoreKey
    voteInfos           []abci.VoteInfo                 // 活跃验证者集合的投票信息
    // 共识无关的参数和配置
    addrPeerFilter      sdk.PeerFilter                  // 根据地址和端口过滤对等网络节点
    idPeerFilter        sdk.PeerFilter                  // 根据节点 ID 过滤对等网络节点
    fauxMerkleMode      bool                            // 在调试模式和模糊测试中使用
    interBlockCache     sdk.MultiStorePersistentCache   // 缓存管理
    minGasPrices        sdk.DecCoins                    // 当前节点的最小 GasPrice
    haltHeight          uint64                          // 停止当前链的最小区块高度
    haltTime            uint64                          // 停止当前链的最小区块时间
}
```

BaseApp 结构体主要包含以下几类成员。

- App 基本的日志和存储功能：

  ○ 包括日志记录器 logger 和存储相关的字段 db、cms 以及 storeLoader。

- 与 ABCI 相关：

  ○ txDecoder 用来解码通过 CheckTx()方法和 DeliverTx()方法接收到的交易；

  ○ initChainer、beginBlocker、endBlocker 用来响应特定的 ABCI 请求；

  ○ router 和 queryRouter 用来实现对 ABCI 请求中包含的消息和查询的转发功能；

  ○ checkState 和 deliverState 分别对应交易池连接和共识连接方法所依赖的临时应用状态和上下文环境。

- 参数配置和状态信息：

○ sealed 字段在应用初始化完毕后设置为 true，表示禁止更改 BaseApp 中的其他字段；

○ voteInfos 存储了活跃验证者集合（参见第 8 章）对当前区块的投票信息；

○ consensusParams 存储链的共识参数，在 genesis.json 文件中指定，通过 InitChain() 传给 BaseApp 进行设置。

● 与共识无关的参数：

○ addrPeerFilter 和 idPeerFilter 用于在 BaseApp 初始化时设置需要过滤的对等网络节点 IP 地址和 ID；

○ haltHeight 和 haltTime 字段在区块链网络升级时使用（参见第 7 章），分别用于当前链的停止高度和停止时间。

○ fauxMerkleMode 在调试模式中使用，interBlockcache 用来进行缓存管理。

至此，BaseApp 中还有两个比较重要的字段尚未介绍：minGasPrices 和 anteHandler。minGasPrices 字段与区块链项目中普遍存在的 Gas 计费机制相关。暴露在公共网络上的区块链应用都需要防止恶意用户通过构造大量垃圾交易消耗宝贵的链上资源，由此引入了 Gas 机制来统计交易消耗的资源。交易处理过程中签名验证、链上状态读写等都需要消耗一定的 Gas。每一笔交易中都带有交易发送者为这笔交易指定的 Gas 上限，而交易执行过程中会根据具体的执行逻辑逐步扣除 Gas。如果交易执行所需的 Gas 超过了交易包含的 Gas 上限，则交易执行失败。为了保证一个区块能够及时处理完成，Cosmos-SDK 对每个区块执行中可以消耗的 Gas 总量也做了限制。

可以将 Gas 想象成汽车行驶所需要的汽油，交易执行的每一步需要消耗的 Gas 类似于汽车行驶一百公里的油耗。但是汽油本身的价格也是波动的，为了体现 Gas 价格的波动，区块链应用中引入了 GasPrice。交易的发送者可以指定自己愿意为这笔交易支付的交易费，交易费除以发送者指定的 Gas 上限就得到了本笔交易的 GasPrice，即一笔交易中单位数量的 Gas 对应的链上资产数量。为了防止恶意用户对一些可能大量消耗节点资源的交易设置极低的 GasPrice，从而以极低的交易成本来完成拒绝服务式攻击，验证者节点可以设置自己的 minGasPrices 值来过滤这种交易。不同的验证者节点可以自行设置不同的 minGasPrices。

BaseApp 中的 anteHandler 字段用来对交易进行一些预处理操作，其中包含有效性检查、签名验证、Gas 检查以及 minGasPrices 检查等。这些预处理操作直接影响了交易 CheckTx() 方法的检查结果，也决定了交易是否能够进入节点的交易池。响应 DeliverTx() 方法时，anteHandler 也会在消息分发之前执行，由 anteHandler 引发的错误会直接导致交易执行失败，这样可以确保尽早结束非法交易的执行。通过在交易检查和交易执行时的双重把关，可以快速过滤非法交易，防止其进一步耗费节点资源。关于 anteHandler 的详细介绍参见 7.1 节。

6.2.1 ABCI 接口方法的实现

Tendermint Core 的共识引擎与上层应用之间通过 ABCI 交互，作为应用模板的 BaseApp 实现了 ABCI 的所有方法，基于 BaseApp 构建的应用可以定制化这些 ABCI 方法的实现。ABCI 的 3 类连接分别依赖不同的状态，因此 BaseApp 维护了 3 种状态。

- sdk.CommitMultiStore 接口类型的 cms 字段维护已提交的状态。
- *state 类型的 checkState 字段维护用于交易检查的状态。
- *state 类型的 deliverState 字段维护用于交易执行的状态。

CommitMultiStore 是一个接口类型，负责管理区块链应用的所有链上状态。BaseApp 响应 ABCI 中的 Query()请求时，查询的就是 CommitMultiStore 中的状态。在持久化之外，BaseApp 还负责维护两种临时状态：checkState 和 deliverState。之所以称为临时状态，是因为这两种状态只在一个区块的执行周期内有效，并且所有的状态修改仅发生在内存中。checkState 是交易检查的上下文环境，而 deliverState 是交易执行的上下文环境。两种临时状态都通过 InitChain()方法完成初始化，并服务于不同的 ABCI 方法，两种状态之间互不干扰。

- checkState 服务于 CheckTx()方法。执行 Commit()方法时，对 checkState 的状态修改（由 CheckTx()引起的状态缓存）会被丢弃，然后使用已提交的状态和上下文环境来更新 checkState。
- deliverState 服务于 DeliverTx()方法。执行 Commit()方法时，deliverState 中的缓存会被持久化到数据库中，随后状态被清空。BeginBlock()方法进行下一个区块执行前的准备工作时，会根据已提交状态和上下文环境重新设置 deliverState。

接下来介绍 BaseApp 中 ABCI 方法的实现以及这些方法对 3 种状态的影响。

1．InitChain()方法

应用启动时首先需要通过 InitChain()方法进行初始化。InitChain()方法初始化链的参数和状态、设置共识参数、设置 checkState 和 deliverState，并调用函数类型的成员变量 BaseApp.initChainer。具体实现时，它会根据提供的初始文件来初始化各个模块的状态，即依次调用各个模块的 InitGenesis()方法。

2．CheckTx()方法

发送到网络中的交易需要先进入节点的交易池，才有可能被打包到区块中。节点接收到交易后会借助 CheckTx()方法将交易发送给上层应用进行检查，通过检查的交易会被放入交易池中。BaseApp 的 CheckTx()主要实现以下逻辑。

- 将交易解码为一笔标准交易，并从标准交易中提取所有消息。

- 按照 anteHandler 的逻辑，依次检查所有消息，包括 ValidateBasic()检查、签名验证以及交易费检查等。

- 确保每个消息都能够被分发到相应的模块，但并不执行消息。

CheckTx()方法在进行与状态相关的检查时，依赖的状态是 checkState。在一个区块执行周期之内，一笔交易可能会影响另一笔交易的 CheckTx()检查结果。假设两笔交易都由同一个账户发起，如果前一笔交易的账户余额在扣除完交易费之后变为零，则同样来自该账户交易会由于无法足额交纳交易费而导致 CheckTx()检查失败。由于 CheckTx()依赖临时状态 checkState 进行工作，并且在区块执行完成之后该状态被清空，因此 CheckTx()并不会导致链上账户余额的减少。真正的交易费扣除逻辑是在调用 DeliverTx()时发生的（deliverState 状态最终会被更新到数据库中）。CheckTx()支持 CheckTxType_New 和 CheckTxType_Recheck 两种类型的检查，具体介绍参见 5.1 节。

另外，前文介绍 BaseApp 时提到节点可以通过设置自己的 minGasPrices 来过滤一些垃圾交易。这种过滤是在 CheckTx()方法的 anteHandler 检查中完成的。对于不满足 minGasPrices 条件的交易，无法通过 CheckTx()检查。

3．BeginBlock()方法

执行新区块时，Tendermint Core 会通过 BeginBlock()方法通知上层应用来为区块的执行做好准备。BaseApp 的 BeginBlock()方法主要完成以下操作。

- 初始化本区块交易执行的临时状态 deliverState。

- 使用共识参数中的 Block.MaxGas 初始化区块的 Gas 计数器，区块执行中所消耗的 Gas 不能超过该值。

- 通过 BaseApp 的 beginBlocker 成员依次调用各模块的 BeginBlock()方法。

4．DeliverTx()方法

具体执行区块时，区块中的每笔交易都会通过 DeliverTx()方法交由应用执行。BaseApp 的 DeliverTx()方法依赖状态 deliverState，每笔交易的执行都会更新 deliverState，这些状态更新在区块被提交时持久化到数据库。

DeliverTx()方法首先会对交易进行检查，然后执行交易中包含的消息。只有交易中的所有消息都执行成功，这笔交易才算执行成功，此时由消息处理引发的状态变化会更新到

deliverState 中，否则，只有 anteHandler 所带来的状态变化被更新到 deliverState。

DeliverTx() 在执行交易时，首先根据交易中指定的 Gas 上限为交易设置 Gas 计数器。在 anteHandler 中交易、签名、验证签名等会消耗一些 Gas，随后在消息处理过程中，底层数据库的读写操作都会根据读写的字节数消耗一定的 Gas。如果当前消耗的 Gas 大于交易的 GasLimit，交易执行失败。

与 CheckTx() 方法不同，DeliverTx() 并不检查交易的 GasPrice 是否满足自己的 minGasPrices。因为该交易可能是由别的验证者打包进区块的，而 minGasPrices 并不是一个共识相关的参数，每个验证者都可以设定自己的 minGasPrices 值。对于已经打包进区块的交易，所有节点都必须严格按序执行。

5. EndBlock() 方法

EndBlock() 方法在区块中所有交易被执行完毕后被调用。BaseApp 的 EndBlock() 方法实现会调用 BaseApp 中的 endBlocker 成员，该成员需要依次调用各个模块的 EndBlock() 方法。

6. Commit() 方法

Commit() 方法标志着一个区块执行的结束，它会将 BeginBlock()、DeliverTx()、EndBlock() 所引起的状态更新从 deliverState 写入持久化数据库中，重置 checkState 的状态和上下文，并清空 deliverState。同时，Commit() 方法会返回应用状态的散列值，该散列值对应区块头中的 AppHash 字段。AppHash 会被共识引擎包含在下一个区块的区块头中，保证应用状态的一致性。

7. Query() 方法

Query() 方法用来处理 Tendermint Core 发送的查询请求，目前 BaseApp 支持 4 类查询。

- 应用信息查询：用来查询应用的版本号等。
- 自定义的查询：由各模块支持的查询功能组成，BaseApp 负责将查询请求分发到各个模块。
- 对等网络查询：主要包含对 BaseApp 中 addrPeerFilter 和 idPeerFilter 的查询。
- 应用状态查询：直接查询 BaseApp 中 cms 存储的键值对。

需要指出的是，Cosmos-SDK 基于可认证的数据结构——简单 Merkle 树和 IAVL+ 树实现了 CommitMultiStore 接口，因此在处理应用状态查询时，可以同时提供相应键值对的存在性证明或者非存在性证明。

Query()方法查询的是 CommitMultiStore 维护的已提交的状态，但在查询之前也会对该状态添加一层缓存，查询过程中可能引起的状态变更会写入该缓存，在查询结束后该缓存会被直接丢弃，不会被合并到当前的已提交状态。一般情况下，查询操作不会引起状态变更，但对一些比较特殊的查询，如 distribution 模块的收益查询会引发一些状态变更，但是这些状态变更并不会被持久化，详见 8.7 节。

6.2.2 模块管理

实现了 Client 接口的 BaseApp，在接收到 ABCI 请求时需要将相应请求转发给各模块处理，这就要求 BaseApp 了解各个模块的信息。由于一个请求的处理可能需要多个模块相互配合，因此也要求 BaseApp 能够妥善协调模块之间的配合。BaseApp 通过模块管理器完成这些任务，而上层应用负责 BaseApp 和模块管理器之间的配合。

上层应用可以借助 BasicManager 和 Manager 结构体完成对 BaseApp 的初始化。借助于 BasicManager 结构体，BaseApp 可以实现对各模块的默认初始状态设置、初始状态验证、编解码类型注册、REST 接口和命令行接口的管理。借助于 Manager 结构体，BaseApp 可以实现对各模块消息路由、查询路由的注册，模块状态初始化及状态导出等功能的管理。

BaseApp 中包含 Router 和 QueryRouter 字段，用来管理消息的路由分发和查询的路由分发，两者被定义为如下的接口类型。Router 和 QueryRouter 的接口实现中分别保存各模块的名称与处理逻辑的映射表，以便随后对消息和查询请求进行路由。

```go
// cosmos-sdk/types/router.go 10-19
// Router 负责消息的路由分发
type Router interface {
    AddRoute(r string, h Handler) Router
    Route(ctx Context, path string) Handler
}
// QueryRouter 负责查询的路由分发
type QueryRouter interface {
    AddRoute(r string, h Querier) QueryRouter
    Route(path string) Querier
}

// cosmos-sdk/baseapp/router.go 9-11
type Router struct {
    routes map[string]sdk.Handler
}

// cosmos-sdk/baseapp/queryrouter.go 9-11
type QueryRouter struct {
    routes map[string]sdk.Querier
}
```

初始化 BaseApp 时，可以借助已经设置好的 Manager，将 BaseApp.Router()和 BaseApp. QueryRouter()的返回值作为 RegisterRoutes()方法的参数进行调用，即可将已经注册到 Manager 类型的模块管理器的各模块的消息路由和查询路由注册到 BaseApp 中。

```go
// cosmos-sdk/types/module/module.go 247-256
func (m *Manager) RegisterRoutes(router sdk.Router, queryRouter sdk.QueryRouter) {
    for _, module := range m.Modules {
        if module.Route() != "" {
            router.AddRoute(module.Route(), module.NewHandler())
        }
        if module.QuerierRoute() != "" {
            queryRouter.AddRoute(module.QuerierRoute(), module.NewQuerierHandler())
        }
    }
}
```

接收到 Tendermint Core 通过 DeliverTx()方法发送的交易时，BaseApp 按照以下步骤处理交易（见图 6-2）。

（1）用 TxDecoder 完成对交易的解码。

（2）用 anteHandler 对交易进行预处理。

（3）提取出交易中的所有消息。

（4）根据消息的 Msg.Router()方法返回值调用 BaseApp.Router 的 Route()方法将交易中的消息路由给相应模块的处理逻辑。

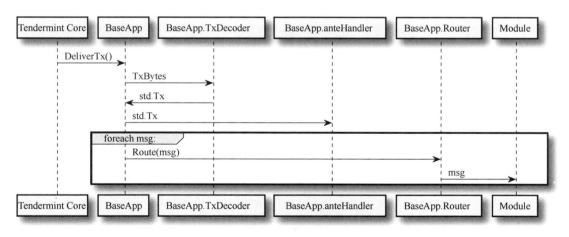

图 6-2　通过 ABCI 执行交易的基本流程

同样，上层应用在初始化 BaseApp 的 initChainer、beginBlocker、endBlocker 成员时，也可以借助 Manager 类型的模块管理器的相应方法来完成。这 3 个成员分别属于如下的函数类型。

```
// cosmos-sdk/types/abci.go 6-18
// BaseApp 中 initChainer 成员的函数类型
type InitChainer func(ctx Context, req abci.RequestInitChain) abci.ResponseInitChain
// BaseApp 中 beginBlocker 成员的函数类型
type BeginBlocker func(ctx Context, req abci.RequestBeginBlock) abci.ResponseBeginBlock
// BaseApp 中 endBlocker 成员的函数类型
type EndBlocker func(ctx Context, req abci.RequestEndBlock) abci.ResponseEndBlock
```

由于在 Manager 类型的模块管理器中已经注册好了各模块的相应方法和调用顺序，上层应用可直接将 Manager 的 3 种方法 InitGenesis()、BeginBlock()、EndBlock()赋值给 BaseApp 相应成员，即可完成 BaseApp 对所有模块的相应 ABCI 方法的管理。开发者在实现自己的区块链应用时，采用模块管理器辅助 BaseApp 对模块进行管理是一种非常方便的实现方式。最终，上层应用的整体架构如图 6-3 所示。

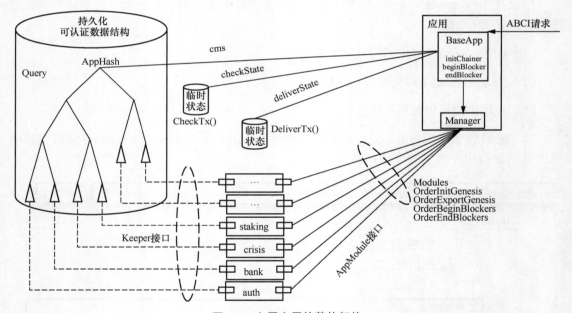

图 6-3 上层应用的整体架构

至此，已经介绍了各个模块需要实现的 AppModule 接口、模块管理器对模块的管理以及 BaseApp 所实现的功能。为了构建基于 Cosmos-SDK 的区块链应用，除理解整个应用架构之外，也需要了解每个功能模块的机制与实现。本书第 7 章会介绍 Cosmos-SDK 提供的基本模块，如负责账户管理的 auth 模块、负责转账的 bank 模块、追踪链上资产总额变动的 supply 模块等，而第 8 章则会介绍 Cosmos-SDK 中提供的与 PoS 机制相关的模块。

6.3　可认证数据结构 IAVL+树

IAVL+树是 Cosmos-SDK 中模块的持久化的底层实现，全称为 Immutable AVL+树。其设计目标是为键值对（例如账户余额）提供可持久化的能力，同时支持版本化以及生成快照功能。虽然 IAVL+树可以随着节点的加入和删除不断更新，但是树中的每个节点是不可更改的。在 IAVL+树中修改某个节点时，会生成一个新的节点来替换目标节点。这种更新方式配合在节点中保存的版本信息，容易实现 IAVL+树的版本化和生成快照的功能。IAVL+树是基于 AVL 树构建的 Merkle 树，因此保留了 AVL 树的特性：任意节点的左、右子树的高度最多相差 1。AVL 树中的叶子节点和中间节点都用来存储键值对，但 IAVL+树仅在叶子节点中存储键值对，中间节点仅用来存储键以及左、右子树的信息，这种策略可以简化 IAVL+树的实现。IAVL+树继承了 AVL 树的自平衡特性：对 n 个叶子节点的查找、插入、删除操作的时间复杂度都为 $O(\log n)$。为保证自平衡特性，在插入、删除、修改节点时可能会触发旋转操作。本章之后关于 IAVL+树的介绍参考 cosmos/iavl 库的实现。

6.3.1　节点设计

IAVL+树中的每个节点用 Node 结构体表示。

```go
// iavl/node.go 18-31
type Node struct {
    key       []byte // 节点的键
    value     []byte // 叶子节点的值，如果是中间节点则为 nil
    hash      []byte // 散列值
    leftHash  []byte // 左孩子的散列值
    rightHash []byte // 右孩子的散列值
    version   int64  // IAVL+树上首次插入该节点时的版本号
    size      int64  // 以当前节点为根的子树中的叶子节点个数，对于叶子节点，该值为 1
    leftNode  *Node  // 左孩子节点的指针
    rightNode *Node  // 右孩子节点的指针
    height    int8   // 节点的高度，对于叶子节点，高度为 0
    saved     bool   // 标记存储到内存还是磁盘
    persisted bool   // 标记是否已经存储到磁盘
}
```

叶子节点和中间节点都为 Node 结构体类型，但结构体中具体字段的值不同。

- 叶子节点：size 字段值为 1，height 字段值为 0，value 字段存储了对应某个键的值，并且 leftNode、RightNode 字段值为 nil。

- 中间节点：size 字段值大于 1，height 字段值大于 0，value 字段为空，并且 key 字段值等于其右子树中节点的 key 值的最小值。

IAVL+树中叶子节点的 key 值从左到右递增，通过在中间节点存储右子树叶子节点 key 的最小值（即其右子树最左侧叶子节点的 key 值），在查找元素时可以根据 key 值进行二分查找。

图 6-4 展示了一个含有 8 个节点的 IAVL+树，其中大写字母表示具体的节点，而每个节点中的数字表示该节点的 key 字段。为了简化，图 6-4 没有展示叶子节点的 value 字段。

虽然叶子节点和中间节点复用了相同的数据结构 Node，但是由于字段值的不同，两种节点的散列值计算过程也不相同。

- 计算叶子节点散列值：Hash(height|size|version|key|Hash(value))。

- 计算中间节点散列值：Hash(height|size|version|leftHash|rightHash)。

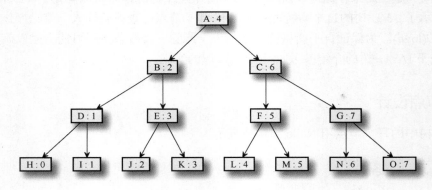

图 6-4　IAVL+树节点设计

Node 结构体中的 version 字段表示在 IAVL+树中添加该节点时的版本号。在 Cosmos-SDK 的实现中，每个区块高度对应一个版本的 IAVL+树。如果一个节点在 IAVL+树的版本更新中保持不变，则新版本的 IAVL+树可以直接引用旧版本的节点。节点的持久化通过 nodeDB 结构体完成。nodeDB 结构体中涉及的 dbm.DB 和 dbm.Batch 类型是项目 tm-db 中定义的数据库接口类型。

- dbm.DB 接口类型定义了数据库的读写与遍历等方法。

- dbm.Batch 接口类型定义了数据库的批量写方法。

nodeDB 结构体如下。

```
// iavl/nodedb.go 37-50
type nodeDB struct {
    mtx             sync.Mutex      // 读写锁
    snapshotDB      dbm.DB          // Node 的持久化
    recentDB        dbm.DB          // Node 的内存存储
    snapshotBatch   dbm.Batch       // snapshotDB 的批量写缓存
```

```
    recentBatch    dbm.Batch         // recentDB 的批量写缓存
    opts           *Options          // 剪枝选项
    versionReaders map[int64]uint32  // 相应版本引用个数，防止剪枝

    latestVersion  int64
    nodeCache      map[string]*list.Element // 缓存
    nodeCacheSize  int               // 缓存的大小限制，用节点个数表示
    nodeCacheQueue *list.List        // 缓存的 Node 的 LRU 队列，用于删除
}
```

其中 nodeCache 字段用来提供数据库读写时的缓存功能。从 nodeDB 中读取 Node 时，会先尝试从 nodeCache 中获取，获取失败的话则从底层数据库中获取。

Node 结构体中的信息序列化之后持久化到数据库中，序列化时通过 Amino 编码方法对相关字段依次进行编码，由于存储的字段信息不同，叶子节点和中间节点的序列化方法也不同。

- 叶子节点序列化：Amino(height | size | version | key | value)。

- 中间节点序列化：Amino(height | size | version | key | leftHash | rightHash)。

6.3.2 读写与遍历

基于结构体 Node 和 nodeDB，ImmutableTree 结构体定义了 IAVL+树。

```
// iavl/immutable_tree.go 13-17
type ImmutableTree struct {
    root    *Node
    ndb     *nodeDB
    version int64
}
```

其中 root 字段为指向根节点的指针，所有 Node 结构体存储在 ndb 字段指向的数据库中，version 字段则表示该 IAVL+树的版本号。ImmutableTree 结构体仅支持对 IAVL+树的查询和遍历操作，不支持对 IAVL+树的更新。更新 IAVL+树需要借助 MutableTree 结构体。

```
// iavl/mutable_tree.go 17-23
type MutableTree struct {
    *ImmutableTree                    // 当前的工作树
    lastSaved     *ImmutableTree      // 最新保存的树
    orphans       map[string]int64    // 本次更新产生的孤儿节点
    versions      map[int64]bool      // 标记相应版本是否已经被保存起来
    ndb           *nodeDB
}
```

其中，ImmutableTree 字段表示当前的工作树，而 lastSaved 字段则表示本次更新操作发生之前的 IAVL+树。每次状态更新都会导致旧版本 IAVL+树中的一些节点被替换下来，这些

被替换下来的节点成为孤儿节点，保存在 orphans 字段中。versions 字段保存了当前数据库中存储的 IAVL+树的版本号。

默认配置下，每个版本的 IAVL+树的根节点、每次版本更新中产生的新节点以及孤儿节点都会被持久化到数据库中，这就要求在读写时能够区分 3 种类型的节点。为了区分 3 种类型的节点，数据库在存储 Node 结构体时定义了 3 种不同的键格式。

- 根节点的键格式：r | version。
- 其他节点的键格式：n | node.hash。
- 孤儿节点的键格式：o | toVersion | fromVersion | node.hash。

根节点的键格式中包含相应 IAVL+树的版本号，其他节点的键格式中包含节点的散列值，而孤儿节点的键格式比较特殊。孤儿节点的键格式表明该孤儿节点的生存期：该节点是在 IAVL+树从版本 fromVersion 更新到版本 toVersion 时被替换下来的。键格式中包含的生存期信息，可以实现孤儿节点的快速删除。默认情况下数据库中会存储所有的节点信息，但是通过剪枝选项 PruningOptions 对数据库中存储的内容进行精简，基于孤儿节点的这种键格式可以快速删除数据库中旧版本的 IAVL+树，在 6.3.4 和 6.3.5 小节再做详细介绍。

IAVL+树的中间节点的 key 字段值是其右子树中叶子节点 key 值的最小值，根据该字段可以在 IAVL+树中进行二分查找，而树本身的自平衡特性可以保证查找操作的时间复杂度为 $O(\log n)$。ImmutableTree 和 MutableTree 的 Get()方法通过递归调用 Node 结构体的 get()方法实现。

```
// iavl/Immutable_tree.go 153-158
func (t *ImmutableTree) Get(key []byte) (index int64, value []byte) {
    if t.root == nil { return 0, nil }
    return t.root.get(t, key)
}
```

Node 结构体的 get()方法的实现逻辑很清晰：根据中间节点的 key 字段在树中进行二分查找，直到到达叶子节点。随后判断叶子节点的 key 值是否等于目标 key 值。相等时返回叶子节点的 index 和 value。IAVL+树中约定最左侧叶子节点的 index 为 0，并按照从左到右的顺序递增。

```
// iavl/node.go 159-178
func (node *Node) get(t *ImmutableTree, key []byte) (index int64, value []byte) {
    if node.isLeaf() { // 递归停止条件：到达叶子节点
        switch bytes.Compare(node.key, key) {
        case -1: return 1, nil
        case 1:  return 0, nil
        default: return 0, node.value // 有对应叶子节点
        }
```

```
    }
    // 进入左子树
    if bytes.Compare(key, node.key) < 0 {
        return node.getLeftNode(t).get(t, key)
    }
    // 进入右子树
    rightNode := node.getRightNode(t)
    index, value = rightNode.get(t, key)
    // 从右子树返回时需累加 index
    index += node.size - rightNode.size
    return index, value
}
```

由于 IAVL+树中叶子节点的有序存储，除根据目标 key 值查找特定的叶子节点之外，也可以利用 Node 结构体的 traverseInRange()方法遍历指定区间内的节点，并依次处理路过的节点。该方法的输入参数较多。

- t：指向当前 IAVL+树的指针。

- start 和 end：遍历的起始点和结束点，即遍历 key 位于区间[start, end)的中间节点和叶子节点。

- ascending：进行升序遍历还是降序遍历。

- inclusive：是否要访问并处理 end 代表的节点。

- depth：当前节点在树中的深度。

- post：指定遍历方式是前序遍历还是后序遍历。

- cb：对路过的每个节点执行的函数（输入为要处理的节点和当前深度，返回值指示是否停止遍历）。

3 个布尔变量 ascending、inclusive、post 的相互配合，可以实现对遍历顺序以及遍历区间的定制化。

- 3 个布尔变量均为 true 时，相当于对[start,end]中的所有节点进行后序遍历，并且先处理左子树。

- 3 个布尔变量均为 false 时，相当于对[start,end)中的所有节点进行前序遍历，并且先处理右子树。

traverseInRange()方法实现的原理参见代码中给出的注释。

```
// iavl/node.go 449-506
func (node *Node) traverseInRange(t *ImmutableTree, start, end []byte, ascending bool, inclusive bool, depth uint8, post bool, cb func(*Node, uint8) bool) bool {
```

```
// 省略 node 为 nil 时的处理代码
afterStart := start == nil || bytes.Compare(start, node.key) < 0
startOrAfter := start == nil || bytes.Compare(start, node.key) <= 0
beforeEnd := end == nil || bytes.Compare(node.key, end) < 0
if inclusive { // inclusive 为 true 表示需要访问结束点 end
    beforeEnd = end == nil || bytes.Compare(node.key, end) <= 0
}

stop := false // 前序遍历时，首先对当前节点执行 cb() 函数
if !post && (!node.isLeaf() || (startOrAfter && beforeEnd)) {
    stop = cb(node, depth)   // 对中间节点和叶子节点都调用 cb() 函数
    if stop { return stop } // cb() 函数可以利用返回值控制是否继续遍历访问节点
}

if !node.isLeaf() {
    if ascending { // 升序遍历
        if afterStart { // 若仍在遍历区间中，则前序遍历，进入左子树
            stop = node.getLeftNode(t).traverseInRange(
                t, start, end, ascending, inclusive, depth+1, post, cb)
        }
        if stop { return stop }
        if beforeEnd { // 若仍在遍历区间中，则前序遍历，进入右子树
            stop = node.getRightNode(t).traverseInRange(
                t, start, end, ascending, inclusive, depth+1, post, cb)
        }
    } else {
        // 省略降序遍历部分代码
    }
}
// 省略 stop 判断以及后序遍历的代码

return stop
}
```

　　仍以 8 个叶子节点的二叉树为例，当 ascending、inclusive、post 的值分别为 true、true 和 false 时，并且区间为[2, 6]时，依次处理的节点为 A、B、E、J、K、C、F、L、M、N。如图 6-5 所示，其中会应用 cb() 函数的节点用不同的图形表示。利用 Node 结构体的 traverseInRange()方法容易实现整棵 IAVL+树的遍历。

　　ImmutableTree 没有 Set()和 Remove()方法，对 IAVL+树的更新操作需要通过 MutableTree 的 Set()和 Remove()方法完成。

```
// iavl/mutable_tree.go 116-120
func (tree *MutableTree) Set(key, value []byte) bool {
    orphaned, updated := tree.set(key, value)
    tree.addOrphans(orphaned) // 保存孤儿节点
    return updated
}
```

```
// iavl/mutable_tree.go 200-204
func (tree *MutableTree) Remove(key []byte) ([]byte, bool) {
    val, orphaned, removed := tree.remove(key)
    tree.addOrphans(orphaned) // 保存孤儿节点
    return val, removed
}
```

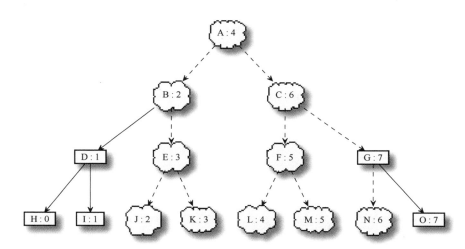

图 6-5　IAVL+树的区间遍历

　　两个方法的实现遵循相同的模式，通过调用适当方法完成相应的操作并保存操作中产生的孤儿节点。tree.set()和 tree.remove()方法的实现也遵循相同的模式。tree.set()方法实现的具体逻辑参见代码内给出的注释。

```
// iavl/mutable_tree.go 130-197
func (tree *MutableTree) set(key []byte, value []byte) (orphans []*Node, updated bool) {
    if value == nil { // value 不允许为 nil
        panic(fmt.Sprintf("Attempt to store nil value at key '%s'", key))
    }

    if tree.ImmutableTree.root == nil { // 树为空树时，(key, value)作为根节点
        tree.ImmutableTree.root = NewNode(key, value, tree.version+1)
        return nil, updated
    }
    // 为孤儿节点准备存储空间，最多产生 tree.Height()+3 个孤儿节点
    orphans = tree.prepareOrphansSlice()
    tree.ImmutableTree.root, updated = tree.recursiveSet(
        tree.ImmutableTree.root, key, value, &orphans)
    return orphans, updated // 返回孤儿节点和更新的节点
}

func (tree *MutableTree) recursiveSet(
    node *Node, key []byte, value []byte, orphans *[]*Node) (
    newSelf *Node, updated bool,) {
```

```
        version := tree.version + 1 // 每次调用 set()会生成新版本的 MutableTree

    if node.isLeaf() { // 递归停止条件：到达叶子节点
        switch bytes.Compare(key, node.key) {
        case -1: // key < node.key
            return &Node{ // 创建中间节点，左、右孩子节点散列值在自平衡操作后再计算
                key:       node.key, // 中间节点的 key 为右叶子节点的 key
                height:    1,
                size:      2,
                leftNode:  NewNode(key, value, version),// 新叶子节点为左孩子节点
                rightNode: node,
                version:   version, // 版本递增
            }, false // 没有产生孤儿节点
        case 1: // key > node.key
            return &Node{ // 创建中间节点，左、右孩子节点散列值在自平衡操作后再计算
                key:       key, // 中间节点的 key 为右叶子节点的 key
                height:    1,
                size:      2,
                leftNode:  node, // 左孩子节点为当前叶子节点
                rightNode: NewNode(key, value, version), // 新叶子节点为右孩子节点
                version:   version, // 版本递增
            }, false // 没有产生新的孤儿节点
        default: // (key, value)作为新节点替换当前节点
            *orphans = append(*orphans, node) // 当前节点成为孤儿节点
            return NewNode(key, value, version), true
        }
    } else { // 中间节点，递归调用向着叶子节点前进
        *orphans = append(*orphans, node)   // 途经的中间节点都变成孤儿节点
        node = node.clone(version) // 新版本树中的节点

        if bytes.Compare(key, node.key) < 0 { // key < node.key, 进入左子树
            node.leftNode, updated = tree.recursiveSet(
                node.getLeftNode(tree.ImmutableTree), key, value, orphans)
            node.leftHash = nil // leftHash 的值目前无法确定
        } else { // key >= node.key, 进入右子树
            node.rightNode, updated = tree.recursiveSet(
                node.getRightNode(tree.ImmutableTree), key, value, orphans)
            node.rightHash = nil // rightHash 的值目前无法确定
        }
        // 仅更新了叶子节点的 value 字段，可直接返回，不影响 height 等字段
        if updated { return node, updated }
        // 重新计算 height 和 size 字段
        node.calcHeightAndSize(tree.ImmutableTree)
        newNode := tree.balance(node, orphans)
        return newNode, updated
    }
}
```

接下来考察 MutableTree 的 Remove()方法的实现，该方法接收一个 key 的参数并尝试从当前树中删除 key 对应的 value。删除成功时返回被删除的值和 true，删除失败时则返回 nil

和 false。与 Set() 方法一样，Remove() 的具体操作由 remove() 和 recursiveRemove() 方法完成。

```go
// iavl/mutable_tree.go 208-286
func (tree *MutableTree) remove(key []byte) (
    value []byte, orphaned []*Node, removed bool) {
    if tree.root == nil {
        return nil, nil, false
    }
    orphaned = tree.prepareOrphansSlice() // 为孤儿节点预分配存储空间
    newRootHash, newRoot, _, value :=
        tree.recursiveRemove(tree.root, key, &orphaned)
    if len(orphaned) == 0 { return nil, nil, false }

    if newRoot == nil && newRootHash != nil { // 更新树根节点
        tree.root = tree.ndb.GetNode(newRootHash)
    } else {
        tree.root = newRoot
    }
    return value, orphaned, true
}

func (tree *MutableTree) recursiveRemove(node *Node,
    key []byte, orphans *[]*Node) (
    newHash []byte, newSelf *Node, newKey []byte, newValue []byte) {
    version := tree.version + 1

    if node.isLeaf() { // 到达叶子节点
        if bytes.Equal(key, node.key) { // 找到了 key 对应的叶子节点
            *orphans = append(*orphans, node)
            return nil, nil, nil, node.value
        }
        return node.hash, node, nil, nil // 没有找到 key 对应的叶子节点
    }

    if bytes.Compare(key, node.key) < 0 { // key < node.key，进入左子树
        newLeftHash, newLeftNode, newKey, value := tree.recursiveRemove(node.getLe
ftNode(tree.ImmutableTree), key, orphans)

        if len(*orphans) == 0 { // 没有找到 key 对应的叶子节点
            return node.hash, node, nil, value
        } // 找到了 key 对应的叶子节点，该节点成为孤儿节点
        *orphans = append(*orphans, node)
        if newLeftHash == nil && newLeftNode == nil { // 左孩子节点的值被删除
            return node.rightHash, node.rightNode, node.key, value
        }
        // 从左子树返回，更新中间节点的左子树信息，不会影响左子树根的 key 值
        newNode := node.clone(version) // 版本号已经更新
        newNode.leftHash, newNode.leftNode = newLeftHash, newLeftNode
        newNode.calcHeightAndSize(tree.ImmutableTree) // 重新计算 height 和 size
        newNode = tree.balance(newNode, orphans) // 自平衡操作
```

```
            return newNode.hash, newNode, newKey, value
        }
        // key >= node.key，进入右子树
        newRightHash, newRightNode, newKey, value := tree.recursiveRemove(node.getRight
Node(tree.ImmutableTree), key, orphans)

        if len(*orphans) == 0 { // 没有找到 key 对应的叶子节点
            return node.hash, node, nil, value
        } // 找到了 key 对应的叶子节点，该节点成为孤儿节点
        *orphans = append(*orphans, node)
        if newRightHash == nil && newRightNode == nil { // 右孩子节点的值被删除
            return node.leftHash, node.leftNode, nil, value
        }
        // 从右子树返回，更新中间节点的右子树信息
        newNode := node.clone(version) // 版本号已经更新
        newNode.rightHash, newNode.rightNode = newRightHash, newRightNode
        if newKey != nil { // 如果右子树中的最左侧叶子节点被删除
            newNode.key = newKey // 需要更新右子树根节点的 key
        }
        newNode.calcHeightAndSize(tree.ImmutableTree) // 重新计算 height 和 size
        newNode = tree.balance(newNode, orphans) // 自平衡操作
        return newNode.hash, newNode, nil, value
    }
```

remove() 方法的内部实现逻辑相对复杂，尤其是其中递归实现的 recursiveRemove() 方法有 4 个返回值。为了理解这些返回值，需要首先理解移除节点的基本逻辑。recursiveRemove() 方法从根节点开始根据 key 不断递归调用直到到达叶子节点。如果到达的叶子节点的 key 与目标 key 不匹配，则目标叶子节点不存在，此时不需要修改 IAVL+树的结构。如果到达的叶子节点的 key 与目标 key 匹配，就删除该叶子节点（第 4 个返回值就是被删除的叶子节点中存储的 value），并沿着相同的路径递归返回根节点。为了保持 IAVL+树的特性，就需要沿着返回路径依次修改所有的中间节点以及根节点，这可以分为几种情况。

- 对于高度为 1 的中间节点，如果其左孩子节点被删除，则该中间节点的父节点可以直接指向其右孩子节点。

  ○ 此时第 1 个和第 2 个返回值分别为右孩子节点的散列值和右孩子节点本身。

  ○ 删除左孩子节点会影响某个中间节点的 key，此时第 3 个返回值为该中间节点的新的 key：右孩子节点的 key。

- 对于高度为 1 的中间节点，如果其右孩子节点被删除，则该中间节点的父节点可以直接指向其左孩子节点。

  ○ 此时第 1 个和第 2 个返回值分别为左孩子节点的散列值和左孩子节点本身。

  ○ 删除右孩子节点时，不会影响中间节点的 key，此时第 3 个返回值为 nil。

- 从左子树递归返回时，途经高度大于 1 的中间节点，该中间节点成为孤儿节点，并创建新的中间节点。

  ○ 用第 1 个和第 2 个返回值设置新的中间节点的左孩子节点的散列值和左孩子节点，并执行自平衡操作。

  ○ 再次递归返回的 4 个返回值分别为新节点的散列值、新节点本身、新的 key、目标叶子节点的 value。

- 从右子树递归返回时，途经高度大于 1 的中间节点，该中间节点成为孤儿节点，并创建新的中间节点。

  ○ 用第 1 个和第 2 个返回值设置新的中间节点的右孩子节点的散列值和右孩子节点，并执行自平衡操作。

  ○ 如果以该节点为树根的子树的最左侧节点被删除，则第 3 个返回值不为 nil，此时应更新该节点的 key。

  ○ 再次递归返回的 4 个返回值分别为新节点的散列值、新节点本身、nil、目标叶子节点的值。

根据上述描述，可以看到 recursiveRemove()方法的 4 个返回值为更新 IAVL+树提供了充分的信息。

6.3.3 证明机制

借助节点中保存的左、右孩子节点的散列值，可以对 IAVL+树中存储的键值对做存在性证和非存在性证明。IAVL+树中仅有叶子节点保存值，所以对于一个键值对的存在性证明就是从树根到相应叶子节点的路径。验证时只需要从叶子节点逐层计算散列值并将最终得到的散列值与已知的根节点的散列值进行比对：如果相等就证明该键值对在树中确实存在。

IAVL+树的叶子节点按照从左到右的顺序键逐渐增大，则键值对的非存在性证明可以通过如下思路来完成：在 IAVL+树上确定目标键对应的叶子节点区间，并证明这些叶子节点的键均不等于目标键。假设目标键为 4，但树中没有键为 4 的叶子节点，但是有键为 3 和 5 的叶子节点，则找到这两个叶子节点之后，通过证明这两个节点为相邻的叶子节点并且键都不等于 4，就可以证明树中不存在键为 4 的值。

IAVL+树用 RangeProof 结构体统一进行存在性证明与非存在性证明。

```
// iavl/proof_range.go 14-26
type RangeProof struct {
    LeftPath    PathToLeaf
```

```
InnerNodes  []PathToLeaf
Leaves      []ProofLeafNode
// 验证结果缓存
rootHash    []byte // 只有当 rootVerified 为 true 时该字段值才有效
rootVerified bool
treeEnd     bool // 只有当 rootVerified 为 true 时该字段值才有效
}
```

其中各个字段的含义如下。

- LeftPath：树根到区间最左侧叶子节点的路径（不含叶子节点）。

- InnerNodes：树根到区间其他叶子节点的路径（不含叶子节点）。

- Leaves：区间中包含的所有叶子节点。

- rootVerified：标记是否已经用合法的根节点散列值验证过该 RangeProof。

- rootHash：该 RangeProof 对应的根节点的散列值，只有 rootVerified 为 true 时才有意义。

- treeEnd：标记区间中的最右侧叶子节点是否为 IAVL+树的最右侧叶子节点，只有 rootVerified 为 true 时才有意义。

其中最后 3 个字段仅起辅助的作用，用来记录该 RangeProof 已经被合法的根节点散列值验证过，并记录相关信息，防止重复计算。

PathToLeaf 类型是 ProofInnerNode 类型的切片，表示从根节点到某个叶子节点的路径，不包括叶子节点本身。叶子节点的信息保存在 ProofLeafNode 结构体中，叶子节点的 height 和 size 字段都是固定值，因此无须包含在 ProofLeafNode 中，而该结构体中的 ValueHash 则表示叶子节点中存储的值的散列值。

```
// iavl/proof_path.go 52-52
type PathToLeaf []ProofInnerNode

// iavl/proof.go 27-33
type ProofInnerNode struct {
    Height  int8
    Size    int64
    Version int64
    Left    []byte  // 左孩子节点的散列值
    Right   []byte  // 右孩子节点的散列值
}

// iavl/proof.go 95-99
type ProofLeafNode struct {
    Key       cmn.HexBytes
    ValueHash cmn.HexBytes
    Version   int64
}
```

讨论 RangeProof 的构建之前，先讨论 PathToLeaf 的构建。

1. PathToLeaf 的构建

Node 的 PathToLeaf()方法根据给定的键（key），构建从根节点到键 key 所对应的叶子节点的路径，具体实现由 pathToLeaf()方法完成。值得提及的是，在构建路径时，如果一个中间节点的左孩子节点也是路径的一部分，则当前节点的左孩子节点的散列值被设置为 nil。类似地，如果其右孩子节点是路径的一部分，则当前节点的右孩子节点散列值被设置为 nil。这些值为 nil 的散列值，可以根据路径中的其他节点计算而来。

```
// iavl/proof.go 151-155
func (node *Node) PathToLeaf(t *ImmutableTree, key []byte) (PathToLeaf, *Node, error) {
    path := new(PathToLeaf)
    val, err := node.pathToLeaf(t, key, path)
    return *path, val, err
}
```

```
// iavl/proof.go 160-192
func (node *Node) pathToLeaf(t *ImmutableTree, key []byte, path *PathToLeaf) (*Node,
error) {
    if node.height == 0 { // 到达叶子节点
        if bytes.Equal(node.key, key) {
            return node, nil
        }
        return node, errors.New("key does not exist")
    }

    // key < node.key, 进入左子树
    if bytes.Compare(key, node.key) < 0 {
        pin := ProofInnerNode{
            Height:  node.height,
            Size:    node.size,
            Version: node.version,
            Left:    nil, // 左孩子节点为空，可根据路径计算
            Right:   node.getRightNode(t).hash,
        }
        *path = append(*path, pin) // 先添加当前节点再进入左子树
        n, err := node.getLeftNode(t).pathToLeaf(t, key, path)
        return n, err
    } // key >= node.key, 进入右子树
    pin := ProofInnerNode{
        Height:  node.height,
        Size:    node.size,
        Version: node.version,
        Left:    node.getLeftNode(t).hash,
        Right:   nil, // 右孩子节点为空，可根据路径计算
    }
    *path = append(*path, pin) // 先添加当前节点再进入右子树
```

```
        n, err := node.getRightNode(t).pathToLeaf(t, key, path)
    return n, err
}
```

当树中存在相应的节点时，PathToLeaf()方法返回的 PathToLeaf 的第一个元素为根节点，最后一个元素则为目标叶子节点的父节点。图 6-6 展示了一个含有 8 个节点的 IAVL+树，其中大写字母用来指代具体的节点，而每个节点中的数字表示该节点的键，分别用 key=2 和 key=2.5 调用 PathToLeaf()方法：

- key=2 时，PathToLeaf()方法的返回值为{A, B, E}, J, nil；

- key=2.5 时，PathToLeaf()方法的返回值为{A, B, E}, J, err。

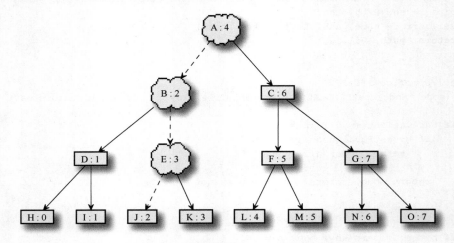

图 6-6　IAVL+树中的 Merkle 证明的路径

根据 PathToLeaf 以及叶子节点可以计算出根节点的散列值，随后用合法的根节点散列值验证该值就可以完成 Merkle 证明的验证。PathToLeaf 结构体的 verify()方法实现如下，其中输入参数为叶子节点的散列值 leafHash 和合法的根节点散列值 root。

```
// iavl/proof_path.go 80-90
func (pl PathToLeaf) verify(leafHash []byte, root []byte) error {
    hash := leafHash
    for i := len(pl) - 1; i >= 0; i-- {
        pin := pl[i]
        hash = pin.Hash(hash)
    }
    if !bytes.Equal(root, hash) {
    // 不相等意味着 Merkle 证明不合法
        return errors.Wrap(ErrInvalidProof, "")
    }
    return nil
}
```

2．RangeProof 的构建

基于 PathToLeaf()方法可以构建 RangeProof，主要逻辑实现在 ImmutableTree 的 getRangeProof()方法中。该方法的实现逻辑比较复杂，但是总的实现逻辑可以归纳如下。

（1）对输入参数做适当的检查并通过 hashWithCount()完成树中所有的散列值计算。

（2）通过 PathToLeaf()方法构建到达最左侧叶子节点的路径，并将其添加到 RangeProof 中。

（3）根据 limit 和 keyEnd 判断是否可以终止。

（4）利用 traverseInRange()进行区间遍历，遍历时将经过的其他中间节点和叶子节点添加到 RangeProof 中。

实现代码如下。

```go
// iavl/proof_range.go 314-449
func (t *ImmutableTree) getRangeProof(keyStart, keyEnd []byte, limit int) (proof *
RangeProof, keys, values [][]byte, err error) {
    // 省略部分参数检查
    t.root.hashWithCount() // 确保计算了所有的散列值

    // 首先获得第一个键值对证明
    path, left, err := t.root.PathToLeaf(t, keyStart)
    if err != nil { err = nil } // keyStart 不存在，可以提供非存在性证明
    startOK := keyStart == nil || bytes.Compare(keyStart, left.key) <= 0
    endOK := keyEnd == nil || bytes.Compare(left.key, keyEnd) < 0
    if startOK && endOK { // 找到的叶子节点在区间中，保存相应的值
        keys = append(keys, left.key) // == keyStart
        values = append(values, left.value)
    }
    // 保存找到的叶子节点的信息
    var leaves = []ProofLeafNode{
        {
            Key:       left.key,
            ValueHash: tmhash.Sum(left.value),
            Version:   left.version,
        },
    }

    _stop := false
    if limit == 1 {
        _stop = true //
    } else if keyEnd != nil && bytes.Compare(cpIncr(left.key), keyEnd) >= 0 {
        _stop = true
    }
    if _stop { // 可以终止，直接返回
        return &RangeProof{
            LeftPath: path,
```

```
            Leaves:    leaves,
    }, keys, values, nil
}

afterLeft := cpIncr(left.key) // 键递增 1，继续查找叶子节点

var innersq = []PathToLeaf(nil) // 保存后续叶子节点路径中新的中间节点
var inners = PathToLeaf(nil)
var leafCount = 1 // // 保存叶子节点的数目，已经保存了最左侧叶子节点
var pathCount = 0

t.root.traverseInRange(t, afterLeft, nil, true, false, 0, false,
    func(node *Node, depth uint8) (stop bool) {
        if pathCount != -1 { // 追踪何时偏离或者已经耗尽已有路径
            if len(path) <= pathCount { // 分支 1-1
                pathCount = -1
            } else { // 分支 1-2
                pn := path[pathCount]
                if pn.Height != node.height ||
                    pn.Left != nil && !bytes.Equal(pn.Left, node.leftHash) ||
                    pn.Right != nil && !bytes.Equal(pn.Right, node.rightHash) {
                    // 分支 1-2-1

                    // 开始偏离已有路径，需要将中间节点加到路径中
                    pathCount = -1
                } else { // 分支 1-2-2
                    pathCount++
                }
            }
        }

        if node.height == 0 { // 分支 2，遍历至新的叶子节点
            innersq = append(innersq, inners) // 保存路径中新增的中间节点，可能为空
            inners = PathToLeaf(nil)
            leaves = append(leaves, ProofLeafNode{ // 保存叶子节点信息
                Key:        node.key,
                ValueHash: tmhash.Sum(node.value),
                Version:   node.version,
            })
            leafCount++ // 更新叶子节点数目
            if limit > 0 && limit <= leafCount {
                return true // 找到足够多的叶子节点后终止
            }
            if keyEnd != nil && bytes.Compare(node.key, keyEnd) >= 0 {
                return true // 遍历至 keyEnd 或者已经超过 keyEnd 时终止
            }
            keys = append(keys, node.key) // 叶子节点在区间中，记录叶子节点信息
            values = append(values, node.value)
            if keyEnd != nil && bytes.Compare(cpIncr(node.key), keyEnd) >= 0 {
                return true // 当下一个节点的 key 已经是 keyEnd 或者超出 keyEnd 时终止
```

```
            }
        } else { // 分支 3, 遍历至中间节点
            if pathCount >= 0 { // 分支 3-1
                // 跳过已经处理过的中间节点
            } else { // 分支 3-2, 遍历至新的中间节点
                inners = append(inners, ProofInnerNode{
                    Height:  node.height,   // Left 字段为 nil
                    Size:    node.size,     // 因为按照从左到右的顺序构建叶子节点的路径
                    Version: node.version,  // 并且提前构建了最左侧叶子节点的路径
                    Left:    nil,           // 意味着后续叶子节点的中间路径的左孩子节点的散列值
                    Right:   node.rightHash,// 都可以根据已保存的中间节点和叶子节点
                                            //   进行计算
                })
            }
        }
    }
    return false
    },
)

return &RangeProof{
    LeftPath:   path,
    InnerNodes: innersq,
    Leaves:     leaves,
}, keys, values, nil
}
```

getRangeProof()实现中较难理解的是第 4 步的计算, 尤其是与 pathCount 相关的部分。为了方便阐述这部分的逻辑, 在代码注释中为不同的分支添加了不同的标记。执行到第 4 步时已经构建并保存了区间最左侧叶子节点的路径。第 4 步为了根据这一路径构建区间中其他叶子节点的路径, 并确保不会在 RangeProof 中重复存储相同的中间节点 (这是因为最左侧叶子节点的 PathToLeaf 和区间中其他叶子节点的 PathToLeaf 会共享从根节点开始的一个或者多个中间节点), 而这需要借助 traverseInRange() 的前序遍历。

以图 6-6 展示的 8 个叶子节点的 IAVL+树为例, 假设目标是构建键属于区间[2, 6]的叶子节点的 RangeProof, 其中所有目标叶子节点的 PathToLeaf 的路径上的所有中间节点用不同的图形表示。traverseInRange() 遍历到最左侧目标叶子节点 J 对应的路径为{A, B, E}, 而遍历到第 2 个叶子节点 K 经过的中间路径也为{A, B, E}。因此在 getRangeProof() 计算时, 会不断进入 "分支 1-2-2" 对 pathCount 进行累加, 每次累加之后会进入 "分支 3-1" 并且不做任何计算。当 pathCount 的值变为 3 后, traverseInRange() 访问的下一个节点是 K, 此时会进入 "分支 1-1" 并执行 pathCount=-1。一旦 pathCount 的值变为-1 之后, 该方法实现内部不会再更改该变量的值, 即 "分支 1" 不会再执行。

随后再访问叶子节点会进入 "分支 2", 保存节点 K 的信息以及该节点引入的新的中间节点。由于叶子节点 K 没有引入新的中间节点, 因此叶子节点在 RangeProof 中对应的

PathToLeaf 为 nil。接下来只会进入"分支 2"和"分支 3-2"，借助前序遍历，中间节点会加
入 PathToLeaf，而每碰到叶子节点就保存它以及对应的 PathToLeaf。以图 6-7 所示的 IAVL+
树为例，构建的 RangeProof 的最终值为 LeftPath = {A, B, E}, InnderNodes = {{}, {C, F}, {},
{G}}, Leaves = {J, K, L, M, N}。

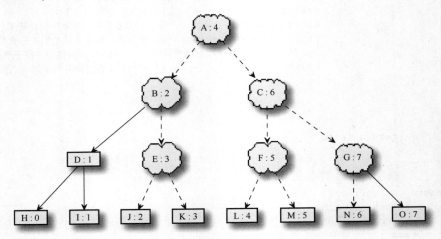

图 6-7　IAVL+树中的区间证明

ImmutableTree 的 GetWithProof()方法封装了 getRangeProof()方法，其输入为目标键 key，
当键在树中时返回对应的值 value，当键不在树中时返回 nil。两种情况下输入参数 start、end、
limit 的值分别为 key、key+1、2，返回的 proof 既可用于存在性证明也可用于非存在性证明。

```
// iavl/proof_range.go 455-464
func (t *ImmutableTree) GetWithProof(key []byte) (value []byte, proof *RangeProof,
err error) {
    proof, _, values, err := t.getRangeProof(key, cpIncr(key), 2)
    // 省略错误处理代码
    if len(values) > 0 && bytes.Equal(proof.Leaves[0].Key, key) {
        return values[0], proof, nil
    }
    return nil, proof, nil
}
```

3．Merkle 证明的验证

存在性/非存在性证明本质上都是 Merkle 证明，都需要根据 RangeProof 计算出相应的根
节点散列值，并与已知的合法根散列值进行比对。RangeProof 结构体的_computeRootHash()
方法可以计算出相应的根节点散列值，此处不具体介绍实现原理。computeRootHash()方法封
装了_computeRootHash()方法，并且在没有执行错误的情况下保存 rootHash 和 treeEnd。与合
法的根节点散列值的比对则由 verify()方法提供，Verify()方法进一步封装了 verify()方法。

```
// iavl/proof_range.go 211-218
func (proof *RangeProof) computeRootHash() (rootHash []byte, err error) {
    rootHash, treeEnd, err := proof._computeRootHash()
    if err == nil {
        proof.rootHash = rootHash
        proof.treeEnd = treeEnd
    }
    return rootHash, err
}
```

```
// iavl/proof_range.go 184-198
func (proof *RangeProof) verify(root []byte) (err error) {
    rootHash := proof.rootHash
    if rootHash == nil {
        derivedHash, err := proof.computeRootHash()
        // 省略错误处理代码
        rootHash = derivedHash
    }
    if !bytes.Equal(rootHash, root) {
        // 不相等意味着 Merkle 证明不合法
        return errors.Wrap(ErrInvalidRoot, "root hash doesn't match")
    }
    proof.rootVerified = true
    return nil
}
```

接下来讨论键值对的存在性证明和非存在性证明，两种证明分别在 RangeProof 的方法
VerifyItem()和 VerifyAbsence()中实现。VerifyItem()的参数为键和值，即 key 和 value，具体
实现逻辑参见代码中的注释：

```
// iavl/proof_range.go 95-114
func (proof *RangeProof) VerifyItem(key, value []byte) error {
    leaves := proof.Leaves
    // 省略错误处理代码
    if !proof.rootVerified { // 必须先用合法的根节点散列值校验
        return errors.New("must call Verify(root) first")
    }
    i := sort.Search(len(leaves), func(i int) bool { // 二分查找 key
        return bytes.Compare(key, leaves[i].Key) <= 0
    })
    if i >= len(leaves) || !bytes.Equal(leaves[i].Key, key) { // 未找到 key
        return errors.Wrap(ErrInvalidProof, "leaf key not found in proof")
    }
    valueHash := tmhash.Sum(value)
    if !bytes.Equal(leaves[i].ValueHash, valueHash) { // 比较 value 的散列值
        return errors.Wrap(ErrInvalidProof, "leaf value hash not same")
    }
    return nil
}
```

对比之下，验证非存在性证明的 VerifyAbsence() 方法的实现逻辑较为复杂。其主要逻辑可以归纳为：如果目标键小于树的最左侧叶子节点的键，或者大于树的最右侧叶子节点的键，又或者目标键位于 RangeProof 中两个相邻的叶子节点的键之间，则树中不存在目标键。

```go
// iavl/proof_range.go 119-173
func (proof *RangeProof) VerifyAbsence(key []byte) error {
    // 省略错误处理代码
    if !proof.rootVerified { // 必须已经用合法的根节点散列值验证过
        return errors.New("must call Verify(root) first")
    }
    cmp := bytes.Compare(key, proof.Leaves[0].Key) // 至少含有一个叶子节点
    if cmp < 0 { // 如果键小于最小的叶子节点的键
        // 且该节点为 IAVL+树中的最左侧叶子节点，则树中不存在 key
        if proof.LeftPath.isLeftmost() { return nil }
        return errors.New("absence not proved by left path")
    } else if cmp == 0 { // 如果相等，key 在树中
        return errors.New("absence disproved via first item #0")
    } // key > proof.Leaves[0].Key

    // 树中只有根节点时，PathToLeaf 为空
    if len(proof.LeftPath) == 0 { return nil }
    // key 大于树的最右侧叶子节点，则树中不存在键为 key 的叶子节点
    if proof.LeftPath.isRightmost() { return nil }

    // See if any of the leaves are greater than key.
    for i := 1; i < len(proof.Leaves); i++ {
        // 尝试找到第一个键大于 key 的叶子节点
        leaf := proof.Leaves[i]
        cmp := bytes.Compare(key, leaf.Key)
        switch {
        case cmp < 0: // key < leaf.key
            return nil
        case cmp == 0: // key == leaf.key, 键为 key 的叶子节点存在于树中
            return errors.New(fmt.Sprintf(
                "absence disproved via item #%v", i))
        default: // key > leaf.key
            // 省略部分注释
            continue
        }
    }
    // 执行到这里意味着 key 大于 RangeProof 中所有叶子节点的键
    // 如果最后一个叶子节点是树的最右侧叶子节点，则树中不存在 key
    if proof.treeEnd { return nil }

    if len(proof.Leaves) < 2 {
        return errors.New(
            "absence not proved by right leaf (need another leaf?)")
    }
    return errors.New("absence not proved by right leaf")
}
```

可以看到 VerifyItem() 和 VerifyAbsence() 实现内部都要求 RangeProof 结构体已经用合法的根节点散列值验证过。为了方便使用，cosmos/iavl 库中实现了 ValueOp 和 AbsenceOp 结构体，两个结构体均实现了 Tendermint Core 中定义的 ProofOperator 接口。Tendermint Core 用 RFC 6962 中定义的 Merkle 树来组织交易等信息，而 Cosmos-SDK 中各个模块的子存储空间则基于 IAVL+树来实现，并且遵循 RFC 6962 将多个 IAVL+树的根节点再组织成简单 Merkle 树。ProofOperator 接口为两种 Merkle 树提供了统一的证明接口。ProofOperator 接口中的 ProofOp 结构体包含 3 个字段，其中 Type 字段表示证明类型，key 字段表示目标键，而 Data 字段表示 Merkle 证明。

```
// tendermint/crypto/merkle/proof.go 19-22
type ProofOperator interface {
    Run([][]byte) ([][]byte, error)
    GetKey() []byte
    ProofOp() ProofOp
}


// tendermint/crypto/merkle/merkle.pb.go 30-37
type ProofOp struct {
    Type                    string
    Key                     []byte
    Data                    []byte
}

// iavl/proof_iavl_value.go 18-26
type ValueOp struct {
    key []byte // 编码到 ProofOp.Key 中
    // 空树的证明是空值，空树的散列值也定义为空值 nil
    Proof *RangeProof // 编码到 ProofOp.Data 中
}

// iavl/proo_iavl_absense.go 17-25
type AbsenceOp struct {
    key []byte
    Proof *RangeProof
}
```

ValueOp 和 AbsenceOp 结构体的 Run() 方法实现中分别调用 VerifyItem() 和 VerifyAbsence() 方法验证存在性证明与非存在性证明。

4．Merkle 证明验证示例

基于前文的介绍，可以讨论在第 5 章中给出的 tm-kvstore 项目中的证明验证过程的具体实现，其中主要逻辑实现在下面展示的 verify() 函数中，该函数接受 JSON 格式的 Merkle 证明，十六进制编码表示合法的根节点散列值以及键值对。JSON 格式的证明解码之后用于构造 merkleProof，并在随后通过 VerifyValue() 方法验证。

```go
// tm-kvstore/verify/main.go 29-45
func verify(proofJson, rootHex, key, value string) error {
    merkleProof := &merkle.Proof{Ops: make([]merkle.ProofOp, 1)}
    err := merkleProof.UnmarshalJSON([]byte(proofJson))
    // 省略错误处理代码
    rootBytes, err := hex.DecodeString(rootHex)
    // 省略错误处理代码
    prf := rootmulti.DefaultProofRuntime()
    return prf.VerifyValue(
        merkleProof, rootBytes, fmt.Sprintf("/%s", key), []byte(value))
}
```

VerifyValue()方法用于证明验证，该方法是结构体 ProofRuntime 的方法，该结构体还实现了 VerifyAbsence()方法。两个方法内部均通过另一个方法 Verify()完成具体的验证。ProofRuntime 的 Verify()方法内部调用 ProofOperators 结构体的 Verify()方法，而该方法内部会调用相应 ProofOperator 的 Run()方法。如前文所述，对于 IAVL+树来说，Run()方法内部会调用 VerifyItem()或者 VerifyAbsence()方法来完成最终的 Merkle 证明验证。

```go
// tendermint/crypto/merkle/proof.go 72-76
type OpDecoder func(ProofOp) (ProofOperator, error)

type ProofRuntime struct {
    decoders map[string]OpDecoder
}
```

```go
// tendermint/crypto/merkle/proof.go 112-128
func (prt *ProofRuntime) VerifyValue(proof *Proof, root []byte, keypath string, value []byte) (err error) {
    return prt.Verify(proof, root, keypath, [][]byte{value})
}

func (prt *ProofRuntime) VerifyAbsence(proof *Proof, root []byte, keypath string) (err error) {
    return prt.Verify(proof, root, keypath, nil)
}

func (prt *ProofRuntime) Verify(proof *Proof, root []byte, keypath string, args [][]byte) (err error) {
    poz, err := prt.DecodeProof(proof)
    // 省略错误处理代码
    return poz.Verify(root, keypath, args)
}
```

```go
// tendermint/crypto/merkle/proof.go 31-31
type ProofOperators []ProofOperator
```

6.3.4　Cosmos-SDK 中的 IAVL+树

Cosmos-SDK 将 IAVL+树封装成 Store 结构体，其中 Tree 接口类型的 tree 字段可以用于对 IAVL+树进行实例化，而 PruningOptions 则用于设置 Cosmos-SDK 的剪枝选项。

```
// cosmos-sdk/store/iavl/store.go 33-36
type Store struct {
    tree     Tree
    pruning types.PruningOptions
}
```

Store 结构体的写操作，即将 IAVL+树持久化到磁盘的过程，是通过 ABCI 的 Commit() 方法触发的，Commit()方法会依次触发 Cosmos-SDK 中各个模块的 Store 的 Commit()方法，从而触发 IAVL+树的 SaveVersion()方法。完成 IAVL+树的持久化之后，会根据剪枝选项判断是否需要进行删除操作，并根据需要触发 IAVL+树的 DeleteVersion()方法，Store 的 Commit() 方法最终会返回 IAVL+树的版本号和根节点的散列值。

```
// cosmos-sdk/store/iavl/store.go 123-149
func (st *Store) Commit() types.CommitID {
    hash, version, err := st.tree.SaveVersion()
    // 省略错误处理代码
    // 保存了当前版本后，检查是否需要根据剪枝选项删除之前保存的版本
    if st.pruning.FlushVersion(version) {
        previous := version - st.pruning.KeepEvery // 剪枝操作相关的逻辑

        if previous != 0 && !st.pruning.SnapshotVersion(previous) {
            err := st.tree.DeleteVersion(previous) // 删除版本
            // 省略错误处理代码
        }
    }
    return types.CommitID{ Version: version, Hash: hash,}
}
```

上述过程中，涉及的 IAVL+树的 DeleteVersion()方法值得详细介绍。经过必要的参数检查之后会触发数据库的 DeleteVersion()方法，然后通过数据库的 Commit()方法将更新写入磁盘。数据库的 DeleteVersion()方法会首先删除特定版本的孤儿节点，然后删除整棵树。删除特定版本的孤儿节点时，只会删除那些不会再被引用的节点。根据孤儿节点存储的键格式 o | toVersion | fromVersion | node.hash，容易判断从下一个版本开始不再被引用的节点。

```
// iavl/mutable_tree.go 511-536
func (tree *MutableTree) DeleteVersion(version int64) error {
    // 省略错误处理代码
    if version == tree.version { // 不能删除最新版本
        return errors.Errorf("cannot delete latest saved version (%d)", version)
    }
```

```
        if _, ok := tree.versions[version]; !ok {
            return errors.Wrap(ErrVersionDoesNotExist, "")
        }

        err := tree.ndb.DeleteVersion(version, true)
        // 省略错误处理代码
        err = tree.ndb.Commit() // 持久化修改
        // 省略错误处理代码
        delete(tree.versions, version) // 从 IAVL+树中删除相应的版本

        return nil
    }


// iavl/nodedb.go 226-230
func (ndb *nodeDB) DeleteVersion(version int64, checkLatestVersion bool) error {
    ndb.mtx.Lock()
    defer ndb.mtx.Unlock()
    return ndb.deleteVersion(version, checkLatestVersion, false)
}


// iavl/nodedb.go 238-250
func (ndb *nodeDB) deleteVersion(version int64, checkLatestVersion, memOnly bool)
error {
    if ndb.versionReaders[version] > 0 {
        return errors.Errorf("unable to delete version %v, it has %v active readers",
            version, ndb.versionReaders[version])
    }

    err := ndb.deleteOrphans(version, memOnly)
    // 省略错误处理代码
    ndb.deleteRoot(version, checkLatestVersion, memOnly)
    return nil
}
```

6.3.5　Cosmos-SDK 中的剪枝选项

本小节讨论 Cosmos-SDK 中的剪枝选项 PruningOptions 结构体，该结构体包含如下两个字段。

- KeepEvery：指定除当前版本之外，保存多少个最近的历史版本。

- SnapshotEvery：在 KeepEvery 之外额外保存一些历史版本，并且每隔 SnapshotEvery 个版本保存一个快照。

Cosmos-SDK 预置了 3 种剪枝选项——PruneEverything、PruneNothing、PruneSyncable，具体含义参见代码中的注释。

```
// cosmos-sdk/store/types/pruning.go 31-34
type PruningOptions struct {
    KeepEvery       int64
    SnapshotEvery int64
}
```

```
// cosmos-sdk/store/types/pruning.go 3-25
var (
    // PruneEverything——只保存最新版本，所有历史版本都被删除
    PruneEverything = PruningOptions{
        KeepEvery:     1,
        SnapshotEvery: 0,
    }
    // PruneNothing——保存所有历史版本，不删除任何版本
    PruneNothing = PruningOptions{
        KeepEvery:     1,
        SnapshotEvery: 1,
    }
    // PruneSyncable——只保持最近的 100 个历史版本，并且每隔 10 000 个版本保存一次历史版本
    PruneSyncable = PruningOptions{
        KeepEvery:     100,
        SnapshotEvery: 10000,
    }
)
```

如果不特别指定剪枝选项，默认为 PruneSyncable，即默认保留最近 100 个历史版本，并每隔 10 000 个版本保存一次历史版本。

6.4　Cosmos-SDK 的存储器设计

对于基于 Cosmos-SDK 构建的上层应用来说，主要的存储类型是 multistore。multistore 可以根据应用需要派生任意个数的存储器，这种设计方式为 Cosmos-SDK 的模块化设计提供了支撑，每个模块都可以拥有并且独自管理自己的子存储空间（存储器辅助模块管理存储空间）。模块独有的子存储空间需通过特定的 StoreKey 来访问，其值由模块自身持有并且不对外暴露，以防止其他功能模块修改本模块的子存储空间。

Cosmos-SDK 全局采用了缓存包装（cache-wrapping）策略，要求所有的存储器都实现该策略。缓存包装策略的基本理念是创建关于一个存储器的轻快照（light snapshot），这个轻快照可以在不影响底层存储器状态的情况下被更新。这种设计在区块链项目中很常见，这是由区块链应用的属性决定的：交易触发的链上状态的转换可能成功，也可能不成功，区块链需要在不成功的时候快速回滚所有的更改操作。而基于轻快照，可以实现状态的快速回滚。

Cosmos-SDK 实现了多种类型的存储器以支持不同的存储需求，所有存储器的相关类型

如图 6-8 所示。核心类型 Store 为接口类型，其中包含 GetStoreType()方法以及 CacheWrapper 接口类型。CacheWrapper 接口类型是 CacheWrap 接口类型的简单包装，该接口类型中定义 了底层数据库的同步写方法 Write()。

```go
// cosmos-sdk/store/types/store.go 12-15
type Store interface { //nolint
    GetStoreType() StoreType
    CacheWrapper
}


// cosmos-sdk/store/types/store.go 221-238
type CacheWrap interface {
    // 底层数据库的同步写方法
    Write()

    CacheWrap() CacheWrap
    CacheWrapWithTrace(w io.Writer, tc TraceContext) CacheWrap
}

type CacheWrapper interface {
    CacheWrap() CacheWrap
    CacheWrapWithTrace(w io.Writer, tc TraceContext) CacheWrap
}
```

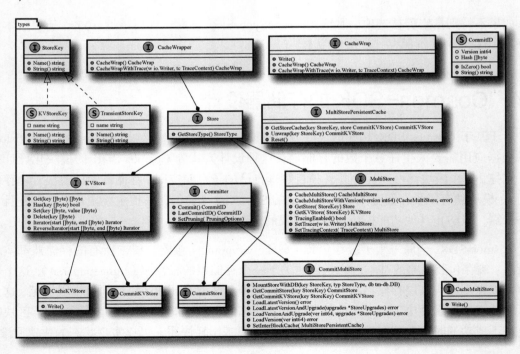

图 6-8　Cosmos-SDK 中所有存储器的相关类型

图 6-8 中另一个核心类型是 Commiter 接口类型，其中涉及的 CommitID 类型中包含两个字段：版本号 Version 和 Merkle 树根的散列值 Hash，该值会通过 ResponseCommit 返回给 Tendermint Core 的共识引擎并写入区块头中，参见 5.2 节。将持久化操作分离出来放在单独的接口中也是为了支持 Cosmos-SDK 的对象能力模型。基于 Cosmos-SDK 构建的应用，只有最上层应用程序才应该具备更新并持久化底层数据库的能力。例如应用模板 BaseApp 在提交状态时会调用 cms.Commit()将缓存的状态变更持久化到磁盘中。

```go
// cosmos-sdk/baseapp/abci.go 228-268
func (app *BaseApp) Commit() (res abci.ResponseCommit) {
    header := app.deliverState.ctx.BlockHeader()

    // 将 deliverState 中的状态缓存写回 cms，并持久化 cms 的状态
    app.deliverState.ms.Write()
    commitID := app.cms.Commit()

    // 重置 checkState 和 deliverState 状态
    app.setCheckState(header)
    app.deliverState = nil
    // 省略无关代码
    return abci.ResponseCommit{ Data: commitID.Hash, }
}
```

Cosmos-SDK 中的各个模块在读写本模块的子存储空间之前，首先需要通过本模块的 key 以及 ctx.KVStore()方法获取自己的子存储空间，随后便可以通过 Get()和 Set()方法读写自己的子存储空间。参见 Cosmos-SDK 中的 auth 模块的 AccountKeeper 的 GetAccount()和 SetAccount()方法的实现。

```go
// cosmos-sdk/x/auth/keeper/account.go 28-36
func (ak AccountKeeper) GetAccount(ctx sdk.Context, addr sdk.AccAddress) exported.Account {
    store := ctx.KVStore(ak.key)
    bz := store.Get(types.AddressStoreKey(addr))
    if bz == nil { return nil }
    acc := ak.decodeAccount(bz)
    return acc
}
```

```go
// cosmos-sdk/x/auth/keeper/keeper.go 49-57
func (ak AccountKeeper) SetAccount(ctx sdk.Context, acc exported.Account) {
    addr := acc.GetAddress()
    store := ctx.KVStore(ak.key)
    bz, err := ak.cdc.MarshalBinaryBare(acc)
    if err != nil { panic(err) }
    store.Set(types.AddressStoreKey(addr), bz)
}
```

Cosmos-SDK 中每个模块的子存储空间是基于 IAVL+树实现的，即每个模块维护自己的

IAVL+树，所有模块的 IAVL+树根又作为简单 Merkle 树的叶子节点，按照 RFC 6962 中的规范组成一棵简单 Merkle 树，简单 Merkle 树根的散列值就是区块头中包含的 AppHash，如图 6-9 所示。

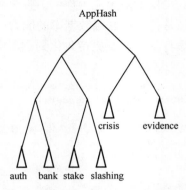

图 6-9　Cosmos-SDK 中的存储设计

6.4.1　多重存储器 MultiStore

每个基于 Cosmos-SDK 构建的应用程序都需要维持多个基于 IAVL+树构建的子存储空间（后文用多重存储器来指代）。Cosmos-SDK 中用 MultiStore 接口定义了多重存储器应该支持的方法，而每个上层应用都通过持有一个 MultiStore 来管理应用状态。

```
// cosmos-sdk/store/types/store.go 83-112
type MultiStore interface { //nolint
    Store
    // MultiStore 的缓存包装
    CacheMultiStore() CacheMultiStore
    // 缓存包装底层的 MultiStore，并且内部的每个存储器加载指定的版本
    CacheMultiStoreWithVersion(version int64) (CacheMultiStore, error)
    // 获取子存储空间的方法，如果没有相应的子存储空间则崩溃
    GetStore(StoreKey) Store
    GetKVStore(StoreKey) KVStore
    // 返回 MultiStore 是否开启了追踪选项
    TracingEnabled() bool
    // 为 MultiStore 设置追踪器，返回带追踪器的 MultiStore
    SetTracer(w io.Writer) MultiStore
    // 设置追踪 MultiStore 的上下文，调用者有需要时可以更新该上下文
    SetTracingContext(TraceContext) MultiStore
}
```

rootmulti.Store 实现了 MultiStore 接口以及 Committer 接口，其中的多个存储器保存在 stores 字段中。借助 keysByName 和 storesParams 字段，rootmulti.Store 中的每个存储器都可以有自己的 StoreKey 和参数配置。

```
// cosmos-sdk/store/rootmulti/store.go 30-43
// Store 中包含多个 CommitKVStore
type Store struct {
    db             dbm.DB
    lastCommitInfo commitInfo
    pruningOpts     types.PruningOptions
    storesParams    map[types.StoreKey]storeParams
    stores          map[types.StoreKey]types.CommitKVStore
    keysByName      map[string]types.StoreKey
    lazyLoading     bool

    traceWriter   io.Writer
    traceContext  types.TraceContext

    interBlockCache types.MultiStorePersistentCache
}
```

Cosmos-SDK 中所有的存储器都需要实现缓存策略，MultiStore 的缓存策略由 cachemulti. Store 结构体实现。

```
// cosmos-sdk/store/cachemulti/store.go 21-28
type Store struct {
    db      types.CacheKVStore
    stores  map[types.StoreKey]types.CacheWrap
    keys    map[string]types.StoreKey

    traceWriter   io.Writer
    traceContext  types.TraceContext
}
```

利用函数 newCacheMultiStoreFromCMS() 可以根据 rootmulti.Store 创建 cachemulti.Store。
其中 NewFromKVStore() 根据输入参数依次初始化 cachemulti.Store 结构体的各个字段，并且
对所有的存储器设置缓存策略。

```
// Cosmos-SDK@v0.38.3 store/cachemulti/store.go 68-75
func newCacheMultiStoreFromCMS(cms Store) Store {
    stores := make(map[types.StoreKey]types.CacheWrapper)
    for k, v := range cms.stores {
        stores[k] = v
    }
    return NewFromKVStore(cms.db, stores, nil, cms.traceWriter, cms.traceContext)
}

// cosmos-sdk/store/cachemulti/store.go 35-56
func NewFromKVStore(
    store types.KVStore, stores map[types.StoreKey]types.CacheWrapper,
    keys map[string]types.StoreKey, traceWriter io.Writer, traceContext types.
TraceContext,
    ) Store {
```

```
    cms := Store{
        db:           cachekv.NewStore(store),
        stores:       make(map[types.StoreKey]types.CacheWrap, len(stores)),
        keys:         keys,
        traceWriter:  traceWriter,
        traceContext: traceContext,
    }

    for key, store := range stores {
        if cms.TracingEnabled() {
            cms.stores[key] = store.CacheWrapWithTrace(cms.traceWriter, cms.traceC
ontext)
        } else {
            cms.stores[key] = store.CacheWrap()
        }
    }
    return cms
}
```

cachemulti.Store 的 Write()方法会依次调用所有存储器的 Write()方法。对比 rootmulti.Store 的相应接口，可以看到 cachemulti.Store 不支持 Commit()方法。

```
// cosmos-sdk/store/cachemulti/store.go 111-116
func (cms Store) Write() {
    cms.db.Write()
    for _, store := range cms.stores {
        store.Write()
    }
}
```

6.4.2　键值对存储器 KVStore

键值对存储器 KVStore 用来存储并读写键值对，其缓存策略由 CacheKVStore 提供。 KVStore 也是接口类型，CommitKVStore 聚合了 KVStore 和 Commiter 接口。Cosmos-SDK 的 BaseApp 中的 CommitMultiStore 默认挂载的存储器都是 CommitKVStore。BaseApp 中默认使用基于 IAVL+树的 iavl.Store 实现 KVStore 以及 CommitKVStore 接口。

```
// cosmos-sdk/store/iavl/store.go 33-36
type Store struct {
    tree    Tree
    pruning types.PruningOptions
}
```

IAVL+树的构建方式支持遍历具有相同键格式的元素。以 auth 模块为例，该模块利用 IAVL+树的键格式可以遍历链上所有账户。iavl.Store 同时实现了 Committer 接口。

```
// cosmos-sdk/x/auth/keeper/keeper.go 68-80
func (ak AccountKeeper) IterateAccounts(ctx sdk.Context, cb func(account exported.
```

```
Account) (stop bool)) {
        store := ctx.KVStore(ak.key)
        iterator := sdk.KVStorePrefixIterator(store, types.AddressStoreKeyPrefix)

        defer iterator.Close()
        for ; iterator.Valid(); iterator.Next() {
            account := ak.decodeAccount(iterator.Value())

            if cb(account) { break }
        }
    }
```

缓存策略方面，KVStore 的缓存策略由 cachekv.Store 提供。cachekv.Store 利用映射表 map[string]*cValue 提供缓存策略，对应的存储器 KVStore 保存在 parent 字段中。

```
// cosmos-sdk/store/cachekv/cache.go 19-32
type cValue struct {
    value   []byte
    deleted bool
    dirty   bool
}

// 为底层的 types.KVStore 提供了一层内存缓存
type Store struct {
    mtx            sync.Mutex
    cache          map[string]*cValue
    unsortedCache  map[string]struct{}
    sortedCache    *list.List // 递增排序
    parent         types.KVStore
}
```

调用 cachekv.Store 的 Get()方法时，会首先尝试在缓存 cache 中获取目标值，失败的话则进一步访问底层的 KVStore。通过 cachekv.Store 的写入和删除操作，Set()和 Delete()仅通过 setCacheValue()方法对 cache 进行更新。

```
// cosmos-sdk/store/cachekv/cache.go 51-66
func (store *Store) Get(key []byte) (value []byte) {
    store.mtx.Lock()
    defer store.mtx.Unlock()

    types.AssertValidKey(key)

    cacheValue, ok := store.cache[string(key)]
    if !ok {
        value = store.parent.Get(key)
        store.setCacheValue(key, value, false, false)
    } else {
        value = cacheValue.value
    }
```

```
        return value
    }
```

将缓存中的内容推送到 parent 指向的 KVStore 中是通过 Write()方法完成的，其实现内部会根据缓存中数据的状态，调用 Delete()或者 Set()方法来完成缓存内容的推送。

```
// cosmos-sdk/store/cachekv/cache.go 96-129
func (store *Store) Write() {
    store.mtx.Lock()
    defer store.mtx.Unlock()

    keys := make([]string, 0, len(store.cache))
    for key, dbValue := range store.cache {
        if dbValue.dirty {
            keys = append(keys, key)
        }
    }

    sort.Strings(keys)

    for _, key := range keys {
        cacheValue := store.cache[key]
        switch {
        case cacheValue.deleted:
            store.parent.Delete([]byte(key))
        case cacheValue.value == nil:
        default:
            store.parent.Set([]byte(key), cacheValue.value)
        }
    }

    // 清空缓存
    store.cache = make(map[string]*cValue)
    store.unsortedCache = make(map[string]struct{})
    store.sortedCache = list.New()
}
```

值得提及的是，cachekv.Store 的 Write()方法并没有触发真正的数据库写操作，即 Delete()或者 Set()方法并没有触发数据库的持久化操作。以 store.parent.Set()方法为例，该方法调用了 KVStore 的 Set()方法；对于底层基于 IAVL+树的 KVStore 实现，该方法实际调用的是 iavl.Store 的 Set()方法，其中调用了 st.tree.Set()方法，即 MutableTree.Set()方法。

```
// Cosmos-SDK@v0.38.3 store/iavl/store.go 186-189
func (st *Store) Set(key, value []byte) {
    types.AssertValidValue(value)
    st.tree.Set(key, value)
}
```

```
// iavl/mutable_tree.go 116-120
func (tree *MutableTree) Set(key, value []byte) bool {
    orphaned, updated := tree.set(key, value)
    tree.addOrphans(orphaned)
    return updated
}
```

MutableTree.Set()方法会在其所维持的二叉平衡树内部进行状态的更新，例如根节点的更新、二叉树再平衡以及生成孤儿节点。该方法引发的所有副作用均发生在内存层面，并没有触发数据库的持久化写入操作。只有 Committer 接口的 Commit()方法才会触发底层数据库的更新，iavl.Store 的 Commit()方法实现中会调用 st.tree.SaveVersion()方法，该方法会将所有的更新持久化到底层数据库中。

6.4.3　存储器装饰器

cachekv.Store 可以看作 KVStore 的装饰器，其实现遵循装饰器设计模式。为了满足上层应用的需要，Cosmos-SDK 中提供了另外 3 个存储器装饰器，分别为 prefix.Store、gaskv.Store 以及 tracekv.Store。

prefix.Store 通过包装底层的 KVStore，在读写底层 KVStore 中的键值对时，会自动给键加上前缀。应用层可以利用该特性对所存储的内容进行分类，不同的类别使用不同的键前缀。该装饰器使得应用层可以通过 PrefixIterator 遍历某个类别（具有相同的前缀）下的所有键值对。Cosmos-SDK 的 PoS 实现依赖该装饰器提供的遍历能力，参见第 8 章。

区块链应用都需要某种方式来限制一笔交易消耗的计算资源，这就涉及对数据库的读写操作。gaskv.Store 通过包装底层的 KVStore 实现每一次对该 KVStore 的读写都可以自动"扣费"。gaskv.Store 结构体中的 gasConfig 字段（GasConfig 结构体类型）表示每种操作需要消耗的 Gas，而 GasMeter 接口类型的 gasMeter 字段则用来追踪消耗的 Gas 总量以及允许消耗的 Gas 最大值等。GasConfig 结构体为每种可能发生的数据库的读写、删除、遍历等操作都指定了 Gas 值，其中 KVGasConfig()函数返回的默认配置中，查询和删除操作都需要 1 000 Gas，而读写操作所需的 Gas 还与读写的具体字节数相关。

```
// cosmos-sdk/store/gaskv/store.go 11-17
type Store struct {
    gasMeter   types.GasMeter
    gasConfig  types.GasConfig // 每种操作对应的 Gas 消耗
    parent     types.KVStore
}

// cosmos-sdk/store/types/gas.go 142-163
type GasConfig struct {
    HasCost          Gas
```

```
        DeleteCost          Gas
        ReadCostFlat        Gas
        ReadCostPerByte     Gas
        WriteCostFlat       Gas
        WriteCostPerByte    Gas
        IterNextCostFlat    Gas
    }

    func KVGasConfig() GasConfig {
        return GasConfig{
            HasCost:            1000,
            DeleteCost:         1000,
            ReadCostFlat:       1000,
            ReadCostPerByte:    3,
            WriteCostFlat:      2000,
            WriteCostPerByte:   30,
            IterNextCostFlat:   30,
        }
    }
```

　　从 KVStore 中读取 100 个字节，需要消耗的 Gas 总量为 ReadCostFlat + ReadCostPerByte × 100 = 1 300。向 KVStore 中写入 100 个字节，需要消耗的 Gas 总量为 WriteCostFlat + WriteCostPerByte × 100 = 5 000。可以看到向 KVStore 中写入的代价远远大于从 KVStore 中读取的代价。从 gaskv.Store 的 Set()方法的实现中可以清晰地看到数据库写入时的 Gas 消耗过程。

```
// cosmos-sdk/store/gaskv/store.go 47-53
func (gs *Store) Set(key []byte, value []byte) {
    types.AssertValidValue(value)
    gs.gasMeter.ConsumeGas(
        gs.gasConfig.WriteCostFlat, types.GasWriteCostFlatDesc)
    gs.gasMeter.ConsumeGas(
        gs.gasConfig.WriteCostPerByte*types.Gas(len(value)),
        types.GasWritePerByteDesc)
    gs.parent.Set(key, value)
}


// cosmos-sdk/store/types/gas.go 79-91
func (g *basicGasMeter) ConsumeGas(amount Gas, descriptor string) {
    var overflow bool
    g.consumed, overflow = addUint64Overflow(g.consumed, amount)
    if overflow { panic(ErrorGasOverflow{descriptor}) }

    if g.consumed > g.limit { panic(ErrorOutOfGas{descriptor}) }
}
```

　　其中 gs.gasMeter.ConsumeGas()调用的是 basisGasMeter.ConsumeGas()方法。该方法会返回截至目前消耗的 Gas 总量，并判断该 Gas 总量是否超过了允许的最大值。Cosmos-SDK 中，默认所有的 KVStore 都被 gaskv.Store 包装过。在 Cosmos-SDK 中为了处理一个请求，首先需要构建处理请求所需要的上下文 Context，而 Context 中的一个成员是 MultiStore，从 MultiStore 中获取 KVStore 的操作由 Context 的 KVStore()方法提供，该方法返回的是经过 gaskv 包装过的 KVStore。

```
// cosmos-sdk/types/context.go 211-213
func (c Context) KVStore(key StoreKey) KVStore {
    return gaskv.NewStore(c.MultiStore().GetKVStore(key), c.GasMeter(), stypes.KVG
asConfig())
}
```

接口 MultiStore 中还有一个字段尚未讨论，那就是 TracingEnabled 字段。当 TracingEnabled 为 true 时，通过 MultiStore 的 GetKVStore()方法返回的是另一种被装饰过的存储器类型 tracekv.Store。

```
// cosmos-sdk/store/rootmulti/store.go 382-390
func (rs *Store) GetKVStore(key types.StoreKey) types.KVStore {
    store := rs.stores[key].(types.KVStore)

    if rs.TracingEnabled() {
        store = tracekv.NewStore(store, rs.traceWriter, rs.traceContext)
    }

    return store
}
```

此时，Context 的 KVStore()方法返回的是经过两次装饰的 KVStore，即底层的 KVStore 先经过 tracekv.Store 装饰，然后经过 gaskv.Store 装饰。tracekv.Store 的定义如下，除表示数据库的 parent 字段外，还有表示输出的 writer 字段，以及 TraceContext 类型的 context 字段。TraceContext 以映射表的形式提供额外的上下文信息。

```
// cosmos-sdk/store/tracekv/store.go 27-31
type Store struct {
    parent  types.KVStore
    writer  io.Writer
    context types.TraceContext
}

// cosmos-sdk/store/types/store.go 334-334
type TraceContext map[string]interface{}
```

当从 tracekv.Store 调用底层 KVStore 的方法时，tracekv.Store 自动向 writer 以 JSON 格式写入日志信息，日志信息包括操作的名字、操作相关的键值对以及来自 TraceContext 的 metadata 信息等。以 Set()方法为例，在调用底层 KVStore 的 Set()方法之前，先通过 writeOperation()方法进行日志记录。

```
// cosmos-sdk/store/tracekv/store.go 37-41
```

```go
type traceOperation struct {
    Operation operation
    Key       string
    Value     string
    Metadata  map[string]interface{}
}
```

```go
// cosmos-sdk/store/tracekv/store.go 62-65
func (tkv *Store) Set(key []byte, value []byte) {
    writeOperation(tkv.writer, writeOp, tkv.context, key, value)
    tkv.parent.Set(key, value)
}
```

```go
// cosmos-sdk/store/tracekv/store.go 177-198
func writeOperation(w io.Writer, op operation, tc types.TraceContext, key, value [
]byte) {
    traceOp := traceOperation{
        Operation: op,
        Key:       base64.StdEncoding.EncodeToString(key),
        Value:     base64.StdEncoding.EncodeToString(value),
    }

    if tc != nil { traceOp.Metadata = tc }

    raw, err := json.Marshal(traceOp)
    // 省略错误处理代码

    if _, err := w.Write(raw); err != nil {
        panic(fmt.Sprintf("failed to write trace operation: %v", err))
    }

    io.WriteString(w, "\n")
}
```

rootmulti.Store 中的 SetTracer()方法用于设置写日志信息的 writer，而 SetTracingContext()方法通过将传入的 TraceContext 合并到当前的 TraceContext 中更新上下文。在 Cosmos-SDK 的(*BaseApp).BeginBlock()方法的实现中，会先判断其持有的 MultiStore 中是否设置了 TracingEnabled。如果为 true，则调用 setTracingContext()方法，并在上下文中加入区块高度信息。

```go
// cosmos-sdk/store/rootmulti/store.go 262-272
func (rs *Store) SetTracingContext(tc types.TraceContext) types.MultiStore {
    if rs.traceContext != nil {
        for k, v := range tc {
            rs.traceContext[k] = v
        }
    } else {
        rs.traceContext = tc
    }
```

```
        return rs
    }


// cosmos-sdk/baseapp/abci.go 101-106
func (app *BaseApp) BeginBlock(req abci.RequestBeginBlock) (res abci.ResponseBegin
Block) {
    if app.cms.TracingEnabled() {
        app.cms.SetTracingContext(sdk.TraceContext(
            map[string]interface{}{"blockHeight": req.Header.Height},
        ))
    }
    // 省略无关代码
}
```

6.4.4　瞬时存储数据库

Cosmos-SDK 中的键值对存储器默认都基于 IAVL+树构建，而在此之外，Cosmos-SDK 还实现了另一种存储器 dbadapter.Store，该存储器直接包装了 dbm.DB 接口。所有 Store 接口的方法调用在 dbadapter.Store 中直接转换成对 DB 相应方法的调用，参见 Get()方法的实现。

```
// cosmos-sdk/store/dbadapter/store.go 14-26
type Store struct {
    dbm.DB
}

func (dsa Store) Get(key []byte) []byte {
    v, err := dsa.DB.Get(key)
    // 省略错误处理代码
    return v
}
```

dbadapter.Store 是为了实现瞬时存储器 transient.Store 准备的。transient.Store 利用 dbadapter.Store 将内存数据库 MemDB 包装成存储器（Store）形式的瞬时存储，相关的读取和修改操作只发生在内存当中。瞬时存储器的 Commit()并不会将数据持久化，而会重置存储器。

```
// cosmos-sdk/store/transient/store.go 15-22
type Store struct {
    dbadapter.Store
}

// Constructs new MemDB adapter
func NewStore() *Store {
    return &Store{Store: dbadapter.Store{DB: dbm.NewMemDB()}}
}

// cosmos-sdk/store/transient/store.go 26-29
func (ts *Store) Commit() (id types.CommitID) {
    ts.Store = dbadapter.Store{DB: dbm.NewMemDB()}
```

```
        return
    }
```

　　瞬时存储器适合处理只与一个区块相关联的信息，例如用于处理只在一个区块范围内有效的参数变更。Cosmos-SDK 中的 subspace 包用来处理各个应用模块的参数，包中的 Subspace 结构体的 transientStore() 方法会返回一个经过了两次装饰的 KVStore：首先通过 ctx.TransientStore() 获取 transient.Store 类型的存储器（构建 rootmulti.Store 时，可以通过 MountStoreWithDB() 方法将该存储器与相应的 StoreKey 进行关联），随后经过 gaskv.Store 装饰后，再经由 prefix.Store 装饰。

```
// cosmos-sdk/x/params/subspace/subspace.go 78-82
func (s Subspace) transientStore(ctx sdk.Context) sdk.KVStore {
    return prefix.NewStore(ctx.TransientStore(s.tkey), append(s.name, '/'))
}
```

```
// cosmos-sdk/types/context.go 216-218
func (c Context) TransientStore(key StoreKey) KVStore {
    return gaskv.NewStore(c.MultiStore().GetKVStore(key), c.GasMeter(), stypes.
TransientGasConfig())
}
```

6.5 小结

　　Cosmos-SDK 遵循的模块化设计理念，影响了项目本身的架构以及上层应用的构建方式。本章详细介绍了 Cosmos-SDK 为简化上层应用开发所引入的模块管理器以及应用模板 BaseApp。BaseApp 实现了 ABCI、状态管理、消息和请求的路由功能等。基于 BaseApp 构建的应用可以继承其所有相关功能，并可以按需定制。为了支持链上状态的可认证特性以及持久化，Cosmos-SDK 将 IAVL+树作为持久化的数据结构。本章详细介绍了 IAVL+树的设计理念和具体实现，并重点介绍了 IAVL+树所支持的键值对的存在性证明和非存在性证明。本章最后详细介绍了 Cosmos-SDK 中为了践行模块化设计所引入的多种类型的存储器以及装饰器。

第 **7** 章

Cosmos-SDK 的基本模块

Cosmos-SDK 提供了多个通用功能模块的实现，按照模块实现的功能大致可以将模块分为以下几类。

- 基础模块：auth、bank。
- 辅助模块：genutil、supply、crisis、params。
- 链上治理模块：gov、upgrade。
- PoS 模块：staking、slashing、evidence、mint、distribution。
- 跨链通信模块：ibc/core。

深入理解 Cosmos-SDK 各个模块的功能和内部实现原理，是基于这些模块构建应用专属区块链的前提，而对已有模块的理解也有助于构建兼容已有模块的新功能模块。本章介绍 Cosmos-SDK 中的基础模块、辅助模块以及链上治理模块，第 8 章介绍 PoS 模块，第 9 章介绍实现跨链通信的 ibc/core 模块。

7.1 账户与交易: auth 模块

auth 模块负责链上账户管理，支持账户的创建、更新、删除等操作。由于交易结构与账户结构密切相关，因此 auth 模块也定义了 Cosmos-SDK 中的标准交易。

7.1.1 账户管理

Account 接口类型是 auth 模块的核心数据类型。

```
// cosmos-sdk/x/auth/exported/exported.go 17-39
type Account interface {
    GetAddress() sdk.AccAddress        // 获取账户地址
```

```
    SetAddress(sdk.AccAddress) error      // 设置账户地址
    GetPubKey() crypto.PubKey             // 获取账户公钥
    SetPubKey(crypto.PubKey) error        // 设置账户公钥
    GetAccountNumber() uint64             // 获取账户号
    SetAccountNumber(uint64) error        // 设置账户号
    GetSequence() uint64                  // 获取账户序列号
    SetSequence(uint64) error             // 设置账户序列号
    GetCoins() sdk.Coins                  // 获取账户资产总量
    SetCoins(sdk.Coins) error             // 设置账户资产总量
    SpendableCoins(blockTime time.Time) sdk.Coins // 获取当前账户可用的资产总量
    String() string                       // 将账户结构以字符串的形式返回
}
```

BaseAccount 是基本的 Account 类型，结构体中包含地址 Address、资产 Coins、账户公钥 PubKey、账户号 AccountNumber、序列号 Sequence。

```
// cosmos-sdk/x/auth/types/account.go 26-32
type BaseAccount struct {
    Address        sdk.AccAddress
    Coins          sdk.Coins
    PubKey         crypto.PubKey
    AccountNumber  uint64
    Sequence       uint64
}
```

其中，Coins 是数组类型，因此 auth 模块原生支持多种链上资产。Cosmos-SDK 的账户模型要求每个账户用序列号追踪从本账户发起的交易个数，以杜绝重放攻击。

在 BaseAccount 之外，auth 模块还引入了一种特殊的账户类型 VestingAccount，该类型的账户只能在创世区块中使用，用来实现链上资产的锁定和按需解锁。VestingAccount 中的链上资产分为两部分：尚未解锁的和已经解锁的。尚未解锁的链上资产不能用于转账操作，但可以用于 PoS 机制中的抵押操作。已经解锁的资产可自由流通。Cosmos-SDK v0.38.4 版本实现了 3 种具有不同解锁策略的 VestingAccount。

- ContinuousVestingAccount：连续性解锁，即账户中锁定的链上资产随着时间线性解锁。

- DelayedVestingAccount：离散型解锁，即在预设的某个时间点之后，账户中的链上资产一次性解锁。

- PeriodicVestingAccount：将解锁周期分为若干段，在每一段内按离散型的方式解锁若干数量的链上资产。

VestingAccount 账户中可以自由流通的资产是随着时间动态变化的，需要在花费时实时计算。

AccountKeeper 用来读写账户状态，拥有 AccountKeeper 的模块也就被赋予了修改账户状态的能力。第 6 章讲到 BaseApp 中的 CommitMultiStore 存储了从各个模块的 StoreKey 到相应存储空间的映射。AccountKeeper 内部包含这样一个 StoreKey 类型的值。读写 auth 内部的模块状态时，需要根据 AccountKeeper 中的 StoreKey 从 CommitMultiStore 中获取 auth 模块的存储空间。

7.1.2　标准交易

在账户之外，auth 模块还定义了标准交易类型 StdTx。StdTx 代表的一笔交易可以包含多个消息 sdk.Msg，每个消息对应一个链上操作，如一笔转账、一次抵押操作等。所有的消息存储在 Msgs 字段中，而每个消息都需要有签名授权，签名保存在 Signatures 字段中。

```
// cosmos-sdk/x/auth/types/stdtx.go 25-30
type StdTx struct {
    Msgs       []sdk.Msg
    Fee        StdFee
    Signatures []StdSignature
    Memo       string
}

// cosmos-sdk/x/auth/types/stdtx.go 171-174
type StdFee struct {
    Amount sdk.Coins
    Gas    uint64
}
```

Cosmos-SDK 支持多种签名类型，参见 2.2 节，交易的签名采用的是定义在 secp256k1 椭圆曲线上的 ECDSA。一笔合法的交易要求其中所有的签名值都合法，并且交易的执行具有原子性：交易中任何一个消息执行失败，整笔交易就执行失败，交易中由其他消息改变的状态会被重置。Memo 字段可以记录一些附加信息，如交易备注等。

StdTx 实现了 Tx 类型的接口，通过 GetMsgs()方法可以获得交易中的消息切片 Msgs，通过 ValidateBasic()方法可以对交易做基本的有效性验证，如交易中包含的 Fee 值是否为负值、交易中的签名个数是否与签名者的个数相同等，该方法的有效性验证不依赖链上状态。

Cosmos-SDK 为消息定义了通用接口 sdk.Msg。

```
// cosmos-sdk/types/tx_msg.go 8-29
// 交易所包含的 Msg 接口定义
type Msg interface {
    Route() string              // 消息所属的模块信息
    Type() string               // 消息
    ValidateBasic() error       // 不依赖于其他额外信息的消息有效性验证
    GetSignBytes() []byte        // 消息的唯一字节序列表示
    GetSigners() []AccAddress    // 消息的唯一签名者集合
}
```

sdk.Msg 包含以下方法。

- Route()方法返回消息所属的模块信息，用来将消息路由到相应模块。

- Type()方法返回表示消息的可读字符串。

- ValidateBasic()方法用来对消息进行基本的有效性检查。

- GetSignBytes()方法返回消息的唯一字节序列表示，用来生成待签名数据。

- GetSigners()方法返回需要对消息进行签名的地址。

为了防止重放攻击，生成待签名数据时需要包含链标识 ChainId、账户的 sequenceNumber 以及 accountNumber 字段。账户发起一笔交易后，sequenceNumber 会递增。

一笔交易的交易费等信息包含在 StdFee 结构体类型的 Fee 字段中，其中 Amount 字段表示交易发起者愿意为本次交易支付的手续费，Gas 字段则表示本次交易允许消耗的 Gas 上限。Amount/Gas 就得到了这笔交易的 GasPrice，GasPrice 可以看作每单位 Gas 的价值，更高的 GasPrice 有助于交易被区块链及时处理。交易费的收取由 auth 模块负责，一个问题便是收取的交易费由谁保管？Cosmos-SDK 为此引入了模块账户（module account）：每一个模块都可以定义一个或若干个模块账户来存储本模块中特定用途的链上资产。例如，auth 模块定义了 FeeCollector 模块账户，用来暂时存放交易的交易费。模块账户与普通账户的结构相同，但任何人都没有账户私钥，模块账户的概念在 7.5 节中详细介绍。

7.1.3　交易预检查

上层应用通过 CheckTx()方法或 DeliverTx()方法收到交易之后，将交易拆解成消息并路由到对应的模块之前会对交易进行预检查。目前的 Cosmos-SDK 实现中，该预检查操作定义在 auth 模块中，后续这部分操作可能会挪到专门的模块中。

预检查操作由函数类型 AnteHandler 表示，其输入参数为 Context 类型的上下文、Tx 类型的交易和 bool 类型的标记，具体实现则需要按照预定义的逻辑对交易进行检查和预处理。如果该操作能够执行成功，则返回预检查之后新的上下文，否则返回错误。

```
// cosmos-sdk/types/handler.go 8
// AnteHandler 用来在交易中的消息真正执行之前对交易进行有效性检查
type AnteHandler func(ctx Context, tx Tx, simulate bool) (newCtx Context, err error)

// cosmos-sdk/types/handler.go 11-13
type AnteDecorator interface {
    AnteHandle(ctx Context, tx Tx, simulate bool, next AnteHandler) (newCtx Context,
err error)
}
```

Cosmos-SDK 将执行不同检查的 AnteHandler 采用装饰器模式封装在不同的结构体中。每个结构体都实现了 AnteDecorator 接口,该接口只包含一个方法 AnteHandle()。该方法对交易执行检查后,会执行 next 表示的下一个 AnteHandler 函数,由此可以串联起所有的检查。

Cosmos-SDK 中提供了以下多种 AnteDecorator 接口的实现。

- ValidateBasicDecorator:对交易做基本的有效性检查。

    ○ 交易中的 Fee 字段非负、交易中的签名个数与签名者的个数相同等与链上状态无关的检查。

- ValidateMemoDecorator:检查交易的 Memo 长度是否超过允许的最大值。

- ConsumeTxSizeGasDecorator:按照交易和签名字节数来收取一定数量的 Gas。

- SetUpContextDecorator:用来设置上下文中的 Gas 计数器 GasMeter。

    ○ 确保在交易执行过程中 Gas 消耗不超过交易的 Gas 上限。

    ○ 处理之后的 AnteHandler 调用过程中可能发生的由于 Gas 不足引发的崩溃。

- SetPubKeyDecorator:用来设置账户的公钥,以便随后利用该公钥来验证签名。

- SigGasConsumeDecorator:根据签名类型再消耗一定的 Gas。

- SigVerificationDecorator:用来验证交易中的签名。

- IncrementSequenceDecorator:递增交易中涉及的账户序列号。

- ValidateSigCountDecorator:用来验证交易中的签名数是否超过了 TxSigLimit 值。

这些 AnteDecorator 接口实现共同组成了 Cosmos-SDK 的交易预检查。

```
// cosmos-sdk/x/auth/ante/ante.go 12-26
func NewAnteHandler(ak keeper.AccountKeeper, supplyKeeper types.SupplyKeeper, sig
GasConsumer SignatureVerificationGasConsumer) sdk.AnteHandler {
    return sdk.ChainAnteDecorators(
        NewSetUpContextDecorator(),
        NewMempoolFeeDecorator(),
        NewValidateBasicDecorator(),
        NewValidateMemoDecorator(ak),
        NewConsumeGasForTxSizeDecorator(ak),
        NewSetPubKeyDecorator(ak),
        NewValidateSigCountDecorator(ak),
        NewDeductFeeDecorator(ak, supplyKeeper),
        NewSigGasConsumeDecorator(ak, sigGasConsumer),
        NewSigVerificationDecorator(ak),
        NewIncrementSequenceDecorator(ak),
    )
}
```

需要注意的是，这些 AnteDecorator 接口实现的调用之间会有先后顺序要求。

- SetUpContextDecorator 用来设置 Gas 计数器，因此需要最先被调用。

- SetPubKeyDecorator 用来设置账户的公钥，因此必须在验证签名操作执行之前调用。

- IncrementSequenceDecorator 需要在所有的预检查逻辑都执行成功之后再调用。

7.2　链上资产转移: bank 模块

auth 模块定义了账户和交易，而交易中可以包含由各个模块定义的消息，其中基本的转账消息由 bank 模块定义。bank 模块定义了两种转账消息。

- MsgSend 的发送者和接收者都只能包含一个地址，但可以一次性转移多种类别的资产。

- MsgMultiSend 支持多输入、多输出的转账，即发送者和接收者都可以包含多个地址，只要发送和接收的资产的总量一致即可。

具体实现如下。

```
// cosmos-sdk/x/bank/internal/types/msgs.go 12-16
type MsgSend struct {
    FromAddress sdk.AccAddress
    ToAddress   sdk.AccAddress
    Amount      sdk.Coins
}

// cosmos-sdk/x/bank/internal/types/msgs.go 59-62
type MsgMultiSend struct {
    Inputs  []Input
    Outputs []Output
}

// cosmos-sdk/x/bank/internal/types/msgs.go 106-109
type Input struct {
    Address sdk.AccAddress
    Coins   sdk.Coins
}

// cosmos-sdk/x/bank/internal/types/msgs.go 134-137
type Output struct {
    Address sdk.AccAddress
    Coins   sdk.Coins
}
```

不同模块的处理逻辑都可能导致账户中链上资产的变动，为了支持这些处理逻辑的实现，bank 模块将资产的读写权限通过 bank.Keeper 暴露给其他模块。

bank 模块提供了 3 种 Keeper 供其他模块使用，这 3 种 Keeper 的能力依次增强，如图 7-1 所示。

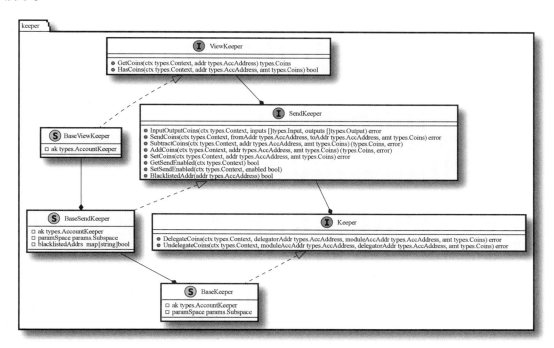

图 7-1　Cosmos-SDK 中 bank 模块的 3 种 Keeper

- ViewKeeper 拥有账户中资产的只读权限。

  ○ GetCoins()方法返回账户中的资产总量。

  ○ HasCoins()方法检查账户中是否包含足够的资产。

- SendKeeper 在 ViewKeeper 的基础上增加了资产转移的相关方法。

  ○ SendCoins()允许发送者向接收者转账。

  ○ AddCoins()和 SubtractCoins()用来增减账户中的资产。

  ○ InputOutputCoins()用来减少 inputs 字段表示的账户资产，增加 outputs 字段表示的账户资产。

  ○ SetCoins()可以直接设置某个地址的资产总量。

  ○ GetSendEnabled()和 SetSendEnabled()方法用来读写 bank 模块的参数 ParamStore-

KeySendEnabled，该参数标识了链的转账功能当前是否开启。Cosmos Hub 网络的第一阶段没有开启转账功能，在第二阶段才开启了转账功能，参见 1.2 节。

- Keeper 接口则在 SendKeeper 的基础上提供了资产抵押和取回的方法。

  ○ DelegateCoins()用来将账户中用作抵押的链上资产转移到 staking 的模块账户。

  ○ UndelegateCoins()用来取回抵押的链上资产。当账户为 VestingAccout 类型时，还需要对抵押的资产进行记录，以便计算在某个时间点账户中可以自由流通的链上资产总量。

针对上面 3 种 Keeper，bank 模块定义了 BaseViewKeeper、BaseSendKeeper 和 BaseKeeper 3 种类型，分别实现了上述的 Keeper。bank 模块 Keeper 的分级设计允许其他模块按照自己的需要依赖不同的 Keeper。

基于 Keeper 提供的功能，容易实现 bank 模块对两种转账消息的处理逻辑。唯一需要注意的是，虽然模块账户与普通账户没有本质区别，但是模块账户不能作为转账消息中的接收者。

7.3　创世交易：genutil 模块

genutil 模块管理链创世区块中交易的生成和执行。链初始化时可以在 genesis.json 文件中包含若干笔创建验证者的交易以创建验证者集合，从而驱动共识投票过程，否则链将在初始状态停滞不前。从 genesis.json 文件进行初始化时，会依次取出这些创世交易，并通过 DeliverTx()方法交给上层应用执行。上层应用会根据交易执行的结果来更新验证者集合，并将结果返回给共识协议层。

7.4　链上参数管理: params 模块

params 模块管理所有模块的参数，其 Subspace 结构体用来表示模块之间彼此隔离的参数存储空间。

```go
// cosmos-sdk/x/params/subspace/subspace.go 24-30
type Subspace struct {
    cdc   *codec.Codec
    key   sdk.StoreKey // []byte -> []byte, 存储参数
    tkey  sdk.StoreKey // []byte -> bool, 标记参数有变动
    name  []byte
    table KeyTable
}
```

params 模块的 Keeper 拥有所有参数存储空间的读写权。通常各个模块的 Keeper 只拥有本模块的 Subspace，但 gov 模块拥有 params.Keeper，可以读写所有的参数，以达到通过链上治理修改模块参数的效果，参见 7.7 节。

各个模块定义自己的参数时，需要将参数 key、value 以及参数的验证函数等注册到模块的 Subspace 中。模块可以单独定义并注册各个参数，也可以将所有参数定义收集到一个结构体中，并为该结构体实现 ParamSetPairs()方法，然后调用 RegisterParamSet()方法向 params模块中注册。这些注册好的参数会以 params.KeyTable（包含映射表）结构保存在每个模块的 Subspace 中。当需要进行修改时，params.Keeper 拿到各模块的 Subspace 中的 params.KeyTable，依此判断需要更新的参数类型与注册的参数类型是否一致。Cosmos-SDK 中各个模块的参数见附录 1。

7.5　链上资产总量追踪：supply 模块

supply 模块引入了模块账户，为每个模块都增加了一个或若干个模块账户 ModuleAccount。模块账户在 auth.BaseAccount 的基础上增加了两个字段：Name 和 Permissions。这些账户的地址并非从账户公钥计算而来，而是以模块名作为 SHA-256 的输入，并取 32 字节散列值的前 20 个字节作为地址，因此没有人能够计算出模块账户的私钥，从而保证没有任何人可以操作这些账户，而 Cosmos-SDK 可以借助模块账户实现收取交易费、增发或者"燃烧"链上资产等功能。

模块账户可以在初始化时被赋予一定的权限，具体如下。

- Basic 仅允许做基本转账。

- Minter 在基本转账之外，允许增发一定量的资产。

- Burner 在基本转账之外，允许"燃烧"一定量的资产。

- Staking 允许将该账户的资产进行抵押或抵押取回。

这些权限在模块账户被初始化时一同记录在 supply 模块的 Keeper 中。supply 模块还提供了一些基本的、可供其他模块调用的方法，用来进行模块账户的转账、抵押、增发、"燃烧"等操作。supply 模块内部维护了一个 Supply 结构体，用来记录链上资产总量。

```
// cosmos-sdk/x/supply/internal/types/supply.go 16-18
type Supply struct {
    Total sdk.Coins // 链上资产总量
}
```

在需要增发或者"燃烧"资产时，需要在拥有相应权限的模块账户上调用 supply 模块提供的增发、"燃烧"方法，这些方法会对 Supply 中的链上资产总量进行更新。例如，mint 模块需要增发一定数量的链上资产时，需要调用 supply 模块提供的 MintCoins()方法。

```go
// cosmos-sdk/x/supply/internal/keeper/bank.go 98-123
func (k Keeper) MintCoins(ctx sdk.Context, moduleName string, amt sdk.Coins) error {
    // 获取对应的模块账户
    acc := k.GetModuleAccount(ctx, moduleName)
    if acc == nil {
        panic(sdkerrors.Wrapf(sdkerrors.ErrUnknownAddress, "module account %s does not
exist", moduleName))
    }
    // 判断模块账户是否有增发权限
    if !acc.HasPermission(types.Minter) {
        panic(sdkerrors.Wrapf(sdkerrors.ErrUnauthorized, "module account %s does not
have permissions to mint tokens", moduleName))
    }
    // 增发特定数量的资产
    _, err := k.bk.AddCoins(ctx, acc.GetAddress(), amt)
    // 省略错误处理代码
    // 根据增发的资产数量来更新链上资产总量
    supply := k.GetSupply(ctx)
    supply = supply.Inflate(amt)
    k.SetSupply(ctx, supply)

    logger := k.Logger(ctx)
    logger.Info(fmt.Sprintf("minted %s from %s module account", amt.String(), module
Name))
    return nil
}
```

该方法会依次获得模块账户，判断该账户是否有增发权限，然后将增发的资产数量增加到模块账户中，并更新 Supply 结构体中记录的链上资产总量。链上资产的"燃烧"操作，也会更新 Supply 中记录的链上资产总量。有这些结构体和方法作为基础，supply 模块就可以方便地追踪链上资产总量。

7.6　链上状态一致性检查: crisis 模块

区块链应用提供的十分重要的保证是链上状态的一致性，为了支持链上状态一致性检查，Cosmos-SDK 允许各个模块定义本模块的不变量检查。所有模块需要将定义的不变量检查注册到 BaseApp 的 InvariantRegistry 接口类型变量中，crisis 模块的 Keeper 实现了该接口类型。

一旦有任何不变量被破坏，则代表整条链出现了严重的问题，需要人为干预并及时修复。crisis 模块用于管理所有模块的不变量检查，并在适当的时候执行这些检查。触发不变量检查的时机有两种。

- 全节点（full node）启动时通过设置 inv-check-period 选项，让链每隔一定的区块数便自发进行不变量检查。

- 通过发送包含 MsgVerifyInvariant 类型的消息的交易来触发不变量检查的执行。

MsgVerifyInvariant 类型由 crisis 模块定义，其中包含发送者的地址，需要执行不变量检查的模块名和不变量名。

```go
// cosmos-sdk/x/crisis/internal/types/msgs.go 8-12
type MsgVerifyInvariant struct {
    Sender               sdk.AccAddress // 发送者地址
    InvariantModuleName  string         // 执行不变量模块名检查
    InvariantRoute       string         // 执行不变量名检查
}
```

执行不变量检查（例如检查所有账户的余额非负）的交易比一般交易需要耗费更多的计算资源，因此，此类交易在执行时，会向发送者收取一笔额外的费用，该费用被定义为 crisis 模块的一个参数 ConstantFee。扣除交易费之后，crisis 模块会从注册过的不变量中查找并执行消息中指定的不变量检查，若检查失败，节点停止运行。

为了加深理解，简单介绍 bank 模块定义的非负不变量检查方法 NonnegativeBalance-Invariant()，该不变量检查方法会逐一检查系统中的所有账户，判断是否存在某个账户的某一资产数量为负的情况。如果存在，则代表非负不变量已被破坏。

```go
// cosmos-sdk/x/bank/internal/keeper/invariants.go 17-37
func NonnegativeBalanceInvariant(ak types.AccountKeeper) sdk.Invariant {
    return func(ctx sdk.Context) (string, bool) {
        var msg string
        var count int
        // 获取链上所有账户，并对账户进行遍历
        accts := ak.GetAllAccounts(ctx)
        for _, acc := range accts {
            // 检查账户中的各类资产是否有任意一种资产数量为负
            coins := acc.GetCoins()
            if coins.IsAnyNegative() {
                count++
                msg += fmt.Sprintf("\t%s has a negative denomination of %s\n",
                    acc.GetAddress().String(),
                    coins.String())
            }
        }
        // 如果有任意一个账户存在资产数量为负，则代表当前不变量被破坏
        broken := count != 0
        // 返回检查结果
        return sdk.FormatInvariant(types.ModuleName, "nonnegative-outstanding",
```

```
         fmt.Sprintf("amount of negative accounts found %d\n%s", count, msg)), broken
    }
}
```

Cosmos-SDK 中各个模块定义的所有不变量检查参见附录 3。

7.7　链上治理：gov 模块

与传统软件系统一样，区块链应用也需要不断升级。与传统软件系统不同的是，区块链应用的升级需要在全网就升级内容达成社区共识，而社区共识通常很难达成，这一点从比特币网络扩容方案引发的广泛争议可见一二。

为了应对达成社区共识的挑战，Cosmos-SDK 的 gov 模块实现了新的链上治理模型，任何人都可以通过发起链上提案来修改某个参数或者对代码进行升级。链上资产持有人可以通过对提案投票的方式来表达对提案的支持或者反对，其中每个单位的链上资产的投票权重相同。值得提及的是，在 gov 模块的实现中，只有通过抵押参与了共识投票的链上资产所代表的投票才算是有效投票。这种链上治理模型模拟了现实生活中的投票选举过程，由于链上治理关乎所有链上资产持有人的切身利益，因此可以预期链上资产持有人作为一个整体会做出明智的选择，共同维系社区发展。当有足够多的投票支持提案时，提案生效。

7.7.1　提案创建与投票

任何人都可以通过 MsgSubmitProposal 结构体类型的消息发起链上提案。

```
// cosmos-sdk/x/gov/types/msgs.go 21-25
type MsgSubmitProposal struct {
  Content        Content        // 提案内容
  InitialDeposit sdk.Coins      // 初始抵押资金
  Proposer       sdk.AccAddress // 提案者
}
```

为了防止发起垃圾提案，要求每个提案者为其发起的提案抵押一定的链上资产作为初始抵押资金。MsgSubmitProposal 结构体中的 Proposer 字段代表提案者，InitialDeposit 字段则代表该提案者为该提案存入的初始抵押资金，gov 模块要求初始抵押资金不为零，具体的提案内容保存在字段 Content 中，Content 是接口类型，后文再做介绍。

如果提案者的初始抵押资金不满足最小抵押要求，链上资产持有人可以通过发送 MsgDeposit 结构体类型的消息为自己支持的提案追加抵押资金。

```
// cosmos-sdk/x/gov/types/msgs.go 79-83
type MsgDeposit struct {
```

```
      ProposalID uint64           // 提案标识
      Depositor  sdk.AccAddress // 存款人
      Amount     sdk.Coins       // 存款金额
  }
```

最小抵押资金数额由模块参数 MinDeposit 指定。为了防止一个提案长期处于无法投票的状态，gov 模块通过参数 MaxDepositPeriod 指定了可以追加抵押资金的时间段。超时之后，如果提案的抵押资金仍然没有达到最小抵押要求，则关闭提案并且"燃烧"相应的抵押资金。提案的抵押资金保存在 gov 模块的模块账户中。

当前版本的 Cosmos-SDK 实现了多种提案类型，它们均实现了 Content 接口。

```
// cosmos-sdk/x/gov/types/content.go 20-27
type Content interface {
    GetTitle() string          // 返回提案标题
    GetDescription() string    // 返回提案描述
    ProposalRoute() string     // 返回提案的路由索引
    ProposalType() string      // 返回提案类型
    ValidateBasic() error      // 基本的合法性判断
    String() string            // 返回提案的完整信息
}
```

（1）纯文本提案：该提案仅包含标题和描述，实现在 gov 模块中，TextProposal 结构体仅包含标题和描述字段。提案生效后并不会对链上的任何行为产生影响，只用来征集社区意见。

```
// cosmos-sdk/x/gov/types/proposal.go 210-213
type TextProposal struct {
  Title       string
  Description string
}
```

纯文本提案的示例参见 Cosmos Hub 网络的第 12 号提案。

（2）参数修改提案：该提案的具体实现在 params 模块中，结构体 ParameterChangeProposal 中除标题和描述字段之外，还包含要修改的参数信息。ParamChange 切片类型的 Changes 记录本次提案要修改的参数。

```
// cosmos-sdk/x/params/types/proposal.go 25-29
type ParameterChangeProposal struct {
  Title       string
  Description string
  Changes     []ParamChange  // 要修改的参数
}
```

```
// cosmos-sdk/x/params/types/proposal.go 79-83
type ParamChange struct {
  Subspace string
  Key      string
```

```
    Value      string
}
```

参数修改提案的示例参见 Cosmos Hub 网络的第 30 号提案。

（3）社区储备资金花费提案：部分区块奖励会作为社区储备资金，用于支持社区建设。社区储备资金花费提案提议将部分社区储备资金转到特定的地址，以奖励相应实体为社区建设所做的努力或者支持相应实体的社区建设。该提案由 distribution 模块实现。结构体 CommunityPoolSpendProposal 中除两个基本字段之外，还包含资金接收地址 Recipient 字段以及资金数量 Amount 字段。

```
// cosmos-sdk/x/distribution/types/proposal.go 25-30
type CommunityPoolSpendProposal struct {
    Title       string
    Description string
    Recipient   sdk.AccAddress
    Amount      sdk.Coins
}
```

社区储备资金花费提案的示例参见 Cosmos Hub 网络的第 25 号提案。

（4）软件升级提案与取消软件升级提案：这两个提案由 upgrade 模块实现。SoftwareUpgradeProposal 结构体中除两个基本字段之外，还包含升级计划字段 Plan，7.8 节将具体介绍 Plan。CancelSoftwareUpgradeProposal 结构体中仅包含两个基本字段，用于发起取消下一次软件升级的提案。

```
// cosmos-sdk/x/upgrade/internal/types/proposal.go 15-19
type SoftwareUpgradeProposal struct {
  Title       string
  Description string
  Plan        Plan
}
```

```
// cosmos-sdk/x/upgrade/internal/types/proposal.go 55-58
type CancelSoftwareUpgradeProposal struct {
  Title       string `json:"title" yaml:"title"`
  Description string `json:"description" yaml:"description"`
}
```

upgrade 模块是 Cosmos-SDK 较新版本提供的新模块，目前已被"星际之门"升级计划正式激活。

在 gov 模块的当前实现中，所有人都可以创建提案并给提案追加抵押资金，但是只有通过 staking 模块参与了共识投票过程的链上资产才有资格对提案进行投票。

当提案的抵押资金数量满足最小抵押要求时，对应提案进入投票阶段。此时链上资产持有人可以通过 MsgVote 结构体类型的消息对提案进行投票。

```
// cosmos-sdk/x/gov/types/msgs.go 132-136
type MsgVote struct {
    ProposalID uint64          // 提案标识
    Voter      sdk.AccAddress  // 投票人
    Option     VoteOption      // 投票内容
}
```

```
// cosmos-sdk/x/gov/types/vote.go 53-62
type VoteOption byte
const (
    OptionEmpty      VoteOption = 0x00
    OptionYes        VoteOption = 0x01 // 赞同
    OptionAbstain    VoteOption = 0x02 // 弃权
    OptionNo         VoteOption = 0x03 // 反对
    OptionNoWithVeto VoteOption = 0x04 // 强烈反对
)
```

MsgVote 结构体中的 Option 字段表示投票人对该提案的态度，投票人可以赞同、弃权、反对以及强烈反对一个提案。其中弃权意味着投票人对提案保持沉默，但是接受提案的最终投票结果。gov 模块通过参数 VotingPeriod 设定了投票周期时长，Cosmos Hub 网络的投票周期设定为两周。

Cosmos-SDK 的 staking 模块中允许用户将自己的链上资产委托给某个验证者，让验证者代理用户的链上资产参与共识投票，这时该用户就成为该验证者的委托人。验证者也可以代理委托人进行提案投票。如果委托人不认可验证者的投票决定也可以自己重新进行投票。投票周期结束之后统计投票信息，提案投票信息的统计以及根据投票结果处理抵押资金的具体逻辑后文会进行介绍。

7.7.2　提案的链上存储

MsgSubmitProposal 结构体可用于在链上创建相应的提案，gov 模块用结构体 Proposal 存储提案的具体信息。

```
// cosmos-sdk/x/gov/types/proposal.go 18-31
type Proposal struct {
  Content // 提案内容

  ProposalID      uint64          // 提案标识
  Status          ProposalStatus  // 提案状态
  FinalTallyResult TallyResult    // 提案投票统计结果

  SubmitTime      time.Time       // 提案的创建时间
  DepositEndTime  time.Time       // 提案的抵押阶段结束时间
  TotalDeposit    sdk.Coins       // 提案总的抵押资金总额
```

```
    VotingStartTime time.Time        // 提案投票的开始时间
    VotingEndTime   time.Time        // 提案投票的结束时间
}
```

Proposal 结构体各字段的含义如下。

- Content 字段表示提案的具体内容，具体提案类型在 7.7.1 小节已有介绍。

- ProposalStatus 类型的 Status 字段表示提案的当前状态，共有 6 种可能的状态。

  ○ StatusNil：gov 模块没有使用该状态。

  ○ StatusDepositPeriod：可追加抵押资金的阶段。

  ○ StatusVotingPeriod：投票阶段。

  ○ StatusPassed：提案通过。

  ○ StatusRejected：提案被拒绝。

  ○ StatusFailed：提案失败。

- FinalTallyResult 字段表示投票结束之后的统计结果：
  TallyResult 结构体的 4 个字段 Yes、Abstain、No 和 NoWithVote 分别表示赞同、弃权、反对、强烈反对的票数。

- SubmitTime 和 DepositEndTime 字段分别对应提案的创建时间和抵押阶段的结束时间：
  DepositEndTime = SubmitTime + MaxDepositPeriod。

- TotalDeposit 字段记录该提案的抵押资金总额。

- VotingStartTime 和 VotingEndTime 分别表示提案的投票开始和结束时间：

  VotingEndTime = VotingStartTime + VotingPeriod。

为了便于提案的处理，gov 模块利用 IAVL+树可以遍历特定键区间的特性，构建 InactiveProposalQueue 队列存储处于抵押阶段的提案，键格式定义为 0x02 | DepositEndTime | ProposalID。根据这种键格式，gov 模块的 EndBlocker()可以根据当前时间删除所有抵押阶段已经结束但仍没有达到最小抵押要求的提案，并"燃烧"相应提案的抵押资金。

当提案的抵押资金满足最小抵押要求后，提案进入投票阶段，MsgDeposit 的主要处理逻辑在 AddDeposit()方法中。AddDeposit()方法中会检查相应提案是否仍处于抵押阶段，如果是则会将抵押资金转移到本模块的模块账户中，并更新相应提案的抵押资金总额。如果相应提案的抵押资金总额满足最小抵押要求，相应提案就进入投票阶段。具体操作是通过

activateVotingPeriod()方法完成的，该方法将提案从 InactiveProposalQueue 队列转移到 activateVotingPeriod 队列。activateVotingPeriod 队列记录所有处于投票阶段的提案，键格式为 0x01 | VotingEndTime | ProposalID，这种键格式设计也方便在 EndBlocker()中根据当前时间处理投票阶段已经结束的提案。

```
// cosmos-sdk/x/gov/keeper/deposit.go 97-144
func (keeper Keeper) AddDeposit(ctx sdk.Context, proposalID uint64, depositorAddr
sdk.AccAddress, depositAmount sdk.Coins) (bool, error) {
    proposal, ok := keeper.GetProposal(ctx, proposalID)
    // 省略错误处理代码

    // 检查提案是否仍处于抵押阶段
    if (proposal.Status != types.StatusDepositPeriod) && (proposal.Status != types
.StatusVotingPeriod) {
        return false, sdkerrors.Wrapf(types.ErrInactiveProposal, "%d", proposalID)
    }

    // 抵押资金转入 gov 模块的模块账户
    err := keeper.supplyKeeper.SendCoinsFromAccountToModule(ctx, depositorAddr, ty
pes.ModuleName, depositAmount)
    if err != nil { return false, err }

    // 更新提案的抵押资金
    proposal.TotalDeposit = proposal.TotalDeposit.Add(depositAmount...)
    keeper.SetProposal(ctx, proposal)

    // 检查相应提案抵押资金是否满足最小抵押要求，如果是，就进入投票阶段
    activatedVotingPeriod := false
    if proposal.Status == types.StatusDepositPeriod && proposal.TotalDeposit.IsAll
GTE(keeper.GetDepositParams(ctx).MinDeposit) {
        keeper.activateVotingPeriod(ctx, proposal)
        activatedVotingPeriod = true
    }

    // 更新资金抵押方的相关信息
    deposit, found := keeper.GetDeposit(ctx, proposalID, depositorAddr)
    if found {
        deposit.Amount = deposit.Amount.Add(depositAmount...)
    } else {
        deposit = types.NewDeposit(proposalID, depositorAddr, depositAmount)
    }

    // 省略 EmitEvent 构造
    keeper.SetDeposit(ctx, deposit)
    return activatedVotingPeriod, nil
}
```

7.7.3 提案的链上处理

链上提案的主要处理逻辑的入口点是 gov 模块的 EndBlocker() 函数，该函数会根据当前时间处理抵押周期或者投票周期结束的提案。

- 处理抵押阶段结束的非活跃提案：活跃提案指处于投票阶段的提案。在 EndBlocker() 中，依照 InactiveProposalQueue 队列中键的设计规则，先遍历非活跃队列中的提案，找出根据当前区块时间已到期的非活跃提案，然后删除链上存储的该提案信息，将提案从队列中移除，同时"燃烧"提案的抵押资金，并删除相关的抵押信息。

- 处理投票阶段结束的活跃提案：对于已经到期的活跃提案，根据投票信息，统计提案的投票结果，并依据投票结果处理提案抵押资金。如果提案被强烈反对，则"燃烧"该提案的抵押资金，在其他情况下，原路返回提案的抵押资金给对应用户（即使提案未投票通过）。当提案投票通过时，使用相应的处理器执行该提案，依据执行结果，修改链上的提案状态，并将提案的投票结果持久化在链上，然后将提案从活跃队列中移除。

gov 模块利用 Tally() 方法根据投票结果判断提案的最终状态。值得指出的是，虽然所有人都可以发起对指定提案投票的交易，但只有验证者和委托人的投票才被视为有效投票并计入投票结果。验证者可以代理委托人进行投票，如果委托人不认可验证者的投票结果，也可以重新投票。在统计完投票信息之后，Tally() 方法按照以下顺序判断提案状态（见图 7-2）。

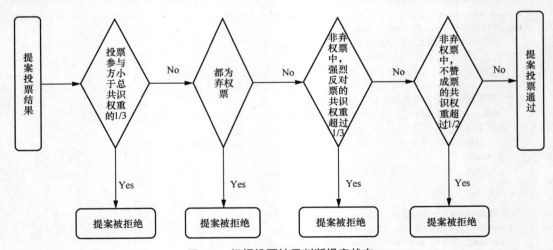

图 7-2　根据投票结果判断提案状态

（1）如果提案的所有投票参与方所占系统投票权重的比例小于总共识权重的 1/3，则提案被拒绝，原路退还所有抵押金额。

该比例由参数 Quorum 指定，Cosmos-SDK 代码中的默认值为 1/3。

（2）如果所有的参与方都投弃权票，则提案被拒绝，原路退还所有抵押资金。

（3）如果强烈反对票的权重占比大于有效投票的 1/3，则提案被拒绝，提案的所有押金被"燃烧"。

（4）如果赞同票的权重占比大于有效投票的 1/2，则提案通过，原路退还提案的所有抵押资金。

投票通过的提案，需要进一步在链上执行提案内容，而提案执行有可能失败，因此一个提案最终的状态会有以下 3 种。

- 拒绝（rejected）：提案投票未通过。

- 通过（passed）：提案投票通过，并且提案内容执行成功。

- 失败（failed）：提案投票通过，但是提案内容执行失败。

```
// cosmos-sdk/x/gov/abci.go 11-103
func EndBlocker(ctx sdk.Context, keeper Keeper) {
    logger := keeper.Logger(ctx)

    // 处理抵押阶段结束的非活跃提案
    keeper.IterateInactiveProposalsQueue(ctx, ctx.BlockHeader().Time, func(proposal
Proposal) bool {
        keeper.DeleteProposal(ctx, proposal.ProposalID)
        keeper.DeleteDeposits(ctx, proposal.ProposalID)
        // 省略 EmitEvent 构造以及日志记录操作
    return false
    })

    // 处理投票阶段结束的活跃提案
    keeper.IterateActiveProposalsQueue(ctx, ctx.BlockHeader().Time, func(proposal
Proposal) bool {
        var tagValue, logMsg string
        // 统计提案投票结果
        passes, burnDeposits, tallyResults := keeper.Tally(ctx, proposal)
        // 根据统计结果处理提案的抵押资金
        if burnDeposits {
            keeper.DeleteDeposits(ctx, proposal.ProposalID)
        } else {
            keeper.RefundDeposits(ctx, proposal.ProposalID)
        }

        if passes { // 具体执行通过的提案
            handler := keeper.Router().GetRoute(proposal.ProposalRoute())
            cacheCtx, writeCache := ctx.CacheContext()
```

```
            err := handler(cacheCtx, proposal.Content)
            if err == nil { // 提案执行成功
                proposal.Status = StatusPassed
                tagValue = types.AttributeValueProposalPassed
                logMsg = "passed"
                ctx.EventManager().EmitEvents(cacheCtx.EventManager().Events())

                writeCache()
            } else {   // 提案执行失败
                proposal.Status = StatusFailed
                tagValue = types.AttributeValueProposalFailed
                logMsg = fmt.Sprintf("passed, but failed on execution: %s", err)
            }
        } else { // 提案被拒绝
            proposal.Status = StatusRejected
            tagValue = types.AttributeValueProposalRejected
            logMsg = "rejected"
        }

        proposal.FinalTallyResult = tallyResults
        // 设置统计结果并从活跃队列中移除该提案
        keeper.SetProposal(ctx, proposal)
        keeper.RemoveFromActiveProposalQueue(ctx, proposal.ProposalID, proposal.
VotingEndTime)
        // 省略 EmitEvent 构造以及日志记录操作
        return false
    })
}
```

在具体执行提案时，需要找到提案的处理函数，而各个模块都可以定义新的提案类型。

● params 模块定义了参数修改提案 ParameterChangeProposal。

● distribution 模块定义了社区储备资金花费提案 CommunityPoolSpendProposal。

● upgrade 模块定义了软件升级提案 SoftwareUpgradeProposal 与取消软件升级提案 CancelSoftwareUpgradeProposal。

遵循模块化设计理念，各个模块独自管理自己的存储空间，因此各个提案的执行只能定义在相应模块内部。gov 模块管理所有提案的投票，并负责在适当的时机在 EndBlocker()中触发相应提案的处理函数。这就要求 gov 模块知道所有的提案类型以及相应的处理函数。gov 模块的 Keeper 结构体的 router 字段用来记录提案类型与处理函数的映射关系，即记录提案路由。

```
// cosmos-sdk/x/gov/keeper/keeper.go 16-34
type Keeper struct {
    paramSpace types.ParamSubspace // 获取和设置参数
    supplyKeeper types.SupplyKeeper// 支持模块账户
    sk types.StakingKeeper          // 获取验证者和委托人信息
```

```
    storeKey sdk.StoreKey            // 模块存储空间索引
    cdc *codec.Codec                 // 编解码
    router types.Router              // 提案路由
}
```

实现了特定提案的模块，可以在 gov 模块的 Keeper 的 router 字段注册提案以及相应的处理函数。以 Cosmos Hub 的 Gaia 客户端为例，通过 NewGaiaApp()创建应用实例时，在创建 gov 模块的 Keeper 之前，需要首先构建提案路由表。

```
// gaia/app/app.go 111-230
func NewGaiaApp(logger log.Logger, db dbm.DB, traceStore io.Writer, loadLatest bool,
    invCheckPeriod uint, baseAppOptions ...func(*bam.BaseApp)) *GaiaApp {
    // 省略部分代码
    govRouter := gov.NewRouter()
    govRouter.AddRoute(gov.RouterKey, gov.ProposalHandler).
        AddRoute(params.RouterKey, params.NewParamChangeProposalHandler(app.params
Keeper)).
        AddRoute(distr.RouterKey, distr.NewCommunityPoolSpendProposalHandler(app.
distrKeeper))
    app.govKeeper = gov.NewKeeper(
        app.cdc, keys[gov.StoreKey], app.paramsKeeper, govSubspace,
        app.supplyKeeper, &stakingKeeper, gov.DefaultCodespace, govRouter,
    )
    // 省略部分代码
}
```

基于该路由表，根据提案类型可以找到处理函数，处理函数为 Handler 函数类型。通过 Content 可以获取提案的具体内容，在适当的上下文 Context 中各个模块就可以通过处理函数完成提案处理。以 params 模块的 NewParamChangeProposalHandler()为例，该处理函数仅处理 ParameterChangeProposal 类型的提案。handleParameterChangeProposal()函数内部根据 ParameterChangeProposal 中的键值内容，依次更新相关参数。

```
// cosmos-sdk/types/handler.go 4
type Handler func(ctx Context, msg Msg) (*Result, error)

// cosmos-sdk/x/params/proposal_handler.go 12-41
func NewParamChangeProposalHandler(k Keeper) govtypes.Handler {
    return func(ctx sdk.Context, content govtypes.Content) error {
        switch c := content.(type) {
        case ParameterChangeProposal:
            return handleParameterChangeProposal(ctx, k, c)

        default:
            // 省略错误处理代码
        }
    }
}
```

```
func handleParameterChangeProposal(ctx sdk.Context, k Keeper, p ParameterChangePro
posal) error {
    for _, c := range p.Changes {
        ss, ok := k.GetSubspace(c.Subspace)
        // 省略错误处理代码
        if err := ss.Update(ctx, []byte(c.Key), []byte(c.Value)); err != nil {
        // 省略错误处理代码
        }
        return nil
}
```

7.8 节点升级：upgrade 模块

upgrade 模块负责区块链网络的升级，使得区块链网络的升级更加顺滑。之所以说使升级更加顺滑，是因为区块链网络升级通常涉及大量节点的相互配合，而升级通常发生在特定的区块高度，这就要求所有节点均能够在目标区块高度停止运行，而 Tendermint 共识协议能够达到的秒级出块速度，使得这一目标并不容易完成。

7.8.1 升级计划与升级提案

upgrade 模块不处理任何类型的消息，只定义了软件升级提案和取消软件升级提案相关的处理逻辑。具体的升级计划定义在 Plan 结构体中。

```
// x/upgrade/internal/types/plan.go 13-32
type Plan struct {
  Name string          // 升级的代号
  Time time.Time       // 指定的升级时间
  Height int64         // 指定的升级区块高度
  Info string          // 升级的元信息
}
```

其中，Name 字段表示这次升级的代号，Time 表示应当执行此次升级的时间，Height 表示执行此次升级的区块高度，Info 字段中包含此次升级的各种元信息。升级的时间节点可用真实的时间或者用区块高度来指定，但两者只能设置一个。

软件升级提案 SoftwareUpgradeProposal 中包含升级计划 Plan。当软件升级提案或取消软件升级提案经由 gov 模块管理的投票机制通过之后，gov 模块的 EndBlocker()方法会调用 upgrade 模块的 NewSoftwareUpgradeProposalHandler()方法，该方法会根据提案类型，调用相应的处理函数。

```
// cosmos-sdk/x/upgrade/handler.go 12-25
func NewSoftwareUpgradeProposalHandler(k Keeper) govtypes.Handler {
    return func(ctx sdk.Context, content govtypes.Content) error {
```

```
        switch c := content.(type) {
        case SoftwareUpgradeProposal:
            return handleSoftwareUpgradeProposal(ctx, k, c)

        case CancelSoftwareUpgradeProposal:
            return handleCancelSoftwareUpgradeProposal(ctx, k, c)

        default:
            return sdkerrors.Wrapf(/* 省略错误信息构造 */)
        }
    }
}
```

handleSoftwareUpgradeProposal()函数内部会调用 upgrade 模块的 Keeper.ScheduleUpgrade()
方法，而 handleCancelSoftwareUpgradeProposal()函数内部会调用 upgrade 模块的 Keeper.
ClearUpgradePlan()方法。ScheduleUpgrade()首先会检查升级计划的有效性，其主要逻辑是确
认当前时间和区块高度尚未到达升级的计划时间或者区块高度，并检查该升级计划尚未执
行，检查通过之后，会在链上存储升级计划。

```
// cosmos-sdk/x/upgrade/internal/keeper/keeper.go 43-65
func (k Keeper) ScheduleUpgrade(ctx sdk.Context, plan types.Plan) error {
    if err := plan.ValidateBasic(); err != nil { return err }

    if !plan.Time.IsZero() {
        if !plan.Time.After(ctx.BlockHeader().Time) {
            return sdkerrors.Wrap(/* 省略错误信息构造 */)
        }
    } else if plan.Height <= ctx.BlockHeight() {
        return sdkerrors.Wrap(/* 省略错误信息构造 */)
    }

    if k.GetDoneHeight(ctx, plan.Name) != 0 {
        return sdkerrors.Wrapf(/* 省略错误信息构造 */)
    }

    bz := k.cdc.MustMarshalBinaryBare(plan)
    store := ctx.KVStore(k.storeKey)
    store.Set(types.PlanKey(), bz)

    return nil
}
```

值得注意的是，链上存储升级计划时用的键是 types.PlanKey()，而这是一个常量。这意
味着，在任一时刻，链上都只存在一个升级计划。如果在某个时刻投票通过了一个新的软件
升级提案，这个新的软件升级提案的升级计划会直接覆盖链上此时已经存在的升级计划。因
此，CancelSoftwareUpgradeProposal 中不需要包含任何关于升级的内容。取消升级计划的处
理函数也很简单，直接删除链上存储的升级计划，参见 ClearUpgradePlan()方法的实现。

```
// cosmos-sdk/x/upgrade/internal/keeper/keeper.go 79-82
func (k Keeper) ClearUpgradePlan(ctx sdk.Context) {
    store := ctx.KVStore(k.storeKey)
    store.Delete(types.PlanKey())
}
```

7.8.2　执行升级计划

具体的升级操作在 upgrade 模块的 BeginBlocker() 方法中进行，为了理解其实现逻辑，首先需要了解 upgrade 模块的 Keeper 结构体。

```
// cosmos-sdk/x/upgrade/internal/keeper/keeper.go 16-21
type Keeper struct {
    skipUpgradeHeights map[int64]bool
    storeKey           sdk.StoreKey
    cdc                *codec.Codec
    upgradeHandlers    map[string]types.UpgradeHandler
}

// cosmos-sdk/x/upgrade/internal/types/handler.go 8
type UpgradeHandler func(ctx sdk.Context, plan Plan)
```

Keeper 结构体中除编解码 cdc 字段以及子存储空间索引 storeKey 之外，还包含两个映射表。

- skipUpgradeHeights：记录是否要在特定区块高度跳过升级计划。

- upgradeHandlers：记录升级计划名称和相应的处理函数之间的映射。

字段 skipUpgradeHeights 的存在比较奇怪，既然已经可以通过 CancelSoftwareUpgrade-Proposal 取消升级计划，为什么又需要该字段来指定在特定区块高度跳过升级计划？这是因为提案投票需要较长的时间，如果在升级激活的前一天突然发现新版本的软件存在问题，那么将没有足够的时间通过提案的方式取消升级计划。这时只能利用 skipUpgradeHeights 字段指示在特定的区块高度跳过升级计划来进行应急处理。

为了完成从版本 X 到版本 Y 的升级，节点运营者首先需要下载版本 Y 的可执行文件，可执行文件中包含对应升级计划的处理函数。upgrade 模块的 BeginBlocker() 负责判断是否到了升级时间。当到达需要升级的时间或者区块高度时，就触发软件升级。

```
// cosmos-sdk/x/upgrade/abci.go 19-57
func BeginBlocker(k Keeper, ctx sdk.Context, _ abci.RequestBeginBlock) {
    plan, found := k.GetUpgradePlan(ctx)
    if !found { return }

    // 判断是否应执行升级计划
    if plan.ShouldExecute(ctx) {
```

```
    // 如果已经指定在当前区块高度跳过升级计划，则删除升级计划
        if k.IsSkipHeight(ctx.BlockHeight()) {
            skipUpgradeMsg := fmt.Sprintf("UPGRADE \"%s\" SKIPPED at %d: %s", plan
.Name, plan.Height, plan.Info)
            ctx.Logger().Info(skipUpgradeMsg)

            k.ClearUpgradePlan(ctx)
            return
        }

        if !k.HasHandler(plan.Name) {
            upgradeMsg := fmt.Sprintf("UPGRADE \"%s\" NEEDED at %s: %s", plan.Name,
 plan.DueAt(), plan.Info)
        // 没有升级计划对应的处理函数意味着当前软件版本太旧了，应停止运行
            ctx.Logger().Error(upgradeMsg)
            panic(upgradeMsg)
        }
    // 有升级计划对应的处理函数，执行升级操作
        ctx.Logger().Info(fmt.Sprintf("applying upgrade \"%s\" at %s", plan.Name,
plan.DueAt()))
        ctx = ctx.WithBlockGasMeter(sdk.NewInfiniteGasMeter())
        k.ApplyUpgrade(ctx, plan)
        return
    }

    // 如果有处理函数，但是没到升级时间，意味着过早启动了新版本
    if k.HasHandler(plan.Name) {
        downgradeMsg := fmt.Sprintf("BINARY UPDATED BEFORE TRIGGER! UPGRADE \"%s\"
 - in binary but not executed on chain", plan.Name)
        ctx.Logger().Error(downgradeMsg)
        panic(downgradeMsg)
    }
}
```

一个 Plan 类型变量对应一次升级，一次升级对应一个软件版本。以从软件版本 X 升级到软件版本 Y 为例，可以在版本 X 运行时通过软件升级提案设置版本 Y 的升级计划，但是该计划在软件版本 X 中没有相应的处理函数，到了需要执行升级的时间节点旧版本 X 会停止运行。启动新版本 Y 后，由于新版本中存在相应的处理函数，因此可以完成升级操作。即如果设定在区块高度 10 000 处执行升级，则版本 X 在运行到 10 000 的区块高度时，会停止运行，此时应当启动新版本 Y，新版本 Y 从区块高度 10 000 开始执行，此时 upgrade 模块的 BeginBlocker() 会执行升级操作。但是如果过早启动了新版本 Y，例如在区块高度 9 990 就启动了新版本，BeginBlocker() 会停止新版本 Y 的运行。

通过 upgrade 模块的 BeginBlocker() 方法可以在适当的区块高度停止旧版本，并开始运行新版本，同时还可以防止新版本的过早启动。这样可以保证区块链网络中所有的节点，在相同区块高度上停止旧版本运行并从相同区块高度启动新版本，防止因为软件升级的不同

步，导致链上状态的混乱。没有这种功能支撑，对运行中的区块链进行升级是高风险操作，因为这要求所有的验证者节点都必须恰好在同一个区块高度停止自己维护的节点。

7.8.3 自动化升级

按照前文的流程升级节点时，还需要人工介入，以提前下载新版本的软件，并且在旧版本软件停止运行之后，及时启动新版本的软件。Plan 结构体的 Info 字段可以额外存放一些元信息，根据这些元信息以及 upgrade 的 BeginBlocker()方法的日志信息可以实现节点自动升级，无须人工介入，基于该思路，社区开发者构建了 cosmosd 项目，以实现无需人工介入的节点自动化升级。

cosmosd 项目可以根据下一次升级的信息，提前下载好新版本的软件。当到达应该升级的区块高度或者时间，upgrade 模块的 BeginBlocker()方法发现自己需要执行升级操作但是又没有相应的处理函数时，会输出日志信息"UPGRADE \"%s\" NEEDED at %s: %s", plan.Name, plan.DueAt(), plan.Info。cosmosd 项目会在后台实时分析日志信息，当看到如上日志信息时，就会自动启动新版本的软件并继续运行，关于 cosmosd 项目的更多信息请参考具体的实现。

7.9 小结

本章详细介绍了 Cosmos-SDK 为区块链应用提供的通用功能组件：管理账户与交易的 auth 模块、管理链上资产转移的 bank 模块、管理创世交易的 genutil 模块、管理链上参数的 params 模块、追踪链上资产总量的 supply 模块以及进行链上状态一致性检查的 crisis 模块。所有的软件系统都需要更新和升级，而区块链网络的升级面临更多的问题，其中非常困难的问题是如何就升级计划达成社区共识。为解决这些问题，Cosmos-SDK 引入了 gov 模块和 upgrade 模块，本章详细介绍了 gov 模块中实现的链上治理模型：通过投票方式以确定的规则就链上参数变更、社区储备资金花费以及软件升级计划等达成社区共识。本章最后介绍了 Cosmos-SDK 中为帮助区块链网络平滑升级而引入的 upgrade 模块以及致力于将网络升级完全自动化的 cosmosd 项目。

第 **8** 章

Cosmos-SDK 的 PoS 实现

Tendermint 共识协议预设了验证者集合的存在，并且通过验证者集合的两阶段投票就下一个区块内容达成全网共识。Cosmos Hub 采用 PoS 机制来构建 Tendermint 共识协议所需的活跃验证者集合。在 PoS 机制中，任一参与方都可以通过抵押链上资产的方式参与验证者资格竞选，抵押数量靠前的节点晋升为区块链网络的活跃验证者，可以参与共识投票过程。随着验证者抵押的链上资产数量的增减，以抵押的链上资产总量为指标的排名也会变化，这导致活跃验证者集合的变动。除链上资产抵押之外，PoS 机制也需要引入链上惩罚和链上奖励等机制来保证 PoS 机制的安全性。遵循模块化设计理念，Cosmos-SDK 通过 staking 模块、slashing 模块、evidence 模块、mint 模块以及 distribution 模块的组合完成了 PoS 机制的实现，其中 staking 模块管理链上资产抵押，slashing 和 evidence 模块负责执行链上惩罚，mint 模块负责链上奖励部分中新的链上资产的铸造，而 distribution 模块则负责链上奖励的分发。

本章首先介绍 PoS 机制的基本概念与需要处理的安全性问题，随后根据 Cosmos-SDK 中的模块划分，介绍 Cosmos-SDK 中 PoS 机制的实现，包括链上资产抵押、被动作恶惩罚、主动作恶惩罚、链上资产铸造以及链上奖励分发等机制的具体原理与关键实现代码。

8.1 PoS 机制概述

从 PoS 概念的提出，到最终开放网络上切实可行的安全 PoS 机制的形成，公链领域的研究人员和工程人员花费了很多时间和资源。在这一过程中，重要的成果是无利害攻击（nothing-at-stake）以及长程攻击（long range attack）的发现以及相应预防措施的构建。两种攻击出现的根源是在 PoS 链中创建新的区块不需要耗费大量计算资源，只需要有足够的签名即可。

无利害攻击是指验证者对所有看到的区块均进行投票，通过这种方式，无论哪个区块最终被包含到链上，验证者总能最大化自己的收益。在 PoS 中引入链上资产抵押与惩罚机制可以帮助避免无利害攻击：如果验证者违反规则对同一区块高度的多个区块进行了投票，则扣除其抵押的链上资产的一部分作为惩罚，以此来约束验证者的投票行为。

长程攻击较为复杂，并且随着研究的进展，目前发现了 3 种长程攻击：简单长程攻击、后期腐化（posterior corruption）攻击以及权益流损（stake bleeding）攻击。关于这 3 种长程攻击的详细介绍参见论文 "Stake-Bleeding Attacks on Proof-of-Stake Blockchains"[1]。在 Cosmos Hub 网络中由于区块结构中时间戳的引入以及 Tendermint 共识协议的安全模型和对投票权重的要求，使得 Cosmos Hub 中简单长程攻击与权益流损攻击无法成功，因此接下来仅讨论后期腐化攻击。

由于活跃验证者集合不断变动，某一时段的活跃验证者的运营方可能在某个时刻决定不再运营验证者节点，因此曾经需要最高等级安全防护的共识私钥，对于运营方来说不再值得耗费资源去维护。如果有攻击者设法获得了某一历史时刻足够多的共识私钥（例如这些私钥代表的链上抵押资产占比超过总量的 2/3），就可以从这一历史时刻对链进行分叉。这对于新设立的节点或者长时间离线后又重新上线的节点以及轻客户端都会造成困扰，因为根据共识规则判断，两条链都是合法的链。

仅从算法层面无法解决上述问题，这就引入了 PoS 机制中避不开的弱主观性。当新节点第一次上线或者节点长时间下线然后再次上线时，需要通过可信的方式获取近期的区块散列值。此处的 "可信" 是指通过链下确认方式达成的社交共识（social consensus），可以通过官方浏览器获取。弱主观性用来解决节点初始信任设置的问题。节点启动之后难免会因为各种原因下线，为应对长程攻击，就有了对节点的第二点要求：要按时上线同步验证者集合，即在一个固定的时间周期内，节点需要上线并更新活跃验证者集合。固定的时间周期是多长时间？这就引入了 PoS 机制中的一个基本概念——解绑周期。解绑周期是指验证者取回自己抵押的链上资产时，需要等待的时间。Cosmos Hub 中解绑周期设定为 3 个星期。因此，对于节点的第二点要求可以表述为，两次同步活跃验证者集合的时间间隔不能超过解绑周期。

弱主观性、解绑周期以及节点按时上线同步验证者集合，3 种措施配合能够缓解长程攻击带来的问题，但无法从根本上解决长程攻击。可验证延迟函数（Verifiable Delay Function，VDF）的提出为从根本上解决长程攻击提供了另外一种思路。更进一步，累加 VDF（increment VDF）的提出则为基于 VDF 思路解决长程攻击提供了新的密码学工具。VDF 是指从输入计算输出需要耗费不小的工作量，并且该计算过程无法通过并行计算进行加速，但是却可以快速验证一个输出确实是根据相应的输入计算而来的。使用累加 VDF 解决长程攻击问题，可以认为是重用了 PoW 的理念。与比特币挖矿不同的是，VDF 的计算无法并行，因此也无法通过堆叠矿机实现加速。累加 VDF 可以在多次的 VDF 计算中保留 VDF 性质，其执行过程可以看作只能串行的挖矿过程，由此可以按照类似于比特币的最大工作量的机制来解决长程

---

[1] Peter Gaži, Aggelos Kiayias, Alexander Russell, "Stake-Bleeding Attacks on Proof-of-Stake Blockchains".

攻击，并同时避免因大量矿机的使用而造成的海量资源耗费。学术界已经基于 RSA 等密码学工具构造了切实可行的 VDF 方案，此处不深入介绍 VDF。

验证者是维护公链状态一致性的关键角色，由于运营节点需要付出成本，因此基于 PoS 机制的公链通常会引入经济激励。经济激励通常由两部分构成，新的区块奖励以及区块中包含的交易费。新区块奖励通常依靠铸造新的链上资产的手段生成，例如比特币通过挖矿铸币，而 Cosmos Hub 则依靠通胀铸币。

公开网络上的协作，总需要考虑恶意节点存在的可能性，恶意节点可能会主动作恶也可能会被动作恶。主动作恶是指节点恶意偏离共识协议约定，例如在同一个区块高度对两个不同的区块进行了投票，以扰乱共识投票过程。被动作恶通常是指验证者没有能力保证验证者节点的稳定性。主动作恶与被动作恶都会影响公链运行的稳定性，因此需要引入惩罚措施。对于主动作恶，会扣除验证者抵押的链上资产中可观的一部分作为惩罚，甚至将验证者永久性剔除验证者集合。对于被动作恶，会扣除验证者抵押的链上资产中的一小部分作为惩罚和警示，以此敦促验证者节点运营方尽全力保证节点的稳定运行。主动作恶的发现，通常依赖于网络中节点的举证，举证信息会触发链上惩罚措施。被动作恶的发现，则通常是在处理区块时由链本身根据一定的统计信息（在固定的时间窗口内一个活跃验证者没有签署的区块个数）自主发现并自动触发惩罚措施。

8.2　Cosmos Hub 的 PoS 机制

Cosmos Hub 是基于 Tendermint Core 和 Cosmos-SDK 构建的基于 PoS 机制的 BFT 类共识协议的公链，其 PoS 机制的设计也遵循了前文讨论的设计理念。本节概述 Cosmos Hub 中的 PoS 机制的具体设计，Cosmos-SDK 中相应机制的具体实现随后讨论。

作为公链的 Cosmos Hub 网络，允许任何实体通过抵押链上资产成为验证者，但并不是所有的验证者都有资格参与共识投票。虽然 Tendermint 共识协议可以在支持较大规模验证者集合的条件下，提供较高的共识效率，但共识效率难免随着验证者集合的增大而降低。为了保证共识效率，Cosmos Hub 对可以参与共识投票的验证者集合大小做了限制，Cosmos Hub 网络启动时设定验证者集合中最多可以包含 100（根据白皮书，该数值会随着链的运营逐年增大，直到变成 300，为了叙述方便，后文用 100 指代验证者集合的大小）个验证者。按照验证者抵押的链上资产数量排序，只有排名靠前的验证者才有资格参与共识投票，这部分验证者称为活跃验证者（active validator），而未能入选的验证者称为非活跃验证者（inactive validator）。

运营验证者节点有一定的技术门槛，不是所有人都有能力独立运营验证者节点，但是为了促使尽可能多的流通中的链上资产参与共识投票，Cosmos Hub 允许任意实体将自己持有的链上资产委托（delegate）给某个验证者，由该验证者代自己参与共识投票。按照抵押的链上资产数量评选活跃验证者集合时，统计的不是验证者节点运营方自己抵押的链上资产数量，而是自己抵押的链上资产与被委托的链上资产的数量总和。链上资产持有人可以根据验证者的表现来决定是否将自己委托给某一验证者的链上资产重新委托（redelegate）给另一个更具竞争力的验证者，或者直接撤回委托（undelegate）。

Cosmos Hub 构建了奖励机制，通过通货膨胀来铸造新币以奖励参与共识投票的活跃验证者。通货膨胀率与所有抵押的链上资产和所有流通中的链上资产总量之间的比例有关，以激励社区中所有的持币方尽可能多地将自己持有的链上资产投入抵押（通过自己抵押链上资产成为验证者，或者将自己的链上资产委托给网络中已经存在的验证者）。Cosmos Hub 中也构建了惩罚机制，对主动作恶（在同一个区块高度违反共识规则，对两个不同的区块进行投票）和被动作恶（由于节点不稳定，导致在固定的时间窗口内未能有效地参与共识投票过程）的活跃验证者进行惩罚。活跃验证者参与共识投票过程的权利，来自其抵押的链上资产和网络中其他实体委托的链上资产，因此验证者的奖励和惩罚由这两方面的实体共同承担。

分配奖励时，活跃验证者的运营方可以抽取其代理的链上资产的部分收益作为佣金（commission），以奖励其为节点稳定运行所付出努力。通过这种共同受益和共同担责的机制设计，验证者运营方有意愿维持验证者节点的高效、安全运行，以吸引更多的链上资产持有方。链上资产持有方在委托时，也会考察验证者的稳定性、诚实性、抽取佣金的比例等各个方面，在最大化自己收益的同时确保自己委托出去的链上资产不会遭受损失。Cosmos Hub 的预期是在这种博弈角力之中，既保证网络的分布式特性，又确保诚实、高效的活跃验证者在竞争之中更具优势。Cosmos Hub 网络的验证者和活跃验证者信息可以在 MINTSCAN 浏览器中查看。

至此已经概括介绍了 Cosmos Hub 网络的 PoS 机制。在这一过程中由于抵押和委托等操作引入了新的角色名称，这些名称与 Cosmos Hub 中的解绑周期和惩罚奖励等措施的叠加，导致了 Cosmos Hub 网络的 PoS 机制理解起来相对困难。为了帮助理解，下面对 Cosmos Hub 的 PoS 机制进行简单的概括。

物理节点方面，作为开放网络的 Cosmos Hub，任何实体都可以通过设立全节点或者通过轻客户端与 Cosmos Hub 网络互动。轻客户端仅需处理自己感兴趣的区块和交易，而全节点则监听并广播所有的区块和交易。

链上资产抵押方面，通过链上资产抵押可以将普通节点升级为验证者节点，验证者节点在 Cosmos Hub 网络中有 3 种状态：Unbonded、Unbonding 和 Bonded。随着抵押的链上资产排名的变化，一个节点可以在活跃验证者和非活跃验证者两种角色之间转换。

- 新创建的验证者初始状态为 Unbonded。

- 如果在链上资产抵押排名中，节点排名进入前 100，则该验证者会成为**活跃验证者**，状态变为 Bonded。

- 如果在随后的链上资产抵押排名中，节点排名跌出前 100，则该验证者进入解绑周期，状态变为 Unbonding。

- 如果在解绑周期中，节点的链上资产抵押排名都没有进入前 100，解绑周期结束时，验证者状态变为 Unbonded。

- 如果在解绑周期中，节点的链上资产抵押排名又再次进入前 100，则验证者再次成为活跃验证者，状态变为 Bonded。

- 如果不想再运营验证者节点，可以发起交易撤回自己抵押的链上资产，等待一个解绑周期后验证者节点退化为普通全节点。

奖励惩罚方面，只有活跃验证者才可以参与共识投票并且分享区块奖励，区块奖励分配不会导致活跃验证者状态的切换。链上惩罚会导致验证者状态的切换，状态为 Unbonding 和 Bonded 的验证者都可能受到惩罚：状态为 Bonded 的活跃验证者会因为主动作恶或者被动作恶被惩罚，状态为 Unbonding 的非活跃验证者则会因为其处于 Bonded 状态的作恶行为被惩罚（这也是解绑周期存在的部分原因，即使节点在作恶时没有被发现并被惩罚，但只要在整个解绑周期中被发现，相应验证者仍然要受到惩罚）。主动作恶与被动作恶的性质不同，惩罚的严厉程度也不同，因此为验证者引入了新的状态：监狱禁闭（jailed）与永久埋葬（tombstoned）。

- 由于节点运行不稳定，无法积极参与共识投票过程的验证者会被执行监狱禁闭惩罚，Cosmos Hub 网络默认的禁闭时长为 600 秒。禁闭 600 秒之后验证者运营方可以通过发送交易，将相应验证者从监狱禁闭惩罚中释放出来。

- 对于在同一个区块高度违反共识协议，对两个区块进行投票的双签作恶（Cosmos Hub 中目前仅支持这一种主动作恶行为的证据提交）的验证者，会被同时执行监狱禁闭与永久埋葬惩罚，并且监狱禁闭时长被设置为永远。一旦被执行了永久埋葬，该验证者标识（与共识密钥对的公钥一一对应）会被永久拉黑，在链运行期间无法再参与任何共识投票过程。

为了保证链上惩罚措施对验证者运营方的震慑作用，链对验证者自抵押的链上资产数量有最小值要求。成为验证者之后，如果验证者运营方因为撤回太多自己抵押的链上资产导致自抵押的链上资产数量低于网络要求的最小值，则相应的验证者不论处于何种状态（Unbonded、Unbonding 或 Bonded），都被会执行监狱禁闭惩罚，并且禁闭时间设定为永远。

此时运营方只能通过再次抵押链上资产使自己的链上资产抵押数量满足网络最小值要求，才可以结束监狱禁闭惩罚。

Cosmos Hub 中，区块奖励（包含交易费）会首先奖励新区块的提案者，剩下的奖励则会在所有的活跃验证者中按照链上资产抵押比例进行分配，即使某一活跃验证者针对该区块的投票因为某种原因（网络延迟等）没有被提交到链上。采用这种分配方式的原因在于，问题可能并不在该活跃验证者一方，可能是活跃验证者的网络问题，也可能是区块提案者的网络问题或者其故意为之。为了应对这种情况，Cosmos Hub 引入了另一种措施，来鼓励区块提案者在构建新区块时，等待适当的时间并将尽可能多的区块投票打包到区块中。

根据 Cosmos Hub 网络的运营经验以及目前的验证者投票权重占比分配，可以认为 Cosmos Hub 中的 PoS 机制设计是成功的。所有的方案都要依靠真正的代码来执行，Cosmos-SDK 利用模块化的设计将前文所述的 PoS 机制表达成可执行的代码。对比 PoS 理念与 Cosmos Hub 的 PoS 机制，可以发现复杂度已经上升了一个量级。从 PoS 机制到具体的 PoS 代码实现，要处理更多烦琐、复杂的逻辑，其中一个来自奖励的高效分发以及链上奖惩之间的相互影响。

Cosmos-SDK 中用多个模块具体实现了前面描述的 Cosmos Hub 的 PoS 机制，各个模块的主要职责概括如下。

- staking 模块：负责链上资产抵押。

- slashing 模块：处理被动作恶。

- evidence 模块：处理双签举证。

- mint 模块：负责经由通胀铸造新链上资产。

- distribution 模块：负责链上奖励分发。

为了方便查阅与理解，所有 PoS 机制相关的参数均可在附录 1 中查阅，其中包含 Cosmos-SDK 代码中给出的默认值，以及 Cosmos Hub 网络中采用的具体值。根据前文的描述，大部分的参数含义应该已经明确，尚未涉及的参数在各个模块的介绍中会涉及。

8.3 链上资产抵押：staking 模块

staking 模块负责链上资产抵押、委托等操作的处理，这些操作通过消息 MsgCreateValidator、MsgEditValidator、MsgDelegate、MsgBeginRedelegate 以及 MsgUndelegate 完成。

- MsgCreateValidator：抵押链上资产并创建验证者。

- MsgEditValidator：修改验证者的参数。

- MsgDelegate：将链上资产委托给某个验证者。

- MsgBeginRedelegate：重新委托。

- MsgUndelegate：撤回委托。

staking 模块的 Keeper 为上述 5 个消息分别定义了相应的处理函数。为了理解处理逻辑，首先需要了解 staking 模块的核心数据结构 Validator 和 Delegation，前者记录验证者信息，后者则记录委托操作信息。

8.3.1　验证者与链上资产抵押

staking 模块的所有逻辑都围绕验证者结构体 Validator 和委托结构体 Delegation 展开，定义如下。

```
// cosmos-sdk/x/staking/types/validator.go 41-53
type Validator struct {
    OperatorAddress         sdk.ValAddress// 验证者节点运营方地址
    ConsPubKey              crypto.PubKey // 验证者的共识公钥
    Jailed                  bool          // 验证者是否处于监狱禁闭惩罚
    Status                  sdk.BondStatus// 验证者状态
    Tokens                  sdk.Int       // 抵押的链上资产数量
    DelegatorShares         sdk.Dec       // 分配给验证者的委托人的份额总量
    Description             Description   // 验证者的描述信息
    UnbondingHeight         int64         // 验证者开始解绑周期的区块高度
    UnbondingCompletionTime time.Time     // 验证者完成解绑周期的最早时间
    Commission              Commission    // 验证者的佣金设置
    MinSelfDelegation       sdk.Int       // 验证者声明的最小自抵押量
}

// cosmos-sdk/x/staking/types/delegation.go 38-42
type Delegation struct {
    DelegatorAddress sdk.AccAddress
    ValidatorAddress sdk.ValAddress
    Shares           sdk.Dec
}
```

Validator 结构体各个字段的含义如下。

- 验证者节点运营方的地址 OperatorAddress，从该地址发出的 MsgCreateValidator 消息创建了该验证者。

- 验证者的共识公钥 ConsPubKey，该公钥标识验证者身份，可用于恶意节点追责。

- 标记是否处于监狱禁闭惩罚的布尔变量 Jailed，对于新创建的验证者该值为 false。

- 验证者当前状态 Status，可以为 Unbonded、Unbonding 和 Bonded，新创建的验证者处于 Unbonded 状态。

- 验证者代理的链上资产抵押数量 Tokens，包含自抵押和接受的委托抵押。

- 分配给所有委托人（包括自己）的权益份额的总量 DelegatorShares。

- 验证者简介 Description。

- 处于 Unbonding 状态的验证者的解绑周期开始的区块高度 UnbondingHeight。

- 处于 Unbonding 状态的验证者的解绑周期的结束时间 UnbondingCompletionTime。

- 验证者的佣金抽取比例 Commission。

- 验证者声明的最小自抵押量 MinSelfDelegation。

Delegation 结构体包含的字段相对简单：委托人的地址 DelegatorAddress、接受委托的验证者地址 ValidatorAddress、本次委托抵押的链上资产数量在验证者处所占的份额 Shares。

链上资产委托消息 MsgDelegate 会触发 Delegation 类型对象的创建。比对 Delegation 与消息 MsgDelegate 的定义，容易发现明显的不同，MsgDelegate 中包含的是代表本次委托数量的字段 Amount，而 Delegation 中包含的是代表本次委托抵押的链上资产数量在验证者处所占的份额 Shares。

```
// cosmos-sdk/x/staking/types/msg.go 250-254
type MsgDelegate struct {
    DelegatorAddress sdk.AccAddress
    ValidatorAddress sdk.ValAddress
    Amount           sdk.Coin
}
```

根据 Cosmos Hub 中 PoS 机制的描述，已经知道链上资产委托人与验证者节点运营方共同承担收益和风险。收益分发与提取的逻辑由 distribution 模块处理，以链上资产的具体数量为指标进行计算；而链上惩罚是直接扣除固定比例的抵押链上资产。由此验证者代理的链上资产总量以及相关的委托操作涉及的链上资产数量会随着惩罚事件的发生而减少。如何在变动中正确处理收益的按比例分发、惩罚的按比例承担并同时确保撤回委托时返还正确的资产数量？

为了同时支持这几个目标，staking 模块在 Validator 和 Delegation 结构体中引入了**份额（share）**的概念。虽然抵押的链上资产数量会随着惩罚事件的发生而减少，但是由于共同受罚的策略，每次委托的链上资产在一个验证者运营方代理的链上资产中所占的份额是固定不变的。如果一个验证者运营方代理了 100 个抵押链上资产，其中 60 个来自自己，另外 40 个来自一个委托人，则此时验证者运营方占据了 60%的份额，而该委托人占据了 40%的份额。如果一次惩罚事件导致该验证者被罚掉 10%的链上资产，即 10 个链上资产，则按照共同受罚的策略，扣掉的 10 个链上资产中有 6 个来自验证者运营方，有 4 个来自委托人。此时剩余的 90 个抵押链上资产中，有 54 个属于验证者运营方，而 36 个属于委托人，验证者运营方仍然有 60%的份额，委托人的份额也仍然是 40%。份额的引入使得在处理收益和惩罚时，根据验证者代理的链上资产个数和份额可以快速计算每一方的收益和损失。值得提及的是，distribution 模块中基于份额实现了一种高效的收益提取算法，参见 8.7 节。

验证者创建消息 MsgCreateValidator 会触发链上 Validator 类型对象的创建，该消息定义如下。

```go
// cosmos-sdk/x/staking/types/msg.go 26-34
type MsgCreateValidator struct {
    Description       Description
    Commission        CommissionRates
    MinSelfDelegation sdk.Int
    DelegatorAddress  sdk.AccAddress
    ValidatorAddress  sdk.ValAddress
    PubKey            crypto.PubKey
    Value             sdk.Coin
}
```

消息 MsgCreateValidator 中包含一次链上资产委托操作：验证者节点运营方 DelegatorAddress 将 Value 个链上资产自抵押给要创建的验证者 ValidatorAddress，作为初始的自抵押链上资产数量。

基于份额概念的重要性，接下来考察 MsgCreateValidator 中的 Value 字段与 MsgDelegate 中的 Amount 字段对 Validator 结构体中 Tokens 和 DelegatorShares 字段的影响，以及 Delegation 中 Shares 字段的计算过程。

MsgCreateValidator 和 MsgDelegate 消息分别由 handleMsgCreateValidator()和 handleMsgDelegate()处理，而其内部均会通过 staking.Keeper.Delegate()更新 Tokens 和 Shares 字段，而 Tokens 和 Shares 相互转换的计算由 Validator 的 SharesFromTokens()方法和 TokensFromShares()方法实现。值得提及的是，被抵押的链上资产会从委托人的账户中扣除并存入 staking 模块的模块账户。

```go
// cosmos-sdk/x/staking/types/validator.go 392-394
func (v Validator) TokensFromShares(shares sdk.Dec) sdk.Dec {
    return (shares.MulInt(v.Tokens)).Quo(v.DelegatorShares)
}

// cosmos-sdk/x/staking/types/validator.go 409-415
```

```
func (v Validator) SharesFromTokens(amt sdk.Int) (sdk.Dec, error) {
    if v.Tokens.IsZero() {
        return sdk.ZeroDec(), ErrInsufficientShares
    }

    return v.GetDelegatorShares().MulInt(amt).QuoInt(v.GetTokens()), nil
}
```

根据上面两个方法的定义，可以看到给定 Tokens 数量 amt，相应份额的计算公式为

$$shares = v.DelegatorShares \times \frac{amt}{v.Tokens}$$

给定 shares，相应的 Tokens 的数量 amt 的计算公式为

$$amt = v.Tokens \times \frac{shares}{v.DelegatorShares}$$

Validator 的 DelegatorShares 字段又是如何初始化的？相应的逻辑实现参见 Validator 的 AddTokensFromDel()方法。

```
// cosmos-sdk/x/staking/types/validator.go 457-477
func (v Validator) AddTokensFromDel(amount sdk.Int) (Validator, sdk.Dec) {
    var issuedShares sdk.Dec
    if v.DelegatorShares.IsZero() {
        issuedShares = amount.ToDec()
    } else {
        shares, err := v.SharesFromTokens(amount)
        // 省略错误处理
        issuedShares = shares
    }

    v.Tokens = v.Tokens.Add(amount)
    v.DelegatorShares = v.DelegatorShares.Add(issuedShares)

    return v, issuedShares
}
```

值得提及的是，如果 Validator 因为遭受惩罚而损失了所有抵押的链上资产，则会出现 Validator 结构体的 Tokens 字段值为 0，而 DelegatorShares 字段值为正数的情况，此时链上资产数量与份额之间的转换失效，也因此无法接受任何人的链上资产抵押委托。

通过 MsgCreateValidator 消息创建新的 Validator 时，其 DelegatorShares 字段初始值为 0，因此 AddTokensFromDel()会进入分支 v.DelegatorShares.IsZero()，此时 Tokens 值和 shares 值是一比一的关系。而处理消息 MsgDelegate 时，验证者的 DelegatorShares 非零，AddTokens-FromDel()通过 SharesFromTokens()方法完成具体的换算。至此可以看出，如果验证者没有遭

受惩罚，则抵押的链上资产数量和份额之间总是维持一比一的关系，而被惩罚之后链上资产数量会减少但份额维持不变。处理重新委托、撤回委托以及奖励分配时只需要根据链上资产数量和份额即可完成计算。

Cosmos Hub 网络中最多允许 MaxValidators 个验证者共同参与共识投票过程，因此需要根据验证者管辖的抵押链上资产数量对验证者进行排序，并从中选择活跃验证者集合。未被选中的验证者处于非活跃状态，作为候选活跃验证者。当它们的抵押链上资产数量排名上升时，可以成为活跃验证者。消息 MsgCreateValidator、MsgDelegate、MsgBeginRedelegate 和 MsgUndelegate 都会影响验证者抵押链上资产数量的变化，从而引发排名变动（消息 MsgBeginRedelegate 和 MsgUndelegate 在 8.3.2 小节中介绍）。活跃验证者集合是共识协议中至关重要的部分，staking 模块维护了验证者的排序，但不是以链上资产数量为指标，而是以投票权重（voting power）为指标。那么链上资产数量与投票权重之间的关系是什么？从函数 TokensToConsensusPower() 中可以看到链上资产数量与投票权重之间的置换关系：1 000 000 个链上资产可以转换成 1 个单位的投票权重（Cosmos Hub 网络初始支持 100 个活跃验证者，并按照每年 13% 的比例增加，最多支持 300 个活跃验证者）。

```
// cosmos-sdk/types/staking.go 26-36
var PowerReduction = NewIntFromBigInt(new(big.Int).Exp(big.NewInt(10), big.NewInt(6), nil))

func TokensToConsensusPower(tokens Int) int64 {
    return (tokens.Quo(PowerReduction)).Int64()
}

func TokensFromConsensusPower(power int64) Int {
    return NewInt(power).Mul(PowerReduction)
}
```

staking 模块利用 TokensToConsensusPower() 函数根据验证者代理的链上资产数量计算其投票权重。利用在 IAVL+ 树中可以按照索引遍历相应值的特性，通过将验证者的投票权重和验证者地址组成一个索引值（参见 getValidatorPowerRank() 的具体实现），既可以按照投票权重的高低次序遍历所有活跃验证者，也可以根据验证者的投票权重变化快速更新该集合。关于 IAVL+ 树的具体介绍参见 6.3 节。随着投票权重排名的变化，活跃验证者可能会被挤到候选活跃验证者列表当中，暂时无法参与共识投票，但是其在 staking 模块中的存储空间并不会因此被删除。只有当一个验证者的投票权重变为零并且度过了解绑周期时，该验证者的相关信息才会被从链上删除。

getValidatorPowerRank() 的实现如下。

```
// cosmos-sdk/x/staking/types/keys.go 86-107
func getValidatorPowerRank(validator Validator) []byte {
    consensusPower := sdk.TokensToConsensusPower(validator.Tokens)
    consensusPowerBytes := make([]byte, 8)
```

```
binary.BigEndian.PutUint64(consensusPowerBytes, uint64(consensusPower))

powerBytes := consensusPowerBytes
powerBytesLen := len(powerBytes) // 8

// 键格式为 prefix || powerbytes || addrBytes
key := make([]byte, 1+powerBytesLen+sdk.AddrLen)

key[0] = ValidatorsByPowerIndexKey[0]
copy(key[1:powerBytesLen+1], powerBytes)
operAddrInvr := sdk.CopyBytes(validator.OperatorAddress)
for i, b := range operAddrInvr {
    operAddrInvr[i] = ^b
}
copy(key[powerBytesLen+1:], operAddrInvr)

return key
}
```

8.3.2　重新委托与撤回委托

消息 MsgBeginRedelegate 和 MsgUndelegate 分别代表重新委托和撤回委托操作, 这两个消息也会在链上创建新的对象。重新委托操作会涉及三方：委托人（delegator）、源验证者（source validator）和目标验证者（destination validator）。撤回委托操作仅涉及两方：委托人和验证者。因此读者可以容易地理解两个消息的定义。两个消息中的 Amount 字段不能超过委托人抵押的链上资产数量, 该数量可以根据验证者代理的抵押链上资产数量和委托人的份额计算得到。

```
// cosmos-sdk/x/staking/types/msg.go 299-304
type MsgBeginRedelegate struct {
    DelegatorAddress    sdk.AccAddress
    ValidatorSrcAddress sdk.ValAddress
    ValidatorDstAddress sdk.ValAddress
    Amount              sdk.Coin
}

// cosmos-sdk/x/staking/types/msg.go 353-357
type MsgUndelegate struct {
    DelegatorAddress sdk.AccAddress
    ValidatorAddress sdk.ValAddress
    Amount           sdk.Coin
}
```

这两项操作不是立即完成的, 都需要"成熟"时间。撤回委托操作所涉及的链上资产在等待成熟期间没有任何收益, 而重新委托所涉及的链上资产即使相应操作没有成熟也可以参与目标验证者的收益分成, 即目标验证者的投票权重会立即增加, 委托人也会立即有收益。之所以要有成熟时间，部分原因在于作恶行为发生与执行链上惩罚之间存在时间差。如果允许这两个操作立即完成，并且该操作发生在验证者作恶之后和被惩罚之前，则这些曾经赋予作恶验证者投票权重的抵押链上资产可以逃脱惩罚。链上惩罚的具体逻辑在 8.4 节详细介绍。

撤回委托操作的成熟时间与验证者的状态无关，无论验证者处于什么状态，撤回委托操作都需要等待完整的解绑周期才可以成熟。如果一个重新委托操作正在等待成熟，则不允许将相关的链上资产再次委托。重新委托操作的成熟时间与源验证者的状态有关。

- 对 Bonded 状态的源验证者发起重新委托，成熟时间为完整的解绑周期。

- 对 Unbonding 状态的源验证者发起重新委托，成熟时间为源验证者的解绑周期结束时间。

- 对 Unbonded 状态的源验证者发起重新委托，无须等待，即刻成熟。

对于重新委托和撤回委托操作，除在成熟时间上的约束之外，还有另一个链上约束参数 MaxEntries。该参数约束链上可以同时存在的重新委托和撤回委托操作的个数。为了理解 MaxEntries，首先需要理解重新委托和撤回委托操作在链上的具体存储形式。重新委托操作与三元组（包含委托人、源验证者、目标验证者）相关，撤回委托操作与二元组（包含委托人、验证者）相关，两种操作都会涉及一定的链上资产。由于解绑周期的约束，两种操作还需要记录操作发起的区块高度以及解绑周期的结束时间。不同的重新委托操作之间可以有相同的三元组，不同的撤回委托操作可以有相同的二元组，因此 staking 模块为两种操作分别引入了两种结构体。

- 为重新委托操作定义了 Redelegation、RedelegationEntry 结构体。

- 为撤回委托操作定义了 UnbondingDelegation、UnbondingDelegationEntry 结构体。

```
// cosmos-sdk/x/staking/types/delegation.go 223-236
type Redelegation struct {
    DelegatorAddress    sdk.AccAddress        // 委托人地址
    ValidatorSrcAddress sdk.ValAddress        // 源验证者地址
    ValidatorDstAddress sdk.ValAddress        // 目标验证者地址
    Entries             []RedelegationEntry   // 重新委托操作的条目
}

type RedelegationEntry struct {
    CreationHeight int64       // 重新委托操作发生的区块高度
    CompletionTime time.Time   // 重新委托操作的成熟时间
    InitialBalance sdk.Int     // 重新委托操作开始时涉及的链上资产数量
    SharesDst      sdk.Dec     // 重新委托操作在目标验证者处获得的份额
}
```

```
// cosmos-sdk/x/staking/types/delegation.go 109-121
type UnbondingDelegation struct {
    DelegatorAddress sdk.AccAddress              // 委托人地址
    ValidatorAddress sdk.ValAddress              // 验证者地址
    Entries          []UnbondingDelegationEntry  // 解绑中的撤回委托操作条目
}

type UnbondingDelegationEntry struct {
    CreationHeight int64      // 撤回委托操作开始的区块高度
    CompletionTime time.Time  // 撤回委托操作的成熟时间
    InitialBalance sdk.Int    // 撤回委托操作开始时涉及的链上资产数量
    Balance        sdk.Int    // 撤回委托操作结束时能收到的链上资产数量
}
```

方便叙述起见，称 RedelegationEntry 为重新委托条目，称 UnbondingDelegationEntry 为撤回委托条目。Redelegation 中包含所有具有相同三元组的重新委托条目，而 Unbonding-Delegation 中包含所有具有相同二元组的撤回委托条目。重新委托条目和撤回委托条目均包含相应操作发生的区块高度，以及解绑周期结束时间。RedelegationEntry 中的 InitialBalance 字段表示操作发生时的重新委托条目的初始链上资产数量（解绑周期中可能会遭受链上惩罚导致链上资产数量减少），而 SharesDst 则表示该重新委托条目在目标验证者处所占用的份额。UnbondingDelegation 中的 InitialBalance 字段表示撤回委托条目初始的链上资产数量，Balance 则表示当解绑周期结束时委托人可以收到的链上资产数量。

由于重新委托操作和撤回委托操作都需要等待漫长的解绑周期（Cosmos Hub 中为 21天），而每次操作都会占用链上空间，在此期间委托人可能会发起大量的操作，消耗宝贵的链上存储空间。因此 staking 模块引入了 MaxEntries 约束，限制链上可同时存在的具有相同三元组的重新委托条目个数和具有相同二元组的撤回委托条目个数。在处理 MsgBegin-Redelegate 消息时，会通过 Keeper.HasMaxRedelegationEntries() 方法判断上述条目个数是否超过了约束。处理 MsgUndelegate 消息时，也有类似的逻辑。

```
// cosmos-sdk/x/staking/keeper/delegation.go 333-342
func (k Keeper) HasMaxRedelegationEntries(ctx sdk.Context,
    delegatorAddr sdk.AccAddress, validatorSrcAddr sdk.ValAddress,
    validatorDstAddr sdk.ValAddress) bool {
    red, found := k.GetRedelegation(ctx, delegatorAddr, validatorSrcAddr, validator
DstAddr)
    if !found { return false }
    return len(red.Entries) >= int(k.MaxEntries(ctx))
}
```

撤回委托、重新委托以及验证者本身的解绑操作，都需要经过一个较长的等待时间，staking 模块如何管理这些需要长时间成熟的操作？同样基于 IAVL+树支持按索引遍历的特性，staking 模块在其存储空间中为 3 种操作保存了相应的队列（queue），即 UnbondingQueue、RedelegationQueue 以及 ValidatorQueue，对应的索引前缀（prefix）分别为 0x41、0x42、0x43。

每个队列中的元素在数据库中存储的索引格式为 prefix | format(time)，对应的值分别为二元组 DVPair 的切片、三元组 DVVTriplet 的切片以及验证者地址，其中 time 是每个操作的成熟时间。

- UnbondingQueue：0x41 | format(time) -> []DVPair。

- RedelegationQueue：0x42 | format(time) -> []DVVTriplet。

- ValidatorQueue：0x43 | format(time) -> []sdk.ValAddress。

之所以为 3 种操作保存的是队列而非单个元素，是因为可能会有多个撤回委托、重新委托以及验证者解绑操作在同一时间成熟。通过这种存储方式，在处理完区块中所有的交易之后，staking 模块在 EndBlocker()中，对 3 个队列依次进行处理，根据当前时间将已经成熟的操作取出，并根据相应的操作更新链上状态，参见 DequeueAllMatureUBDQueue()方法的实现。

```
// cosmos-sdk/x/staking/keeper/delegation.go 255-269
func (k Keeper) DequeueAllMatureUBDQueue(ctx sdk.Context,
    currTime time.Time) (matureUnbonds []types.DVPair) {

    store := ctx.KVStore(k.storeKey)
    unbondingTimesliceIterator := k.UBDQueueIterator(ctx, ctx.BlockHeader().Time)
    for ; unbondingTimesliceIterator.Valid(); unbondingTimesliceIterator.Next() {
        timeslice := []types.DVPair{}
        value := unbondingTimesliceIterator.Value()
        k.cdc.MustUnmarshalBinaryLengthPrefixed(value, &timeslice)
        matureUnbonds = append(matureUnbonds, timeslice...)
        store.Delete(unbondingTimesliceIterator.Key())
    }
    return matureUnbonds
}
```

staking.Keeper 的 DequeueAllMatureUBDQueue()方法从队列中取出已经成熟的撤回委托操作。由于队列中元素的索引包含各自的成熟时间，利用当前时间以及 IAVL+树可以按照索引值遍历的特性，遍历所有已成熟的撤回委托操作，将其放入返回值中并从队列中移除。

8.3.3　验证者状态切换

在了解了创建验证者、链上资产抵押、重新委托、撤回委托等概念之后，本小节阐述与链上资产抵押相关的操作，以及作恶惩罚机制如何影响验证者的状态切换。图 8-1 所示总结了 staking 模块中所有可能发生的状态切换过程。

Cosmos-SDK 中的 Validator 可以有 3 种状态 Unbonded、Unbonding 和 Bonded。如果一个验证者在其整个生命周期中，都没有遭受链上惩罚，则其状态切换比较简单。通过 Msg-

CreateValidator 消息创建的新验证者被初始化成 Unbonded 状态，并被设置份额以及投票权重。staking 模块的 EndBlocker()会统计本区块验证者状态的变化，具体实现在 ApplyAndReturnValidatorSetUpdates()方法中。

- 该新创建的 Validator 的投票权重排名进入前 100 名：状态从 Unbonded 变成 Bonded。

- 该新创建的 Validator 的投票权重排名没有进入前 100 名：Unbonded 状态维持不变。

不论该验证者处于何种状态，都可以将链上资产委托给验证者。已经将链上资产委托给该验证者的委托人也可以通过重新委托或者撤回委托，将委托给一个验证者的链上资产转走。验证者的投票权重随着委托、重新委托和撤回委托等操作增减。

- 投票权重增加且投票权重排名进入前 100 名时的状态切换以及可能的原因如下。

  ○ Unbonded → Bonded：初次成为活跃验证者。

  ○ Unbonding → Bonded：再次成为活跃验证者。

  ○ Bonded 维持不变：已经是活跃验证者。

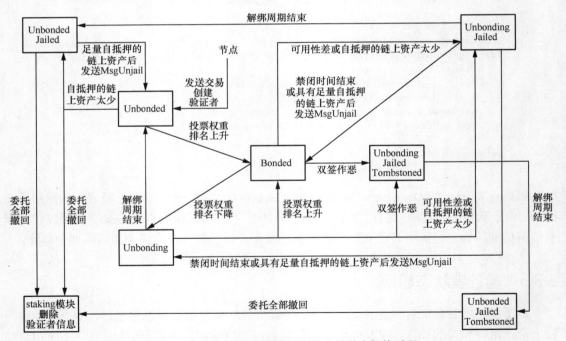

图 8-1　staking 模块中所有可能发生的状态切换过程

- 投票权重减少且投票权重排名跌出前 100 名时的状态切换以及可能的原因如下。

  ○ Bonded → Unbonding：活跃验证者变成非活跃验证者。

○ Unbonding 维持不变：验证者已经是非活跃验证者。

○ Unbonded 维持不变：验证者一直是非活跃验证者或者其解绑周期已经结束。

值得注意的是，不论验证者处于何种状态，验证者节点运营方都可以通过重新委托或者撤回委托，挪走自己抵押的链上资产。如果这一操作导致自抵押的链上资产数量小于其创建时的 MinSelfDelegation 最小抵押要求的链上资产数量，则对该验证者执行监狱禁闭，其 Validator 的 Jailed 字段被设置为 true，该情形可以发生在任何状态的验证者身上，包含的状态切换及可能发生的原因如下。

● Unbonded → Unbonded&Jailed：剥夺竞选活跃验证者的权利。

● Bonded → Unbonding&Jailed：活跃验证者变成非活跃验证者，并且剥夺竞选活跃验证者的权利。

● Unbonding → Unbonding & Jailed：剥夺竞选活跃验证者的权利。

Jailed 状态的验证者没有资格参与活跃验证者竞选，但是委托人（包括验证者运营方）仍然可以从 Jailed 状态的验证者挪走自己委托的链上资产。如果验证者运营方想再次参与共识投票过程，可以通过自抵押使得自抵押的链上资产数量符合要求后，再发送 MsgUnjail 消息申请结束监狱禁闭惩罚。这可能会触发以下两种状态切换。

● Unbonded&Jailed → Unbonded。

● Unbonding&Jailed → Unbonded。

处于 Unbonding 状态的验证者，等待解绑周期结束之后状态变成 Unbonded。根据验证者的 Jailed 状态又可以分为以下两种情形。

● Unbonding&Jailed → Unbonded & Jailed。

● Unbonding → Unbonded。

验证者处于 Unbonded 状态，并且所有的链上资产都被挪走（份额归零），则该验证者信息被从链上删除，也就结束了整个生命周期。

如果活跃验证者的整个生命周期中曾经因主动作恶或者被动作恶被惩罚，则会引入一些新的验证者状态转换。节点的稳定性差导致的被动惩罚，除扣除一小部分抵押的链上资产之外，还会对验证者执行监狱禁闭惩罚，而禁闭时间结束之后，验证者可以通过发送 MsgUnjail 消息结束自己的监狱禁闭。注意只有活跃验证者才会遭受被动作恶惩罚。由于双签作恶被惩罚的验证者，除被扣除可观比例的抵押链上资产之外，还会被执行永久埋葬，并设置 Tombstoned 为 true。Tombstoned 字段是 slashing 模块的 ValidatorSigningInfo 结构体中的字段，随后再详细介绍。主动作恶和被动作恶惩罚可能引发的状态转换如下。

- 可用性差：Bonded → Unbonding&Jailed。

- 双签作恶：Bonded → Unbonding&Jailed & Tombstoned，惩罚时验证者仍是活跃验证者。

- 双签作恶：Unbonding → Unbonding&Jailed & Tombstoned，惩罚时验证者已经是非活跃验证者。

与 Jailed 字段一样，Tombstoned 字段不会阻止委托人从验证者处挪走委托的链上资产。链上惩罚会导致验证者进入 Unbonding 状态。根据解绑周期是否已经结束会有以下状态切换。

- 解绑周期未结束：Unbonding&Jailed → Unbounding。
  监狱禁闭时间结束，发送 MsgUnjail 消息：Unbonding&Jailed → Unbonding。

- 解绑周期结束：Unbonding & Jailed → Unbonded&Jailed。
  发送 MsgUnjail 消息：Unbonded&Jailed → Unbonded（注意通常解绑周期远远大于监狱禁闭时间）。

- 解绑周期未结束：Unbonding&Jailed&Tombstoned → Unbonding&Jailed&Tombstoned。
  永久埋葬，MsgUnjail 消息总是执行失败，状态保持不变。

- 解绑周期结束：Unbonding&Jailed&Tombstoned → Unbonded&Jailed&Tombstoned。
  永久埋葬，MsgUnjail 消息总是执行失败。

在生命周期中遭受过链上惩罚的验证者，也可能因为自抵押的链上资产数量小于承诺的最小抵押要求的链上资产数量而被执行监狱禁闭惩罚，此处不赘述。

8.3.4 回调函数与模块交互

Cosmos-SDK 的模块化设计使得每个模块功能比较独立，便于模块功能组合和构建复杂的应用。Cosmos-SDK 中的存储空间按照模块划分成不同的子存储空间，每个模块的 Keeper 独自管理自己模块的所属空间，一个模块的 Keeper 无权写另一个模块的子存储空间。然而某些逻辑需要的处理流程，可能会涉及多个模块子存储空间的修改，即需要多个 Keeper 配合才能完成一项操作，例如前文所述的 staking 模块处理抵押操作时，涉及的转账操作和账户修改操作通过调用 supply.Keeper、bank.Keeper 和 auth.Keeper 的适当方法来完成。每个模块在 expected_keeper.go 文件中声明本模块依赖的其他模块的功能。

从各个模块的相互配合方面来说，通过约定的接口之间的相互调用可以完成简单业务逻辑的处理。对于复杂的逻辑，仅通过约定的接口之间的相互调用，除会导致实现难度的增大，也会在一个模块中引入其他模块的逻辑，从而违背 Cosmos-SDK 模块化设计理念。因此 Cosmos-SDK 引入了另外一种模块间配合的方式：回调接口（hook）。staking 模块对外暴露了与验证者、委托等操作相关的回调接口，并保证在相应事件发生时调用这些回调接口。通过这种方式，对这些事情感兴趣并希望在相应事件发生时执行特定操作的其他模块，可以通过实现这些回调接口来保证本模块的特定操作会在适当时机被 staking 模块调用和执行，这样也可以达到分离不同模块功能的目的。通过这种方式，staking 模块只需要保证在合适的时间点调用回调接口，而无须关心其他模块的具体实现。

staking 模块中验证者和委托等信息的变动是会影响共识投票过程的关键操作，别的模块可能需要根据这些信息进行适当的处理。因此，staking 在 StakingHooks 接口中对外暴露了相关的回调方法，每个方法的名字表示其在 staking 模块中的调用时机。

```go
// cosmos-sdk/x/staking/types/expected_keepers.go 89-102
type StakingHooks interface {
    AfterValidatorCreated(ctx sdk.Context, valAddr sdk.ValAddress)
    BeforeValidatorModified(ctx sdk.Context, valAddr sdk.ValAddress)
    AfterValidatorRemoved(ctx sdk.Context, consAddr sdk.ConsAddress, valAddr sdk.ValAddress)

    AfterValidatorBonded(ctx sdk.Context, consAddr sdk.ConsAddress, valAddr sdk.ValAddress)
    AfterValidatorBeginUnbonding(ctx sdk.Context, consAddr sdk.ConsAddress, valAddr sdk.ValAddress)

    BeforeDelegationCreated(ctx sdk.Context, delAddr sdk.AccAddress, valAddr sdk.ValAddress)
    BeforeDelegationSharesModified(ctx sdk.Context, delAddr sdk.AccAddress, valAddr sdk.ValAddress)
    BeforeDelegationRemoved(ctx sdk.Context, delAddr sdk.AccAddress, valAddr sdk.ValAddress)
    AfterDelegationModified(ctx sdk.Context, delAddr sdk.AccAddress, valAddr sdk.ValAddress)
    BeforeValidatorSlashed(ctx sdk.Context, valAddr sdk.ValAddress, fraction sdk.Dec)
}
```

负责区块奖励分发的 distribution 模块内部实现了奖励快速分发的算法，而该算法对验证者创建、验证者删除、委托创建、委托份额变动、委托变动以及委托被惩罚等事件感兴趣，因此在其模块的 expected_keepers.go 文件中声明了其感兴趣的 StakingHooks 的回调方法（代码如下），并在 hooks.go 文件中为这些方法提供了具体的实现，参见 8.7 节。负责链上惩罚的 slashing 模块也在其模块的 expected_keepers.go 文件中声明了自己所感兴趣的 staking 暴露的回调接口，并在其模块内部实现了在特定事件发生时的处理逻辑（可参见 8.4 节）。

```
// cosmos-sdk/x/distribution/types/expected_keepers.go 55-63
type StakingHooks interface {
    AfterValidatorCreated(ctx sdk.Context, valAddr sdk.ValAddress)
    AfterValidatorRemoved(ctx sdk.Context, consAddr sdk.ConsAddress, valAddr sdk.ValAddress)

    BeforeDelegationCreated(ctx sdk.Context, delAddr sdk.AccAddress, valAddr sdk.ValAddress)
    BeforeDelegationSharesModified(ctx sdk.Context, delAddr sdk.AccAddress, valAddr sdk.ValAddress)
    AfterDelegationModified(ctx sdk.Context, delAddr sdk.AccAddress, valAddr sdk.ValAddress)
    BeforeValidatorSlashed(ctx sdk.Context, valAddr sdk.ValAddress, fraction sdk.Dec)
}
```

Cosmos Hub 通过通胀铸造新币来对参与共识投票过程的活跃验证者进行激励，而年通胀率与当前网络抵押中的链上资产数量和链上资产总量之间的比例有关系。抵押率是抵押中的链上资产数量与链上资产总量的比值。如果抵押率低，则会通过调高通胀率来刺激链上资产持有方将链上资产抵押，如果抵押率很高，则可以适当降低通胀率。这意味着 Cosmos-SDK 需要追踪抵押中的链上资产总量，staking 模块中实现了相应的功能。结构体 Pool 中通过 NotBondedTokens 字段追踪非抵押中的链上资产数量，通过字段 BondedTokens 追踪抵押中的链上资产总量，并根据链上所有抵押的状态变化，更新相应的数值来支持 mint 模块的通胀率计算，参见 8.6 节。

```
// cosmos-sdk/x/staking/types/pool.go 20-23
type Pool struct {
    NotBondedTokens sdk.Int   // 没有绑定到验证者的链上资产数量
    BondedTokens    sdk.Int   // 当前绑定到验证者的链上资产数量
}
```

Cosmos-SDK 的目标是为基于 Tendermint Core 构建的区块链应用提供模块化的功能，从而使区块链开发者得以复用模块，以最大化开发效率和缩短区块链应用开发时间。Tendermint Core 的共识投票过程依赖带投票权重的验证者集合。为了支持上层应用的深度定制（业务定制以及奖励、惩罚机制定制），Tendermint Core 并不关心验证者投票权重的变动逻辑，而是将这一逻辑交给上层应用实现。因此，上层应用需要将验证者投票权重和状态变动这一信息传递给共识协议层，而 Tendermint Core 会根据这些变动信息完成活跃验证者集合的更新，具体细节参见 3.5 节。

每个区块都有可能更改验证者集合，因此每个区块执行完成之后，都需要将相应的变动信息传递给共识协议层。根据 ABCI 的定义，staking 模块在 EndBlocker() 中将本区块执行引发的验证者状态变动信息作为返回值返回（同时处理解绑周期结束的逻辑）。

```
// cosmos-sdk/x/staking/abci.go 12-19
func BeginBlocker(ctx sdk.Context, k keeper.Keeper) {
```

```
    k.TrackHistoricalInfo(ctx)
}

func EndBlocker(ctx sdk.Context, k keeper.Keeper) []abci.ValidatorUpdate {
    return k.BlockValidatorUpdates(ctx)
}
```

在 staking 模块的 BeginBlocker()中持久化当前区块头和验证者集合，并根据剪枝选项裁剪历史信息。在 EndBlocker()中借助 BlockValidatorUpdates()方法完成以下逻辑的处理。

- 根据投票权重的变动修改验证者集合。

- 处理已经完成解绑周期等待的撤回委托条目。

- 处理已经完成解绑周期等待的重新委托条目。

- 处理已经完成解绑周期等待的撤回验证者操作。

而其返回值中包含的信息如下。

- 由于本区块的执行，投票权重发生了变动的验证者以及最新的投票权重。

- 由于投票权重排名变动导致被挤出活跃验证者集合的验证者。

staking 模块的设计与实现充分展现了 Cosmos-SDK 的模块化设计理念。模块之间，可以通过 Keeper 的直接调用相互配合，也可以通过暴露回调接口和实现感兴趣的回调方法来相互配合。与底层 ABCI 之间，通过在本模块中实现 BeginBlocker()和 EndBlocker()函数，可以确保在区块开始执行之前和区块执行完毕之后完成本模块的逻辑处理。

```
// cosmos-sdk/types/staking.go 22
ValidatorUpdateDelay int64 = 1
```

值得提及的是，关于活跃验证者集合更新方面，Cosmos-SDK 定义了字段 ValidatorUpdateDelay 为 1。Tendermint Core 支持验证者集合更新，但是更新后的验证者集合并不一定立即参与下一个区块的投票，而是可以有一定的时延，ValidatorUpdateDelay 字段以区块数为基本单位定义了该时延。该字段值为 0 意味着无须等待，新的验证者集合可以立即用来签署下一个区块。该字段值为 1 意味着，假如验证者集合在区块高度 H 完成更新，则新的验证者集合在高度为 $H+2$ 的区块才开始参与区块投票。

8.4 被动作恶惩罚：slashing 模块

验证者的被动作恶和主动作恶行为都会招致链上惩罚。被动作恶是指活跃验证者节点的可用性差，具体来说是指在一定的时间窗口内，活跃验证者签署的区块个数低于某个阈值。

主动作恶则是指活跃验证者偏离共识协议规定，例如在同一个区块高度违反共识协议对不同的区块进行投票（签名）。被动作恶的发现与惩罚由 slashing 模块负责，而主动作恶的举证和惩罚则在 evidence 模块中实现。本节考察 slashing 模块如何利用区块信息统计一个活跃验证者的可用性信息，并对可用性太差的活跃验证者施行链上惩罚。

8.4.1　区块中的投票信息

Tendermint 构建的区块中的 Commit 类型的指针 LastCommit 字段包含对上一个区块的投票信息。Commit 表示活跃验证者集合对高度为 Height、标识为 BlockID 的区块在 Tendermint 共识协议的第 Round 轮达成了共识，其中活跃验证者集合的投票信息包含在 Signatures 字段中。

```
// tendermint/types/block.go 556-571
type Commit struct {
    Height      int64
    Round       int
    BlockID     BlockID
    Signatures  []CommitSig
    hash        tmbytes.HexBytes
    bitArray    *bits.BitArray
}
// tendermint/types/block.go 452-457
type CommitSig struct {
    BlockIDFlag       BlockIDFlag
    ValidatorAddress  Address
    Timestamp         time.Time
    Signature         []byte
}
// tendermint/types/block.go 654-664
func (commit *Commit) BitArray() *bits.BitArray {
    if commit.bitArray == nil {
        commit.bitArray = bits.NewBitArray(len(commit.Signatures))
        for i, commitSig := range commit.Signatures {
            commit.bitArray.SetIndex(i, !commitSig.Absent())
        }
    }
    return commit.bitArray
}
```

每一个活跃验证者在[]CommitSig 类型的 Signatures 中都有 CommitSig 位置，代表该验证者的投票信息。由于可能存在的网络时延等问题，可能造成某个活跃验证者未能及时收到标识为 BlockID 的区块，或者构建该区块的提案者没有收集到针对该区块的所有投票，当然也有可能存在提案者故意不将某个投票信息打包到区块中的情形。另外，Tendermint 共识协议允许活跃验证者对空值而非对某个具体的区块投票。因此需要区分活跃验证者投票给真正的区块、投票给空值以及没有投票 3 种情况。CommitSig 中通过 BlockIDFlag 字段对情况进行区分。BlockIDFlag 可以为 BlockIDFlagAbsent、BlockIDFlagCommit 以及 BlockIDFlagNil，分别表示没有投票、投票给区块以及投票给空值的情况。

Commit 结构体中的 bitArray 根据 CommitSig 中 BlockIDFlag 的值，以比特的形式标记了有哪些活跃验证者在参与对上一个区块投票（可能是对真正区块的投票，也可能是对空值的投票）的过程中被打包到了区块中：只要 Signatures 中包含一个活跃验证者的投票，bitArray 中对应的位就被设置，参见 Commit 的 BitArray()方法实现。而 hash 字段是 Signatures 中所有 CommitSig 构成的简单 Merkle 树根散列值。

可以看到区块中有足够的信息供 slashing 模块统计在 SignedBlocksWindow 参数定义的时间窗口（以区块个数为计量单位）内每个活跃验证者错过的区块个数。此处错过的含义是指，Commit 中的 Signatures 字段对应一个活跃验证者的 CommitSig 中的 BlockIDFlag 字段值为 BlockIDFlagAbsent，即 Commit 的 bitArary 中的相应活跃验证者的比特为 0。

8.4.2　被动惩罚设计理念

slashing 模块中针对可用性差的具体判断条件和惩罚措施：一个活跃验证者在 SignedBlocksWindow 个区块中，错过了太多的区块，使得其参与的区块个数小于参数 MinSignedPerWindow，则判定该活跃验证者可用性太差，扣除其代理的一定比例（由参数 SlashFractionDowntime 指定）的抵押链上资产并对该验证者执行监狱禁闭（禁闭时间由参数 DowntimeJailDuration 指定）。当禁闭时间结束之后，该验证者可以通过发送消息 MsgUnjail 来申请结束监狱禁闭并重新参与活跃验证者的竞争。

一个活跃验证者错过一个高度为 H 的区块的含义是，高度为 H+1 的区块 Commit 中没有包含该验证者的任何签名信息。一个问题就是这是否真的是该活跃验证者的过错？答案是不一定。可能的原因如下。

- 纯粹是由于网络原因造成的。

- 该验证者没有收到高度为 H 的区块。

- 该验证者故意不参与对高度为 H 的区块的共识投票过程。

- 高度为 H+1 的区块提案者在构建区块时故意不包含该验证者的投票。

这都是设计惩罚机制时需要考虑的因素。在所有这些可能发生的情况的前提下，slashing 模块的惩罚机制是否能够保持公正？

不公正的情形只会在一种情况下出现：别的活跃验证者节点的主动屏蔽导致某一个活跃

验证者的投票信息一直没有被打包到链上，从而使得运行良好的诚实活跃验证者遭受可用性差的惩罚。staking 模块的抵押机制、Tendermint 共识协议中的带投票权重的提案者轮换选择算法、Cosmos-SDK 的 distribution 模块的奖励机制的共同配合可以保证 slashing 模块的惩罚机制在适当参数下的公正性。

前文已经提到，Cosmos Hub 网络在目前的机制设计下投票权重分布相对分散。尤其值得提及的是，没有任何一方的投票权重会超过总投票权重的 1/3，这也确保了 Cosmos Hub 网络不会因为一个活跃验证者的异常而暂停出块，保证了网络的稳定性。Tendermint 共识协议在每个区块高度都会选择新的提案者，配合带投票权重的提案者轮换选择算法可以确保没有任何活跃验证者一直被选为区块提案者。因此即使在某一个区块高度，诚实活跃验证者的投票被故意遗漏，在接下来的区块投票中由于区块提案者的更换，这种被故意针对的问题也就迎刃而解。

当前 Cosmos Hub 网络中的阈值设定为 5%，即在固定的时间窗口内只要错过的区块不超过 95%，就不会被 slashing 模块惩罚。在 Tendermint 共识协议的设定中，不会出现这么高比例的恶意活跃验证者（这些恶意活跃验证者可以联合起来针对某一个诚实的活跃验证者）。除此之外，在 distribution 模块中，还有奖励机制来鼓励区块提案者将尽可能多的投票信息打包到其构建的区块中。在所有这些措施的加持之下，如果验证者仍遭受可用性差的惩罚，则只能是验证者自身的原因，由此可以认为 slashing 模块的惩罚机制是公正的。

另外为什么监狱禁闭时间结束之后，一定要让验证者运营方发送 MsgUnjail 来申请释放以重新参与活跃验证者的竞争，而不是在链上自动完成？这是因为当出现可用性差问题时，通常意味着节点运营出现了问题，而修复时间并不可知。如果链上自动完成释放过程的话，可能在释放之后，节点的运营问题并没有得到解决。如果此时该验证者再次成为活跃验证者，则可能会再次遭受可用性差的惩罚。利用 MsgUnjail 的主动申请方式，可以解决这个问题。只有当验证者运营方确认已经解决节点运营问题之后，再主动申请释放，才可以避免因为同样的问题遭受多次惩罚。监狱禁闭以及禁闭时间的引入，也简化了被动惩罚的实现。

8.4.3 被动惩罚实现概览

staking 模块为每一个验证者在链上创建 Validator 对象，并根据链上资产抵押等操作更新每个 Validator 对象的状态，例如代理的链上资产数量以及份额等信息。当验证者的投票权重排名进入前 100 名时，该验证者成为活跃验证者，获得参与共识投票的资格。slashing 模块的被动惩罚措施，只针对活跃验证者，而施行惩罚的判定需要依赖一定的表现信息。为此，slashing 模块为每一个活跃验证者创建 ValidatorSigningInfo 信息，用来追踪该验证者在共识投票过程中的表现信息以支持判罚决策。

验证者活动的信息通过 ValidatorSigningInfo 结构体进行跟踪。

```
// cosmos-sdk/x/slashing/internal/types/signing_info.go 11-18
type ValidatorSigningInfo struct {
    Address             sdk.ConsAddress
    StartHeight         int64
    IndexOffset         int64
    JailedUntil         time.Time
    Tombstoned          bool
    MissedBlocksCounter int64
}
```

其中字段含义如下。

- Address：表示验证者的共识地址。

- StartHeight：表示该验证者成为活跃验证者时的区块高度。

- IndexOffset：表示偏移量用于辅助统计验证者在一个时间窗口内错过的区块个数，后文详细介绍。

- JailedUntil：表示该验证者监狱禁闭的截止时间。

- Tombstoned：表示该验证者是否被永久移出验证者集合（双签作恶被罚时设置）。

- MissedBlockCounter：用来记录该验证者在一个时间窗口内错过的区块个数。

在 staking 模块介绍中提到，对 staking 模块内部发生的特定事件感兴趣的其他模块，通过实现 staking 模块的回调方法，可以保证在特定事件发生时本模块的处理逻辑得到执行。slashing 模块实现了 AfterValidatorBonded()方法。每当有验证者状态变成 Bonded 时就需要在链上追踪该验证者的表现信息，为被动惩罚提供依据。在 AfterValidatorBonded()方法中，会首先尝试直接从链上获取相应验证者的 ValidatorSigningInfo 信息，如果该信息尚不存在（意味着这是一个全新的活跃验证者），则为该验证者在链上创建相应的信息。

```
// cosmos-sdk/x/staking/internal/keeper/hooks.go 13-27
func (k Keeper) AfterValidatorBonded(ctx sdk.Context, address sdk.ConsAddress, _
sdk.ValAddress) {
    _, found := k.GetValidatorSigningInfo(ctx, address)
    if !found {
        signingInfo := types.NewValidatorSigningInfo(
            address,
            ctx.BlockHeight(),
            0,
            time.Unix(0, 0),
            false,
            0,
```

```
        )
        k.SetValidatorSigningInfo(ctx, address, signingInfo)
    }
}
```

追踪 staking 模块的实现，可以发现，该回调方法被 staking.Keeper.bondValidator()方法调用，而该方法有两处调用的时机，对应 8.3.3 小节介绍的相应状态切换。

- staking.Keeper.unbondedToBonded()。

- staking.Keeper.unbondingToBonded()。

通过区块中的信息可以追踪活跃验证者的表现信息，而通过 ValidatorSigningInfo 则可以在链上记录每个验证者的活动信息。接下来介绍如何以最小代价统计每个验证者错过的区块个数。可用性差的判定由链根据规则自动完成，其入口点是 slashing 模块的 BeginBlocker()函数。该函数从输入参数 abci.RequestBeginBlock 的 LastCommitInfo 字段中抽取出具体的投票信息[]VoteInfo，然后通过 HandleValidatorSignature()方法更新验证者的 ValidatorSigningInfo，并根据结果按需执行可用性差的惩罚。VoteInfo 结构体中仅包含两个字段，即验证者 Validator 以及关于该验证者是否签署了上一个高度的区块的布尔变量 SignedLastBlock。

```
// cosmos-sdk/x/slashing/abci.go 11-18
func BeginBlocker(ctx sdk.Context, req abci.RequestBeginBlock, k Keeper) {
    for _, voteInfo := range req.LastCommitInfo.GetVotes() {
        k.HandleValidatorSignature(ctx, voteInfo.Validator.Address, voteInfo.
Validator.Power, voteInfo.SignedLastBlock)
    }
}
```

通过 SignedBlocksWindow 参数以及 IndexOffset 和 MissedBlocksCounter 字段可以巧妙地完成对该验证者错过的区块个数的统计。具体实现方面，除了保存 ValidatorSigningInfo 信息，slashing 模块还维护名为 ValidatorMissedBlockBitArray 的存储类别，其中保存了一个验证者是否错过了当前时间窗口中某个区块的信息。每一个条目的索引中包含验证者地址 address 和索引值 index，而每一条信息的值为 0 或者 1。

- 值为 0 表示验证者没有错过对应 index 的区块。

- 值为 1 表示验证者确实错过了对应 index 的区块。

```
// cosmos-sdk/x/slashing/internal/keeper/signing_info.go 129-133
func (k Keeper) SetValidatorMissedBlockBitArray(ctx sdk.Context, address sdk.Cons
Address, index int64, missed bool) {
    store := ctx.KVStore(k.storeKey)
    bz := k.cdc.MustMarshalBinaryLengthPrefixed(missed)
    store.Set(types.GetValidatorMissedBlockBitArrayKey(address, index), bz)
}
```

追踪一个验证者在一个时间窗口内签署的区块时，一个常见的做法是预先分配一个大的比特数组，比特数组中的每一位对应一个区块，并用该比特的值标记该验证者是否签署了这个区块。然而 slashing 模块没有采用这种做法，对于一个新晋的活跃验证者，在 SIGNED_BLOCKS_WINDOW 时间窗口内，会根据实际的区块投票信息，通过 SetValidator-MissedBlockBitArray()方法逐步为该验证者在 ValidatorMissedBlockBitArray 的存储类别中记录相应信息。

index 与前文没有讲述的 ValidatorSigningInfo 中的 IndexOffset 和 MissedBlocksCounter 字段密切相关。HandleValidatorSignature()方法正是利用这些信息高效地完成了活跃验证者在当前时间窗口内错过的区块个数的统计。HandleValidatorSignature()方法的部分代码摘录如下。为了方便描述，下面采用 slashing 模块 DefaultSignedBlocksWindow 的默认值 100 来指代 SIGNED_BLOCKS_WINDOW 参数，而每个验证者在 100 个区块的时间窗口里要签署的比例 DefaultMinSignedPerWindow 为 0.5（50%），即在每个时间窗口里至少需要签署 50 个区块才能避免因为可用性差被惩罚，即如果在一个时间窗口内，验证者错过的区块个数大于 50，该验证者就要被惩罚。值得注意的是，Cosmos Hub 主网重新设置了该参数，验证者错过 95%的区块才被认为可用性差。

HandleValidatorSignature()部分实现展示如下。这部分实现的主要目的是根据正在处理的区块中的投票信息，来判断一个验证者在一个时间窗口内错过的区块个数是否超过阈值。

```
// cosmos-sdk/x/slashing/internal/keeper/infractions.go 31-67
    index := signInfo.IndexOffset % k.SignedBlocksWindow(ctx)
    signInfo.IndexOffset++

    previous := k.GetValidatorMissedBlockBitArray(ctx, consAddr, index)
    missed := !signed
    switch {
    case !previous && missed:
        // 从没有错过变成错过，增加计数器
        k.SetValidatorMissedBlockBitArray(ctx, consAddr, index, true)
        signInfo.MissedBlocksCounter++
    case previous && !missed:
        // 从错过变成没有错过，减少计数器
        k.SetValidatorMissedBlockBitArray(ctx, consAddr, index, false)
        signInfo.MissedBlocksCounter--
    default:
        // 状态没有改变，不必更新计数器
    }

    if missed {
        // 省略 EmitEvent 构建代码
    }
```

```
minHeight := signInfo.StartHeight + k.SignedBlocksWindow(ctx)
maxMissed := k.SignedBlocksWindow(ctx) - k.MinSignedPerWindow(ctx)
```

IndexOffset 记录了自该验证者成为活跃验证者之后经历的区块个数。假设当前区块高度为 $n+100$，则上述代码片段一开始计算的 index 值为 n。在更新 MissedBlocksCounter 之前，MissedBlocksCounter 记录了在区块高度$[n+0,n+99]$（100 个区块的时间窗口）该验证者错过的区块个数。则处理当前区块时，需要更新 MissedBlocksCounter 来记录该验证者在区块高度$[n+1, n+100]$错过的区块个数。由于两个区间的交集占了绝大部分，只需要根据验证者是否错过了 $n+0$ 和 $n+100$ 的信息即可快速更新 MissedBlocksCounter。

● 如果没有错过 $n+0$ 高度的区块，而错过了 $n+100$ 高度的区块，则 MissedBlocksCounter 加 1。

● 如果错过了 $n+0$ 高度的区块，而没有错过 $n+100$ 高度的区块，则 MissedBlocksCounter 减 1。

● 如果同时错过了或者都没有错过 $n+0$ 和 $n+100$ 高度的区块，则无须改动 MissedBlocksCounter 也无须改动数据库。此时 MissedBlocksCounter 和 ValidatorMissedBlockBitArray 存储类别保持不变，但表示的具体含义已经发生了变化。

需要指出的是，GetValidatorMissedBlockBitArray 函数在相应的键不存在的情况下，会返回 false 值，表示该验证者没有错过相应高度的区块。一个新的活跃验证者开始时没有错过任何区块，其对应的 ValidatorMissedBlockBitArray 存储也为空。只有当该验证者确实错过了某个区块之后，才会往该存储空间中添加记录，并且在任何情况下插入的记录总数不会超过 100。

```
// cosmos-sdk/x/slashing/internal/keeper/infractions.go 70-113
if height > minHeight && signInfo.MissedBlocksCounter > maxMissed {
    validator := k.sk.ValidatorByConsAddr(ctx, consAddr)
    if validator != nil && !validator.IsJailed() {

        // 满足被动作恶条件, 链上惩罚并对验证者执行监狱禁闭
        // 省略部分代码

        distributionHeight := height - sdk.ValidatorUpdateDelay - 1

        ctx.EventManager().EmitEvent(
        // 省略部分代码
        )
        k.sk.Slash(ctx, consAddr, distributionHeight, power, k.SlashFractionDowntime
(ctx))

        k.sk.Jail(ctx, consAddr)

        signInfo.JailedUntil = ctx.BlockHeader().Time.Add(k.DowntimeJailDuration(ctx))
```

```
        signInfo.MissedBlocksCounter = 0
        signInfo.IndexOffset = 0
        k.clearValidatorMissedBlockBitArray(ctx, consAddr)
    } else {
        // 省略部分 log 代码
    }
}

// 设置更新后的签名信息
k.SetValidatorSigningInfo(ctx, consAddr, signInfo)
```

如果错过的区块数超过了阈值，则惩罚活跃验证者。进行惩罚时，需要找到待惩罚的验证者在适当高度的链上资产抵押分布情况，上面的代码中传给 staking.Keeper.Slash()方法的高度为 height − sdk.ValidatorUpdateDelay − 1，其中 height 为当前区块高度，减去 1 是因为当前区块中的投票信息是关于上一个区块的，而 ValidatorUpdateDelay 的含义参见前文。staking 模块的 Keeper.Slash()方法根据参数 SlashFractionDoubleSign 指定的比例扣除验证者的抵押链上资产，被惩罚的委托条目包括 3 个部分。

（1）在目标区块高度仍然委托给该验证者的链上资产。

（2）在目标区块高度之前已经撤回委托，但仍在等待撤回委托条目成熟的链上资产。

（3）在目标区块高度之前已经重新委托，但仍在等待重新委托条目成熟的链上资产。

随后 staking 模块的 Keeper.Jail()方法在链上标记该验证者正处于监狱禁闭状态，接下来 slashing 模块更新该验证者的 ValidatorSigningInfo。

- 根据参数 DowntimeJailDuration 指定监狱禁闭时间。

- 清零关于统计错过区块个数的计数器。

- 清空 ValidatorMissedBlockBitArray 中的存储条目。

当监狱禁闭时间结束，验证者运营方可以通过发送 MsgUnjail 消息来请求链将自己从监狱禁闭中释放出来，以重新参与共识投票权重的竞争。MsgUnjail 消息的结构比较简单，仅包含验证者地址 ValidatorAddr 这一个字段。相应的处理逻辑也比较简单，此处不赘述。

8.5　主动作恶惩罚: evidence 模块

evidence 模块处理主动作恶的链上惩罚。根据 Tendermint 共识协议，活跃验证者可以通过多种方式进行主动作恶，如恶意偏离共识协议约定并发送多种消息。然而，目前的 evidence

模块仅处理活跃验证者在同一区块高度违反共识协议对不同的区块进行投票这一种主动作恶行为。在第 3 章中已经介绍过节点可以主动发现双签作恶并通过 evidence.Reactor 来保存和转发举证信息，以便在构建下一个区块时将**合法**的举证信息打包进区块中。但是为了最大程度支持上层应用的深度定制，Tendermint 共识协议并不处理针对该双签作恶的惩罚，而是将惩罚留给上层应用实现。Cosmos-SDK 的 evidence 模块实现了对双签作恶的惩罚。值得注意的是，该模块要处理来自两个渠道的双签举证，来自底层 Tendermint 共识协议的双签举证，以及来自应用层用户通过消息 MsgSubmitEvidence 提交的双签举证。

8.5.1　双签作恶惩罚

与 slashing 模块类似，evidence 模块也从 BeginBlocker() 函数的输入参数 abci.Request-BeginBlock 中抽取出来自 Tendermint 共识层面的信息，evidence 模块仅关心其中的 Byzantine-Validators []Evidence 字段。目前仅支持双签举证 ABCIEvidenceTypeDuplicateVote。关于双签举证，参见 4.3.2 小节。BeginBlocker() 方法中来自 Tendermint 的双签举证首先被转换为 evidence 模块的 Equivocation 结构体，然后交由 Keeper.HandleDoubleSign() 方法进行处理。

消息 MsgSubmitEvidence 结构体的定义如下。虽然 evidence 模块目前仅支持双签举证，但是 MsgSubmitEvidence 结构体中包含的 Evidence 是一个接口类型，为将来扩充该模块的功能做好了准备，消息中的另一个字段表示提交举证的用户地址。Equivocation 结构体实现了 Evidence 接口。

```
// cosmos-sdk/x/evidence/internal/types/evidence.go 26-31
type Equivocation struct {
    Height           int64
    Time             time.Time
    Power            int64
    ConsensusAddress sdk.ConsAddress
}


// cosmos-sdk/x/evidence/internal/types/msgs.go 20-23
type MsgSubmitEvidence struct {
    Evidence  exported.Evidence
    Submitter sdk.AccAddress
}
```

为了在将来支持多种举证信息，不同的举证信息需要不同的处理函数，evidence 模块利用 Router 接口连接了举证信息与相应的处理函数。例如，可以通过 Router 接口注册 Equivocation 举证信息的处理函数为 Keeper.HandleDoubleSign()。这是 Cosmos-SDK 和 Tendermint Core 中惯用的实现模式，此处不赘述。

evidence.Keeper.HandleDoubleSign() 方法首先根据配置参数 MaxEvidenceAge 检查举证信

息是否还处于有效期。通过合法举证对相应的验证者进行惩罚，惩罚逻辑实现与 slashing.Keeper.HandleValidatorSignature()中的惩罚逻辑实现相似。

（1）找到待惩罚的验证者在适当区块高度的链上资产抵押的分布情况。

（2）调用 slashing.Keeper.Slash()方法完成对验证者在 distributionHeight 高度上的抵押链上资产的扣除。

（3）通过 slashing.Keeper 的适当方法，对验证者执行永久监狱禁闭并执行永久埋葬。

实现代码如下。

```
// cosmos-sdk/x/evidence/internal/keeper/infraction.go 88-108
distributionHeight := infractionHeight - sdk.ValidatorUpdateDelay

k.slashingKeeper.Slash(
    ctx,
    consAddr,
    k.slashingKeeper.SlashFractionDoubleSign(ctx),
    evidence.GetValidatorPower(), distributionHeight,
)

// 对验证者执行监狱禁闭，验证者开始解绑
if !validator.IsJailed() {
    k.slashingKeeper.Jail(ctx, consAddr)
}

k.slashingKeeper.JailUntil(ctx, consAddr, types.DoubleSignJailEndTime)
k.slashingKeeper.Tombstone(ctx, consAddr)
```

双签作恶惩罚的监狱禁闭时间为永远，具体定义为系统支持的最大格林尼治时间（Greenwich Mean Time，GMT）9999 年 12 月 31 日 23 时 59 分 59 秒。由于 ValidatorSigningInfo 信息不会从链上删除，因此关于该恶意验证者的永久监狱禁闭和永久埋葬记录会一直留存在链上，这意味着该验证者的地址永久作废。该验证者的运营方，只能通过重新创建新的验证者（使用新的共识密钥对和地址）才可以重新参与投票权重竞争。当然在此之前，需要等待一个完整的解绑周期才能取回自己在作恶验证者处抵押的链上资产（被惩罚之后剩余的链上资产）。相比可用性差的惩罚比例，双签作恶惩罚比例由参数 SlashFractionDoubleSign 指定，Cosmos Hub 主网的该参数值为 5%。2019 年 7 月 Cosmos Hub 网络上确实发生过一次因为双签作恶导致的链上惩罚事件。事后的调查发现这是一次无心之过。为了保证节点的稳定性，运营方采用了主从备份的模式运营验证者节点，然而主从备份不小心被同时启动并签署了相互冲突的区块，最终导致了链上的双签作恶惩罚。

双签作恶惩罚中的监狱禁闭惩罚其实也在某种程度上保护了验证者运营方。如果验证者运营方的验证者节点的共识私钥被盗或者配置错误，导致在连续的区块高度上进行了双签作

恶，并且有多个双签举证被提交到链上，该验证者也只会被惩罚一次，可以保护验证者免遭巨额损失。

8.5.2 惩罚机制小结

ValidatorSigningInfo 中 Tombstoned 和 JailedUntil 字段的组合可以描述验证者当前被执行监狱禁闭的理由。

- Tombstoned 被设置：主动双签作恶，并且 JailedUntil 值为永远。

- Tombstoned 未被设置，JailedUntil 非初始值：可用性差的被动作恶，禁闭时间结束验证者可申请释放。

- Tombstoned 未被设置，JailedUntil 为初始值（UNIX 时间 1970-01-01）：自抵押链上资产数量太少，补足后验证者可申请释放。

或者换一种说法，有 3 种场景会导致验证者被执行监狱禁闭。

（1）执行 BeginBlocker()时，发现活跃验证者可用性差，罚掉一小部分的链上资产，将 Validator 的 Jailed 字段设为 True，ValidatorSigningInfo 中的 JailedUntil 设置为 DowntimeJailDuration。

（2）执行 BeginBlocker()时，发现验证者的有效双签举证信息，罚掉可观比例的链上资产，将 Validator 的 Jailed 字段设为 True，ValidatorSigningInfo 中的 JailedUntil 设置为系统支持的最大值，并设置 Tombstoned 字段为 True。

（3）验证者运营方发起的撤回委托或者重新委托操作导致自抵押的链上资产数量不足，不扣除链上资产，将 Validator 的 Jailed 字段设为 True，而 ValidatorSigningInfo 中的 JailedUntil 保持初始值。

其中第 3 种场景无论验证者处于什么状态都会发生，但是前两种场景只会发生在处于 Unbonding 和 Unbonded 状态的验证者身上。不管验证者因为何种原因被执行监狱禁闭，执行监狱禁闭的动作并不会立即导致验证者状态的切换，验证者状态的切换发生在 EndBlocker()中。验证者被执行监狱禁闭之后，其所代理的链上资产委托并不会自动收回，委托人需要自己发起撤回委托操作来取回自己的链上资产或者发起重新委托操作将链上资产重新抵押给另一个验证者。

由于主动作恶并不一定会被立即发现然后执行链上惩罚，因此重新委托和撤回委托操作都需要一段成熟时间。值得提及的是，验证者有 Unbonding 状态，而重新委托和撤回委托也会涉及成熟等待的问题，在 Cosmos-SDK 中这两种不同的等待操作均表现为 Unbonding 状态，在阅读 Cosmos-SDK 代码时请注意区分。如果相应的验证者在这些操作发生之前作恶，但是在这些操作发生之后才被执行链上惩罚，则这些等待成熟的委托所涉及的链上资产也会被惩罚，因为毕竟当初是这些链上资产一同赋予了该验证者作恶的权利，所以每次惩罚都会涉及3 个部分的链上资产：

- 仍在受罚的验证者抵押的链上资产；

- 作恶之后、受罚之前通过重新委托转移的链上资产；

- 作恶之后、受罚之前通过撤回委托转移的链上资产。

图 8-2 展示了关于撤回委托的示例。两个委托人 d1 和 d2 分别将一部分链上资产委托给验证者 v1，假设在 d1 发起撤回委托之后，v1 在随后的某个区块高度进行了双签作恶，而在v1 被惩罚之前，d2 也发起了撤回委托操作。假设随后 v1 双签作恶的举证信息被提交到链上，则此时 d1 的撤回委托操作涉及的链上资产不会被罚掉一定比例，而 d2 的撤回委托操作涉及的链上资产会被罚掉一定比例。这是因为在 v1 作恶时，d1 的链上资产已经不计入其投票权重，而 d2 的链上资产仍计入了 v1 的投票权重当中。

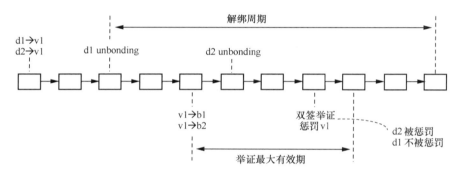

图 8-2　Cosmos Hub 中关于撤回委托的示例

这里会产生一个有趣的边界问题，假设一个验证者作恶了，而在该恶意行为被举证惩罚之前，有委托人将自己的链上资产委托给了该验证者。虽然这次链上资产委托涉及的链上资产，在验证者作恶时并没有计入其投票权重，也因此不应该受罚，但目前的惩罚逻辑实现中，这笔委托中的链上资产还是会被罚掉一定的比例。在基于 Cosmos-SDK 进行开发时，我们意识到了这个问题，并认为这是 Cosmos-SDK 实现上一个欠考虑的地方。随后的调研发现，Cosmos-SDK 团队自身也意识到了这个问题，也提出了相应的方案，但并没有部署相应方案，其中一个回应为这种逻辑提供了一定的合理性解释。

```
Delegators are responsible for ensuring that validators didn't commit a prior
infraction, but I think that's minor compared to their existing responsibility of
ensuring future security… and leaving as is appears to keep the logic simpler.
```

委托人在委托链上资产之前有义务验证自己委托的目标验证人作恶，即委托人遭受的额外惩罚，可以看作对委托人错误选择验证者的惩罚。没有解决这一边界问题的原因在于，为了解决这一边界问题会增大代码实现的复杂度。注意该问题也会影响到重新委托操作。仍以图 8-2 为例，假设 d2 不是在撤回委托，而是在重新委托。但是其重新委托的目标验证者已经作恶但尚未被惩罚，则 d2 的这笔重新委托涉及的链上资产会被罚款两次。

8.6　链上资产铸造：mint 模块

8.4 节和 8.5 节介绍了 Cosmos-SDK 中的链上惩罚机制的实现，接下来介绍 Cosmos-SDK 中链上奖励机制的实现。运营验证者节点需要付出成本，为了激励共识投票过程的参与方（活跃验证者以及相应的委托人），Cosmos-SDK 通过通货膨胀来铸造新的链上资产，并将链上资产奖励给共识投票过程参与方。其中 mint 模块负责新的链上资产铸造，而 distribution 模块负责分发这些奖励。

mint 模块在区块开始执行之前铸造新币，即铸币发生在本模块的 BeginBlocker() 中。PoS 机制设计中，为了鼓励更多的链上资产参与到共识投票过程中，会允许链上资产抵押委托操作并且没有选取固定的年通胀率，而是根据网络中当前链上资产的抵押比例来动态调整年通胀率。具体的做法是，设置一个目标年通胀率和目标链上资产抵押比例。

- 当网络中的链上资产抵押比例达到目标链上资产抵押比例时，依据目标年通胀率的设定铸造新的链上资产。

- 当网络中的链上资产抵押比例低于目标链上资产抵押比例时，调高年通胀率，以吸引更多链上资产参与抵押。

- 当网络中的链上资产抵押比例高于目标链上资产抵押比例时，调低年通胀率，以防止过多的链上资产参与抵押而损害了链上资产的流动性。

mint 模块中的参数 MintDenom 用于指定通胀的链上资产种类。参数 GoalBonded 指定了目标链上资产抵押比例，默认值为 67%。在调高或者调低年通胀率时，都需要设定年通胀率的最大值和最小值。允许的年通胀率的最大值和最小值用参数 InflationMax 和 InflationMin 指定，默认值分别为 20% 和 7%。mint 模块中年通胀率在每个区块的奖励计算时都会调整，为了防止年通胀率的剧烈抖动，参数 InflationRateChange 指定了允许的年通胀率的最大变化，默认值为 13%。根据区块数调整年通胀率时，需要知道每年会产生多少个区块，参数 BlocksPerYear 给出了每年生产的区块数，默认值是根据 5 秒的区块间隔计算出来的。

链上资产的铸造可以根据参数设定和网络当前的链上资产抵押比例自动完成，因此 mint 模块不需要处理任何类型的消息。为了辅助铸造链上资产，mint 模块引入了结构体 Minter，其中的 Inflation 字段表示当前区块适用的年通胀率，AnnualProvisions 则表示根据当前区块适用的年通胀率和链上资产总量计算得到的在当前年通胀率下每年新铸造的链上资产数量。

```
// cosmos-sdk/x/mint/internal/types/minter.go 10-13
type Minter struct {
    Inflation        sdk.Dec  // 当前的年通胀率
    AnnualProvisions sdk.Dec  // 当前年通胀率下每年新铸造的链上资产数量
}
```

　　新的年通胀率的计算除已经设定的参数之外，还需要当前网络的链上资产抵押比例。这也是 staking 模块的 Pool 结构体存在的意义。根据年通胀率计算得到每个区块应该铸造的新的链上资产数量，还需要当前链上资产的总量，这是由 supply 模块负责的。Minter 的 Inflation 字段的更新由 NextInflationRate()方法由输入的当前链上资产抵押比例 bondedRatio 计算而来，计算逻辑如下。

```
InfalationRateChangePerYear = (1 - bondedRatio / GoalBonded) * InflationRateChange
inflationRateChange = InfalationRateChangePerYear / BlocksPerYear
newInflation = oldInflation + inflationRateChange
```

注意 inflationRateChange 可能为负值，此时表示调低年通胀率。

- 当 bondedRatio=67%时，有 InfalationRateChangePerYear=0，即不需要调整年通胀率。

- 当 bondedRatio<67%时，有 InfalationRateChangePerYear > 0，即调高年通胀率。

- 当 bondedRatio>67%时，有 InfalationRateChangePerYear < 0，即调低年通胀率。

　　而且当 bondedRatio 与目标链上资产抵押比例 67%的差值增大的时候，InflationRate-ChangePerYear 的绝对值也会增大，导致年通胀率的大幅调整。而 AnnualProvisions 字段的更新由 NextAnnualProvisions()方法根据输入的当前链上资产总量 totalSupply 计算而来，计算逻辑如下。AnnualProvisions 除以每年的区块总数，就可以得到当前区块应当新铸造的链上资产数量。

```
AnnualProvisions = newInflation * totalSupply
BlockProvisions = AnnualProvisions / BlocksPerYear
```

　　mint 模块在 BeginBlocker()中完成新币的铸造，它也是 mint 模块的入口点。通过别的模块获取到当前的链上资产总量和当前的链上资产抵押比例之后，借助 Minter 可以得到当前区块铸币的个数，并通过 MintCoins()方法真正完成铸币。

```
// cosmos-sdk/x/mint/abci.go 9-45
func BeginBlocker(ctx sdk.Context, k Keeper) {
    minter := k.GetMinter(ctx)
    params := k.GetParams(ctx)

    // 重新计算年通胀率
    totalStakingSupply := k.StakingTokenSupply(ctx)
```

```
    bondedRatio := k.BondedRatio(ctx)
    minter.Inflation = minter.NextInflationRate(params, bondedRatio)
    minter.AnnualProvisions = minter.NextAnnualProvisions(params, totalStakingSupply)
    k.SetMinter(ctx, minter)

    // 铸币并更新链上资产总量
    mintedCoin := minter.BlockProvision(params)
    mintedCoins := sdk.NewCoins(mintedCoin)

    err := k.MintCoins(ctx, mintedCoins)
// 省略错误处理代码

    // 将新铸造的链上资产发送到交易费收集账户
    err = k.AddCollectedFees(ctx, mintedCoins)
// 省略错误处理代码

    ctx.EventManager().EmitEvent(
    // 省略 Event 构建代码
    )
}
```

前文已经提过，区块奖励由两部分构成，通胀铸造的新币以及区块中交易费，因此在上述代码的最后，将新铸造的链上资产与收集到的交易费合并到一起，就得到了当前区块奖励。MintCoins()和 AddCollectedFees()方法内部都是通过 supply 模块完成的，此处不深入介绍。接下来介绍 distribution 模块，看这些区块奖励是如何根据链上资产抵押比例进行分发的。

8.7　链上奖励分发: distribution 模块

mint 模块铸造的链上资产与区块中交易费一起作为区块奖励，在活跃验证者之间按照各自的投票权重按比例分发，分到奖励的验证者再根据当前每个委托人的份额将奖励分给委托人。在以太坊中区块奖励通过一笔交易（Coinbase 交易）直接转入目标账户，但是 Cosmos Hub 则采取了另外一种策略。以 Cosmos Hub 中区块奖励不会主动转入目标账户，验证者运营方或者委托人想要提取奖励时，需要主动发起提现交易（某些链上事件也会触发自动的奖励提取操作）。

8.7.1　奖励分发概述

为了方便叙述，称以太坊中的区块奖励分发方式为主动奖励分发（active reward distribution），称 Cosmos Hub 中的区块奖励分发方式为被动奖励分发（passive reward distribution）。Cosmos Hub 采取被动奖励分发方式与其 PoS 机制有关。在这种 PoS 机制设计下采取主动奖励分发方式会导致在每个区块都需要大量修改账户余额，从而影响网络性能。

如果有 100 个活跃验证者,并且每个活跃验证者都代理了来自 100 个不同委托人的链上资产,进一步假设每个活跃验证者的委托人集合都不重叠,在这种情形下采用主动奖励分发方式,在每个区块都需要修改 10 000 个账户的余额,这会严重影响网络性能。另外,这种方式也会导致委托人难以追踪自己的账户流水。被动奖励分发方式中,委托人在一个验证者处抵押的链上资产的收益会不断累积。当委托人主动发送取回收益消息时,该委托人的所有收益会一次性转入其账户(特定的链上事件会触发委托人的收益自动提取,后文会具体介绍)。为了实现这种被动奖励分发方式,distribution 模块设计了名为 F1 的奖励分发机制。

distribution 模块中的奖励分发过程主要分两步: 按照投票权重在活跃验证者之间分发区块奖励,每个验证者再根据委托人的份额按比例分发自己收到的区块奖励。为了配合 PoS 机制,具体实现逻辑更为复杂。

- 在活跃验证者之间按照投票权重分发区块奖励。

- 从所有的区块奖励中按照参数 CommunityTax(默认值为 2%)抽取固定比例作为社区税,以支持后续的社区建设。

- 区块提案者获得当前区块奖励的固定比例(由参数 BaseProposerReward 指定,默认值为 1%)作为基础奖励。

- 根据区块中包含的投票信息,给区块提案者分配额外奖励。

  ○ 区块中包含的投票信息与参数 BonusProposerReward(默认值为 4%)一起决定了额外奖励的比例。

  ○ 当所有活跃验证者都进行了投票并且所有投票都被打包进区块时,区块提案者可以得到的额外奖励比例最大,比例由 BonusProposerReward(默认值为 4%)指定。

- 扣除社区税、扣除区块提案者的基础奖励和额外奖励之后,剩余的区块奖励在所有的活跃验证者(包括区块提案者)之间按照投票权重进行分发。

  ○ 即使活跃验证者的投票没有被打包到区块中,在这一步中也会收获区块奖励。

  ○ 验证者偶发的错过区块的情况可能并不是验证者自身的错误,而被动惩罚可以避免验证者只拿奖励不参与共识投票过程的情况。

- 验证者抽取其整体收益的一定比例作为自己的佣金(commission),该比例由 Validator 对象的 Commission 字段指定。

- 扣除佣金之后的收益,按照抵押份额在验证者的委托人之间进行分发,验证者自抵押部分也在这一步中参与分成。

区块提案者的基础奖励比例固定，但额外奖励比例是浮动的，下面为计算两部分奖励的比例之和的方式。

```
BaseProposerReward + BonusProposerReward * (sumPrecommitPower / totalPower)
```

其中 totalPower 代表当前活跃验证者集合的投票权重之和，而 sumPrecommitPower 代表区块中所包含的投票权重之和。根据上述计算过程可知，将更多的投票信息打包到区块中会增大区块提案者的额外奖励，这也就是之前提到的在 Cosmos Hub 的 PoS 机制设计中，用来激励区块提案者在构建区块时包含尽可能多投票的具体措施，这种措施可以保证 8.4 节中所描述的被动惩罚机制的公平性。

社区税以及通过 MsgFundCommunityPool 消息捐赠的链上资产由结构体 FeePool 的 CommunityPool 字段记录。

```
// cosmos-sdk/x/distribution/types/fee_pool.go 10-12
type FeePool struct {
    CommunityPool sdk.DecCoins
}
```

通过发起提案可以申请这部分资金来激励社区中的贡献者，参见 7.7 节。

为加深理解，以一个具体的示例展示 distribution 模块如何分发一个区块中的奖励。为方便叙述，该示例均采用默认值进行计算（1% 的基础奖励比例、4% 的最高额外奖励比例、2% 的社区税），并且假设有 A、B、C、D、E 这 5 个投票权重相同的活跃验证者（投票权重均为 20%），并且 5 个验证者的佣金抽取比例均为 10%。假设 A 代理的链上资产中有 40% 来自自抵押 A0、20% 来自委托人 A1、40% 来自委托人 A2，B 代理的链上资产中有 50% 来自自抵押 B0、50% 来自委托人 B1。假设待分配的区块奖励（链上资产）数量为 100，区块提案者为 A，并且区块中包含 5 个验证者的投票，则区块奖励分配过程如下。

- 抽取总量的 2% 作为社区税，即本区块收益分配导致 CommunityPool 中增加 2 个链上资产。

- 抽取总量的 1% 作为区块提案者的基础奖励，即 A 获得的基础奖励为 1 个链上资产。

- 由于包含所有的投票信息并且额外奖励比例为 4%，即 A 获得的额外奖励为 4 个链上资产。

- 剩余区块奖励为 93 个链上资产，由于 5 个验证者的投票权重相同，则每个验证者获得的区块奖励为 18.6 个链上资产。

- A 在本区块获得的奖励总共有 1+4+18.6=23.6 个链上资产。

  ○ A 的佣金抽取比例为 10%，属于 A 的区块奖励中有 2.36 个链上资产归属验证者

A 的运营方 A0。

- A 的奖励剩余 21.24 个链上资产，在 3 个委托人 A0、A1、A2 之间按份额比例分配。

  属于自委托 A0 的奖励分成为 21.24×40%=8.496 个链上资产。

  属于委托人 A1 的奖励分成为 21.24×20%=4.248 个链上资产。

  属于委托人 A2 的奖励分成为 21.24×40%=8.496 个链上资产。

- B 在本区块获得的奖励总共有 18.6 个链上资产。

  - B 的佣金抽取比例为 10%，属于 B 的区块奖励中有 1.86 个链上资产归属验证者 B 的运营方 B0。

  - B 的奖励剩余 16.74 个链上资产，在 2 个委托人 B0、B1 之间按份额比例分配。

    属于自委托 B0 的奖励分成为 16.74×50%=8.37 个链上资产。

    属于委托人 B1 的奖励分成为 16.74×50%=8.37 个链上资产。

在本区块的奖励分发中，A 的运营方 A0 的最终收益为 2.36+8.496=10.856 个链上资产，委托人 A1 和 A2 的收益分别为 4.248 个链上资产和 8.496 个链上资产。B 的运营方 B0 的最终收益为 1.86+8.37=10.23 个链上资产，委托人 B1 的收益为 8.37 个链上资产。在该示例计算中，可以发现每一方对应奖励分成的链上资产数量表示在小数点之后有多个有效位。在实现方面，这会引发一个有趣的边界问题，如果在上面的示例中链上资产的最小单位为 0.01，A2 应该分到多少奖励？A2 的精确奖励的链上资产数量为 8.496 个，但是该链上资产的精度仅支持以 8.49 个链上资产表示。无法表示的 0.006 个链上资产该如何处理？distribution 模块的实现中用了一个小技巧，在计算奖励分成时，会先计算验证者和委托人的收益，再计算社区抽税，所有不够最小单位的链上资产都转入 CommunityPool，通过这种方式可以保证链上资产总量不变。

如前文所述，Cosmos Hub 中并不会在每个区块中将各方获得的奖励立即转入相应账户中。为了当验证者或者委托人发起提取收益请求时，能够快速在链上完成其相应的收益提取，distribution 模块实现了一个名为 F1 的奖励分发机制，8.7.2 小节会详细介绍。

活跃验证者的运营方可以获得的奖励包括自抵押收益和佣金收益，委托人可以获得的奖励只有抵押收益。委托人通过发送消息 MsgWithdrawDelegatorReward 可以取回自己抵押的链上资产所累积的收益（验证者运营方也是通过发送该消息取回自抵押部分的收益）。验证者运营方还可以通过发送消息 MsgWithdrawValidatorCommission 取回佣金收益。收益默认会转到最初发起委托操作的账户地址中，但可以通过发送消息 MsgSetWithdrawAddress 重新设置接收收益的账户地址。为了支持社区建设，任何人都可以通过发送 MsgFundCommunityPool 消息的方式来给社区捐款。

8.7.2　F1 奖励分发机制

为了用最小的运行时代价实现奖励的被动分发，distribution 模块提出并实现了一种名为 F1 的奖励分发机制。F1 奖励分发机制在每个区块中仅需要遍历一次活跃验证者集合（即使不考虑奖励分发，PoS 机制在每个区块中也需要遍历活跃验证者来进行投票权重统计，所以 F1 奖励分发机制没有引入额外的读写操作），在处理收益提取操作时可以快速完成任意委托人的抵押收益计算。本小节介绍 distribution 模块的实现以及 F1 奖励分发机制。值得指出的是，每个区块的收益在下一个区块的 BeginBlocker() 方法中进行分发（Tendermint Core 中一个区块的共识投票信息包含在下一个区块中）。

假设委托人在区块高度 m 处将 t 个链上资产委托给某个验证者，则这些抵押的链上资产从区块高度 $m+1$ 处开始产生收益。假设该验证者在区块高度 i 时代理的链上资产总量为 s_i，获得的区块奖励为 f_i，如果委托人在区块高度 n 提取收益，则该委托人可以取回的链上资产收益为

$$\sum_{i=m+1}^{n} \frac{t}{s_i} f_i = t \sum_{i=m+1}^{n} \frac{f_i}{s_i}$$

在上面的计算中，每个区块 f_i 的值都有可能不同，但是 s_i 的值只有在发生涉及该验证者的委托、重新委托、撤回委托以及链上惩罚时才会变动。可以预期的是，这些操作在链上并不会频繁发生，基于这种观察，distribution 模块引入了**时期（period）**：验证者在一个时期中代理的链上资产总量不变。每次发生涉及该验证者的委托、重新委托、撤回委托以及链上惩罚时会结束一个时期并开始一个新的时期。从时期的视角出发，前文所述的收益计算过程可以从遍历区块更改为遍历时期。用符号 S_p 表示在第 P 个时期中验证者代理的链上资产总量，假设区块高度 m 是时期 M 的最后一个区块（即时期 $M+1$ 从区块高度 $m+1$ 开始），而区块高度 n 是时期 N 的最后一个区块（即时期 $N+1$ 从区块高度 $n+1$ 开始），用 F_p 表示在时期 P 内该验证者获得的区块收益，则从时期的视角考虑，委托人可以取回的收益为

$$t \sum_{i=m}^{n} \frac{f_i}{s_i} = t \sum_{p=M+1}^{N} \frac{F_p}{S_p}$$

时期的引入，使得计算委托人在一段时间内的收益时，仅需要遍历这段时间内的所有时期，而无须遍历这段时间内的所有区块。但是，如果一个委托人在很长的时间内都没有取回收益，即使收益计算过程遍历的是时期，也会导致过多的链上读写。

为了应对这种情况，F1 奖励分发机制通过另一项措施进一步优化委托人的收益计算过程。上式中，F_p / S_p 可以解读为抵押中的单位链上资产在时期 P 产生的收益，而 $\sum F_p / S_p$ 可

以解读为抵押中的单位链上资产在多个时期中的累积收益。用 F_p' 表示时期 P 结束时，该验证者处抵押中的单位链上资产的累积收益，则时期 $p+1$ 结束时该验证者处抵押中的单位链上资产的累积收益为

$$F_{p+1}' = F_p' + F_{p+1} / S_{p+1}$$

F_p' 的引入使得计算多个时期的收益变得非常高效。假设时期 M 结束时验证者处抵押中的单位链上资产的累积收益为 F_M'，而时期 N 结束时该验证者处抵押中的单位链上资产的累积收益为 F_N'，则从时期 $M+1$ 开始到时期 N 结束，该验证者处抵押中的单位链上资产的累积收益为 $F_N' - F_M'$。则前文所述的例子中，可以按照如下公式计算收益。

$$t\sum_{i=m}^{n}\frac{f_i}{s_i} = t\sum_{p=M+1}^{N}\frac{F_p}{S_p} = t(F_N' - F_M')$$

利用上式，无论收益计算过程跨越了多少个时期，都可以利用抵押中的单位链上资产的累积收益 F_p' 在常量时间内完成收益计算。

8.7.3　F1 奖励分发实现

接下来结合前文讲述的 F1 奖励分发机制的设计介绍 distribution 模块中的具体实现。前文已经提过，由于一个区块的投票信息包含在下一个区块中，因此一个区块的奖励分发是在下一个区块中的交易开始执行之前（即 BeginBlocker() 方法中）处理的。

distribution 模块的 BeginBlocker() 方法定义如下。

```
// cosmos-sdk/x/distribution/abci.go 12-32
func BeginBlocker(ctx sdk.Context, req abci.RequestBeginBlock, k keeper.Keeper) {
    // 计算签署区块的验证者集合的投票权重之和
    var previousTotalPower, sumPreviousPrecommitPower int64
    for _, voteInfo := range req.LastCommitInfo.GetVotes() {
        previousTotalPower += voteInfo.Validator.Power
        if voteInfo.SignedLastBlock {
            sumPreviousPrecommitPower += voteInfo.Validator.Power
        }
    }

    if ctx.BlockHeight() > 1 {
        previousProposer := k.GetPreviousProposerConsAddr(ctx)
        k.AllocateTokens(ctx, sumPreviousPrecommitPower, previousTotalPower, previous
Proposer, req.LastCommitInfo.GetVotes())
    }

    consAddr := sdk.ConsAddress(req.Header.ProposerAddress)
```

```
        k.SetPreviousProposerConsAddr(ctx, consAddr)
}
```

方法内部首先根据 abci.RequestBeginBlock 中的 LastCommitInfo 统计总的投票权重 previousTotalPower，并根据区块中投票信息计算投票权重之和 sumPreviousPrecommitPower，以便计算区块提案者的额外奖励比例。AllocateTokens()方法用于进行区块奖励的分发，该方法根据前文所述规则进行奖励分发。值得提及的是，为了应对可能出现的由于奖励分发导致的数值精度超过链上资产本身支持的数值精度的情况，AllocateTokens()方法最后才处理社区税抽取。AllocateTokens()方法内部实现会调用 AllocateTokensToValidator()方法，在验证者的委托人之间进行奖励分发。

为了实现 F1 奖励分发机制，distribution 模块会追踪每个验证者当前时期收益信息 ValidatorCurrentRewards 和历史时期收益信息 ValidatorHistoricalRewards。ValidatorCurrentRewards 记录当前时期累积的、待分配的区块收益（验证者区块收益中扣除验证者佣金之后的部分）。前面提到的 BeginBlocker()方法就是通过不断更新该字段来追踪验证者在当前时期待分配的累积收益的。

当有涉及该验证人的委托、惩罚或者委托人提取收益时，会结束当前时期并开始新的时期（Period 字段加 1），同时根据此时的状态创建该验证者的历史时期收益信息 ValidatorHistoricalRewards。与当前时期收益信息不同的是，历史时期收益信息保存了跨时期的累积收益 F_p'（保存在字段 CumulativeRewardRatio 中），以便在委托人提取收益时，可以快速完成计算。ValidatorHistoricalRewards 的 ReferenceCount 用来统计还有多少未提取的收益的计算依赖该历史时期收益信息。当 ReferenceCount 变成 0 时，可以从链上删除该历史时期收益信息。

```
// cosmos-sdk/x/distribution/types/validator.go 37-40
type ValidatorCurrentRewards struct {
    Rewards sdk.DecCoins    // 当前奖励
    Period  uint64          // 当前时期
}

// cosmos-sdk/x/distribution/types/validator.go 21-24
type ValidatorHistoricalRewards struct {
    CumulativeRewardRatio sdk.DecCoins
    ReferenceCount        uint16
}
```

需要为每个验证者记录 ValidatorCurrentRewards 和 ValidatorHistoricalRewards，因此 distribution 模块需要实现 staking 模块的特定回调方法。每次有验证者创建，就应当为其创建并初始化这两种收益信息，因此 distribution 模块需要提供 AfterValidatorCreated()方法的实现，其实现内部利用 initializeValidator()方法创建并初始化历史时期收益信息、当前时期收益信息，其中累积的佣金收益初始值为 0，待分配的累积收益初始值也为 0。其中，历史时期收益信息的 ReferenceCount 初始化为 1、CumulativeRewardRatio 初始化为 0，而当前时期收益信息的 Period 初始化为 1。

```
// cosmos-sdk/x/distribution/keeper/hooks.go 20-23
func (h Hooks) AfterValidatorCreated(ctx sdk.Context, valAddr sdk.ValAddress) {
    val := h.k.stakingKeeper.Validator(ctx, valAddr)
    h.k.initializeValidator(ctx, val)
}
```

```
// cosmos-sdk/x/distribution/keeper/validator.go 13-25
func (k Keeper) initializeValidator(ctx sdk.Context, val exported.ValidatorI) {
    // 初始历史时期收益信息的引用计数为 1（时期 0）
    k.SetValidatorHistoricalRewards(ctx, val.GetOperator(), 0, types.NewValidator
HistoricalRewards(sdk.DecCoins{}, 1))

    // 设置当前时期收益信息（从时期 1 开始）
    k.SetValidatorCurrentRewards(ctx, val.GetOperator(), types.NewValidatorCurrent
Rewards(sdk.DecCoins{}, 1))

    // 设置累积的佣金收益
    k.SetValidatorAccumulatedCommission(ctx, val.GetOperator(), types.InitialValid
atorAccumulatedCommission())

    // 设置待分配的累积收益
    k.SetValidatorOutstandingRewards(ctx, val.GetOperator(), sdk.DecCoins{})
}
```

有多种事件会导致当前时期结束，并开始下一时期（具体实现在方法 incrementValidator-Period()中）。

（1）有委托人发起委托、撤回委托、重新委托等操作。

（2）有委托人提取收益，发生在方法 withdrawDelegationRewards()中。

（3）验证者遭受链上惩罚，发生在方法 updateValidatorSlashFraction()中。

为了加深读者对 ValidatorCurrentRewards 和 ValidatorHistoricalRewards 的理解，下面介绍 incrementValidatorPeriod()方法的实现。时期递增时，当前时期收益信息会被**转存**到历史时期收益信息当中。该方法首先根据累积的收益和当前抵押中的链上资产总量，计算当前时期单位链上资产的累积收益 current = rewards / tokens，然后从最近的历史时期收益信息中获得截至上一时期的单位链上资产的累积收益 historical，并设置最新的历史时期收益信息中的单位链上资产的累积收益为 historical + current，也就完成了前述的 $F'_{p+1} = F'_p + F_{p+1} / S_{p+1}$ 计算。

```
// cosmos-sdk/x/distribution/keeper/validator.go 28-64
func (k Keeper) incrementValidatorPeriod(ctx sdk.Context, val exported.ValidatorI)
uint64 {
    rewards := k.GetValidatorCurrentRewards(ctx, val.GetOperator())
```

```
    // 计算当前比例
    var current sdk.DecCoins
    if val.GetTokens().IsZero() {
        // 省略部分代码
    } else {
        // 注意：截断操作是有必要的，以防止取回的收益高于实际拥有的
        current = rewards.Rewards.QuoDecTruncate(val.GetTokens().ToDec())
    }

    historical := k.GetValidatorHistoricalRewards(ctx, val.GetOperator(), rewards.
Period-1).CumulativeRewardRatio

    k.decrementReferenceCount(ctx, val.GetOperator(), rewards.Period-1)

    // 将新的历史时期收益信息的引用计数设置为 1
    k.SetValidatorHistoricalRewards(ctx, val.GetOperator(), rewards.Period, types.
NewValidatorHistoricalRewards(historical.Add(current...), 1))

    // 设置当前时期收益信息，并增大时期
    k.SetValidatorCurrentRewards(ctx, val.GetOperator(), types.NewValidatorCurrent
Rewards(sdk.DecCoins{}, rewards.Period+1))

    return rewards.Period
}
```

　　值得注意的是，任何一方查询某个委托人的收益或者查询验证者待分配的累积收益时，为了根据 F1 奖励分发机制完成计算，都需要先结束当前时期。这两种查询是通过 QueryDelegationRewards 和 QueryDelegatorTotalRewards 消息完成的。虽然在处理查询时确实调用了 incrementValidatorPeriod() 方法，但是此时该方法执行的上下文是当前链上状态的缓存。在根据 F1 奖励分发机制完成计算之后，被改写的缓存状态被丢弃，没有导致链上状态的迁移。

　　根据 F1 奖励分发机制进行收益分发，除需要跟踪验证者代理的抵押链上资产总量之外，也需要跟踪每个委托人在一个验证者处抵押的链上资产的变化情况。distribution 模块的委托开始信息结构体 DelegatorStartingInfo 用来追踪关于一笔链上资产委托的信息，其中 PreviousPeriod 字段表示链上最近的历史时期，即计算收益时的起点。

　　staking.Keeper.Delegate() 方法用于处理委托操作。该委托人可能是全新的委托人，也可能是某个已存在的委托人。该方法根据情况分别调用 BeforeDelegationCreated() 和 Before-DelegationSharesModified()，前者会增加验证者的时期，后者会触发委托收益提取操作，即委托人抵押的链上资产的每次变动都会自动提取之前已经累积的收益。staking.Keeper. Delegate() 处理完委托操作之后，会调用 AfterDelegationModified() 回调方法，来初始化关于该委托人的链上资产委托的信息。

```
// cosmos-sdk/x/distribution/types/delegator.go 14-18
type DelegatorStartingInfo struct {
```

```
            PreviousPeriod uint64    // 奖励收益计算的开始时期
            Stake          sdk.Dec   // 抵押的链上资产总量
            Height         uint64    // 抵押创建的区块高度
    }
```

```
// cosmos-sdk/x/distribution/keeper/hooks.go 79-96
    func (h Hooks) BeforeDelegationCreated(ctx sdk.Context, delAddr sdk.AccAddress, val
Addr sdk.ValAddress) {
        val := h.k.stakingKeeper.Validator(ctx, valAddr)
        h.k.incrementValidatorPeriod(ctx, val)
    }
```

```
// 提取抵押收益，会导致时期变化
    func (h Hooks) BeforeDelegationSharesModified(ctx sdk.Context, delAddr sdk.AccAddress,
valAddr sdk.ValAddress) {
        val := h.k.stakingKeeper.Validator(ctx, valAddr)
        del := h.k.stakingKeeper.Delegation(ctx, delAddr, valAddr)
        if _, err := h.k.withdrawDelegationRewards(ctx, val, del); err != nil {
            panic(err)
        }
    }
```

```
    func (h Hooks) AfterDelegationModified(ctx sdk.Context, delAddr sdk.AccAddress, val
Addr sdk.ValAddress) {
        h.k.initializeDelegation(ctx, valAddr, delAddr)
    }
```

initializeDelegation() 方法内部，首先会递增相应的历史时期收益信息的 ReferenceCount 字段，意味着多了一个需要依赖该历史时期收益信息进行收益计算的委托操作，然后通过抵押的份额计算抵押的链上资产的实际数量，并利用这些信息初始化链上资产委托的信息。

```
// cosmos-sdk/x/distribution/keeper/delegation.go 13-28
    func (k Keeper) initializeDelegation(ctx sdk.Context, val sdk.ValAddress, del sdk.
AccAddress) {
        // 时期已经变化，保存被该抵押操作结束的时期
        previousPeriod := k.GetValidatorCurrentRewards(ctx, val).Period - 1

        // 增加想要追踪的时期的引用计数
        k.incrementReferenceCount(ctx, val, previousPeriod)

        validator := k.stakingKeeper.Validator(ctx, val)
        delegation := k.stakingKeeper.Delegation(ctx, del, val)

        // 计算抵押的链上资产数额
        stake := validator.TokensFromSharesTruncated(delegation.GetShares())
        k.SetDelegatorStartingInfo(ctx, val, del, types.NewDelegatorStartingInfo(previous
Period, stake, uint64(ctx.BlockHeight())))
    }
```

在委托相关的操作之外，链上惩罚也会导致验证者代理的抵押链上资产数量发生变化，

因此也需要保存链上惩罚事件的相关信息。distribution 模块通过验证者惩罚事件结构体
ValidatorSlashEvent 来保存这些信息，其中 ValidatorPeriod 表示链上惩罚发生的时期，而
Fraction 字段则表示此次链上惩罚事件要扣除的抵押链上资产比例。如果一笔委托在验证者
处遭受了链上惩罚，则计算其收益时，在惩罚事件之后，该委托操作对应的链上资产数量需
要乘系数(1 − Fraction)。对验证者执行链上惩罚之前，会先创建验证者惩罚事件的信息。

```go
// cosmos-sdk/x/distribution/types/validator.go 63-66
type ValidatorSlashEvent struct {
    ValidatorPeriod uint64    // 链上惩罚发生的时期
    Fraction        sdk.Dec   // 抵押的链上资产的扣除比例
}


// cosmos-sdk/x/distribution/keeper/hooks.go 99-101
func (h Hooks) BeforeValidatorSlashed(ctx sdk.Context, valAddr sdk.ValAddress,
fraction sdk.Dec) {
    h.k.updateValidatorSlashFraction(ctx, valAddr, fraction)
}
```

在了解了链上资产委托的信息的初始化时机和内部字段含义之后，接下来介绍 F1 奖励
分发机制的具体实现，即如何根据前文所述的各种链上信息完成链上资产抵押的收益计算。
具体的计算过程在方法 calculateDelegationRewards()中实现，这也是本小节介绍的最后一个
方法实现。该方法实现依赖 calculateDelegationRewardsBetween()方法。

```go
// cosmos-sdk/x/distribution/keeper/delegation.go 31-53
func (k Keeper) calculateDelegationRewardsBetween(ctx sdk.Context, val exported.
ValidatorI,
    startingPeriod, endingPeriod uint64, stake sdk.Dec) (rewards sdk.DecCoins) {
    // 省略部分状态检查代码

    // 返回 staking * (ending - starting)
    starting := k.GetValidatorHistoricalRewards(ctx, val.GetOperator(), startingPeriod)
    ending := k.GetValidatorHistoricalRewards(ctx, val.GetOperator(), endingPeriod)
    difference := ending.CumulativeRewardRatio.Sub(starting.CumulativeRewardRatio)
    // 省略错误处理代码

    rewards = difference.MulDecTruncate(stake)
    return
}
```

calculateDelegationRewardsBetween()方法用于计算两个时期之间的收益，其核心逻辑便
是 F1 奖励分发机制的计算公式 $t(F'_N - F'_M)$。calculateDelegationRewards()方法通过
calculateDelegationRewardsBetween()方法计算一个委托操作在验证者的 endingPeriod 时期结
束时的累积收益。基本逻辑是，首先借助链上资产委托的信息 DelegatorStartingInfo 获取开
始累积收益的时期以及抵押的链上资产数量，然后利用 calculateDelegationRewardsBetween()
方法计算从开始时期到结束时期的累积收益。但是该方法中没有考虑链上惩罚事件，每次惩

罚都会扣除一定比例的抵押链上资产，从而导致收益减少。因此为了计算最终的收益，需要
遍历相应时间段（这个时间段被链上惩罚事件切割成了多个时期）内的链上惩罚事件。考虑
惩罚事件，就需要不断通过 stake = stake × (1 − Fraction) 更新剩余的链上资产总量。

```
// cosmos-sdk/x/distribution/keeper/delegation.go 56-137
func (k Keeper) calculateDelegationRewards(ctx sdk.Context, val exported.ValidatorI,
del exported.DelegationI, endingPeriod uint64) (rewards sdk.DecCoins) {
    // 获取抵押操作开始的信息
    startingInfo := k.GetDelegatorStartingInfo(ctx, del.GetValidatorAddr(), del.Get
DelegatorAddr())

    // 省略部分代码
    startingPeriod := startingInfo.PreviousPeriod
    stake := startingInfo.Stake

    startingHeight := startingInfo.Height

    endingHeight := uint64(ctx.BlockHeight())
    if endingHeight > startingHeight {
        k.IterateValidatorSlashEventsBetween(ctx, del.GetValidatorAddr(), starting
Height, endingHeight,
            func(height uint64, event types.ValidatorSlashEvent) (stop bool) {
                endingPeriod := event.ValidatorPeriod
                if endingPeriod > startingPeriod {
                    rewards = rewards.Add(k.calculateDelegationRewardsBetween(ctx,
val, startingPeriod, endingPeriod, stake)...)
                    stake = stake.MulTruncate(sdk.OneDec().Sub(event.Fraction))
                    startingPeriod = endingPeriod
                }
                return false
            },
        )
    }

    currentStake := val.TokensFromShares(del.GetShares())

    // 省略部分代码

    // 计算最后一个时期的奖励
    rewards = rewards.Add(k.calculateDelegationRewardsBetween(ctx, val, starting
Period, endingPeriod, stake)...)
    return rewards
}
```

至此已经完整介绍了 distribution 模块中为支持 PoS 机制而实现的 F1 奖励分发机制。链
上资产委托以及链上惩罚机制的设计，使得在 Cosmos-SDK 中实现高效的奖励分发机制并
不容易。但是利用 F1 奖励分发机制巧妙地解决了这一难题，当链上没有发生任何惩罚事件
时，Cosmos-SDK 可以在常量时间内完成收益计算。但是当链上有惩罚事件发生时，计算收

益时就需要遍历相应时期内所有的链上惩罚事件。根据 Cosmos Hub 的实际运营经验，可以知道链上惩罚事件很少发生。值得提及的是，每个委托人在每个验证者处抵押的链上资产数量发生变动时（由于委托等用户操作触发）会触发累积收益的自动提取。而当从链上删除一个验证者信息时，也会触发所有未提取收益的自动提取，参考 distribution 模块实现的回调方法 AfterValidatorRemoved()，此处不赘述。关于 F1 奖励分发机制的更多信息，请参考原始论文[①]。

8.8　小结

本章首先介绍了 PoS 机制的基本原理，并详细讨论了 PoS 机制面临的无利害攻击以及长程攻击。为了保证 PoS 机制的安全性，学术界和工业界给出了应对安全挑战的方案，配合链上奖惩机制，终于形成了在公开网络上可实际部署的 PoS 机制。Cosmos Hub 网络中的 PoS 机制基于这些基本理念进行设计，而 Cosmos-SDK 遵循模块化设计理念完成了相应的实现。Cosmos Hub 网络上线以来的稳定运行证实了该 PoS 机制的可行性与安全性。作为较早部署的成熟 PoS 机制，其实现机制值得深入探讨，因此本章随后详细介绍了 Cosmos-SDK 中的 staking 模块、slashing 模块、evidence 模块、mint 模块以及 distribution 模块的机制与实现原理。

---

① Dev Ojha, "F1 Fee Distribution Draft-02".

第 **9** 章

Cosmos-SDK 的跨链通信

IBC 协议依赖于共识协议的可验证性、密码学承诺机制以及负责数据包转发的中继者机制来完成可信赖的、安全的链间通信。IBC 协议属于传输层协议，任何需要可信、安全的链间通信的应用都可以基于它来构造。IBC 协议对于区块链网络，类似于 TCP/IP 对于互联网的作用，两者都只负责数据的传输与认证，数据包的解析和处理则交由上层应用。基于该协议构造的互联的区块链网络可以实现可靠的链间数据传输，为实现原子交换、链间资产转移、多链智能合约、数据分片等上层应用提供底层支撑。

IBC 协议依靠中继者完成数据包的跨链传输。由于中继者是不可信的，需要有一种机制来使双方链能够相互验证来自对方链的数据包的正确性，即数据包确实是由对方链产生的，而不是由中继者恶意构造的。轻客户端机制能够满足这种场景下的要求，如 Tendermint Core 轻客户端能够允许在不运行全节点的情况下，对区块头的有效性进行验证。在此基础上，区块头中存储了应用状态的锚定值 AppHash，并且 Cosmos-SDK 采用了可认证的数据结构简单 Merkle 树来构造该锚定值，进一步实现了对链上存储状态进行验证的轻客户端功能。

为了支持 IBC 协议的设计与实现，Tendermint 团队定义了链间标准（interchain standard，ICS），对跨链过程中各部分的功能组件进行规范，指导基于多种共识协议的链使用 IBC 协议进行跨链通信。在 2021 年 2 月 18 日，Cosmos Hub 完成了代号为"星际之门"的网络升级。在本次升级中，正式发布了 1.0 版本的 IBC 协议及其实现，使得各种各样的区块链间的互联互通成为可能，构建 Cosmos 网络的目标也越来越近。本章将参考 Cosmos SDK v0.41.1 版本代码，介绍 Cosmos-SDK 中 IBC 协议的原理设计，参照 ICS 规范对一些重要的数据结构予以展示，并在 9.3 节以链间资产转移应用为例对 IBC 协议的跨链通信流程进行讲解，加深读者对于 IBC 协议的理解。

9.1 Tendermint Core 轻客户端

9.1.1 轻客户端原理概述

在轻客户端支持方面，比特币等基于 PoW 机制的链的轻客户端无须信任任何实体，可以仅通过验证挖矿工作量的方式来实现。但是在基于 PoS 机制的区块链中，创建新的区块只需要足够的投票而无须像 PoW 机制一样耗费大量计算资源。当攻击者设法获得的某一历史时刻的验证者的私钥数量超过总量的 2/3 时，就可以从那个历史时刻对链进行分叉，导致新设立的节点或者长时间离线的节点无从判断真正的主链。由此基于 PoS 机制的区块链中，全节点和轻客户端都会面临弱主观性问题：由于无法仅依赖数学或者 PoW 等机制验证某个高度的状态，全节点和轻客户端都需要通过某种方式获取关于区块链在某个高度的可信状态。

除弱主观性之外，基于 PoW 机制的中本聪共识协议构建的区块链与基于 PoS 机制的 BFT 共识协议构建的区块链还有另一个显著的区别会影响到轻客户端的支持与实现。比特币等区块链的区块头通常较小，验证起来也比较容易，相应的轻客户端可以从创世区块利用 PoW 机制逐块验证所有的区块头，并且由于区块产生的速度较慢，轻客户端的工作量相对较小，并不会消耗太多的计算资源。相比之下，Tendermint Core 的区块头中包含较多的信息，并且为了验证一个区块头是否正确，通常需要验证一组签名值是否正确。假设有 100 个活跃验证者参与共识投票过程并且投票权重相同，为了验证一个区块头是否合法需要验证 67 个签名值（聚合签名机制可改进这一过程，此处暂且不讨论）。另外 Tendermint 共识协议可以在短短几秒内就产生一个区块，如果逐个验证所有区块中的签名值，对于轻客户端来说需要不小的工作量和可观的网络通信量。

弱主观性问题，可以通过用户自身的多方询问和对比等获得可信的初始状态的方法解决。但是区块验证和区块生成速度等带来的挑战则需要全新的思路来解决。简单来说，结合 PoS 机制的设计，在轻客户端侧无须追踪每一个区块高度，而是追踪活跃验证者集合的变化。根据 Cosmos-Hub 的实际运营经验可知，链上的活跃验证者集合变化比较缓慢，由此提出可以解决关于轻客户端需要不小的工作量和可观的网络通信量问题的方案。

Tendermint Core 提供了通用的轻客户端设计与实现，基于 Tendermint Core 构建的区块链应用可以在该通用轻客户端的基础之上按需定制自己的轻客户端，例如 Cosmos Hub 网络的 Gaia 客户端提供了 Gaia-lite 轻客户端。Tendermint Core 轻客户端和 Gaia-lite 轻客户端设计无须考虑弱主观性问题，无须信任任何节点，包括验证者集合和其他全节点，而仅相信作为整体的活跃验证者集合。

基于可信的初始活跃验证者集合，轻客户端通过跟踪活跃验证者集合的演变，得以保留验证区块合法性的能力。新区块的构建通过活跃验证者参与共识投票完成，这就进一步保证了活跃验证者集合演变的正确性（新的活跃验证者集合的建立需要老的活跃验证者集合之间的共识），而通过 Merkle 证明技术则可以进一步验证交易的合法性和链上状态的合法性。Tendermint Core 轻客户端信任模型如图 9-1 所示。

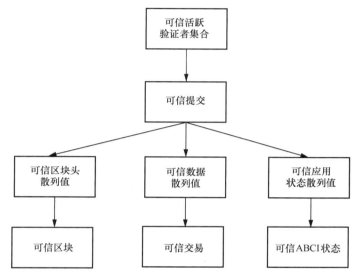

图 9-1　Tendermint Core 轻客户端信任模型

　　轻客户端设计的目的是在保证安全的前提下以最小的计算和通信代价验证区块、交易和链上状态的合法性，其核心在于依赖可信的活跃验证者集合，验证某个高度区块的合法性。接下来讨论如何根据 PoS 机制和 Tendermint 共识协议的特性，让轻客户端通过跟踪可信活跃验证者集合完成特定高度的区块头验证。

　　轻客户端本身保存着当前的可信活跃验证者集合，当收到一个新的、需要验证的区块头时，首先对区块头进行基本的检查，如格式等是否正确。对于合法的区块头，判断构建该区块头的验证者集合与轻客户端本身存储的可信活跃验证者集合是否相同，如果相同，则判断该区块头是否获得了+2/3 的投票，如果是，则该区块头通过验证。如果两个验证者集合不同，则轻客户端本身需要更新其维护的可信活跃验证者集合，然后尝试用更新后的可信活跃验证者集合验证该区块头。如果轻客户端初始的可信活跃验证者是正确的，则根据上述流程可以看到，轻客户端整体的安全性依赖于更新活跃验证者集合的正确性。

　　接下来考察在 Tendermint Core 中如何实现上述逻辑。上述逻辑比较简单，但是在具体实现轻客户端时需要深入考虑大量的技术细节以确保轻客户端的安全性，即轻客户端所信任的活跃验证者集合更新的正确性。问题可以具体描述为，以可信的初始区块头 inithead 为起点，验证一个新的区块头 newhead 是否可信，并根据需要更新轻客户端的活跃可信验证者集合。此处依赖弱主观性保证初始区块头 inithead 是真实、可信的，这也是整个轻客户端安全性的起点。

9.1.2 故障模型与解决方案

轻客户端的安全性主要涉及 3 个功能组件。

（1）区块头验证（core verification）：验证签名值、Merkle 证明、活跃验证者集合更新，以及区块通过散列值链接的正确性。

（2）分叉检测（fork detection）：与多个全节点通信以及时发现区块链网络中活跃验证者的恶意行为。

（3）分叉追责（fork accountability）：通过分析恶意行为来甄别网络中的恶意验证者。

其中区块头验证和分叉检测对轻客户端本身的安全至关重要，而分叉追责则可以交由全节点和验证者节点运行，这种追责的能力进一步为轻客户端的安全性提供了保证。接下来将详细介绍区块头验证组件的实现方案。

由于来自应用层的链上资产抵押、恶意或者不稳定的验证者节点惩罚等措施，BFT 共识协议所依赖的活跃验证者集合是随着时间流逝不断变化的，但是根据 PoS 链的运营可知，这种变化通常比较缓慢，也使得此处讨论的轻客户端实现成为可能。因此，轻客户端自身维护的活跃验证者集合的信息也不是一直有效的。用 TRUSTED_PERIOD 表示该活跃验证者信息的信任周期，即在时间 Time 构造的区块 b 上，它的活跃验证者集合截止到 b.Header.Time + TRUSTED_PERIOD 都是有效的。值得注意的是，此处的有效指的是真实世界流逝的时间，b.Header.Time 则被称为 BFT 时间。这是因为在区块链世界中，时间并不是一个精确的概念。区块链网络上的各个节点的时钟会有偏差，为了对应这种情况，Tendermint 共识协议在构建区块时引入了 BFT 时间。通过额外的约束，可以保证在全网达成共识的区块头中的时间与真实时间之间的偏差有是上界的，称之为时钟漂移上界，用 CLOCK_DRIFT 表示。用 now 表示节点的当前系统时间，则 Tendermint 共识协议保证 b.Header.Time < now + CLOCK_DRIFT，CLOCK_DRIFT 应该是毫秒量级的时间。

在 PoS 机制设计中，为了应对长程攻击引入了弱主观性等措施，而弱主观性要求节点定时上线同步验证者集合的信息。定时具体来说意味着什么，多长时间是合适的？为了回答这一问题，首先需要回顾 PoS 机制中的解绑周期，记为 UNBONDING_PERIOD。验证者想要取回抵押的链上资产时，需要等待 UNBONDING_PERIOD 时间才能真正将自己抵押的链上资产取回，Cosmos Hub 中将 UNBONDING_PERIOD 设定为 3 周。基于此需要有 TRUSTED_PERIOD<UNBONDING_PERIOD，并且 TRUSTED_PERIOD 和 UNBONDING_PERIOD 应该是同一量级的，例如可以取 TRUSTED_PERIOD=UNBONDING_PERIOD/2。根据 Cosmos Hub

的配置，TRUSTED_PERIOD 可以设置为 1 周或者 2 周。

　　轻客户端的安全性不会强于全节点的安全性，当超过 1/3 的节点（以投票权重计量）作恶时，轻客户端可能会发生安全故障。对于全节点，当超过 1/3 的节点作恶时，全网会停顿，而当超过 2/3 的节点作恶时，Tendermint 共识协议也不再能够保证全网的安全性。值得指出的是，在解绑周期之外，PoS 机制通常会引入分叉追责以及证据提交（evidence submission）等措施，并配合奖惩措施来激励验证者遵循共识协议运行，此处不深入讨论。

　　如前文所述，轻客户端初始化的时候，会设置初始信任的区块头 inithead，其核心逻辑是判断收到的、新的区块头 newhead 是否可信。随着轻客户端状态的变化，其维护的、可信任的区块头也会不断更新，记轻客户端信任的区块头为 h，收到的新区块头为 h1，根据 h、h1 以及信任周期 TRUSTED_PERIOD，通过以下 3 种方法的组合可以判断 h1 是否可信。

- 连续区块头验证：逐个验证 h 和 h1 之间所有的区块头，如果中间所有的区块头都可信，则 h1 可信。逐个验证时，需要确保轻客户端中保存的区块头是可信的，待验证的区块头是下一个区块的区块头，可信区块头的 NextValidatorsHash 与下一个区块的 ValidatorsHash 相同，并且有超过 2/3 的新验证者签署了下一个区块头等。如果都验证通过，则更新轻客户端的可信区块头。

- 信任周期内验证：如果 h1 的高度超过 h 的高度，但是 h1 区块时间并没有超出 h 的信任周期，则验证可信的活跃验证者集合中，有足够的验证者签署了 h1。如果签署 h1 的可信验证者所占的投票权重超过了设定的信任阈值，则信任 h1，并更新轻客户端的可信区块头。Tendermint Core 中该信任阈值默认为 1/3。

- 二等分（bisection）验证：如果信任周期内验证失败，即 h1 区块时间超出了 h 的信任周期，轻客户端可以尝试获取介于 h 和 h1 之间的一个区块头 hp，并尝试利用第二种方法验证 hp，如果验证成功，则更新轻客户端可信任区块头为 hp，然后尝试利用第二种方法基于 hp 验证 h1。如果基于 h 验证 hp 失败或者基于 hp 验证 h1 失败，则可以递归执行二等分验证。最终验证通过后，更新轻客户端的可信区块头。

　　通过组合以上 3 种区块头验证方法，轻客户端可以根据自身状态验证任意的新区块头并更新自身状态，其中信任周期内验证方法可以快速判断时间相差不多的一个区块头是否可信任，而二等分验证方法则可以在轻客户端长期没有更新之后，以较少的通信和计算代价，验证一个新区块头并更新轻客户端的状态。

　　图 9-2 展示了 Tendermint Core 轻客户端的主要逻辑关系。轻客户端依据弱主观性设置初始的可信任状态，除了初始的可信任状态，轻客户端还需要与全节点进行连接，包括轻客户端依赖的主全节点以及备份全节点，以便在主全节点出现任何问题时，切换到备份全节点。可以通过地址簿管理主全节点和备份全节点。需要验证区块头时，可以通过具备二等分验证

功能的 Bisector 与主全节点进行交互，以根据需要请求中间区块头，并根据该中间区块头的验证结果执行相应操作，若验证通过，则更新轻客户端自身的可信任状态。若验证失败，则将主全节点标记为故障全节点。图 9-2 还展示了轻客户端中包含的 Detector 组件，它具备的分叉检测功能，可以及时发现区块链网络中发生的恶意行为。若确认这是一次恶意行为，则向用户发出警告。反之，将报告该行为的全节点标记为故障全节点。

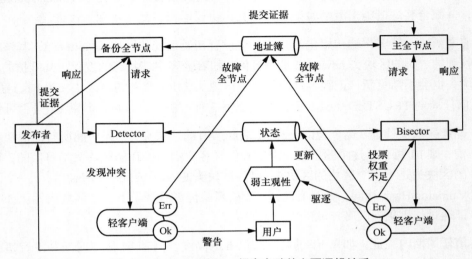

图 9-2 Tendermint Core 轻客户端的主要逻辑关系

9.1.3 轻客户端实现

Tendermint Core 的 lite 模块中，主要实现了 3 种逻辑：轻客户端本身的实现，具体实现在 client.go 文件中；新区块头的验证方法，具体实现在 verifier.go 文件中；安全的 RPC 代理服务，具体实现在 rpc 子文件夹下，其主要功能是利用轻客户端验证收到的 RPC 请求的响应。接下来重点关注轻客户端本身的实现以及新区块头的验证方法的实现。

lite 模块的核心数据结构 lite.Client 中包含轻客户端的所有状态。

```
// tendermint/lite2/client.go 97-127
type Client struct {
    chainID          string                  // 链标识
    trustingPeriod   time.Duration           // 信任周期
    verificationMode mode                    // 工作模式
    trustLevel       tmmath.Fraction         // 信任阈值
    maxRetryAttempts uint16                  // 主全节点连接的最大重试次数

    providerMutex sync.Mutex
    primary provider.Provider                // 主全节点
    witnesses []provider.Provider            // 备份全节点
```

```
    trustedStore store.Store              // 历史可信区块头存储信息
    latestTrustedHeader *types.SignedHeader // 最新可信区块头
    latestTrustedVals *types.ValidatorSet // 最新可信活跃验证者集合

    pruningSize uint16                    // 历史可信区块头存储个数
    confirmationFn func(action string) bool
    routinesWaitGroup sync.WaitGroup
    quit                chan struct{}

    logger log.Logger
}
```

其中包含的主要字段如下。

- trustingPeriod 表示前文所述的信任周期 TRUSTED_PERIOD。

- verificationMode 表示轻客户端当前的工作模式，可以是 sequential 或者 skipping。

  ○ sequential 表示连续区块头验证，会逐一验证所有的区块头。

  ○ skipping 则表示之前讨论的信任周期内验证和二等分验证，即可能会跳过某些区块头的验证。

- trustLevel 为信任阈值，默认值为 1/3。

- primary 和 witnesses 分别表示轻客户端连接的主全节点和备份全节点。
  为了支持分叉检测功能，轻客户端可以从主全节点和备份全节点处请求同一高度的区块头以进行交叉验证。

- maxRetryAttempts 表示从主全节点请求失败时的最大重试次数，如果主全节点一直未能提供响应，则用备份全节点替换主全节点，默认值为 10。

- trustedStore 用来存储部分历史可信区块头信息，而 pruningSize 具体指明了要存储的历史可信区块头的个数，默认值为 1 000。

- latestTrustedHeader 和 latestTrustedVals 表示轻客户端维护的、最新的可信区块头和可信活跃验证者集合。

- 函数类型 confirmationFn 用来在特定场景下弹出信息，要求用户确认是否继续执行某一项操作，默认情况下各种操作均无须用户介入。

基于 Client 结构体存储的信息，轻客户端可以根据连续区块头验证、信任周期内验证以及二等分验证的组合来验证新区块头并更新自身状态。验证新区块头的入口点是方法 VerifyHeaderAtHeight() 和 VerifyHeader()。前者根据给定的区块高度请求对应的区块头和验证者集合，随后根据自身维护的最新可信状态验证区块头。后者则根据可信状态验证给定的新区块头和新活跃验证者集合。两个方法内部真正的新区块头验证逻辑都由 verifyHeader()方法完成。

```go
// tendermint/lite2/client.go 547-585
func (c *Client) verifyHeader(newHeader *types.SignedHeader, newVals *types.Validator
Set, now time.Time) error {
    // 省略日志记录代码

    var err error

    // 如果新区块头高度大于最新可信区块头高度，根据工作模式执行连续区块头验证或者二等分验证
    if newHeader.Height >= c.latestTrustedHeader.Height {
        switch c.verificationMode {
        case sequential:
            err = c.sequence(c.latestTrustedHeader, newHeader, newVals, now)
        case skipping:
            err = c.bisection(c.latestTrustedHeader, c.latestTrustedVals, newHeader,
newVals, now)
        default:
            panic(fmt.Sprintf("Unknown verification mode: %b", c.verificationMode))
        }
    } else {
        // 否则执行反向验证，获取新区块头高度之后最新的可信区块头
        var closestHeader *types.SignedHeader
        closestHeader, err = c.trustedStore.SignedHeaderAfter(newHeader.Height)
        // 省略错误处理代码
        err = c.backwards(closestHeader, newHeader, now)
    }
    // 省略错误处理代码

    if err := c.compareNewHeaderWithWitnesses(newHeader); err != nil {
        c.logger.Error("Error when comparing new header with witnesses", "err", err)
        return err
    }

    return c.updateTrustedHeaderAndVals(newHeader, newVals)
}
```

verifyHeader()方法内部，verificationMode 决定了新区块头的验证方式：sequential 模式逐一验证所有的区块头，skipping 模式组合利用信任周期内验证和二等分验证。如果待验证的新区块头的高度低于轻客户端自身维护的最新可信区块头的高度，则执行区块头的反向验证。验证通过之后，还会通过 compareNewHeaderWithWitnesses()方法从备份全节点再次请求新区块头，进行交叉验证。一切正常之后，轻客户端通过 updateTrustedHeaderAndVals()方法更新自身状态。

接下来关注 bisection 模式的验证，具体实现在方法 bisection()中，方法内部通过循环调

用 Verify()方法完成验证。

- 如果 Verify()方法没有返回错误信息，则更新轻客户端的可信区块头信息，随后再次尝试通过 Verify()方法验证新区块头。

- 如果 Verify()方法返回的是 ErrNewValSetCantBeTrusted 错误，则对高度进行折半，并重新调用 Verify()方法。

- 如果 Verify()方法返回的是 ErrInvalidHeader 错误，则意味着当前的主全节点提供的新区块头信息是错误的，说明该全节点正在作恶，此时通过 replacePrimaryProvider() 方法更换主全节点。

具体实现如下。

```go
// tendermint/lite2/client.go 710-769
func (c *Client) bisection(
    initiallyTrustedHeader *types.SignedHeader,
    initiallyTrustedVals *types.ValidatorSet,
    newHeader *types.SignedHeader,
    newVals *types.ValidatorSet,
    now time.Time) error {

    var (
        trustedHeader = initiallyTrustedHeader
        trustedVals   = initiallyTrustedVals

        interimHeader = newHeader
        interimVals   = newVals
    )

    for {
        // 省略日志记录
        err := Verify(c.chainID, trustedHeader, trustedVals, interimHeader,
            interimVals, c.trustingPeriod, now, c.trustLevel)

        switch err.(type) {
        case nil:
            if interimHeader.Height == newHeader.Height { return nil }
            // 利用验证通过的区块头和验证者集合来更新可信区块头和可信验证者集合
            trustedHeader, trustedVals = interimHeader, interimVals
            // 利用最终要验证的新区块头和验证者集合来作为验证目标
            interimHeader, interimVals = newHeader, newVals
        case ErrNewValSetCantBeTrusted:
            pivotHeight := (interimHeader.Height + trustedHeader.Height) / 2
            interimHeader, interimVals, err = c.fetchHeaderAndValsAtHeight(pivotHeight)
            if err != nil { return err }
        case ErrInvalidHeader:
            c.logger.Error("primary sent invalid header -> replacing", "err", err)
```

```
            replaceErr := c.replacePrimaryProvider()
            if replaceErr != nil {
                c.logger.Error("Can't replace primary", "err", replaceErr)
                return errors.Wrapf(err, "verify from #%d to #%d failed",
                trustedHeader.Height, interimHeader.Height)
            }
            // 尝试继续进行区块头验证
            continue

        default:
            return errors.Wrapf(err, "verify from #%d to #%d failed",
            trustedHeader.Height, interimHeader.Height)
        }
    }
}
```

Verify()方法根据 trustedHeader 和 untrustedHeader 高度之间的关系, 通过 VerifyAdjacent()
函数来完成相邻区块的验证, 或者通过 VerifyNonAdjacent()函数来完成非相邻区块的验证。
重点关注 VerifyNonAdjacent()函数的内部逻辑。

- 通过 HeaderExpired()函数判断此时是否仍在可信状态的信任周期内。

- 通过 verifyNewHeaderAndVals()函数对新区块头进行检查, 其中一项检查是确保新区
  块头内 BFT 时间漂移没有超过允许的最大值, 即 untrustedHeader.Time < now +
  CLOCK_DRIFT。

- 通过 VerifyCommitTrusting()方法验证可信活跃验证者集合中有足够的验证者签署了
  新的区块头, 如果失败则意味着可信活跃验证者集合和构建新区块头的验证者集合
  之间差异较大, 则返回 ErrNewValSetCantBeTrusted 错误, lite.Client 的 bisection()方
  法可以根据这一错误继续进行二等分验证。

- 最后通过 VerifyCommit()方法验证与新区块头相关的验证者集合中, 有超过 2/3 的验
  证者签署了该新区块。

具体实现如下。

```
// tendermint/lite2/verifier.go 33-78
func VerifyNonAdjacent(
    chainID string,
    trustedHeader *types.SignedHeader,
    trustedVals *types.ValidatorSet,
    untrustedHeader *types.SignedHeader,
    untrustedVals *types.ValidatorSet,
    trustingPeriod time.Duration,
    now time.Time,
    trustLevel tmmath.Fraction) error {
```

```
        if untrustedHeader.Height == trustedHeader.Height+1 {
            return errors.New("headers must be non adjacent in height")
        }

        if HeaderExpired(trustedHeader, trustingPeriod, now) {
            return ErrOldHeaderExpired{trustedHeader.Time.Add(trustingPeriod), now}
        }

        if err := verifyNewHeaderAndVals(chainID, untrustedHeader, untrustedVals, trusted
Header, now); err != nil {
            return ErrInvalidHeader{err}
        }

        // 确保不低于信任阈值（默认为 1/3）的可信验证者签名正确
        err := trustedVals.VerifyCommitTrusting(chainID, untrustedHeader.Commit.BlockID,
untrustedHeader.Height,
            untrustedHeader.Commit, trustLevel)
        if err != nil {
            switch e := err.(type) {
            case types.ErrNotEnoughVotingPowerSigned:
                return ErrNewValSetCantBeTrusted{e}
            default:
                return e
            }
        }

        // 确保大于 2/3 的验证者签名正确
        if err := untrustedVals.VerifyCommit(chainID, untrustedHeader.Commit.BlockID,
untrustedHeader.Height,
            untrustedHeader.Commit); err != nil {
            return ErrInvalidHeader{err}
        }

        return nil
    }
```

假设当前轻客户端可信区块头的高度为 100，在验证区块高度为 10 000 的新区块头时，通过 bisection 模式验证的 Tendermint Core 轻客端区块头更新示例如图 9-3 所示。

（1）以参数(100,10 000)尝试验证高度为 10 000 的新区块头，Verify()方法返回 ErrNew-ValSetCantBeTrusted 错误。

（2）以参数(100,5 050)尝试验证高度为 5 050 的区块头，Verify()方法返回 ErrNewValSet-CantBeTrusted 错误。

（3）以参数(100,2 575)尝试验证高度为 2 575 的区块头，Verify()方法验证成功，轻客户端可信区块头高度更新为 2 575。

（4）以参数(2 575,10 000)尝试验证高度为 10 000 的新区块头，Verify()方法返回 ErrNew-ValSetCantBeTrusted 错误。

（5）以参数(2 575,6 287)尝试验证高度为 6 287 的区块头，Verify()方法验证成功，轻客户端可信区块头高度更新为 6 287。

（6）以参数(6 287,10 000)尝试验证高度为 10 000 的新区块头，Verify()方法成功，轻客户端可信区块头高度更新为 10 000。

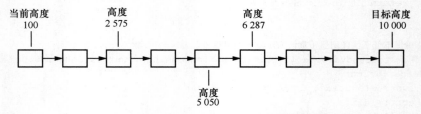

图 9-3　Tendermint Core 轻客户端区块头更新示例

9.1.4　Cosmos-SDK 轻客户端

Cosmos 网络生态中，应用专属区块链系统通常基于 Tendermint Core 和 Cosmos-SDK 构建，从而继承了 Tendermint Core 轻客户端的实现以及 Cosmos-SDK 的模块化设计理念，尤其是 Cosmos-SDK 的存储模型。Cosmos-SDK 基于 IAVL+树为每个模块提供了单独的存储空间，而所有模块的 IAVL+树根共同组成了简单 Merkle 树，其根存储在 Tendermint Core 构建的区块的区块头的 AppHash 字段（见图 9-4）中。关于 Tendermint Core 区块的设计，参见 3.6 节。

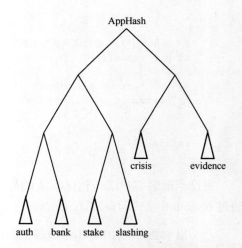

图 9-4　Cosmos-SDK 的存储模型

为了构建有特定应用场景的轻客户端，需要支持特定应用状态的查询和证明。基于 Cosmos-SDK 构建的上层应用，其应用状态的证明通常包含两部分。

- 从 AppHash 到特定功能模块的 IAVL+树根的 Merkle 证明，参见 2.1 节。

- 从特定功能模块的 IAVL+树根到目标叶子节点的 Merkle 证明，参见 6.3 节。

Tendermint Core 轻客户端的实现，可以验证新区块头的有效性，也就保证了区块头中

AppHash 字段的有效性。基于 Merkle 证明的特点，AppHash 的有效性可以确保任一应用状态的有效性。

为了增进对 Cosmos-SDK 支持的证明机制的理解，下面展示针对 auth 模块中账户存储状态的真实证明数据。

```
{
    "ops": [
      {
        "type": "iavl:v",
        "key": "AX+sVUbSG4S1t0RJlaVQ9QiFGKAP",
```
```
        "data": "8AEK7QEKKggIEAkYp/kBKiAAIcJSCFGR9yUTJM5UWqKe0FGAu+9zbCzNCZDzmcvQYAoq
CAYQBRin+QEiIEdVt1xoNjUsIni5mNTfDR3mPaAvMv2IKGmSdMHE7bd9CioIBBADGKf5ASoga3y6MYje7QhwNqNb
ReWGUw9wdPsuBl2fmf8e2FqZ+TQKKQgCEAIYjAwiIL9R5O+YMd9c5aZ4Y2lo8m7cbDXRGxRx9pXU4QDe4qvRGjw
KFQF/rFVG0huEtbdESZWlUPUIhRigDxIgHF8LZph8MuToHj+3DAo8Y3TIFtU/L10tOaMvZgybMRYYjAw="
      },
```
```
      {
        "type": "multistore",
        "key": "YWNj",
```
```
        "data": "1gMK0wMKMgoGcGFyYW1zEigKJgin+QESINz60+hn2nySE+nY3K3qWzzXtacQQsBK3
38SXRLlt4AVCjIKBnN1cHBseRIoCiYIp/kBEiAf0v7IrgnDrQ3uLsN5rBpMM9panh/JgHoMdYiiLSXlTAozCgd
zdGFraW5nEigKJgin+QESIKkeEFfZjrAX0kuH4PIk79cq/WV9aWuMQHmB+3zV4fRbCjgKDGRpc3RyaWAWJ1dGlvb
hIoCiYIp/kBEiBxudYad7w6sk6IXZ7HvIc5khyxdkkQJjJDTYIgqK2cZQowCgRtaW50EigKJgin+QESIBMPFWH
zsXC88d9nujddbu1jjCxfwtEy2fWOCeBadG5ZCi8KA2dvdhIoCiYIp/kBEiA2Tt/wXwevovHOiqtTtw1X4kZDx
d7zTk9O3iVEzwCuWwowCgRtYWluEigKJgin+QESIC5X75NgcQX0LlQ8dgnH0yGjA6A+mOiNJvhN1SnTkdFgCi8
KA2FjYxIoCiYIp/kBEiB0iPPS1B1kfC8w25fOfVlrkarX50XT8YyX+tiZZrLd7go0CghzbGFzaGluZxIoCiYIp
/kBEiB55mYqaOpbhRT+vgndMIy1xdur2aaNrM0AWfs4gC0LRw=="
      }
```
```
    ]
}
```

本例查询了地址为 cosmos107k923kjrwzttd6yfx262584pzz33gq0dn05m9 的账户存储，其对应的无地址前缀的十六进制地址表示为 7FAC5546D21B84B5B7444995A550F5088518A00F。本小节只展示针对证明的查询结果，目的是帮助读者更好地理解针对键值对存储的证明过程，存储证明的查询过程参见 10.2 节。

该证明中包含两部分证明：ops[0]的类型为 iavl:v，表示该证明是一个针对 IAVL+树的键值对存在性证明，key 中存储了地址 7FAC5546D21B84B5B7444995A550F5088518A00F 的编码，data 中存储了从目标叶子节点到 auth 模块 IAVL+树根的 Merkle 证明；ops[1]的类型为 multistore，表示该证明是一个针对简单 Merkle 树的键值对存在性证明，key 中存储了该模块的子存储空间名称 acc 的编码，data 中存储了从 auth 模块的 IAVL+树根到 AppHash 的 Merkle 证明。

接下来分别对两个证明的 data 字段进行介绍，首先来看针对 ops[0]的 data 解析。IAVL+树的存在性证明是一个范围证明，PathToLeaf 中存储了从 IAVL+树的根节点到最左侧叶子节点的路径（本例中只涉及一个叶子节点），叶子节点中的 Key 是查询的账户地址，根据 PathToLeaf 和 Leaves 可以计算出 IAVL+树的根节点散列值，该值为图 9-4 中名为 auth 的子树根。

```
proof RangeProof{
  LeftPath: PathToLeaf{
    0:ProofInnerNode{
      Height:  4
      Size:    9
      Version: 31911
      Left:
      Right:   0021C252085191F7251324CE545AA29ED05180BBEF736C2CCD0990F399CBD060
    }
    1:ProofInnerNode{
      Height:  3
      Size:    5
      Version: 31911
      Left:    4755B75C6836352C2278B998D4DF0D1DE63DA02F32FD8828699274C1C4EDB77D
      Right:
    }
    2:ProofInnerNode{
      Height:  2
      Size:    3
      Version: 31911
      Left:
      Right:   6B7CBA3188DEED087036A35B45E586530F7074FB2E065D9F99FF1ED85A99F934
    }
    3:ProofInnerNode{
      Height:  1
      Size:    2
      Version: 1548
      Left:    BF51E4EF9831DF5CE5A678636968F26EDC6C35D11B1471F695D4E100DEE2ABD1
      Right:
    }
  }
  InnerNodes:

  Leaves:
    ProofLeafNode{
      Key:       017FAC5546D21B84B5B7444995A550F5088518A00F
      ValueHash: 1C5F0B66987C32E4E81E3FB70C0A3C6374C816D53F2F5D2D39A32F660C9B3116
      Version:   1548
    }
  (rootVerified): false
  (rootHash):
  (treeEnd): false
}
```

接下来看针对 ops[1]的 data 的解析，可以看到这是 2.1 节介绍的简单 Merkle 树的存在性证明。2.1 节提到简单 Merkle 树的存在性证明是由目标叶子节点和一系列中间节点构成的，但是 ops[1]中的证明数据则是所有的叶子节点，即所有模块的 IAVL+树根散列值。注意到两种方式都可以根据证明中包含的信息计算出简单 Merkle 树根，即 AppHash 字段。对于仅包含 9 个叶子节点的简单 Merkle 树，通过直接给出所有叶子节点的方式来证明树中存在某个叶子节点，逻辑和实现上都更为简单。

```
    params version 31911 commitid dcfad3e867da7c9213e9d8dcadea5b3cd7b5a71042c04adf7f125
d12e5b78015
    supply version 31911 commitid 1fd2fec8ae09c3ad0dee2ec379ac1a4c33da5a9e1fc9807a0c758
8a22d25e54c
    staking version 31911 commitid a91e1057d98eb017d24b87e0f224efd72afd657d696b8c407981
fb7cd5e1f45b
    distribution version 31911 commitid 71b9d61a77bc3ab24e885d9ec7bc8739921cb1764910263
2434d8220a8ad9c65
    mint version 31911 commitid 130f1561f3b170bcf1df67ba375d6eed638c2c5fc2d132d9f58e09e
05a746e59
    gov version 31911 commitid 364edff05f07afa2f1ce8aab53b70d57e24643c5def34e4f4ede2544
cf00ae5b
    main version 31911 commitid 2e57ef93607105f42e543c7609c7d321a303a03e98e88d26f84dd52
9d391d160
    acc version 31911 commitid 7488f3d2d41d647c2f30db97ce7d596b91aad7e745d3f18c97fad899
66b2ddee
    slashing version 31911 commitid 79e6662a68ea5b8514febe09dd308cb5c5dbabd9a68daccd005
9fb38802d0b47
```

进行证明时，首先检查叶子节点中确实有目标键值对，由此可以确认 IAVL+树中确实存在该键值对；然后从 IAVL+树的范围证明计算出 IAVL+树的根节点散列值，并将其与 ops[1]中包含的 acc 模块的 commitid 相比较，如果相等，则意味着简单 Merkle 树中确实包含该 IAVL+树；最后根据 Merkle 树的所有叶子节点计算 AppHash，并将其与轻客户端保存的同一个区块高度的可信区块头中的 AppHash 进行比较，如果相等，则意味着在该区块高度中确实存在目标键值对。

9.2　跨链通信原理与设计

9.2.1　跨链通信概述

作为通用跨链通信协议，IBC 协议支持任意两条链之间的跨链通信，即使两条链的共识协议、账户模型等都不相同。为了应对各个区块链系统的不同特性，Tendermint 团队对跨链通信进行了抽象，并通过 ICS 规范给出了明确的接口规范。ICS 规范中包含两类规范：TAO（Transport、Authentication、Ordering）规范和 APP（Application）规范。TAO 规范致力构建安全、可靠的跨链数据包传输机制，也因此约定了数据传输、认证和排序的相关接口规范。

基于 TAO 规范提供的跨链通信能力可以构建多种多样的跨链应用，APP 规范规定了诸如链上资产转移等操作的具体流程。任意遵循 ICS 规范实现了相应接口的链，均可进行跨链通信。

跨链通信的基础是任何一条参与跨链通信的链，都能够让另外的链相信自身链上状态的真实性。利用轻客户端以及 Merkle 证明可以验证一条链的特定区块高度上确实存在特定的状态，但这尚不足以证明该状态的真实性。这是因为，如果这条链可以像比特币一样发生区块重组，该状态可能会因为区块重组而失效，即链上状态的真实性与共识协议的逐块最终化特性有关。为了保证跨链通信的安全性，ICS 就共识协议的特性，尤其是就逐块最终化相关的特性做了约定。Tendermint 共识协议的逐块最终化特性可以保证不会发生区块重组事件，也就满足了 ICS 规范中的快速最终性（fast-finality）。

然而比特币、以太坊等随时都可能发生区块重组事件，不满足快速最终性。为了在 IBC 生态中连接比特币、以太坊等公链项目，需要为这些公链分别构建桥接链。以比特币为例，其桥接链会追踪比特币网络的状态，通过设定的最终性门槛（例如一笔交易在 6 个区块确认之后被认为已经逐块最终化）满足 IBC 所要求的最终性，进一步实现 IBC 的兼容并与其他链进行跨链通信。为了将以太坊接入 Cosmos 网络，Ethermint 项目利用 Tendermint Core 和 Cosmos-SDK 构建以太坊的桥接链，目前已经实现对以太坊虚拟机和智能合约功能的兼容，后续会对以太坊的链上状态进行锚定，以满足快速最终性要求并兼容 IBC，从而将以太坊网络接入 Cosmos 网络。

不失一般性，接下来讨论满足快速最终性的链。如果将需要进行通信的两条链定义为主机，将链上功能独立的模块（如第 7 章介绍的 auth、bank 等模块）定义为主机上的应用，那么 IBC 实现的就是任意两条链（主机）上模块（应用）到模块（应用）之间可靠的数据传输。这里包含 3 层含义。

- 跨链数据包需要及时传输。
- 跨链数据包是可认证的。
- 跨链数据包的丢包、重发、乱序等情况需要能够得到正确处理。

跨链数据包的及时传输依赖链外的中继者对跨链数据进行转发。每一个区块链应用都可以被视为一个状态机模型，而其状态更新通常由区块中包含的交易触发，因此中继者转发的跨链数据都需要以交易的形式提交到目标链以触发状态更新。这就要求中继者在两条链上都有账户以发起包含跨链数据的交易并且实时监听链上状态。区块链网络中的任何节点都可以成为中继者，只要有一个中继者能够正常运转，就可以保证跨链数据的及时转发。收到中继者的跨链数据包之后，链需要确认数据包的真实性，以防止中继者篡改或者伪造跨链数据包。跨链数据包的认证可以通过轻客户端以及基于 Merkle 证明的承诺机制来完成。由于中继者的不可靠，跨链数据包可能出现重复、丢包、乱序等情况，这就要求 IBC 协议能够处理这些异常情况。另外，IBC 协议需要有相应组件完成跨链数据的路由分发，将接收到的跨链数据转发到相应模块进行处理。

ICS-23（23 为本规范在 ICS 中的序号）中引入了向量承诺（vector commitment）组件为应用子状态组成的向量提供简洁证明，在给定的应用状态锚定（应用状态锚定可以唯一确定应用状态，通常情况下由状态经过散列函数获得，例如 Merkle 树根是整棵树的应用状态锚定）下，可以同时对多个子状态组成的向量进行高效的存在性/非存在性证明。ICS-02 中的轻客户端组件，在保证链上共识状态可信的同时，能够为应用状态提供锚定。进一步结合向量承诺组件，共同为应用子状态的跨链数据提供认证。ICS-06、ICS-07、ICS-09 以及 ICS-10 分别引入了单机器轻客户端、Tendermint Core 轻客户端、本地回环轻客户端以及 GRANDPA 轻客户端作为轻客户端组件的不同实例化，对轻客户端组件定义的接口进行了实现。各个轻客户端的特点简述如下。

- 单机器轻客户端针对智能手机、浏览器等的状态可由单个可升级私钥所控制的终端。这些终端的状态由单个私钥进行签名、认证，且该私钥可以进行升级和替换。

- Tendermint Core 轻客户端针对基于 Tendermint Core 及 Cosmos-SDK 构造的链。

- 本地回环轻客户端主要用来进行测试。

- GRANDPA 轻客户端针对采用了 GRANDPA 共识协议的链，如 Polkadot 项目。基于该轻客户端实例可以实现与 Polkadot 中继链间的跨链通信。

本章仅关注 Tendermint Core 轻客户端。

ICS-03 中引入了连接（connection）组件来实现两条链关于彼此轻客户端的认证。由于链上轻客户端的建立需要一个初始共识状态，该状态作为轻客户端的信任源确保了轻客户端后续行为的正确性，而初始共识状态本身的正确性依赖于轻客户端建立方是否可信。因此，在建立连接时两条链分别需要验证对方关于自己的轻客户端状态是否正确，保证该信任源的有效性。ICS-04 中引入信道（channel）组件，信道建立在连接之上，是跨链数据的直接传输载体。基于连接对轻客户端的验证可以保证轻客户端状态的正确性，利用轻客户端组件提供的应用子状态验证功能可以对跨链数据进行认证，同时信道还负责处理跨链数据的丢包、重发、乱序等情况。在同一连接之上可以建立多条信道，信道访问权限的管理依赖于 ICS-05 中引入的端口（port）组件。端口由端口标识唯一确定，每个模块可以动态地绑定到许多不同的端口，但每个端口在同一时刻只能被一个模块绑定。一个信道在两条链上各有一个端口，只有绑定到该端口的模块才可以读写信道。

在这些基本组件之上，ICS-18 引入的中继者（relayer）组件负责监听链上状态并及时转发跨链数据。ICS-25 引入了处理（handler）模块组件以统一管理轻客户端、连接、信道的生命周期，以及跨链数据的接收、确认和超时。ICS-26 引入的路由（router）组件负责将处理模块（ICS-25）组件接收到的跨链数据转发到相应模块进行处理，该功能依赖端口与模块间的映射关系来实现。ICS-24 规范了区块链，即主机（host），为了支撑所有 TAO 类组件而需要具备的基本特性，包括基本的、可证明的键值对存储、事件日志系统、主机升级功能、跨链数据的可获得性、交易执行的异常处理等。键值对存储为向量承诺机制的实现打下基础，事件日志系统允许从链外对链上发生的事件进行有效监听，依赖该系统的中继者可以有效过滤出链上发生的跨链事件，结合跨链数据的可获得性及时打包并转发跨链数据。此外，ICS-24 还就跨链通信相关类别存储给出了建议路径，以指导跨链通信功能的开发，参见表 9-1，其中各部分存储状态的具体含义会在后文中详细说明。

表 9-1　　　　　　　　　　跨链通信相关的状态存储的建议路径

序号	存储类别	存储路径	值类型	所属规范
1	provableStore	clients/{identifier}/clientType	ClientType	ICS 2
2	privateStore	clients/{identifier}/clientState	ClientState	ICS 2
3	provableStore	clients/{identifier}/consensusStates/{height}	ConsensusState	ICS 7
4	privateStore	clients/{identifier}/connections	[]identifier	ICS 3
5	provableStore	connections/{identifier}	ConnectionEnd	ICS 3
6	privateStore	ports/{identifier}	CapabilityKey	ICS 5
7	provableStore	channelEnds/ports/{identifier}/channels/{identifier}	ChannelEnd	ICS 4
8	provableStore	nextSequenceSend/ports/{identifier}/channels/{identifier}	uint64	ICS 4
9	provableStore	nextSequenceRecv/ports/{identifier}/channels/{identifier}	uint64	ICS 4
10	provableStore	nextSequenceAck/ports/{identifier}/channels/{identifier}	uint64	ICS 4
11	provableStore	commitments/ports/{identifier}/channels/{identifier}/packets/{sequence}	bytes	ICS 4
12	provableStore	receipts/ports/{identifier}/channels/{identifier}/receipts/{sequence}	bytes	ICS 4
13	provableStore	acks/ports/{identifier}/channels/{identifier}/acknowledgements/{sequence}	bytes	ICS 4

图 9-5 展示了 TAO 规范中的几个主要组件（主机、轻客户端、连接、端口、信道与数据包）之间的关系。其中，主机（区块链）A 上建立了关于主机 B 的轻客户端，当主机 B 的共识状态更新后，主机 A 接受来自主机 B 的区块头并利用轻客户端 B 验证区块头的有效性，并根据有效区块头更新轻客户端 B 的状态。主机 B 上同样建立了关于主机 A 的轻客户端。两个轻客户端之间通过握手协议建立了关于 123A 和 123B 的连接，基于该连接可以建

立多个信道，每个信道对应两个端口，每个端口隶属于一个模块。模块与模块间的跨链数据传输直接依赖信道完成，信道负责管理数据包的丢包、乱序、重复的处理，并依赖轻客户端完成跨链数据的认证。

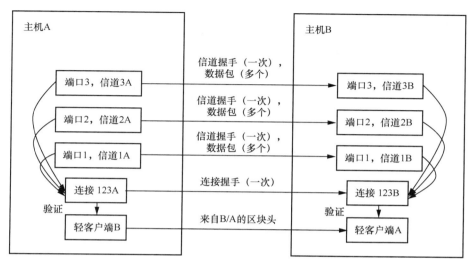

图 9-5　TAO 规范中的几个主要组件之间的关系

基于 TAO 规范，ICS-20 给出了可替代资产跨链转移(fungible token transfer)规范，ICS-27 给出了跨链账户（interchain accounts）建立规范，这两个 APP 规范用来指导相应跨链应用的实现。9.3 节以可替代资产转移为例来展示资产的整个跨链通信流程。

接下来本章以基于 Tendermint Core 和 Cosmos-SDK 构建的区块链系统为例，介绍前文所述功能组件之间如何相互配合以完成跨链通信。TAO 规范相关组件（除中继者之外）均在 Cosmos-SDK 的 ibc 目录下的 core 模块中实现，可替代资产的跨链转移在 ibc 目录下的 transfer 模块中实现。

ibc 目录主要包含三个目录：application 目录、core 目录和 light-clients 目录。

application 目录中实现了 ICS-20 中的可替代资产跨链转移应用。core 目录中包含了 ICS 中定义的其他基本组件。

- 02-client 子目录实现 ICS-02 中的轻客户端组件，包括轻客户端的建立以及对链共识状态的更新，并结合承诺组件提供应用状态的验证功能。

- 03-connection 子目录实现 ICS-03 中的连接组件，包括连接的握手建立过程以及对轻客户端的认证。

- 04-channel 子目录实现 ICS-04 中的信道组件，包括信道的建立、关闭以及对跨链数据的发送、接收处理。

- 05-port 子目录实现 ICS-05 中的端口分配和 ICS-26 中的路由模块，负责模块的端口分配，并将信道上传输的跨链数据路由给与端口绑定的拥有者模块进行后续处理。

- 23-commitment 子目录实现 ICS-23 中的向量承诺组件，向其他组件提供（批量）存在性/非存在性证明的验证功能。

- 24-host 子目录实现 ICS-24 中的主机组件，负责跨链通信相关的状态存储的空间划分、存储路径解析和验证。

比较特殊的是，ibc 目录下的 application 目录和 core 目录均为 Cosmos SDK 的标准模块，且遵循 6.1 节中介绍的模块目录结构：包括管理本模块存储读写的 keeper 子目录、管理本模块所有数据结构定义的 types 子目录和根目录下的 handler.go 文件。core 目录下的 handler.go 文件实现了 ICS-25 的处理模块组件，负责对轻客户端、连接、信道、数据包相关的所有消息进行分发。application 目录下的该文件则实现了对跨链资产转移消息的处理。

light-clients 目录下的 06-solomachine、07-tendermint、09-localhost 目录分别对应了 ICS-06 中单机器轻客户端组件、ICS-07 中的 Tendermint Core 轻客户端组件和 ICS-09 中本地回环轻客户端组件的实现。

9.2.2　中继者

中继者是独立于链的程序，负责监听两条链的状态并转发跨链数据包。ICS-18 中规定中继者应该是无准入的，在链上拥有账户的任何人都可以作为中继者，此后本章对中继者和用户不做特别区分。无准入意味着中继者是不可信的，即中继者可以通过故意重发数据包、丢弃数据包来尝试破坏跨链通信的安全性。然而只要至少有一个可靠的中继者，IBC 协议就可以正常运转。另外，由于中继者在转发数据包时需要支付交易费，并且中继者在数据跨链中扮演了相当重要的角色，区块链应用需要设计相应的激励机制来奖励中继者。GitHub 上的 relayer 项目给出了中继者的参考实现[1]，在此不过多介绍，感兴趣的读者可自行查阅。

9.2.3　轻客户端

轻客户端负责追踪目标链的状态演变，为跨链数据的可验证性提供保证。基于 IBC 协议实现跨链通信的链架构各异，关于链轻客户端的实现也大相径庭。不同的轻客户端实现由轻客户端类型（ClientType）所标识，同时需要维护各自的轻客户端状态（ClientState），包括一些安全参数、当前轻客户端是否冻结等，还需要不断追踪链的共识状态（ConsensusState），

---

[1] GitHub 官网 Cosmos 目录 relayer 库。

并根据验证通过的新区块头（Header）来更新共识状态。

以 Tendermint Core 轻客户端为例，轻客户端状态被定义为如下的结构体，其中 FrozenHeight 记录轻客户端被冻结的区块高度，LatestHeight 记录轻客户端的最新状态高度，ProofSpecs 记录当前客户端的证明参数，例如证明构建用到的散列算法、区分叶子节点和中间节点的前缀值等，在轻客户端处理存在性/非存在性证明时，需要参考该参数来进行验证。UpgradePath 记录下一个待升级的轻客户端存储的路径前缀。AllowUpdateAfterExpiry 和 AllowUpdateAfterMisbehaviour 分别表示轻客户端是否允许从到期状态或冻结状态恢复，这两个字段在轻客户端创建时指定，之后无法修改。这三个字段的用法将在后文详细介绍。ClientState 结构体的其他字段与 Tendermint Core 轻客户端实现的安全模型相关。

```
// cosmos-sdk/x/ibc/light-clients/07-tendermint/types/tendermint.pb.go:38-66
type ClientState struct {
    ChainId     string                  // 链标识
    TrustLevel  Fraction                // 信任阈值
    TrustingPeriod time.Duration        // 区块头的可信周期，即活跃验证者集合的信任周期
    UnbondingPeriod time.Duration       // 抵押的解绑周期
    MaxClockDrift time.Duration         // 时钟漂移上界
    FrozenHeight types.Height           // 轻客户端被冻结的区块高度
    LatestHeight types.Height           // 轻客户端的最新状态高度
    ProofSpecs []*_go.ProofSpec         // 存在性证明/非存在性证明的参数
    UpgradePath []string                // 下一个待升级的轻客户端被存储的路径前缀
    AllowUpgradeAfterExpiry bool        // 是否允许通过治理来恢复信任到期的轻客户端
    AllowUpgradeAfterMisbehaviour  bool // 是否允许通过治理来解冻轻客户端
}
```

Tendermint Core 轻客户端共识状态则包含时间戳、共识状态高度、当前应用状态锚定值以及下一个活跃验证者集合散列值。其中，时间戳、共识状态高度在轻客户端基于当前状态验证新区块头时会用到。Root 字段存储了当前应用状态的锚定值，对于 Cosmos-SDK 类的应用来说，Root 是 baseApp 中的 AppHash，该字段用来验证应用子状态的存在性/非存在性证明。

```
// cosmos-sdk/x/ibc/light-clients/07-tendermint/types/tendermint.pb.go:102-109
type ConsensusState struct {
    Timestamp time.Time   // 共识状态对应的时间戳
    Root types1.MerkleRoot // 当前应用状态锚定值
    // 下一个活跃验证者集合散列值
    NextValidatorsHash github_com_tendermint_tendermint_libs_bytes.HexBytes
}
```

在创建轻客户端时，中继者需要向链上提交包含 MsgCreateClient 消息的交易。MsgCreateClient 消息包含要建立的轻客户端状态和初始共识状态。链上应用在接收到该消息之后，首先将消息路由给处理模块。处理模块尝试从消息中解析出需要建立的轻客户端状态和初始共识状态，随后生成唯一的轻客户端标识，并按照表 9-1 中的第 2、3 项来存储

当前建立的轻客户端状态和特定高度下的共识状态，路径中的 identifier 为确定性派生的链上轻客户端的标识。

由于轻客户端对应的链上状态随着时间的推移会不断更新，轻客户端的共识状态也需要及时更新，这一更新过程需要由中继者提交包含 MsgUpdateClient 消息的交易来驱动。MsgUpdateClient 消息指定了待更新的客户端标识，以及待验证的区块头 Header，而 Header 指定了可以用来验证新区块头的可信共识高度和可信验证者集合。处理模块在接收到该消息后，会尝试从该高度获取已经保存的共识状态，然后通过 CheckHeaderAndUpdateState() 方法验证新区块头和新验证者集合的有效性。该方法内部会通过 Tendermint Core 轻客户端的 Verify() 方法验证区块头的有效性，使用有效的区块头更新轻客户端的共识状态以及最新状态高度。

值得注意的是，轻客户端状态中的 UnbondingPeriod 字段指定了可信活跃验证者集合的信任周期。如果在轻客户端的共识状态在该可信周期内没有得到及时更新，就会导致该轻客户端由于信任到期而变得不可用。此时轻客户端将无法验证新区块头的有效性并执行状态更新，且由于已有的共识状态变得不再可信，基于该轻客户端的跨链行为将无法进行。

如果该轻客户端在创建时 AllowUpdateAfterExpiry 字段被设置为真，则允许通过社区提案的方式恢复信任到期的轻客户端，提案的发起、投票流程参见 7.7 小节，相应的提案类型如下：

```
// cosmos-sdk/x/ibc/core/02-client/types/client.pb.go: 197-206
type ClientUpdateProposal struct{
    Title       string           // 提案名称
    Description string           // 提案描述
    ClientId    string           // 待恢复的轻客户端标识
    Header      *types.Any       // 新区块头
}
```

除本提案的名称和相关描述之外，提案者还需要指定待恢复的客户端标识和用来更新轻客户端的区块头。一旦提案投票通过进入执行阶段，相应的提案处理逻辑将根据该提案中的区块头更新轻客户端的共识状态和最新状态高度。

```
// cosmos-sdk/x/ibc/light-clients/07-tendermint/types/tendermint.pb.go:192-202
type Header struct {
    *types2.SignedHeader   // 新高度的区块头及共识签名信息
    ValidatorSet       *types2.ValidatorSet // 新高度的验证者集合
    TrustedHeight      types.Height         // 可信共识高度
    TrustedValidators  *types2.ValidatorSet // 可信验证者集合
}
```

当中继者发现轻客户端与其追踪的链在某一个高度上的共识状态产生分歧时，会发起包含 MsgSubmitMisbehaviour 消息的交易。MsgSubmitMisbehaviour 消息指定了待处理的轻客户端标识以及违反共识的行为，关于 Tendermint Core 轻客户端的作恶举证除轻客户端 ID、链标识之外，包含了同一高度下冲突的两个区块头作为证据。

```
// cosmos-sdk/x/ibc/light-clionts/07-tendermint/types/tendermint.pb.go:146-150
type Misbehaviour struct {
    ClientId string  // 作恶的轻客户端 ID
    Header1  *Header // 同一高度下冲突的两个区块头
    Header2  *Header // 同一高度下冲突的两个区块头
}
```

处理模块会调用轻客户端状态的 CheckMisbehaviourAndUpdateState()方法，该方法首先检查当前轻客户端在举证高度时尚未被冻结，且该举证仍在规定的有效期内，并验证两个区块头分别在各自的可信共识状态下都有效，随后将该高度之后的在过去被判定有效的区块头及随后的共识状态更新为无效，并将该轻客户端设置为冻结状态。之后该轻客户端同样变得不可用。如果该轻客户端被创建时 AllowUpdateAfterMisbehaviour 被设置为真，则同样可以通过社区提案的方式来解冻该轻客户端，该过程与轻客户端到期时的提案流程一致，此处不赘述。

除此之外，轻客户端状态验证还需要提供如下方法。

```
// cosmos-sdk/x/ibc/core/exported/client.go:57-161
type ClientState interface {
    // 省略与状态验证无关的方法
VerifyUpgradeAndUpdateState(               // 待升级轻客户端状态及共识状态验证
    ctx sdk.Context, cdc codec.BinaryMarshaler, store sdk.KVStore, newClient Client
State, newConsState ConsensusState, proofUpgradeClient, proofUpgradeConsState []byte,)
(ClientState, ConsensusState, error)
    VerifyClientState(               // 轻客户端状态验证
        store sdk.KVStore, cdc codec.BinaryMarshaler,
        height uint64, prefix Prefix, counterpartyClientIdentifier string,
        proof []byte,clientState ClientState,) error
    VerifyClientConsensusState(               // 轻客户端共识状态验证
        store sdk.KVStore, cdc codec.BinaryMarshaler,
        height uint64, counterpartyClientIdentifier string, consensusHeight uint64,
        prefix Prefix, proof []byte, consensusState ConsensusState,) error
    VerifyConnectionState(               // 连接状态验证
        store sdk.KVStore, cdc codec.BinaryMarshaler, height uint64, prefix Prefix,
        proof []byte, connectionID string, connectionEnd ConnectionI,) error
    VerifyChannelState(               // 信道状态验证
        store sdk.KVStore, cdc codec.BinaryMarshaler, height uint64, prefix Prefix,
        proof []byte, portID, channelID string, channel ChannelI,) error
    VerifyPacketCommitment(               // 数据包承诺验证
        store sdk.KVStore, cdc codec.BinaryMarshaler, height uint64, currentTimestamp
uint64, delayPeriod uint64, prefix Prefix, proof []byte,
            portID, channelID string, sequence uint64, commitmentBytes []byte,) error
        VerifyPacketAcknowledgement(               // 数据包确认存在性验证
            store sdk.KVStore, cdc codec.BinaryMarshaler, height uint64, currentTimest
```

```
amp uint64, delayPeriod uint64, prefix Prefix,
        proof []byte, portID, channelID string, sequence uint64, acknowledgement []
byte,) error
    VerifyPacketAcknowledgementAbsence( // 数据包确认非存在性验证
        store sdk.KVStore, cdc codec.BinaryMarshaler, height uint64, currentTimest
amp uint64, delayPeriod uint64,
        prefix Prefix, proof []byte, portID, channelID string, sequence uint64,) error
    VerifyNextSequenceRecv(                    // 下一个待接收的数据包序列号验证
        store sdk.KVStore, cdc codec.BinaryMarshaler, height uint64, currentTimest
amp uint64, delayPeriod uint64, prefix Prefix,
        proof []byte, portID, channelID string,nextSequenceRecv uint64,) error
    }
```

这些方法分别用来进行轻客户端状态、轻客户端共识状态、连接状态、信道状态、数据包承诺等的验证。假设当前的 ClientState 变量是链 B 上关于链 A 的轻客户端状态，则这些方法提供如下功能。

- VerifyUpgradeAndUpdateState()方法由链 B 使用关于链 A 的轻客户端 ClientA 来验证存储在链 A 的关于 ClientA 的待升级轻客户端状态和共识状态，该方法用来进行链 A 的轻客户端升级，具体过程将在本节最后进行介绍。

- VerifyClientState()方法由链 B 使用链 A 的轻客户端 ClientA（存储在链 B 上）来验证链 A 上存储的关于链 B 的轻客户端状态，该方法用在链 A 和链 B 的连接建立过程中，两方会通过该方法分别验证对方存储的关于自己的轻客户端状态是否正确。

- VerifyClientConsensusState()方法由链 B 使用 ClientA 来验证链 A 上存储的关于链 B 的轻客户端共识状态，该方法同样用在链 A 和链 B 的连接建立过程中，两方相互验证对方的轻客户端共识状态是否正确。

- VerifyConnectionState()方法由链 B 使用 ClientA 来验证链 A 上特定连接的连接状态，该方法用在链 A 及链 B 的连接建立握手过程中，用来验证对方的连接状态是否正确。

- VerifyChannelState()方法由链 B 使用 ClientA 来验证链 A 上特定信道的信道状态,该方法用在链 A 及链 B 的信道建立握手过程中，用来验证对方的信道状态是否正确。

- VerifyPacketCommitment()方法由链 B 使用 ClientA 来验证链 A 上特定跨链数据包承诺的存在性，该方法用在链 A 与链 B 跨链通信的过程中，用来验证链 B 接收到的数据包确实来自链 A。

- VerifyPacketAcknowledgement()方法由链 B 使用 ClientA 来验证链 A 上跨链数据包（由链 B 发出）确认的存在性，该方法用在链 A 与链 B 跨链通信的过程中，用来让链 B 验证链 A 收到了链 B 发出的跨链数据包。

- VerifyPacketAcknowledgementAbsence()方法与 VerifyPacketAcknowledgement()方法作用相反，用来验证跨链数据包确认的非存在性，如果验证通过，则意味着链 A 没有收到链 B 发出的跨链数据包。

- VerifyNextSequenceRecv()方法由链 B 使用 ClientA 来验证链 A 上下一个待接收的数据包序列号。

以 VerifyClientState()方法为例，该方法要验证给定的轻客户端状态在对方链上确实存在，参见表 9-1 第 2 项可知 ClientState 的存储路径为 clients/{identifier}/clientState（相对于 ibc/core 模块子存储空间），该键对应的存储值为给定的轻客户端状态。VerifyClientState()方法将待验证的键值对组装好后，会调用承诺组件中关于 Merkle 证明的 VerifyMembership()方法，实现对轻客户端状态的存在性验证。其他状态验证方法实现逻辑与之类似，区别仅在于存储的键值对不同，此处不赘述。

最后，考虑到各式各样的区块链系统都需要通过升级来进行迭代，每一次升级前后链上可能发生的巨大改变会导致轻客户端无法通过更新过程完成升级，因此需要额外增加轻客户端升级功能。例如，链 B 创建了关于链 A 的轻客户端 ClientA，且链 A 近期有一个待升级计划。此时需要在链 A 上根据 ClientA 中的 UpgradePath 指定的路径下存储待升级的轻客户端状态和共识状态。其中，轻客户端状态中需要指定待升级轻客户端的链标识、最新高度、解绑周期和下一次升级的 UpgradePath，共识状态中需要指定时间戳和下一个验证者集合的散列值。由于 AppHash 无法提前预知，因此共识状态中的该字段为空。此后任何人都可以向链 B 发送包含 MsgUpgradeClient 消息的交易，消息中包含待升级的轻客户端标识、轻客户端状态和共识状态，以及关于这两个状态的存储证明。处理模块在收到该消息后会调用轻客户端状态的 VerifyUpgradeAndUpdateState()方法来检查关于待升级的轻客户端状态和共识状态的存在性证明的有效性，随后根据这两个状态构建新的轻客户端状态和共识状态。由于共识状态中的 AppHash 为空，此时的轻客户端无法进行任何状态验证，只能等待下一次的轻客户端更新所提交的 AppHash。

9.2.4 连接

连接由两条链关于彼此的轻客户端通过握手建立。建立好的连接维护两个连接终端（ConnectionEnd），每个连接终端对应唯一的连接终端标识，依赖于特定轻客户端的连接终端标识的存储参见表 9-1 中第 4 项，路径 clients/{identifier}/connections 中的 identifier 为轻客户端标识，存储值为依赖该轻客户端的连接终端标识数组。连接终端的存储参见表 9-1 中第 5 项，路径 connections/{identifier}中的 identifier 为连接终端标识，存储值为连接在当前链的连接终端。连接终端用结构体 ConnectionEnd 表示，其中 DelayPeriod 指定了轻客户端的共识状态从被更新到可以用来进行存储证明（如跨链数据包的承诺证明、接收证明和超时证明）的最短时间间隔。Counterparty 字段指定了本连接终端的对手方。Counterparty 结构体中的 Prefix 字段指定了对方链在存储 IBC 相关状态时的前缀。

```go
// cosmos-sdk/x/ibc/core/03-connection/types/connection.pb.go:69-82
// 连接终端
type ConnectionEnd struct {
    ClientId string                    // 依赖的轻客户端标识
    Versions []string                  // 支持的 IBC 协议的版本号
    State State                        // 连接终端的当前状态
    Counterparty Counterparty          // 连接终端的对手方
    DelayPeriod uint64                 // 共识状态能够被用来进行状态验证的延迟周期

}

// cosmos-sdk/x/ibc/core/03-connection/types/connection.pb.go:169-178
type Counterparty struct {
    ClientId string                    // 依赖的轻客户端标识
    ConnectionId string                // 连接终端标识
    Prefix types2.MerklePrefix         // 承诺存储的前缀
}
```

连接的握手过程如图 9-6 所示，其中 ConnectionA 和 ConnectionB 代表了链 A 和链 B 上即将建立的连接终端。

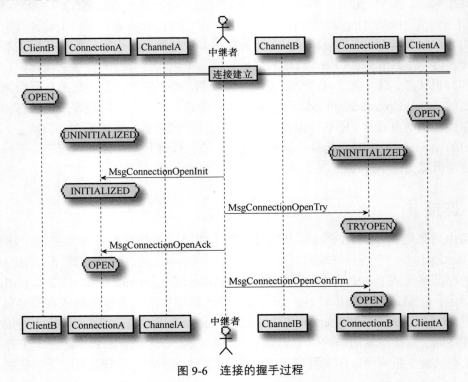

图 9-6　连接的握手过程

（1）在连接开始建立之前，ConnectionA 和 ConnectionB 的状态都是 UNINITIALIZED。此时，中继者向链 A 发起第 1 笔包含 MsgConnectionOpenInit 的交易，希望在 ConnectionA 和 ConnectionB 之间建立连接。中继者需要指定 ConnectionA 依赖的轻客户端标识及 ConnectionA 的对手方信息等。在链 A 处理交易时，会为该连接终端生成唯一的标识符并使用这些信息实例化一个连接终端变量并将其赋给 ConnectionA，并将 ConnectionA 的状态设为 INITIALIZED。

（2）第 2 笔包含 MsgConnectionOpenTry 的交易由中继者发送给链 B（包含了 ChannelB、ConnectionB、ClientA 这些组件）。在这一步中，中继者除需要指定 ConnectionA 的轻客户端标识、连接标识之外，还需要向链 B 证明以下状态。

- 链 A 所依赖的关于链 B 的轻客户端的状态是正确的。
- 链 A 所依赖的关于链 B 的轻客户端存储的共识状态是正确的。
- ConnectionA 的连接状态是 INITIALIZED。

由于轻客户端状态、共识状态、连接终端都已经在链 A 上作为键值对存储，因此中继者可以查询并获得这些状态的存在性证明。链 B 接收到证明后分别调用链 A 的轻客户端状态的 VerifyClientState()、VerifyClientConsensusState()、VerifyConnectionState()方法验证，与本链的状态比对通过之后，就实例化相应的连接终端赋值给 ConnectionB，并将 ConnectionB 的状态设为 TRYOPEN。

（3）第 3 笔包含 MsgConnectionOpenAck 的交易同样由中继者发送给链 A（包含了 ChannelA、ConnectionA、ClientB 这些组件）。在这一步中，中继者需要包含的信息与第（2）步类似。除需要指定 ConnectionB 的连接标识之外，还需要向链 A 证明以下状态。

- 链 B 所依赖的关于链 A 的轻客户端的状态是正确的。
- 链 B 所依赖的关于链 A 的轻客户端存储的共识状态是正确的。
- ConnectionB 的连接状态是 TRYOPEN。

由于轻客户端状态、共识状态、连接终端都已经在链 B 作为子状态存储，因此中继者可以查询并获得这些状态的存在性证明。链 A 接收到证明后分别调用链 B 的轻客户端状态的 VerifyClientState()、VerifyClientConsensusState()、VerifyConnectionState()方法验证，与本链的状态比对通过后，就将 ConnectionA 的状态设为 OPEN。

（4）第 4 笔包含 MsgConnectionOpenConfirm 的交易由中继者发送给链 B。由于在第（3）步结束时，ConnectionA 的状态已经变为 OPEN，这一步的主要作用在于向链 B 证明 ConnectionA 的终端状态已经为 OPEN。在链 B 调用轻客户端状态的 VerifyConnectionState()

验证通过后，ConnectionB 将自己的状态设为 OPEN，至此握手过程完成，连接建立。

由于连接的建立可以由任何人发起，连接的握手过程首先需要验证发起方指定的轻客户端的初始状态是正确的，以防恶意的发起方指定了错误的轻客户端状态。同时握手过程的消息发送需要严格按照以上步骤来进行，并对指定的轻客户端进行轻客户端状态、共识状态的验证，以确保任何人无法通过重传本次握手过程的消息在其他两条链的轻客户端之间建立连接。

9.2.5　信道

从 9.2.4 小节可以看到，连接的握手过程非常烦琐。在连接之上建立多信道一方面可保证链上不同模块的数据传输的独立性，另一方面可实现对轻客户端以及连接的复用，降低数据的传输成本，模块与模块之间的跨链通信直接依赖于信道。类似于连接终端，一条信道两端也对应了两个信道终端，用 Channel 结构体表示。

```
// cosmos-sdk/x/ibc/core/04-channel/types/channel.pb.go:106-118
type Channel struct {
    State State                          // 信道终端状态
    Ordering Order                       // 信道是否有序
    Counterparty Counterparty            // 信道终端的对手方
    ConnectionHops []string              // 信道所支持的多跳连接
    Version string                       // 支持的 IBC 版本
}


// cosmos-sdk/x/ibc/core/04-channel/types/channel.pb.go:207-212
type Counterparty struct {
    PortId string        // 端口标识
    ChannelId string     // 信道终端标识
}
```

信道终端中指定了信道终端状态、信道是否有序、信道终端的对手方以及信道所支持的多跳连接（目前仅支持一跳）和 IBC 版本。信道终端的存储参见表 9-1 中第 7 项，路径 channelEnds/ports/{identifier}/channels/{identifier} 中的第一个 identifier 为端口标识，第二个 identifier 为信道终端标识。该存储将链上的信道终端与端口关联起来，基于此可以实现信道的访问控制管理。信道终端对手方 Counterparty 结构体包含对方链上的信道终端对应的端口标识 PortID 和信道终端标识 ChannelID。

信道的握手与关闭过程如图 9-7 所示，具体如下。

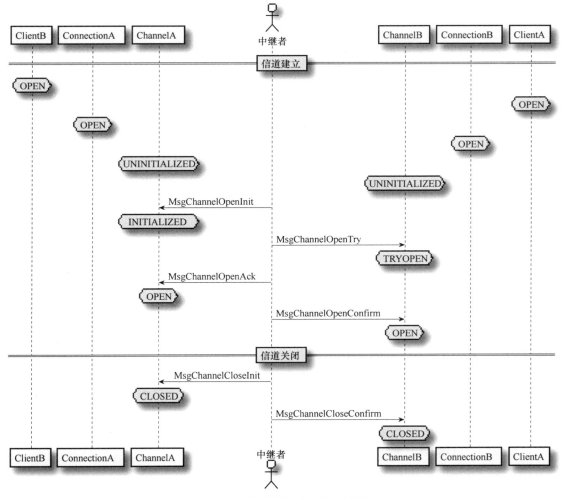

图 9-7　信道的握手与关闭过程

（1）在信道建立之前，两个信道终端 ChannelA 和 ChannelB 的状态都是 UNINITIALIZED。此时，中继者向链 A 发起了第 1 笔包含 MsgChannelOpenInit 的交易，希望在 ChannelA 和 ChannelB 之间建立信道。用户需要在 MsgChannelOpenInit 中指定即将建立的信道的信道终端和端口标识。在链 A 的处理模块收到消息后，会使用这些信息实例化为一个信道终端变量并将其赋给 ChannelA，并将 ChannelA 的状态设为 INITIALIZED。

（2）第 2 笔包含 MsgChannelOpenTry 的交易由中继者发送给链 B。在这一步中，中继者除需要在 MsgChannelOpenTry 中指定要建立的信道终端、端口标识之外，还需要向链 B 证明 ChannelA 的状态是 INITIALIZED。在链 B 的处理模块接收到证明并利用轻客户端状态的

VerifyChannelState()方法验证通过之后，就实例化相应的信道终端变量并将其赋值给 ChannelB，将 ChannelB 的状态设为 TRYOPEN。

（3）第 3 笔包含 MsgChannelOpenAck 的交易同样由中继者发送给链 A。在这一步中，中继者在 MsgChannelOpenAck 中需要包含的信息与第（2）步类似。除需要本次握手的信道终端标识和端口标识之外，还需要向链 A 证明 ChannelB 的连接状态是 TRYOPEN。在链 A 的处理模块接收到证明并利用轻客户端状态的 VerifyChannelState()方法验证通过之后，即可将 ChannelA 的状态设为 OPEN。

（4）第 4 笔包含 MsgChannelOpenConfirm 的交易由中继者发送给链 B。中继者在 MsgChannelOpenConfirm 中指定本次握手的信道终端标识和端口标识。由于在第（3）步结束时，ChannelA 的状态已经变为 OPEN，这一步的作用在于向链 B 证明 ChannelA 的状态已经变为 OPEN。处理模块在利用轻客户端状态的 VerifyChannelState()方法验证通过后，将 ChannelB 的状态设为 OPEN，至此握手过程完成，信道建立。

与连接不同的是，信道可以被关闭，而连接只会由于轻客户端被冻结而不可用。信道的关闭过程如下。

（1）中继者向链 A 发起包含 MsgChannelCloseInit 的交易，MsgChannelCloseInit 中只需指定要关闭的信道终端标识和端口标识。收到交易后，链 A 的处理模块判断当前信道以及底层依赖的连接状态是否正确，如果正确则将 ChannelA 的状态设置为 CLOSED。

（2）包含 MsgChannelCloseConfirm 的交易由中继者发起，向链 B 指定需要关闭的信道终端标识和端口标识，并向链 B 证明 ChannelA 的状态已经是 CLOSED。链 B 的处理模块在利用轻客户端状态的 VerifyChannelState()方法验证 ChannelA 的状态已经关闭后，将 ChannelB 状态也设置为 CLOSED，至此信道关闭。

作为跨链数据包传输的直接载体，信道可以是有序/无序的，有序信道可以确保数据包发送和接收的顺序一致，无序信道则无须保证数据包的接收顺序。由于中继者可以进行任意的丢包、重发、乱序等操作，信道需要确保重复发送的数据包仅得到一次交付。对于暂停运行的链，在链重新启动之后，未被传递的数据包也需要得到一次正确交付。链上信道终端与端口的关联关系确保了只有拥有端口的模块才拥有信道的读写权。信道的有序/无序和数据包仅交付一次的性质与跨链数据包关联紧密。

9.2.6　跨链数据包

跨链数据包用 Packet 结构体表示。

```go
// cosmos-sdk/x/ibc/core/04-channel/types/channel.pb.go:248-267
type Packet struct {
```

```
    Sequence uint64                    // 序列号
    SourcePort string                  // 发送源端口
    SourceChannel string               // 发送源信道终端
    DestinationPort string             // 目标端口
    DestinationChannel string          // 目标信道
    Data []byte                        // 数据包的内容，即跨链应用定义的消息
    TimeoutHeight types.Height         // 超时区块高度
    TimeoutTimestamp uint64            // 超时时间
}
```

其中 Sequence 是信道为数据包分配的唯一序列号，用来对信道上传输的跨链数据包进行标识；Data 中包含由模块（跨链应用）定义的消息；TimeoutHeight 和 TimeoutTimestamp 用来设置数据包超时的区块高度/时间，当信道接收到超过该区块高度或该时间的数据包时需要直接丢弃。

接下来展示基于已经建立的信道发送和接收跨链数据包的过程（读者可以先忽略数据包中的 Data 字段，9.3 节将以链间资产转移为例来展示相应跨链消息的定义）。

（1）假设链 A 模块产生了需要发送给链 B 模块的跨链消息，链 A 模块将该跨链消息组装成跨链数据包交由底层信道发送。

（2）信道需要进行一系列的检查：验证数据包的基本有效性、检查当前信道终端状态是否正确、验证数据包的目标端口和信道终端是否与当前信道的对手方匹配、验证信道依赖的连接终端状态是否正确、验证数据包的超时时间和超时区块高度设置是否有效、验证数据包序列号是否正确并递增下一个待发送的数据包序列号，并将更新后的序列号按照表 9-1 中第 8 项的规定进行存储。计算该数据包的承诺值，并按照表 9-1 中第 11 项的规定进行存储，路径 commitments/ports/{identifier}/channels/{identifier}/packets/{sequence}中第一个 identifier 为端口标识，第二个 identifier 为信道终端标识，sequence 为序列号，这 3 个参数唯一确定了跨链数据包的承诺。

（3）中继者监测到链 A 有跨链数据包需要发送，将跨链数据包和跨链数据包承诺的存在性证明组装成 MsgRecvPacket 消息，打包在交易中发送给链 B。

（4）链 B 的处理模块收到该消息后，将其转发给目标信道进行处理。信道首先验证数据包尚未超时，之后根据数据包传输信道的有序/无序性，分为下面两种行为，最后利用轻客户端状态的 VerifyPacketCommitment()方法验证该数据包确实是链 A 发出的。

- ○ 有序信道：检查当前数据包序列号是否与当前信道终端下一个待接收包序列号相等，该序列号按照表 9-1 中第 9 项的规定进行存储，如果否，则退出。

- ○ 无序信道：检查当前数据包的收据是否已经存在，该收据按照表 9-1 中第 12 项的规定进行存储，如果是，则退出。

（5）信道通过路由模块将跨链数据包转发给信道终端的拥有者模块进行处理，随后得到该模块针对数据包执行结果的确认。

（6）信道将数据包的收据按照表 9-1 中第 12 项的规定进行存储，如果是有序信道，还需要将信道下一个待接收的数据包序列号加 1，并按照表 9-1 中第 9 项的规定进行存储。信道需要将数据包的确认按照表 9-1 中第 13 项的规定进行存储。需要指出的是，表 9-1 中第 12 项的数据包的收据与第 13 项的数据包的确认功能上的区别：收据的意义在于证明该数据包已经被接收过，而确认则需要包含数据包执行的结果和错误信息等，同时在一些区块链系统中数据包的处理有可能是异步的，因此数据包确认可能在数据包被接收的数个区块后才产生，而数据包的收据机制则允许对数据包的送达状态进行快速的反馈。

（7）中继者将数据包、数据包确认以及数据包确认的存在性证明组装成 MsgAcknowledgement，打包在交易中发送到链 A。

（8）链 A 的处理模块将该交易转发给信道，信道判断该数据包确认的原始数据包确实由自己发出，随后利用轻客户端状态的 VerifyPacketAcknowledgement()方法验证该数据包确认是由链 B 发出的。如果数据包确认的证明高度对应的轻客户端共识状态没有经过连接终端中指定的 DelayPeriod，则验证失败。与数据包相关的其他方法如 VerifyNextSequenceRecv()、VerifyPacketAcknowledgementAbsence()等也遵循该规则，此处不赘述。如果验证通过，并且信道是有序的，则检查该数据包序列号是否等于下一个待接收的数据包确认的序列号，如果是，则验证通过。

（9）信道将数据包确认通过路由模块转发给信道的拥有者模块进行处理，如果处理过程出现错误，则退出。

（10）信道删除原始数据包的承诺，如果是有序信道，则将下一个待接收的数据包确认的序列号加 1。

同时，为了防止数据包长时间不可达对发送源链的状态造成影响，跨链数据包需要引入超时机制，以保证跨链通信的原子性，避免状态的部分更新。假设从链 A 发出的跨链数据包因没有按时到达链 B 而超时，超时数据包应按如下流程进行处理。

（1）中继者将超时数据包、超时证明、链 B 下一个待接收的数据包序列号组装成 MsgTimeout，打包在交易中发送给链 A。

○ 对于有序信道，该超时证明为链 B 下一个待接收的数据包序列号的存在性证明，且该序列号应不超过超时数据包序列号，同时证明高度应大于数据包设置的超时高度且证明时间戳应大于数据包设置的超时时间戳。

    ◦ 对于无序信道，该超时证明为链 B 关于该数据包确认的非存在性证明，同时证明高度应大于数据包设置的超时高度且证明时间戳应大于数据包设置的超时时间戳。

（2）链 A 的处理模块在接收到 MsgTimeout 消息后将其转发给信道。信道验证数据包在被中继者证明时已经过期，随后确认该数据包确实是之前发出的。

    ◦ 对于有序信道，利用轻客户端状态的 VerifyNextSequenceRecv()方法验证链 B 下一个待接收数据包序列号的正确性，并检查该序列号是否不超过该超时数据包序列号。

    ◦ 对于无序信道，利用轻客户端状态的 VerifyPacketAcknowledgementAbsence()方法验证链 B 关于该数据包确认的非存在性证明。

（3）信道通过路由模块将超时数据包转发给信道的拥有者模块进行处理，拥有者模块需要将之前由链 A 发出的跨链数据包相关的状态更新回退，如果处理过程出现错误，则退出。

（4）信道删除跨链数据包的承诺存储，如果是有序信道，则将信道状态设置为关闭。

除 MsgTimeout 消息之外，MsgTimeoutOnClose 消息还为超时数据包的处理提供了另外一种方法。MsgTimeoutOnClose 相比 MsgTimeout 多了一个 ProofClose 字段，该字段用来证明对方信道已经处于 CLOSED 状态。MsgTimeoutOnClose 消息允许在链 B 目标信道已经关闭的情况下，relayer 可及时通知链 A 数据包最终将会超时的情况，而无需等待数据包真正超时。

数据包序列号机制和收据机制可以防止数据包的重复接收，从而保证信道上数据包仅交付一次的特性。数据包的超时和确认机制防止了数据包长时间得不到处理而引发的状态部分更新，从而保证跨链通信的原子性。

9.3　跨链通信示例

本节将以链间资产转移为例，向读者展示跨链消息的定义以及数据包收发的完整流程，加深读者对跨链通信过程的理解。值得提及的是，链间资产转移只是基于 IBC 协议构造的一种上层应用，IBC 协议作为一种通用数据跨链传输协议，对于其上传输的跨链消息（跨链数据包中的 Data 字段）是无感知的。因此，读者在理解本节内容时，可以将链间资产转移的跨链消息替换为任意应用定义的跨链消息。

Cosmos-SDK 的 transfer 模块定义了 MsgTransfer 结构体，该类消息在用户发起一笔跨链转账时被打包在交易中。在 MsgTransfer 类型的消息中,用户需要指定当前链的数据包发送源端口、数据包发送源信道、被跨链转移的资产、发送者地址和目标链上的接收者地址,以及超时区块高度和超时时间,超时区块高度和时间为 0 时,表示该数据包永不过期。

```go
// cosmos-sdk/x/ibc/application/transfer/types/transfer.pb.go:36-53
type MsgTransfer struct {
    SourcePort string           // 数据包发送源端口
    SourceChannel string        // 数据包发送源信道终端
    Token types.Coin            // 被跨链转移的资产
    Sender string               // 发送者地址
    Receiver string             // 目标链上的接收者地址
    TimeoutHeight types1.Height   // 超时区块高度
    TimeoutTimestamp uint64       // 超时时间
}
```

用户从链 A 发起到链 B 的一笔跨链资产转移的过程如下。

(1)中继者发起一笔包含 MsgTransfer 消息的交易,链 A 的 transfer 模块在收到该消息后,会检查源端口和源信道终端是否有效,获取相应的目标端口、目标信道终端、本信道终端的下一个待发送的数据包序列号,并检查本模块是否是该信道终端的拥有者,然后根据待发送资产的种类,将处理行为分为以下两种。

- 如果待发送资产是本链的原生资产,则将待发送资产由发送者账户转移到一个由源端口和源信道终端所决定的托管地址(称为 Escrow Address),该地址类似于一个模块账户,由源端口和源信道终端进行字符串拼接后经过散列生成,无人能够掌握地址对应的私钥。

- 如果待发送资产不是本链的原生资产,而是之前由其他链转移过来的资产,则将对应资产转移到 transfer 的模块账户,随后全部"燃烧"。

(2)transfer 模块将待发送资产、发送者地址、接收者地址打包成跨链数据包的跨链消息 Data 字段,使用序列号、源端口、源信道终端、目标端口、目标信道终端、超时区块高度、超时时间共同组成跨链数据包,交由底层信道进行发送。

(3)链 A 与链 B 的信道之间的数据传输过程参见 9.2.6 小节数据包发送的第(2)~(4)步。

(4)链 B 的 transfer 模块拿到数据包后,首先对其中的跨链消息 Data 字段进行基本的有效性检查,并获得接收者地址。然后根据待发送资产的种类,将处理行为分为以下两种,最后向信道返回处理结果。

○ 如果待发送资产是本链的原生资产，则意味着该资产是之前从本链转移出去的，目前资产被锁定在相应的 Escrow Address 中，因此将待发送资产从 Escrow Address 转移给接收者。

○ 如果待发送资产不是本链的原生资产，则增发相应数量的资产，并将其转移给接收者。

（5）链 B 的目标信道终端得到处理结果后的过程参见 9.2.6 小节数据包发送的第（6）～（8）步。

（6）链 A 的 transfer 模块得到链 B 的数据包确认后，如果链 B 处理失败，则进行以下资产赎回操作。

○ 如果待发送资产是本链的原生资产，则将锁定在相应 Escrow Address 地址中的资产转移给发送者。

○ 如果待发送资产不是本链的原生资产，则将之前"燃烧"掉的等量资产重新增发，并转移给发送者。

（7）之后信道的行为参见 9.2.6 小节数据包发送的第（10）步。

如果由链 A 发起的跨链转账数据包在超时之前没有达到链 B，链 A 的处理流程如下。

（1）按照 9.2.6 小节数据包超时的第（1）～（2）步操作。

（2）链 A 的 transfer 模块需要对之前锁定的/"燃烧"的资产进行赎回，赎回操作参见以上数据包正常流转过程的第（6）步。

（3）信道删除跨链数据包的承诺存储，如果是有序信道，则将信道状态设置为关闭。

至此，链间资产转移的数据包收发流程已经介绍完毕，结合轻客户端、连接、信道建立的跨链转账如图 9-8 所示。

中继者的左侧部分展示了链 A 上的轻客户端（ClientB 关于链 B 的）、连接终端（ConnectionA）、信道终端（ChannelA）和 transfer 模块（ibc-transferA），右侧部分则隶属于链 B。图 9-8 展示了在轻客户端、连接及信道建立之后，链 A 和链 B 之间的跨链转账流程。需要说明的是，图 9-8 还分别展示了链 B 正常接收跨链数据包的流程和来自链 A 的跨链数据包超时未被接收的情形。在实际中，针对同一个跨链数据包只会有一种情形发生。

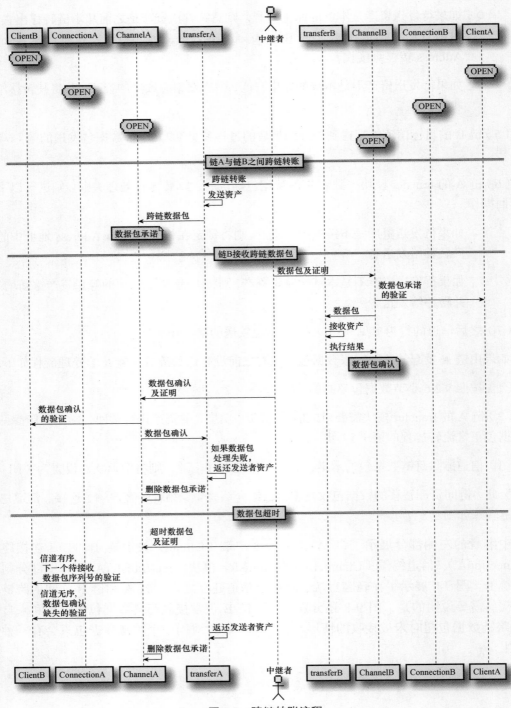

图 9-8 跨链转账流程

9.4　小结

基于 PoS 机制的 Tendermint 共识协议，在带来更短的区块间隔、更快的链上 TPS（每秒处理的事务数）之外，也为相应的轻客户端设计实现带来了一定的挑战。但是深入考察 PoS 机制的设计，就可以发现通过追踪活跃验证者集合变动信息，就可以安全、快速地完成轻客户端状态更新。本章详细介绍了基于该考察结果而构建的 Tendermint Core 轻客户端的实现原理。基于 Tendermint Core 轻客户端容易为基于 Tendermint Core 构建的区块链应用构建相应的轻客户端。

轻客户端的构建为 IBC 协议链间数据的可认证性奠定了基础。为了实现任意架构的链上模块到模块的可信数据传输，Cosmos-SDK 制定了 ICS 规范来指导 IBC 协议的设计与实现，将跨链通信所需的功能拆分为不同的组件，如轻客户端组件、连接组件、信道组件等，每个组件都对应了一套需要实现的功能。这些功能拆分与接口抽象，使得 Cosmos 网络的构建成为可能。本章详细介绍了 IBC 协议的原理与机制设计，并在最后以链间资产转移为例，展示基于 IBC 协议构建的跨链应用数据包的完整收发流程。

## 第 10 章

Cosmos Hub 的客户端 Gaia

Cosmos-SDK 按照模块化设计理念，可提供区块链应用中常见的功能模块。基于 Cosmos-SDK 的功能模块，开发者可以通过组合已有功能模块甚至构建新的功能模块完成应用专属区块链系统的构建。Cosmos 网络中的第一条公链 Cosmos Hub 的客户端 Gaia 项目就是基于 Cosmos-SDK 和 Tendermint Core 构建的。本章通过剖析 Gaia 项目的具体实现，向读者展示利用 Cosmos-SDK 搭建区块链应用的基本过程。在介绍完 Gaia 的初始化过程之后，本章展示如何利用 Gaia 提供的命令行工具 gaiad 启动单节点的区块链测试链，以及如何利用 gaiacli 完成一笔转账。为了进一步加深读者对 Tendermint Core 和 Cosmos-SDK 的理解，本章随后剖析一笔交易进入节点的交易池、打包进区块、交易执行并最终引起应用状态更新的具体过程。维护区块链网络的节点，尤其是验证者节点，并不是一项容易的工作，本章最后介绍有助于保证验证者节点安全性的 tmkms 项目以及哨兵节点部署方案。

10.1 核心数据结构 GaiaApp

本章所参考的 2.0.11 版本的 Gaia 项目使用了第 7 章和第 8 章介绍的除 upgrade 模块之外所有的 Cosmos-SDK 功能模块。值得提及的是，Cosmos Hub 网络在"星际之门"升级计划中已正式启用 upgrade 模块以及 ibc/core 模块。为了便于上层应用开发，Cosmos-SDK 提供了应用模板 BaseApp。BaseApp 一方面可实现 ABCI 来与共识引擎互动，另一方面可负责模块的存储、消息路由以及不变量检查等工作。Cosmos-SDK 提供了模块管理器来辅助 BaseApp 完成对各模块的管理工作，同时实现对业务逻辑的解耦。开发上层应用时可以按需定制模块管理器的行为，从而实现 BaseApp 对模块的定制化管理。

- 借助 BasicManager 结构，BaseApp 可以管理各个模块的默认初始状态、初始状态验证、编解码类型注册、REST 路由和命令行接口等。

- 借助 Manager 结构，BaseApp 可以实现管理各模块消息路由、查询路由的注册，模块状态初始化及状态导出等功能。

　　有这些功能作为基础，就容易通过扩展 BaseApp 实现定制化的区块链应用，Gaia 项目的核心数据结构 GaiaApp 结构体的定义便遵循了这种实现策略。

```
// gaia/app/app.go 84-108
type GaiaApp struct {
    *bam.BaseApp
    cdc *codec.Codec
    // 不变量检查周期
    invCheckPeriod uint

    // 访问模块存储空间的 StoreKey
    keys   map[string]*sdk.KVStoreKey
    tkeys  map[string]*sdk.TransientStoreKey

    // 各模块的 Keeper 成员变量
    accountKeeper   auth.AccountKeeper
    bankKeeper      bank.Keeper
    supplyKeeper    supply.Keeper
    stakingKeeper   staking.Keeper
    slashingKeeper  slashing.Keeper
    mintKeeper      mint.Keeper
    distrKeeper     distr.Keeper
    govKeeper       gov.Keeper
    crisisKeeper    crisis.Keeper
    paramsKeeper    params.Keeper

    // 模块管理器
    mm *module.Manager
}
```

遵循上述的实现策略，GaiaApp 内嵌 BaseApp，除此之外 GaiaApp 中还包含以下字段。

● 编解码器 cdc 字段负责消息的编解码。

● invCheckPeriod 字段以区块个数为单位指定了执行链上不变量检查的周期，参见 7.6 节。

● keys 字段存储模块名到 KVStoreKey 的映射，用于通过 BaseApp.cms 字段访问各模块的存储空间，参见 6.4.2 小节。

● tkeys 字段存储模块名到 TransientStoreKey 的映射，用于获取各模块的瞬时存储器 TransientStore，参见 6.4.4 小节。

● 各个模块的 Keeper 成员变量，通过 Keeper 对外暴露的模块调用接口，保证模块安全，并实现模块间的互操作。

● 模块管理器 mm 字段通过 AppModule 接口管理各个模块，参见 6.1 节。

可见，GaiaApp 在 BaseApp 之外添加的字段并不多，这些字段主要用来辅助 BaseApp

完成模块管理器和模块存储空间的初始化工作。值得提及的是，拥有模块的 StoreKey 就相当于拥有了各模块的子存储空间的访问权限，因此 keys 和 tkeys 字段在初始化后，会传给相应模块的 Keeper，保证各模块的存储只由本模块的 Keeper 来管理。

接下来介绍 GaiaApp 的初始化流程。为了方便叙述，后文按照初始化顺序将相应实现代码拆分成了若干段，每一段对应一个核心功能。读者可以参见图 10-1 展示的上层应用的整体架构来帮助理解 GaiaApp 的初始化流程。

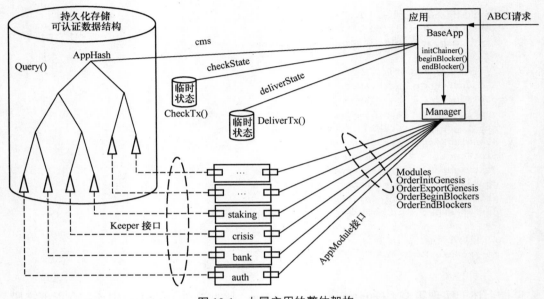

图 10-1　上层应用的整体架构

10.1.1　编解码器初始化

在初始化 GaiaApp 时，首先要创建编解码器，该编解码器负责消息的编解码。Gaia v2.0.11 依赖 Cosmos-SDK v0.37.13，这一版本的 Cosmos-SDK 使用 Amino 编解码器进行数据的编解码。相比 Protobuf，Amino 增加了对接口类型编解码功能的支持。为了使用 Amino 对接口类型进行编解码，需要将接口类型和实现了该接口类型的具体类型一同注册到编解码器中。因此，在新建编解码器之后，需要在编解码器中注册需要使用 Amino 进行编解码的接口类型和具体类型。

```go
// gaia/app/app.go 111-230
func NewGaiaApp(logger log.Logger, db dbm.DB, traceStore io.Writer, loadLatest bool,
    invCheckPeriod uint, baseAppOptions ...func(*bam.BaseApp)) *GaiaApp {
    // 新建一个编解码器，注册必要的数据类型
    cdc := MakeCodec()
```

```
        // 省略部分代码
}

// gaia/app/app.go 72-81
func MakeCodec() *codec.Codec {
    var cdc = codec.New()

    // 注册接口类型和接口类型的具体类型
    ModuleBasics.RegisterCodec(cdc)    // 各个模块定义的数据类型
    sdk.RegisterCodec(cdc)             // Cosmos-SDK 定义的数据类型
    codec.RegisterCrypto(cdc)          // 密码学功能相关的数据类型
    codec.RegisterEvidences(cdc)       // Tendermint Core 定义的举证类型

    return cdc
}
```

这些需要注册的数据类型可以分为以下 4 类。

- 各个模块定义的数据类型，包括 Msg 接口的具体类型，如 bank 模块的 MsgSend、MsgMultiSend 等。

- Cosmos-SDK 定义的数据类型，包括 Tx 接口和 Msg 接口。

- 密码学功能相关的数据类型，包括 PubKey 接口和 PrivKey 接口，以及相应的具体类型，参见 2.2 节。

- Tendermint Core 定义的举证类型，包括 Evidence 接口和具体举证类型 DuplicateVote-Evidence，参见 3.6 节。

　　各个模块定义的数据类型的注册是借助 BasicManager 类型的全局变量 ModuleBasics 实现的。ModuleBasics 负责管理所有模块的编解码注册、默认状态设置、状态有效性验证等功能（参见 6.1 节），创建代码如下。

```
// gaia/app/app.go 45-58
ModuleBasics = module.NewBasicManager(
    genaccounts.AppModuleBasic{},
    genutil.AppModuleBasic{},
    auth.AppModuleBasic{},
    bank.AppModuleBasic{},
    staking.AppModuleBasic{},
    mint.AppModuleBasic{},
    distr.AppModuleBasic{},
    gov.NewAppModuleBasic(
        paramsclient.ProposalHandler,
        distr.ProposalHandler),
    params.AppModuleBasic{},
    crisis.AppModuleBasic{},
    slashing.AppModuleBasic{},
```

```
    supply.AppModuleBasic{},
)
```

各个模块都会定义 AppModuleBasic 结构体，并且由于该结构体的方法不依赖模块的状态，基本上所有模块的 AppModuleBasic 结构体都是空结构体，例如下面展示的 auth 模块中该类型的定义。

```
// cosmos-sdk/x/auth/module.go 30
type AppModuleBasic struct{}
```

唯一的例外是 gov 模块，具体原因后文会解释。

```
// cosmos-sdk/x/gov/module.go 34-36
type AppModuleBasic struct {
    proposalHandlers []client.ProposalHandler
}
```

10.1.2　BaseApp 初始化

BaseApp 依赖于编解码器，因此在编解码器初始化之后，就可以对 BaseApp 进行初始化。

```
// gaia/app/app.go 111-230 116-118
func NewGaiaApp(logger log.Logger, db dbm.DB, traceStore io.Writer, loadLatest bool,
    invCheckPeriod uint, baseAppOptions ...func(*bam.BaseApp)) *GaiaApp {
    // 省略编解码器初始化代码

    // 初始化 BaseApp
    bApp := bam.NewBaseApp(appName, logger, db, auth.DefaultTxDecoder(cdc), baseApp
Options...)
    bApp.SetCommitMultiStoreTracer(traceStore)
    bApp.SetAppVersion(version.Version)

    // 省略部分代码
}
```

函数 NewGaiaApp()的 baseAppOptions 参数包含了若干个 func(*bam.BaseApp)类型的函数。这些函数用来修改 BaseApp 中与共识无关的配置选项，如 haltTime、haltHeight、minGasPrices 等，参见 6.2 节。

NewBaseApp()函数根据应用名字 appName、日志记录器 logger、数据库 db、编解码器 cdc、baseAppOptions 来创建 BaseApp，并随后设置多重存储器的追踪器和应用版本号。

10.1.3　模块存储映射表初始化

初始化 BaseApp 之后，便根据各个模块的 StoreKey 构建映射表 keys 和 tkeys。值得注意的是，映射表 keys 涉及所有的模块，而映射表 tkeys 仅涉及 staking 和 params 模块。利用已经初始化的编解码器、BaseApp、映射表 keys 和 tkeys，以及 NewGaiaApp()的参数 invCheckPeriod 创建 GaiaApp。

```
// gaia/app/app.go 111-230 120-133
func NewGaiaApp(logger log.Logger, db dbm.DB, traceStore io.Writer, loadLatest bool,
    invCheckPeriod uint, baseAppOptions ...func(*bam.BaseApp)) *GaiaApp {
    // 省略编解码器和 BaseApp 初始化代码

    keys := sdk.NewKVStoreKeys(
        bam.MainStoreKey, auth.StoreKey, staking.StoreKey,
        supply.StoreKey, mint.StoreKey, distr.StoreKey, slashing.StoreKey,
        gov.StoreKey, params.StoreKey,
    )
    tkeys := sdk.NewTransientStoreKeys(staking.TStoreKey, params.TStoreKey)

    app := &GaiaApp{
        BaseApp:         bApp,
        cdc:             cdc,
        invCheckPeriod: invCheckPeriod,
        keys:            keys,
        tkeys:           tkeys,
    }
}
```

10.1.4　模块 Keeper 初始化

接下来完成各模块 Keeper 以及模块管理器的初始化。由于模块之间可能相互依赖，因此各模块 Keeper 的初始化顺序也需要合理安排。又由于所有模块的 Keeper 都需要依赖参数子空间（subspace），因此需要首先创建 params 模块的 Keeper，即 paramsKeeper，再利用创建的 paramsKeeper 为各模块 Keeper 构建所需的参数子空间。

```
// gaia/app/app.go 111-230 136-170
func NewGaiaApp(logger log.Logger, db dbm.DB, traceStore io.Writer, loadLatest bool,
    invCheckPeriod uint, baseAppOptions ...func(*bam.BaseApp)) *GaiaApp {
    // 省略编解码器和 BaseApp 初始化代码

    // 初始化 params 模块的 Keeper 并获取各模块的参数子空间
    app.paramsKeeper = params.NewKeeper(app.cdc, keys[params.StoreKey],
        tkeys[params.TStoreKey], params.DefaultCodespace)
    authSubspace := app.paramsKeeper.Subspace(auth.DefaultParamspace)
    bankSubspace := app.paramsKeeper.Subspace(bank.DefaultParamspace)
    // 省略其余模块参数子空间的获取代码

    app.accountKeeper = auth.NewAccountKeeper(
        app.cdc, keys[auth.StoreKey], authSubspace, auth.ProtoBaseAccount)
    app.bankKeeper = bank.NewBaseKeeper(
```

```
                app.accountKeeper, bankSubspace, bank.DefaultCodespace, app.ModuleAccountA
ddrs())
            app.supplyKeeper = supply.NewKeeper(
                app.cdc, keys[supply.StoreKey], app.accountKeeper, app.bankKeeper, maccPerms)
            stakingKeeper := staking.NewKeeper(
                app.cdc, keys[staking.StoreKey], tkeys[staking.TStoreKey],
                app.supplyKeeper, stakingSubspace, staking.DefaultCodespace,)
            app.mintKeeper = mint.NewKeeper(
                app.cdc, keys[mint.StoreKey], mintSubspace, &stakingKeeper,
                app.supplyKeeper, auth.FeeCollectorName)
            app.distrKeeper = distr.NewKeeper(
                app.cdc, keys[distr.StoreKey], distrSubspace, &stakingKeeper, app.supplyKeeper,
                distr.DefaultCodespace, auth.FeeCollectorName, app.ModuleAccountAddrs())
            app.slashingKeeper = slashing.NewKeeper(
                app.cdc, keys[slashing.StoreKey], &stakingKeeper,
                slashingSubspace, slashing.DefaultCodespace,)
            app.crisisKeeper = crisis.NewKeeper(crisisSubspace, invCheckPeriod,
                app.supplyKeeper, auth.FeeCollectorName)

            govRouter := gov.NewRouter()
            govRouter.AddRoute(gov.RouterKey, gov.ProposalHandler).
                AddRoute(params.RouterKey, params.NewParamChangeProposalHandler(app.params
Keeper)).
                AddRoute(distr.RouterKey, distr.NewCommunityPoolSpendProposalHandler(app.
distrKeeper))
            app.govKeeper = gov.NewKeeper(
                app.cdc, keys[gov.StoreKey], app.paramsKeeper, govSubspace,
                app.supplyKeeper, &stakingKeeper, gov.DefaultCodespace, govRouter,
        )
        // 省略部分代码
    }
```

　　各模块 Keeper 的创建都需要消息编解码器、获取模块存储空间的 StoreKey、存储本模块配置参数的参数子空间、标识模块错误类型的错误码以及本模块依赖的其他模块 Keeper。在这些共性之外，有几个模块的 Keeper 初始化还会需要额外的参数。

- bankKeeper 需要所有模块的模块账户地址 app.ModuleAccountAddrs()，以防止用户向这些模块账户地址转账。

- supplyKeeper 需要 maccPerms 参数，该参数存储了各个模块账户所具有的权限，如增发、"燃烧"等，之后 supplyKeeper 根据该权限对模块账户进行管理，参见 7.5 节。

- mintKeeper 需要 auth 模块的 FeeCollector 模块账户的名字 auth.FeeCollectorName，用来收集新区块的奖励以及上一区块所包含的交易费，参见 7.1 节和 8.6 节。

- distrKeeper 模块需要 auth.FeeCollectorName 以处理奖励分发，也需要 app.Module-AccountAddrs()以防止委托人将自己的收益地址设置为模块账户地址。

- crisisKeeper 需要 invCheckPeriod 参数来定期自动执行不变量检查，也需要 auth. FeeCollectorName 来收取用户发起的不变量检查所需缴纳的交易费。

- govKeeper 需要引用 stakingKeeper 以支持提案投票结果的统计，也需要 govRouter 来聚合提案类型和相应的处理逻辑，参见 7.7 节。

值得提及的是，在各模块 Keeper 的初始化过程中，除 stakingKeeper 之外，其他模块的 Keeper 都是用各个模块内的 NewKeeper() 函数直接对 GaiaApp 的相应字段进行赋值，而 stakingKeeper 则是先利用该函数创建新的变量，为该变量设置相应的钩子函数之后，再将其赋值给 GaiaApp 的 stakingKeeper 字段，参见下面的代码。

```
// gaia/app/app.go 111-230 174-176
func NewGaiaApp(logger log.Logger, db dbm.DB, traceStore io.Writer, loadLatest bool,
    invCheckPeriod uint, baseAppOptions ...func(*bam.BaseApp)) *GaiaApp {
    // 省略编解码器和 BaseApp 初始化代码
    app.stakingKeeper = *stakingKeeper.SetHooks(
        staking.NewMultiStakingHooks(app.distrKeeper.Hooks(), app.slashingKeeper.
Hooks()),
    )
}
```

钩子函数用来在 staking 模块发生特定事件时触发其他模块的处理逻辑，参见 8.3 节。

Gaia 功能模块间的依赖关系如图 10-2 所示，其中实线箭头表示依赖方模块直接依赖于另一方的 Keeper 结构，而虚线箭头表示依赖方模块定义了自己期望依赖的接口 ExpectedKeeper，被依赖方需要实现该接口，且依赖方无法使用在该接口功能之外的其他功能。即对一个模块的操作只能通过该模块的 Keeper 进行，通过这种方式可以保证各模块的安全性。

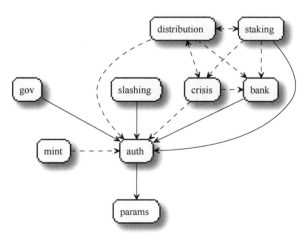

图 10-2　Gaia 功能模块间的依赖关系

10.1.5 模块管理器初始化

Cosmos-SDK 实现了两类模块管理器，一类是前文介绍过的 BasicManager，它管理模块 AppModuleBasic 接口的实现；另一类是 Manager，它管理模块 AppModule 接口的实现（除 AppModuleBasic 包含的功能之外），参见 6.1 节。GaiaApp 中包含各模块的 Keeper 是为了配合模块管理器的管理工作。完成了 Keeper 的初始化之后，便可以初始化 GaiaApp 的模块管理器 mm 字段。

```
// gaia/app/app.go 111-230 180-192
func NewGaiaApp(logger log.Logger, db dbm.DB, traceStore io.Writer, loadLatest bool,
    invCheckPeriod uint, baseAppOptions ...func(*bam.BaseApp)) *GaiaApp {
    // 省略编解码器、BaseApp、各模块 Keeper 初始化代码

    app.mm = module.NewManager(
        genaccounts.NewAppModule(app.accountKeeper),
        genutil.NewAppModule(app.accountKeeper, app.stakingKeeper, app.BaseApp.
DeliverTx),
        auth.NewAppModule(app.accountKeeper),
        bank.NewAppModule(app.basnkKeeper, app.accountKeeper),
        crisis.NewAppModule(&app.crisisKeeper),
        supply.NewAppModule(app.supplyKeeper, app.accountKeeper),
        distr.NewAppModule(app.distrKeeper, app.supplyKeeper),
        gov.NewAppModule(app.govKeeper, app.supplyKeeper),
        mint.NewAppModule(app.mintKeeper),
        slashing.NewAppModule(app.slashingKeeper, app.stakingKeeper),
        staking.NewAppModule(app.stakingKeeper, app.distrKeeper, app.accountKeeper,
 app.supplyKeeper),
    )
    // 省略部分代码
}
```

mm 负责通过 AppModule 接口管理各个模块，由于 AppModule 接口中的方法定义与存储状态相关，因此所有模块的 AppModule 实现都需要依赖本模块的 Keeper。6.1 节提到，模块管理器可以对各个模块的 BeginBlock()、EndBlock()、InitGenesis()方法的调用顺序进行管理，该调用顺序即在此处进行指定。

```
// gaia/app/app.go 111-230 197-214
func NewGaiaApp(logger log.Logger, db dbm.DB, traceStore io.Writer, loadLatest bool,
    invCheckPeriod uint, baseAppOptions ...func(*bam.BaseApp)) *GaiaApp {
    // 省略编解码器、BaseApp、各模块 Keeper、模块管理器初始化代码
    // 设置模块的 BeginBlock()调用顺序
    app.mm.SetOrderBeginBlockers(mint.ModuleName, distr.ModuleName, slashing.Module
Name)
    // 设置模块的 EndBlock()调用顺序
    app.mm.SetOrderEndBlockers(crisis.ModuleName, gov.ModuleName, staking.ModuleName)
    // 设置模块的 InitGenesis()调用顺序
```

```
app.mm.SetOrderInitGenesis(
    genaccounts.ModuleName, distr.ModuleName, staking.ModuleName,
    auth.ModuleName, bank.ModuleName, slashing.ModuleName, gov.ModuleName,
    mint.ModuleName, supply.ModuleName, crisis.ModuleName, genutil.ModuleName,
)
// 注册模块的不变量
app.mm.RegisterInvariants(&app.crisisKeeper)
// 注册模块的消息路由和查询路由
app.mm.RegisterRoutes(app.Router(), app.QueryRouter())

app.MountKVStores(keys)
app.MountTransientStores(tkeys)

// 省略部分代码
}
```

以 SetOrderBeginBlockers()方法为例，该方法会按照参数的顺序，将相应模块名存储在模块管理器的 OrderBeginBlockers 字段中。在处理 ABCI 的 ReqBeginBlock 请求时，会遵循该顺序依次调用各模块的 BeginBlocker()方法。SetOrderEndBlockers()方法与 SetOrderInit-Genesis()方法的调用原理与此类似，此处不赘述。

各个模块在其 BeginBlocker()方法中定义本模块在区块执行之前的处理操作：mint 模块负责区块奖励的增发，distribution 模块负责区块奖励与交易费的分发，slashing 模块负责对验证者被动作恶行为的惩罚。mint 模块增发的资产需要在本区块内通过 distribution 模块进行分发，因此 mint 模块的增发逻辑需要在 distribution 模块之前执行。slashing 模块的该方法最后执行，对可用性差的活跃验证者罚没一定比例的抵押资产，这也意味着验证者（以及相关的委托人）在上个区块获得的收益不会因抵押资产减少而受到影响。

各个模块在其 EndBlocker()方法中定义本模块在区块执行之后的处理操作：crisis 模块根据当前区块高度判断是否需要执行不变量检查，如果是，则检查所有已注册的不变量；gov 模块根据当前时间或者区块高度处理所有提案；staking 模块处理在当前区块成熟的撤回委托和重新委托操作并更新验证者集合，这 3 个模块的该方法的调用之间并没有严格的顺序要求。

各个模块在其 InitGenesis()方法中定义本模块的初始参数及状态：genaccounts 模块设置初始账户；distribution 模块负责设置模块参数、未提取的收益信息、验证者的惩罚记录以及模块账户的资产总量等；staking 模块负责设置参数信息、验证者的当前状态信息、链上资产抵押信息等；auth 和 bank 模块负责设置各自模块的参数信息；slashing 模块负责设置验证者集合的签名信息和可用性信息；gov 模块负责设置模块的参数信息、提案信息和相应的抵押情况、投票情况，以及模块账户的资产总量等；mint 模块负责设置参数信息、当前的年通胀率和年供应量；supply 模块通过迭代所有账户来设置链上资产的发行总量；crisis 模块负责设置参数信息并检查所有已注册的不变量，一旦有不变量检查失败就停止运行；genutil 模块负责执行 genesis.json 中的交易。

对于 InitGenesis() 方法，有严格先后顺序要求的几个模块如下：genaccounts 模块需要在 supply 模块之前执行初始化，以便 supply 模块可以迭代所有账户来计算链上资产的发行总量；staking 模块需要在 slashing 模块之前初始化，以便 slashing 获得验证者的共识公钥和地址信息；genutils 模块需要在所有模块之后执行初始化，以保证交易的正确执行；crisis 模块需要在除 genutils 模块之外的所有模块之后执行初始化，以便检查各模块的初始状态。

```
// gaia/app/app.go 111-230 217-220
func NewGaiaApp(logger log.Logger, db dbm.DB, traceStore io.Writer, loadLatest bool,
    invCheckPeriod uint, baseAppOptions ...func(*bam.BaseApp)) *GaiaApp {
    // 省略编解码器、BaseApp、各模块 Keeper、模块管理器初始化代码

    // 设置 BaseApp 的方法
    app.SetInitChainer(app.InitChainer)
    app.SetBeginBlocker(app.BeginBlocker)
    app.SetAnteHandler(auth.NewAnteHandler(app.accountKeeper, app.supplyKeeper,
    auth.DefaultSigVerificationGasConsumer))
    app.SetEndBlocker(app.EndBlocker)

    // 省略部分代码
}
```

初始化模块管理器之后，就可以设置 BaseApp 的相关成员。6.2 节介绍过 BaseApp 中包含几个成员，如 initChainer、beginBlocker、anteHandler、endBlocker 等，用来方便开发者向区块链应用中集成新增模块。借助模块管理器 mm 很容易设置这些成员，以 beginBlocker 成员为例，它被设置为如下方法。

```
// gaia/app/app.go 233-235
func (app *GaiaApp) BeginBlocker(ctx sdk.Context, req abci.RequestBeginBlock) abci
.ResponseBeginBlock {
    return app.mm.BeginBlock(ctx, req)
}
```

模块管理器的 BeginBlock() 方法则依据初始化时指定的顺序依次调用各模块的 BeginBlock() 方法。在应用启动且 BaseApp 收到 ABCI 请求后，就可以利用 BaseApp 的 beginBlocker 等成员处理相应请求，代码如下。

```
// cosmos-sdk@v0.37.13/types/module/module.go 286-296
func (m *Manager) BeginBlock(ctx sdk.Context, req abci.RequestBeginBlock) abci.
ResponseBeginBlock {
    ctx = ctx.WithEventManager(sdk.NewEventManager())

    for _, moduleName := range m.OrderBeginBlockers {
        m.Modules[moduleName].BeginBlock(ctx, req)
    }
```

```
        return abci.ResponseBeginBlock{
            Events: ctx.EventManager().ABCIEvents(),
        }
    }
}
```

至此，GaiaApp 中的所有字段均已初始化完毕。

10.1.6　存储加载

在默认情况下，应用会保存所有版本（区块高度）的存储状态，参见 6.3 节。然而节点需要从一个特定的版本运行起来，GaiaApp 初始化的最后一步便是加载特定版本的状态，并返回新创建的应用。

```
// gaia/app/app.go 111-230 222-227
func NewGaiaApp(logger log.Logger, db dbm.DB, traceStore io.Writer, loadLatest bool,
    invCheckPeriod uint, baseAppOptions ...func(*bam.BaseApp)) *GaiaApp {
    // 省略编解码器、BaseApp、各模块 Keeper、模块管理器初始化代码
    // 省略设置 BaseApp 成员的代码
    if loadLatest {
        err := app.LoadLatestVersion(app.keys[bam.MainStoreKey])
        if err != nil { cmn.Exit(err.Error()) }
    }

    return app
}
```

至此，GaiaApp 的初始化流程已全部介绍完毕，10.2 节将介绍如何利用 Gaia 项目提供的命令行工具来与全节点进行交互。

10.2　gaiad 与 gaiacli

gaiad 和 gaiacli 是 Gaia 项目提供的两个命令行工具：gaiad 用来启动 Gaia 网络的全节点；gaiacli 用来与全节点进行交互，如发送交易或者请求查询等。本节介绍两个命令行工具的使用、相应命令背后触发的处理逻辑，以及区块和交易的生命周期。

10.2.1　安装

gaiad 和 gaiacli 的安装可以参考 Gaia 提供的官方文档。由于 Gaia 项目使用 Go 语言开发，首先需要安装 Go 语言工具，然后安装 gaiad 和 gaiacli。

在安装完成后，输入以下命令。

```
$ gaiad version --long
```

```
$ gaiacli version --long
```

如安装无误，可以看到两者的版本号如下。

```
 name: gaia
server_name: gaiad
client_name: gaiacli
version: 2.0.12
commit: d00db033d861c4f59e07038e61bcaf39274ff6da
build_tags: netgo,ledger
go: go version go1.14.2 darwin/amd64
```

10.2.2　单节点测试链

本小节展示如何利用 gaiad 在本地启动一个单节点的 Gaia 测试链。切换到用户家目录后，执行 gaiad init 命令，其中--chain-id=testing 指定了测试链的标识，命令最后的 node0 则是为了提高可读性，给本地节点指定的名称。该命令用来初始化上层应用的初始配置以及节点的所有配置。

```
$ cd $HOME
$ gaiad init --chain-id=testing node0
```

命令执行完成后，可以看到新生成了~/.gaiad 目录，该目录存放了 gaiad 的全部数据。

```
$ ls ~/.gaiad/config
app.toml               config.toml            genesis.json           node_key.json
     priv_validator_key.json
```

~/.gaiad 目录下有两个子目录 config 和 data，分别存储配置信息以及具体的区块数据。读者可以通过 ls 命令查看 config 子目录下包含的文件。

- app.toml 文件包含应用的配置信息，例如 6.2 节介绍的 BaseApp 中的 minGasPrices、haltTime 等字段，节点可以自行配置这些字段。

- config.toml 文件包含节点的配置信息，包括链标识、根目录、数据库后端实现，还包括对等网络、RPC 服务、交易池、共识引擎等配置信息。通常使用默认值即可，参见 4.2 节。

- genesis.json 文件包含链标识、链初始时间戳、共识参数、AppHash 以及应用的初始状态。应用的初始状态包括各模块的参数和初始状态。

- node_key.json 文件包含本节点对等网络加密通信的密钥，参见 4.3 节。

- priv_validator_key.json 文件包含验证者节点的共识密钥和验证者地址，参见 3.3 节。

- genesis.json 文件既可以用于启动新链，也可以用于链升级。使用 gaiad init 命令生成的 genesis.json 文件中的初始状态包含所有模块的默认初始状态。而进行链升级时，需要在特定高度停止链的运行，并将此刻的应用状态信息导出、保存至 genesis.json 文件。更换新的二进制文件后，以该文件启动新链，即可完成网络升级。

执行以下命令生成账户密钥和地址，其中 alice 是为该账户密钥指定的名字，所有通过该命令生成的密钥对信息都存储在~/.gaiacli/keys 文件中。

```
$ gaiacli keys add alice
```

在添加了相应的账户密钥信息之后，可以通过如下命令来查询账户 alice 的信息。

```
$ gaiacli keys show alice
  type: local
  address: cosmos1lzml7jga70xh6800qhjavse3w0rjl0npazvrsy
  pubkey: cosmospub1addwnpepq2fyhhlyauqxcga48x80ayspfecl07pjvp0np7hmkstktvczp4qrqegrqcw
  mnemonic: ""
  threshold: 0
  pubkeys: []
```

以下命令向 genesis.json 文件中添加了一条账户信息，表示为 alice 账户中分配了一种资产：1 000 000 000 stake。其中，stake 资产是 Cosmos-SDK 中 staking 模块的默认抵押资产。读者可以自行比对在执行本条命令前后 genesis.json 文件的变化。

```
$ gaiad add-genesis-account $(gaiacli keys show alice -a) 1000000000stake
```

执行以上命令之后，genesis.json 中 accounts 新增如下内容。

```
"accounts": [
    {
        "address": "cosmos1lzml7jga70xh6800qhjavse3w0rjl0npazvrsy",
        "coins": [
            {
                "denom": "stake",
                "amount": "1000000000"
            }
        ],
        "sequence_number": "0",
        "account_number": "0",
        "original_vesting": [],
        "delegated_free": [],
        "delegated_vesting": [],
        "start_time": "0",
        "end_time": "0",
        "module_name": "",
        "module_permissions": [""]
    }
]
```

随后，为了能够让这条测试链在本地运行起来，需要为其指定初始的验证者集合，否则，这条链在启动之后将无法出块。通过以下命令可以从账户 alice 构建一笔创建验证者的交易，参见 8.3 节介绍的 MsgCreateValidator。

```
$ gaiad gentx --name alice
```

接着，需要将以上命令生成的交易添加到 genesis.json 中，以便在链初始化时执行这些交易。

```
$ gaiad collect-gentxs
```

执行完以上命令之后，genesis.json 中又增加了一条 genutil 模块的 gentx 记录。

```
"genutil": {
    "gentxs": [
      {
        "type": "cosmos-sdk/StdTx",
        "value": {
          "msg": [
            {
              "type": "cosmos-sdk/MsgCreateValidator",
              "value": {
                "description": {
                  "moniker": "node0",
                  "identity": "",
                  "website": "",
                  "details": ""
                },
                "commission": {
                  "rate": "0.100000000000000000",
                  "max_rate": "0.200000000000000000",
                  "max_change_rate": "0.010000000000000000"
                },
                "min_self_delegation": "1",
                "delegator_address": "cosmos1c4dl54tcjwd4c2vres63revgxh0cf6l3dfx7xv",
                "validator_address": "cosmosvaloper1c4dl54tcjwd4c2vres63revgxh0c
f6l3gajt2l",
                "pubkey": "cosmosvalconspub1zcjduepqusv2ax2032qv2u0h4qtqw4cu06ue
9qzp7x8g37v49w52jgvq5euqpe7ymq",
                "value": {
                  "denom": "stake",
                  "amount": "100000000"
                }
              }
            }
          ],
          "fee": {
            "amount": [],
            "gas": "200000"
          },
          "signatures": [
```

```
                    {
                      "pub_key": {
                        "type": "tendermint/PubKeySecp256k1",
                        "value": "A5x7BCWdZRLTbowHr9FphVGICsrJijg1MrU9uXBzqxA9"
                      },
                      "signature": "pp4eRJw86is4Q2eLkCA6xvOk0IxVsb+z8btArfiwqkwAMAfB7WC8
JV/aY1frmuz7ILrTJUg3IUt18YYsM4NmOQ=="
                    }
                  ],
                  "memo": "f041cd8884c6245a63f1d342d6ba556dd7fc5cd1@192.168.1.101:26656"
                }
              }
          ]
      },
```

　　该交易指定了创建的验证者的佣金比例、最小自抵押量、共识公钥、抵押量、运营方地址以及验证者地址。其中，运营方地址和验证者地址都是从账户 alice 的公钥派生而来的。但是在使用 bech32 编码时使用了不同的前缀，因此运营方地址和验证者地址编码后的值不同，参见 2.2 节。在发起一笔交易时，发起人需要使用自己的交易私钥（也就是 alice 对应的基于 secp256k1 的 ECDSA 的签名私钥）来对交易进行签名，并对交易指定交易费。genesis.json 文件中的初始交易不受区块 Gas 总量的限制。

　　至此，就可以使用如下命令来启动测试链了，其中--inv-check-period 用来指定进行不变量检查的区块周期，即每隔 10 个区块进行所有已注册不变量的检查。如果启动正常的话，可以看到输出的区块执行以及提交的结果如下。

```
$ gaiad start --inv-check-period=10

    I[2020-07-19|18:12:42.848] starting ABCI with Tendermint          module=main
    I[2020-07-19|18:12:48.170] Executed block                         module=state
height=1 validTxs=0 invalidTxs=0
    I[2020-07-19|18:12:48.179] Committed state                        module=state
height=1 txs=0 appHash=769916DAECC5A02DE27C66E836EEEB713F2C771D11860C2F497748F298679521
    I[2020-07-19|18:12:53.220] Executed block                         module=state
height=2 validTxs=0 invalidTxs=0
    I[2020-07-19|18:12:53.238] Committed state                        module=state
height=2 txs=0 appHash=EE82A8C6DE9F987AA158FFFEE0E949B18D216451CAF50CB72458E06C7126FE29
```

10.2.3　gaiacli 的使用

　　在启动了本地的测试链之后，就可以使用 gaiacli 来与网络进行交互。读者可以使用 gaiacli -h 命令来查看其支持的子命令。

- status 子命令用来查询节点的当前状态，默认通过 tcp://localhost:26657 地址与节点建立连接，如果要配置到其他地址，可以使用 gaiacli config node ×.×.×.×:×××× 来配置所有 gaiacli 子命令依赖的网络节点，也可以通过单独在命令中指定--node=×.×.×.×:×××进行配置。

- config 子命令用来配置 gaiacli 命令行工具的一些选项，如 node 指定了连接的节点地址、chain-id 指定了连接的网络标识、broadcast-mode 指定了交易广播的模式、trust-node 指定了是否信任所连接的节点。这些选项一旦通过 config 子命令进行配置，则所有的 gaiacli 命令都无须再指定，默认使用配置的值。

- keys 子命令用来处理与账户密钥相关的操作，如账户密钥的新增、导入、导出、删除、更新、解析、显示等。在新建一个密钥对时，需要用户输入口令来对私钥进行加密保护。同时，在正确生成私钥之后，会输出该私钥对应的一串助记词。该助记词可用于恢复私钥，需要妥善保存。

- query 子命令用来查询交易和账户信息等。链上状态的查询功能由各模块实现的 AppModuleBasic 接口中的 GetQueryCmd()方法提供，而 BasicManager 负责将所有模块提供的查询命令都添加到 query 命令下。另外 Tendermint Core 本身还支持查询特定高度的区块、交易以及特定高度的活跃验证者集合等信息。

- tx 子命令用来生成交易。与 query 子命令一样，BasicManager 用来将所有模块实现的 AppModuleBasic 接口中的 GetTxCmd()方法返回的交易子命令都添加到 tx 命令下。

前文在启动单节点测试链时，向 genesis.json 文件中增加了一个 alice 账户，下面以该账户为例来展示查询和交易子命令的用法。

首先，查询 alice 的账户信息，可以看到当前账户中 stake 类型的资产总量比初始时指定的总量少了 100 000 000，这是由于在创建验证者的交易中抵押了这一数量的资产。由于本账户已经主动发起过一笔交易，因此该账户的序列号为 1。

```
# 配置默认链 Id
$ gaiacli config chain-id testing
# 查询 alice 账户
$ gaiacli query account $(gaiacli keys show alice -a)
  address: cosmos1lzml7jga70xh6800qhjavse3w0rjl0npazvrsy
  coins:
  - denom: stake
    amount: "900000000"
  pubkey: cosmospub1addwnpepq2fyhhlyauqxcga48x80ayspfecl07pjvp0np7hmkstktvczp4qrqegrqcw
  accountnumber: 0
  sequence: 1
```

接下来，新建一个 bob 密钥对，并展示其信息。

```
$ gaiacli keys add bob
# 省略此处输出
```

```
$ gaiacli keys show bob
- name: bob
  type: local
  address: cosmos107k923kjrwzttd6yfx262584pzz33gq0dn05m9
  pubkey: cosmospub1addwnpepqwh7ajy8m85fypheqdr0uch4lytsf5d8vuqhkyht3pz38yju0v52k40cfz7
  mnemonic: ""
  threshold: 0
  pubkeys: []
```

此时，如果使用查询命令尝试查询 bob 账户的信息，会得到账户不存在的错误提示，这是由于以上命令仅在本地生成了一个账户密钥对，但链上此时并没有该账户的信息。接下来 alice 账户向 bob 账户发起转账，这个过程需要用户输入为 alice 私钥设置的加密口令，以便用私钥对交易进行签名。

```
# 向 bob 账户发起转账
$ gaiacli tx send alice $(gaiacli keys show bob -a) 100000000stake
```

在执行完发送命令后，终端上会输出本次交易的交易 ID，据此查询交易结果。

```
$ gaiacli query tx ED74849CF758D58567F2CBF3C9FBE70192C37F7FAEE4589095F90E4FFE09FC58
```

可以看到，在终端上输出了本次交易执行时触发的一些事件，以及实际消耗的 Gas 数量和交易的原始信息等。通过查询 bob 账户是否收到该笔转账，可以确认这笔转账在链上是否成功执行。

```
$ gaiacli query account $(gaiacli keys show bob -a)
  address: cosmos107k923kjrwzttd6yfx262584pzz33gq0dn05m9
  coins:
  - denom: stake
    amount: "100000000"
  pubkey: ""
  accountnumber: 7
  sequence: 0
```

在 9.1 节介绍轻客户端时曾经提到可以针对应用状态的键值对进行存在性/不存在性证明查询，接下来以创建的 bob 账户为例来展示该证明的查询过程。

首先需要对 bob 账户地址进行解析，得到无前缀的内部表示。

```
$ gaiacli keys parse cosmos107k923kjrwzttd6yfx262584pzz33gq0dn05m9
  human: cosmos
  bytes: 7FAC5546D21B84B5B7444995A550F5088518A00F
```

之后利用 Tendermint Core 提供的 RPC 方法 abci_query 进行查询，指定的各个字段的含义如下：

- path 指定了查询的路径，在本例中其值为字符串/store/acc/key 的十六进制表示；

- data 指定了查询参数的键值对，在本例中为 01 | 7FAC5546D21B84B5B7444995A550
  F5088518A00F，其中 01 为 auth 模块进行账户存储的键前缀，参见附录 2；

- height=0 表示返回最新的查询结果；

- prove 为 true 表示需要对本次查询进行证明。

Tendermint Core 会将该请求包装成一个 RequestQuery 类型的请求（参见 5.3 节），查询结果展示如下，其中对于证明的解析参见 9.1 节（9.1 节中使用的证明数据正是该查询返回的关于 bob 账户状态的证明）。

```
curl -X GET "http://127.0.0.1:26657/abci_query?path=0x2f73746f72652f6163632f6b6579
&data=0x017FAC5546D21B84B5B7444995A550F5088518A00F&height=0&prove=true" -H "accept:
application/json"
  {
    "jsonrpc": "2.0",
    "id": "",
    "result": {
      "response": {
        "code": 0,
        "log": "",
        "info": "",
        "index": "0",
        "key": "AX+sVUbSG4S1t0RJlaVQ9QiFGKAP",
        "value": "9uT4OAoUf6xVRtIbhLW3REmVpVD1CIUYoA8SEgoFc3Rha2USCTIwMDAwMDAwMCAH",
        "proof": {
          "ops": [
            {
              "type": "iavl:v",
              "key": "AX+sVUbSG4S1t0RJlaVQ9QiFGKAP",
              "data": "8AEK7QEKKggIEAkYp/kBKiAAIcJSCFGR9yUTJM5UWqKe0FGAu+9zbCzNCZDzm
cvQYAoqCAYQBRin+QEiIEdVt1xoNjUsIni5mNTfDR3mPaAvMv2IKGmSdMHE7bd9CioIBBADGKf5ASoga3y6MYj
e7QhwNqNbReWGUw9wdPsuBl2fmf8e2FqZ+TQKKQgCEAIYjAwiIL9R5O+YMd9c5aZ4Y2lo8m7cbDXRGxRx9pXU4
QDe4qvRGjwKFQF/rFVG0huEtbdESZWlUPUIhRigDxIgHF8LZph8MuToHj+3DAo8Y3TIFtU/L10tOaMvZgybMRY
YjAw="
            },
            {
              "type": "multistore",
              "key": "YWNj",
              "data": "1gMK0wMKMgoGcGFyYW1zEigKJgin+QESINz60+hn2nySE+nY3K3qWzzXtacQQ
sBK338SXRLlt4AVCjIKBnN1cHBseRIoCiYIp/kBEiAf0v7IrgnDrQ3uLsN5rBpMM9panh/JgHoMdYiiLSXlTAo
zCgdzdGFraW5nEigKJgin+QESIKkeEFfZjrAX0kuH4PIk79cq/WV9aWuMQHmB+3zV4fRbCjgKDGRpc3RyYWWJld
GlvbhIoCiYIp/kBEiBxudYad7w6sk6IXZ7HvIc5khyxdkkQJjJDTYIgqK2cZQowCgRtaW50EigKJgin+QESIBM
PFWHzsXC88d9nujddbu1jjCxfwtEy2fWOCeBadG5ZCi8KA2dvdhIoCiYIp/kBEiA2Tt/wXwevovHOiqtTtw1X4
kZDxd7zTk9O3iVEzwCuWwowCgRtYWluEigKJgin+QESIC5X75NgcQX0LlQ8dgnH0yGjA6A+mOiNJvhN1SnTkdF
gCi8KA2FjYxIoCiYIp/kBEiB0iPPS1B1kfC8w25fOfVlrkarX50XT8YyX+tiZZrLd7go0CghzbGFzaGluZXXIoC
iYIp/kBEiB55mYqaOpbhRT+vgndMIy1xdur2aaNrM0AWfs4gC0LRw=="
            }
          ]
```

```
      },
      "height": "31911",
      "codespace": ""
    }
  }
}
```

10.3 区块的生命周期

本节以 10.2 节中搭建的单节点测试链为例,介绍链启动、交易打包以及区块执行背后的具体逻辑,具体包括以下内容。

- 链初始化:gaiad start 命令背后触发的一系列动作。

- 区块构建:通过 gaiacli 发送交易,跟踪该交易从发送到被全节点接收、检查、进入交易池,以及打包进区块的过程。

- 区块执行:区块经过共识协议成为有效区块,并通过 ABCI 发送给 GaiaApp 执行并最终提交。

相关内容的介绍能够帮助读者更好地理解本书前文的内容,从而对基于 Tendermint Core 和 Cosmos-SDK 构建的区块链应用的内部原理有系统性的认识。

10.3.1 链初始化

gaiad start 命令会实例化 Tendermint Core 中的 Node 结构体并启动服务。目前支持两种启动方式:Node 结构体和上层应用作为一个进程启动,或者分别作为两个进程启动。这两种启动方式分别对应了不同的 ABCI 客户端和服务器的实现,参见 5.4 节。该命令会使用 NewGaiaApp()创建出 GaiaApp 的实例,来辅助 Node 结构体的实例化。

- 首先设置自己的区块存储和共识状态,并将目录~/.gaiad/data 作为区块存储和共识状态存储的目录。

- 接着尝试从共识状态中读取最近一次达成共识的状态,包括最近提交的区块信息,如区块高度、区块中的交易数量、区块时间、AppHash、共识参数和验证者集合等信息。

- 建立与上层应用的连接,并与上层应用就共识状态进行握手同步。由于链刚刚启动,在握手过程中,会将 genesis.json 文件中的初始状态通过 ABCI 方法 InitChain()发送给 GaiaApp 以完成应用状态初始化。Tendermint Core 会根据返回结果更新自身的共识状态。

● 最后，依次启动 Node 结构体中的各服务组件，包括对等网络通信、共识反应器、交易反应器、举证反应器以及区块反应器等，参见 4.2 节。

至此完成了链的初始化过程，接下来新区块的构建和执行将依靠 Node 结构体的各服务组件来协调完成，这些服务组件之间相互配合，一起驱动上层应用的状态更新。

10.3.2　交易与区块构建

1.　交易构建与广播

10.2 节已经介绍过如何通过 gaiacli 完成一笔转账。

```
$ gaiacli tx send alice $(gaiacli keys show bob -a) 100000000stake
```

在使用该命令发送交易时，客户端会尝试构建出这笔交易，并要求发送者对交易进行签名。然后将该交易广播给全节点。为了展示交易的构建过程，这里使用--generate-only 生成一笔未签名的交易，并观察交易的具体内容。

```
# 在generate-only 模式下，需要显式指定发送者和接收者的地址
# 第一个地址为alice 的地址，第二个地址为bob 的地址
$ gaiacli tx send cosmos1lzml7jga70xh6800qhjavse3w0rjl0npazvrsy cosmos107k923kjrwz
ttd6yfx262584pzz33gq0dn05m9 100000000stake --generate-only > unsigned.json

$ cat unsigned.json
{"type":"cosmos-sdk/StdTx","value":{"msg":[{"type":"cosmos-sdk/MsgSend","value":{"
from_address":"cosmos1lzml7jga70xh6800qhjavse3w0rjl0npazvrsy","to_address":"cosmos107k
923kjrwzttd6yfx262584pzz33gq0dn05m9","amount":[{"denom":"stake","amount":"100000000"}]
}}],"fee":{"amount":[],"gas":"200000"},"signatures":null,"memo":""}}
```

可以看到，生成的交易以 JSON 的格式存储。交易中仅有一个 MsgSend 类型的消息（参见 7.2 节），消息中指定了发送者地址、接收者地址和转账金额。交易中还包含交易费字段，该笔交易附带的交易费为 0，交易的 Gas 上限为 200 000，签名字段和 memo 字段都为空。这里并未为该笔交易指定任何交易费，但交易依然可以正常执行。这是因为在启动 gaiad 全节点时，并未为全节点设置 minGasPrices（参见 6.2 节），表示该节点可以接收交易费为 0 的交易进入内存池，而在交易执行时，只按照交易预设的费用来收取交易费，所以在当前场景下，交易可以正常执行。

确认 unsigned.json 文件中的交易信息无误后，就可以使用以下命令来对交易进行签名。完成了对交易的签名后，可以使用 tx broadcast 命令来向全节点广播该交易，在本条命令执行完毕后，就可以看到与 10.2 节中一次性完成交易发送类似的输出结果。

```
# from 指定了发送者的账户名
```

```
$ gaiacli tx sign unsigned.json > signed.json --from alice

$ cat signed.json
{"type":"cosmos-sdk/StdTx","value":{"msg":[{"type":"cosmos-sdk/MsgSend","value":{"
from_address":"cosmos1lzml7jga70xh6800qhjavse3w0rjl0npazvrsy","to_address":"cosmos107k
923kjrwzttd6yfx262584pzz33gq0dn05m9","amount":[{"denom":"stake","amount":"100000000"}]
}}],"fee":{"amount":[],"gas":"200000"},"signatures":[{"pub_key":{"type":"tendermint/Pu
bKeySecp256k1","value":"ApJL3+TvAGwjtTmO/pIBTnH3+DJgXzD6+7QXZbMCDUAw"},"signature":"xS
t0fcFggh3i/9GcppXrM7/P4K+2oQqVvPThWHTWOjA9B04x1o4vg4aEFnLkVAYF/qJYeUQKfDSA2sYISYji4A==
"}],"memo":""}}

$ gaiacli tx broadcast signed.json
```

交易广播命令借助 Tendermint Core 提供的 RPC 方法 BroadcastTxSync()，完成了交易向全网的广播。图 10-3 展示了用户通过 SendTxCmd 命令将交易发送给全节点后，交易从进入交易池到最终被打包进区块的具体流程。

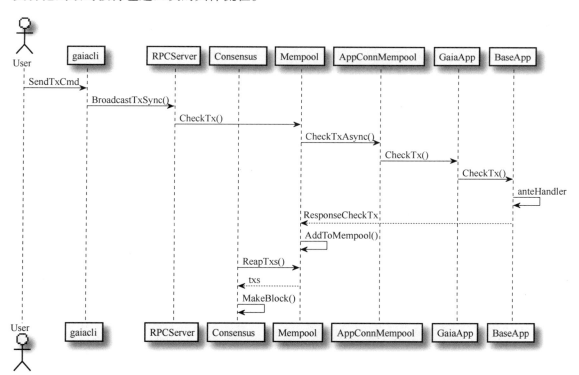

图 10-3 交易从进入交易池到最终被打包进区块的具体流程

2. 交易接收

接收到来自客户端的 BroadcastTxSync() RPC 请求之后，节点会将交易转发给交易池 Mempool 进行处理。交易池 Mempool 通过 CheckTx() 方法（参见 4.3 节）对交易执行一些预检查，并通过 AppConnMempool 连接的 CheckTx()方法，将交易通过 ABCI 的 CheckTx()方法提交给 GaiaApp 执行进一步的检查（参见 5.1 节）。GaiaApp 复用了 BaseApp 提供的 CheckTx()检查，尝试对该交易进行解码，然后执行 anteHandler 的检查（参见 6.2 节和 7.1 节），并返回检查结果。在该笔交易通过所有检查之后，其会被加入交易池中等待被打包进区块。

3. 交易打包

Tendermint Core 的 Node 结构体启动时会同时启动多个反应器，如交易池反应器、共识反应器、区块反应器以及举证反应器等，这些反应器同时在全节点中运行。当全节点的共识反应器检测到当前进入新的区块高度，并且自身被选中为区块提案者时（参见 3.5 节），会通过 ReapTxs()方法从交易池中"收割"尽可能多的交易来构造下一个区块。这时，上述的转账交易被打包进新区块中。

10.3.3 区块执行

提案者构造出一个新区块后，将该区块广播到全网，所有活跃验证者就该区块通过 Tendermint 共识协议达成共识。共识投票过程主要分为两个阶段：预投票和预提交（参见 3.3 节）。如果有超过 2/3 的验证者对该区块进行了预提交投票，就标志着共识达成，验证者进入提交阶段。在提交阶段，验证者存储有效区块并执行区块。

区块中交易的具体执行需要由上层应用完成。Tendermint Core 通过 AppConnConsensus 连接将新区块提交给 GaiaApp 执行，整个执行过程按照 BeginBlock()、DeliverTx()、EndBlock()、Commit()的顺序依次进行，如图 10-4 所示。

BaseApp 实现了 ABCI 的 BeginBlock()方法，参见 6.2 节。该方法会设置 deliverState 的状态、初始化区块的 Gas 计数器、调用 BaseApp 的 beginBlocker 成员的方法。GaiaApp 初始化时设置了该成员，它会在执行时按照模块管理器中维护的顺序依次调用各模块的 BeginBlock()实现。Gaia 中注册了 BeginBlock()方法的模块有 mint、distribution 以及 slashing 模块等。

- 首先 mint 模块的 BeginBlock()实现被执行，根据当前链上资产的抵押比例，计算本区块需要新铸造的链上资产，并将这部分链上资产转入 FeeCollector 模块账户中，参见 8.6 节。

- 接下来 distribution 模块的 BeginBlock()分发 FeeCollector 账户中收集的交易费和区块奖励，参见 8.7 节。

- 最后 slashing 模块在 BeginBlock()中统计活跃验证者集合的投票信息，并对可用性差的验证者进行惩罚。

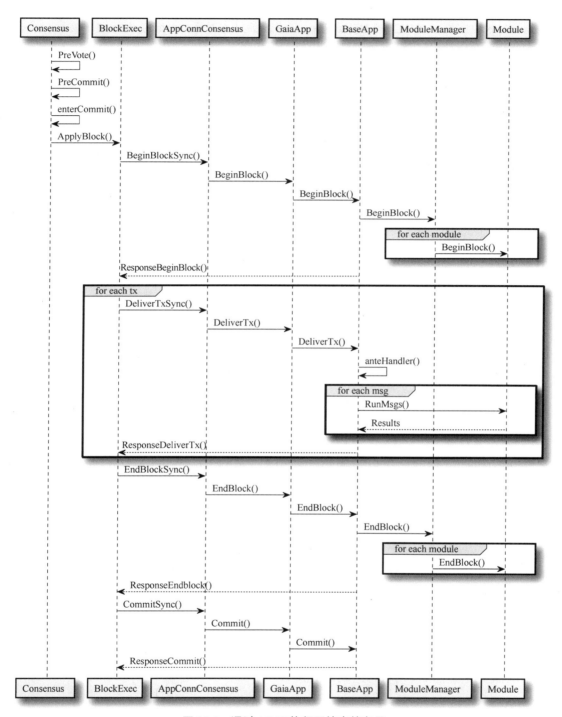

图 10-4 通过 ABCI 执行区块中的交易

BaseApp 也实现了 ABCI 的 DeliverTx()方法，参见 6.2 节。对交易进行解码之后，会执行 anteHandler 以对交易进行预处理，参见 7.1 节。更重要的是，它会提取交易中的所有消息，利用 GaiaApp 的消息路由功能依次将消息转发给相应模块。它会将一个消息成功执行后引发的状态更新写入 deliverState 的缓存中，并按序执行下一个消息。一旦有一个消息执行失败，之前的消息执行所引起的状态更新就会被丢弃，以保证交易执行的原子性。

ABCI 的 EndBlock()方法与 BeginBlock()方法实现类似，也由模块管理器辅助实现。在执行时该方法按照模块管理器中维护的顺序依次调用各模块的对应实现。在 Gaia 客户端中注册了 EndBlock()方法的模块有 crisis、gov 和 staking 模块。

- 首先 crisis 模块的 EndBlock()方法被执行，该方法用来判断在当前区块高度是否需要进行不变量检查，如果是，则运行所有已注册模块的不变量检查，参见 7.6 节。附录 3 包含 GaiaApp 中定义的所有不变量检查。

- 接下来 gov 模块的 EndBlock()方法可以根据当前区块高度和时间，删除抵押阶段结束的非活跃提案并处理投票阶段结束的活跃提案，参见 7.7 节。

   ○ 对于抵押阶段结束的非活跃提案，直接删除其链上的相关存储，"燃烧"抵押的资产。

   ○ 对于投票阶段结束的活跃提案，根据投票结果，执行通过的提案并返还抵押资产。

   ○ 对于遭受强烈反对的提案，"燃烧"其抵押资产并删除提案。

   ○ 其他情况下，返还抵押资产并删除提案。

- 最后 staking 模块在 EndBlock()中处理由于本区块中抵押相关交易导致的验证者集合的状态变化，并更新抵押和非抵押的链上资产总量。此外，staking 模块在 EndBlock()中还处理所有已经成熟的重新委托和撤回委托操作，参见 8.3 节。完成所有处理之后，staking 模块将本区块引发的验证者集合的变动情况返回给共识引擎。Tendermint Core 中的共识引擎根据这些信息，按照带投票权重的提案者轮换选择算法更新活跃验证者集合，参见 3.5 节。

ABCI 的 Commit()方法会对 deliverState 中缓存的状态进行持久化。deliverState 中的数据库实际上是在 BaseApp.cms 基础上加了缓存，因此 Commit()方法将状态更新到 cms 中，这会调用 cms 的 Commit()方法，对状态更新进行持久化，并返回存储状态的 AppHash，参见 6.2 节和 6.3 节。该 AppHash 最终被返回给 Tendermint Core 并被包含在下一个区块的区块头中，以确保全网就上层应用状态达成共识。

10.4　Gaia 的安全部署

验证者节点在区块链网络中承担了非常重要的角色，Cosmos-SDK 设计了一套复杂的 PoS 机制来确保验证者节点能够按照 Tendermint 共识协议中的规定来诚实运行。在实际部署中，验证者节点不仅需要考虑如何保证自己的共识私钥的安全性，还需要确保验证者节点的稳定运行，避免由于配置或网络长时间不可用等带来的意外损失。在 Gaia 主网运行时就发生过一起由于机器配置不当造成的双签问题，最终相关验证者及其委托人损失了 5% 的抵押资产，并且相关验证者被永久埋葬。

验证者节点的安全部署主要涉及两个关键问题。由于共识私钥的敏感性，需要确保共识私钥的安全性，为此 Tendermint Core 内置了远程签名的功能：可以利用 tmkms 工具将投票签名的计算过程从验证者节点中分离。通过这种方式可以将共识私钥保存到更为安全的网络环境中。另外，由于 Tendermint Core 中采用的带投票权重的提案者轮换选择算法是一种确定性算法，因此根据公开信息容易计算出下一个区块中将被选中的提案者是谁。通过对目标验证者节点发动分布式拒绝服务（distributed denial of service，DDoS）攻击等，可以影响到区块链网络的稳定性。为此，Tendermint Core 支持哨兵节点的部署方案，采用该方案将验证者节点隐藏在哨兵节点之后，以保证验证者节点与区块链网络的连通性。

10.4.1　远程签名部署

Tendermint 团队开发了 tmkms 项目帮助验证者实现密钥管理服务，并推荐在部署应用专属区块链系统的相应节点时也一同部署 tmkms 项目。tmkms 致力于通过高可用性，保证验证者及时地参与共识投票，同时也设计了相应的机制来防止验证者节点出现双签作恶。目前该项目处于 beta 阶段，接受了一次安全审查，仅发现了一处低风险的问题。

tmkms 提供的远程签名服务会与验证者节点建立连接。当验证者节点参与共识投票过程需要进行签名计算时，可以将需要签名的消息通过该连接发送给远程签名服务，远程签名服务完成签名计算之后将签名值发送给验证者节点。通过保存额外的信息，例如已经签署过的区块高度等，并在收到签名请求时检查是否已经对当前区块高度签过名，可以防止双签作恶。

10.4.2　哨兵节点部署

验证者节点在部署时通常有固定的 IP 地址，并暴露 RPC 方法供外部调用，这就带来了遭受 DDoS 攻击的隐患。DDoS 攻击期间，验证者节点的投票信息、构建的新区块等无法被及时广播到网络上去。由于 Cosmos-SDK 中实现了对节点可用性过差的惩罚机制，DDoS 攻击可能导致目标验证者节点由于无法及时参与共识投票过程而被系统惩罚。Tendermint 团队推荐使用哨兵节点架构（sentry node architecture，SNA）方案作为应对 DDoS 攻击的方案。

SNA 类似于经典的企业场景下的服务的前后端分离设计，多个哨兵节点部署在云端，而验证者节点部署在数据中心，数据中心和云服务商通常存在直连线路（direct connectivity）。这种部署架构下验证者节点可以"躲"在哨兵节点背后。验证者节点只需要与哨兵节点通过专用线路通信，而 DDoS 攻击的安全隐患由哨兵节点承担。由于验证者节点与哨兵节点之间通过专用线路进行通信，因此不会被发生在互联网上的 DDoS 攻击所影响，这能够保证验证者节点的投票信息可以及时传送给哨兵节点。如果已有的哨兵节点正在经受 DDoS 攻击，可以通过变更哨兵节点的 IP 地址或者设立新的哨兵节点的方式进行应对，从而保证验证者节点的信息能够及时广播到网络中。

10.5　小结

为了帮助读者理解基于 Tendermint Core 和 Cosmos-SDK 构建应用的具体过程，本章深入介绍 Cosmos Hub 网络的 Gaia 客户端具体实现，尤其是其核心数据结构 GaiaApp 的定义以及初始化过程。GaiaApp 的初始化过程综合运用了前文介绍的应用模板 BaseApp、Cosmos-SDK 存储设计以及模块管理机制。为了方便节点的启动、配置、查询等，Gaia 提供了命令行工具 gaiad 以及 gaiacli。

本章利用 gaiad 向读者展示了启动单节点测试链的基本过程，并利用 gaiacli 向读者展示了完成一笔转账的过程。随后本章详细介绍了一笔交易到达全节点之后的处理逻辑，包括检查交易并将交易放入交易池、打包交易到新区块以及新区块的执行等过程。介绍区块执行时，本章结合 Cosmos-SDK 中各个模块的具体实现，详细介绍在响应 ABCI 的 BeginBlock() 和 EndBlock() 请求时，Cosmos-SDK 的各个模块之间在模块管理器的协调下相互配合完成在区块处理之前的准备工作，以及在区块处理完成之后的后续工作。希望本章的介绍，可以加深读者对本书各章内容的理解，系统地了解基于 Tendermint Core 和 Cosmos-SDK 构建的应用专属区块链系统的内部机制。本章最后简单介绍了提供远程签名服务的 tmkms 项目以及验证者节点的哨兵节点部署方案，tmkms 项目以及哨兵节点部署方案可以保证验证者节点的安全性。

Cosmos-SDK 与 Cosmos Hub 中的参数配置

模块	参数	Cosmos-SDK 默认参数值	Cosmos Hub 参数值	说明
auth	MaxMemoCharacters	256	512	交易的 memo 字段可以包含的最大字节数
	TxSigLimit	7	7	交易最多包含的签名个数
	TxSizeCostPerByte	10	10	交易的每个字节消耗的 Gas
	SigVerifyCostED25519	590	590	Ed25519 签名验证的 Gas
	SigVerifyCostSecp256k1	1 000	1 000	ECDSA 签名验证的 Gas
bank	ParamStoreKeySendEnabled	true	true	是否允许账户间转账
crisis	ParamStoreKeyConstantFee	1 000stake	1 333 000 000 uatom	不变量检查交易发起费用
distribution	CommunityTax	2%	2%	区块奖励中抽取的社区税比例
	BaseProposerReward	1%	1%	区块奖励中激励提案者的基础比例
	BonusProposerReward	4%	4%	区块奖励中额外激励提案者的比例
	WithdrawAddrEnabled	true	true	是否开启修改提取奖励地址的功能
evidence	MaxEvidenceAge	120s	21day	证据的最长有效时间
gov	MinDeposit	107stake	512 000 000 uatom	每个提案所需的最小抵押金额

模块	参数	Cosmos-SDK 默认参数值	Cosmos Hub 参数值	说明
gov	MaxDepositPeriod	48Hour	14day	每个提案抵押阶段的最长时间
	VotingPeriod	48Hour	14day	每个提案投票阶段的最长时间
	Quorum	33.4%	40%	参与者的投票权重小于该参数值的投票权重时提案失败
	Veto	33.4%	33.4%	超过该比例的投票方投反对票则提案失败
	Threshold	50%	50%	超过该比例的有效参与方（非弃权方）投赞成票则提案通过
mint	MintDenom	stake	uatom	链上资产符号
	InflationRateChange	13%	13%	通胀变化率
	InflationMax	20%	20%	最大通胀率
	InflationMin	7%	7%	最小通胀率
	GoalBonded	67%	67%	链上资产的目标抵押比例
	BlocksPerYear	6 311 520	4 855 015	每年产生的区块数量（5秒间隔）
slashing	SignedBlocksWindow	100	10 000	节点可用性统计时间窗口
	MinSignedPerWindow	50%	5%	判断节点可用性的阈值
	DowntimeJailDuration	600s	600s	可用性差时对应的监狱禁闭时间
	SlashFractionDoubleSign	5%	5%	双签惩罚的抵押链上资产的扣除比例
	SlashFractionDowntime	1%	0.01%	可用性差的抵押链上资产的扣除比例

续表

模块	参数	Cosmos-SDK 默认参数值	Cosmos Hub 参数值	说明
staking	UnbondingTime	21day	21day	解绑周期
	MaxValidators	100	125	最大的活跃验证者个数
	MaxEntries	7	7	撤回委托或重新委托条目的最大值
	BondDenom	stake	uatom	用于抵押的链上资产符号
	HistoricalEntries	0	0	最多保存的历史条目个数

注：表中默认值为 Cosmos-SDK v0.38.4 的配置，主网参数为 Cosmos Hub 3 的配置[①]。由于 Cosmos Hub 3 依赖 Cosmos-SDK v0.37.4，MaxEvidenceAge 参数在两个版本中存储略有差异，该参数在 Cosmos-SDK v0.37.4 中存储在 slashing 模块，在 Cosmos-SDK v0.38.4 中迁移到了 evidence 模块，表中将该参数放在 evidence 模块进行展示。

---

① GitHub 官网 cosmos 的 mainnet 项目"genesis.json"文件。

附录 2

Cosmos-SDK 中的键值对

模块	键值对	说明
auth	"acc"|0x01|AccAddr --> Account	账户信息
	"acc"|"globalAccountNumber" --> uint64	单调递增的全局账户序列号
staking	"staking"|0x11| ValAddr--> uint64	验证者的投票权重
	"staking"|0x12 --> sdk.Int	验证者集合的投票权重之和
	"staking"|0x21|ValAddr --> Validator	验证者信息
	"staking"|0x22|ConsAddr --> sdk.ValAddress	验证者地址
	"staking"|0x23|PowerByte|ValAddr --> sdk.ValAddress	带投票权重的验证者索引
	"staking"|0x31|DelegatorAddr|ValAddr --> Delegation	委托信息
	"staking"|0x32|DelegatorAddr|ValAddr --> UnbondingDelegation	解绑中的委托条目
	"staking"|0x33|ValAddr|DelegatorAddr --> []byte{}	解绑中的委托条目
	"staking"|0x34|DelegatorAddr|ValSrcAddr|ValDstAddr --> Redelegation	重新委托条目
	"staking"|0x35|ValSrcAddr|DelegatorAddr|ValDstAddr --> []byte{}	重新委托条目
	"staking"|0x36|ValDstAddr|DelegatorAddr|ValSrcAddr --> []byte{}	重新委托条目
	"staking"|0x41|Timestamp --> []DVPair	带时间戳索引的委托操作二元组
	"staking"|0x42|Timestamp --> []DVVTriplet	带时间戳索引的重新委托三元组
	"staking"|0x43|Timestamp --> []ValAddress	带时间戳索引的验证者地址信息

续表

模块	键值对	说明
	"staking"|0x50|Height --> HistoricalInfo	历史区块头信息
mint	"mint"|0x00 -->　Minter	铸币角色信息
distribution	"distribution"|0x00 --> FeePool	社区资金信息
	"distribution"|0x01 --> ConsAddress	区块生产者地址
	"distribution"|0x02|ValAddr --> ValidatorOutstandingRewards	验证者未取回的奖励
	"distribution"|0x03|DelegatorAddr --> AccAddress	委托人提取资金的地址
	"distribution"|0x04|ValAddr|DelegatorAddr --> DelegatorStartingInfo	委托人在验证者处的起始信息
	"distribution"|0x05|ValAddr|Period --> ValidatorHistoricalRewards	一段时期验证者的历史奖励信息
	"distribution"|0x06|ValAddr --> ValidatorCurrentRewards	验证者当前的奖励信息
	"distribution"|0x07|ValAddr --> ValidatorAccumulatedCommission	验证者佣金信息
	"distribution"|0x08|ValAddr|Height|Period --> ValidatorSlashEvent	验证者惩罚信息
slashing	"slashing"|0x01|ConsAddress --> ValidatorSigningInfo	统计的共识参与信息
	"slashing"|0x02|ConsAddress|Index --> bool	验证者错过区块的信息
	"slashing"|0x03|Address --> PubKey	地址与公钥的对应关系
gov	"gov"|0x00|ProposalID --> Proposal	提案信息
	"gov"|0x01|EndTime|ProposalID -->　uint64	指定时间被激活的提案
	"gov"|0x02|EndTime|ProposalID --> uint64	指定时间未激活的提案
	"gov"|0x03 --> uint64	全局单调递增的提案号
	"gov"|0x10|ProposalID|AccAddress --> Deposit	提案存款人的存款信息
	"gov"|0x20|ProposalID|AccAddress --> Vote	提案投票人的投票信息
upgrade	"upgrade"|0x0 --> Plan	升级计划
	"upgrade"|0x1|PlanName --> uint64	计划升级完成的区块高度
evidence	"evidence"|0x00|Hash --> Evidence	违反共识的证据

附录 **3**

Cosmos-SDK 中的不变量检查

模块	不变量检查	要求
bank	NonNegativeBalance	系统中所有账户的资金都不能为负
distribution	NonNegativeOutstanding	所有验证者的未提取收益不能为负
	CanWithdraw	所有验证者的未提取收益按照奖励分发算法可以完全提取
	ReferenceCount	历史时期收益信息记录的引用数与预期一致
	ModuleAccount	模块账户的资金总量与预期(未提取收益与社区池资金总量之和)一致
gov	ModuleAccount	模块账户的资金总量与预期(提案抵押资金总量)一致
staking	ModuleAccount	抵押池的资金总量和非抵押池的资金总量分别与预期(抵押状态的资金总量和非抵押状态的资金总量)一致
	NonNegativePower	所有验证者的抵押资金总量不能为负
	PositiveDelegation	所有验证者的每一个抵押份额都必须为正
	DelegatorShares	所有验证者的抵押份额总量与区块上所有抵押的份额之和一致
supply	TotalSupply	链上所有账户资产总量必须与发行量一致